城市面源污染的控制原理和技术

尹澄清 等著

中国建筑工业出版社

图书在版编目（CIP）数据

城市面源污染的控制原理和技术／尹澄清等著．—北京：中国
建筑工业出版社，2009（2024.9重印）
ISBN 978-7-112-10824-4

Ⅰ.城…　Ⅱ.尹…　Ⅲ.城市－水污染防治－研究　Ⅳ.X52

中国版本图书馆 CIP 数据核字（2009）第 038875 号

　　面源污染，作为当今世界上主要的污染问题，已在全球许多地方引起了严重
的水环境恶化和水生态危机。本书共分 11 章，分别介绍了城市面源污染的产生规
律、污染负荷监测和预测方法、对水环境的影响、适用的城市面源污染控制系列
技术，以及在武汉、北京、成都、英国丹佛姆林东区、美国西雅图、新加坡等城
市水问题的最新成果。本书基于武汉"十五"水专项"城市面源污染控制技术与
工程示范"的研究成果，为我国城市的面源污染综合控制探索经济、实用、可行
的途径与方法，提出保护城市水环境、促进城市可持续发展的城市水体面源污染
控制技术和管理模式。书中的 80 多幅彩色图片生动展示了面源污染治理工程及其
景观。

　　本书可供环境科学工作者阅读，也可为城市规划、市政工程、景观设计、城
市水文与生态建设的管理和技术人员参考，还可以成为环境类课程的参考书。

＊　　＊　　＊

　　责任编辑：于　莉
　　责任设计：郑秋菊
　　责任校对：兰曼利　陈晶晶

城市面源污染的控制原理和技术
尹澄清　等著
＊
中国建筑工业出版社出版、发行（北京海淀三里河路 9 号）
各地新华书店、建筑书店经销
北 京 天 成 排 版 公 司 制 版
北京中科印刷有限公司印刷
＊
开本：787×1092 毫米　1/16　印张：21½　插页：16　字数：587 千字
2009 年 5 月第一版　2024 年 9 月第二次印刷
定价：**76.00** 元
ISBN 978-7-112-10824-4
（18074）

Preface

It is a great pleasure and honor to provide introductory remarks to this seminal book on abatement of urban diffuse pollution prepared by Professor Chengquin Yin of the Chinese Academy of Science with his coauthors. This book is very timely and is significantly advancing the state of the art and knowledge in several fields. This book will be read not only by environmental engineers and scientists, it will be a valuable and important reference to urban planners, landscape architects, scientists working in and studying urban hydrology and ecology, and it will become a valuable textbook for students.

Diffuse pollution, or as it is also known as nonpoint pollution, is a major pollution problem throughout the world. It has been responsible for many large scale water pollution problems and aquatic ecology collapses that have been plaguing many inland and coastal waters for many years. Diffuse pollution by phosphorus was threatening the Great Lakes between USA and Canada in 1970s when lake Erie was dying because of excessive loads of phosphorus from land; caused an environmental collapse of the Lagoon of Venice in Italy where wetlands in the watershed were drained to provide land for intensive agriculture and urban development and this process released large amounts of nitrogen and phosphorus; it triggered severe impairment of the Chesapeake Bay, the largest and highly productive estuary in the United States, which lost its fishery and shellfish harvesting. It is responsible for anoxia and noxious algal blooms in many inland lakes and coastal waters throughout the world.

However, much has changed since the first publication of the Handbook of Nonpoint Pollution (Van Nostrand-Reinold Publishers, New York) in 1980. This book was also few years later translated and published in China. Prior 1970, nonpoint pollution was not recognized and the pollution abatement just started in some countries, focusing solely on removal of biodegradable organics and suspended solids from point sources, i. e. , sewer and drainage canals outflows from cities and industries. However, in the same time, environment was contaminated by excessive amounts of fertilizers and other chemicals lost from farms and urban streets, by sediment from erosion of farms and urban construction sites that also contained pollutants such as nutrients and toxics, by deposition from the polluted atmosphere, by emission from traffic, and by chemicals used for pest control both in urban and rural areas. The situation forty years ago in the United States and several other industrial countries was such that environmental scientists and authors raised alarm about the possibility of a massive loss of species of birds and other organisms because of contamination of their bodies caused by diffuse pollution. The public and their representatives responded by passing important environmental controls that set forth the process of the prevention and control of excessive diffuse pollution loads from land and municipal and industrial point sources. It is unfortunate that similar pollution problems and catastrophes can be now seen in rapidly developing countries of Asia.

The science discoveries and progress of diffuse pollution abatement since its recognition as a serious problem forty years ago has been tremendous. Large hydrologic models have been developed by scientists throughout the world than enable to link the diffuse pollution loads to meteorological parameters and land use and assess the impact of abatement on the land and in transition from the source area to the receiving water bodies. Several categories of best management practices (BMPs) have been developed and already implement on pilot and large scales in many countries of the world. In recognition of the importance of the problem and necessity of coordinated research and activities leading to the solution the International Water Association formed in 1992 its Specialist Group on Diffuse Pollution and Eutrophication. As of 2008, this group has organized 12 international conferences held in USA, Czech Republic, Scotland, South Africa, Thailand, Japan, Korea, The Netherlands, Turkey and future conference are planned in New Zealand, Canada, and certainly in China. The group has organized specialized workshops in India and US. Chinese scientists play an active role in the leadership of the group and its activities.

Diffuse pollution is not only a technological problem, but also a problem of the way the people and societies behave. Technological solution are available but because of the fact that the sources are numerous and spread over the landscape, the solutions can't be only done by governments allocating large sums of money. The society must get fully involved and change the way the resources and land is used, assess and reduce the use of chemicals in all aspect of the life, switch to clean fuels and, above all, change the way the land is used, covered with pavements, and polluted by waste. Diffuse pollution arises when land is misused or overused, too many chemicals are put on it, too many cars are lacking pollution controls, and too many people believe that land and water resources are free and can be abused.

It has been clearly recognized that diffuse pollution form urban areas is tied to the type of the land surface, drainage, air pollution and traffic. The period from the recognition of the problem forty years ago till today can be characterized as a period in which the paradigm of water/stormwater/wastewater has been favoring high imperviousness, fast conveyance of urban runoff and wastewater from the premises in sewers, installing end of pipe treatment employing underground storages and regional treatment plants. This led to building expensive inefficient infrastructures that could not cope with large storms and did not fully resolve the problems. One of the major reasons while the practices were only marginally effective has been the fact that they are based on hundred years old tradition of making the roads and city surfaces impervious and putting the drainage underground. The accumulations solids on the streets and eroded from the surrounding area contain many dangerous pollutants and represent the major contribution of toxic compounds (both organic and inorganic) from any urban area, more than that from sewage. Because urban streams became overwhelmed with pollution many disappeared from urban surfaces and were converted into sewers carrying both sewage and urban runoff. The result of these discharges has been very poor water quality and highly contaminated sediments. Under these circumstances of the current paradigm the tasks of controlling the diffuse pollution seemed to be overwhelming and the traditional best management practices (storage and treatment) were expensive and not appealing to the public.

Today, we are in a period in which the traditional urban paradigm is changing and China has a leading role. The idea and concepts of new ecocities-the Cities of the Future-are catching up like a firestorm in China and Singapore in Asia, Europe, USA and Canada and diffuse pollution abatement and implementation of new best management practices will play an integral-in-key role in this effort.

The role of diffuse pollution abatement has dramatically changed in the last ten years by realizing that BMPs are the integral part of landscape and not just *a posteriori* clean ups. BMPs can be aesthetically pleasing and mimic nature. They are a part of the ecotones, i. e. , green areas between the receiving water bodies and build up urban environment.

The new emerging concepts of Ecocities or Cities of the Future will incorporate diffuse pollution concepts by treating and storing stormwater for reuse and buffering the residual pollution loads. In addition, treated and stored stormwater from the city will provide water for irrigation, cooling and potable water supply, resulting eventually in self-sufficiency of the potable water supply for many water poor cities like Beijing or Singapore. It is envisioned that most of the drainage will be on the surface which will be accomplished by daylighting of former streams that were converted by urban development into underground sewers. Building the new ecocities and retrofitting of the old cities with the sustainable water/stormwater/wastewater management is the new phase of the urban diffuse pollution abatement and the new paradigm. This book and its new visionary approach to diffuse pollution abatement will provide the needed guidance to design an attractive, sustainable and resilient urban landscape.

Vladimir Novotny
Boston, Massachusetts, USA

序

· · · · · · · · · · · · · ·

　　非常荣幸为尹澄清和其他作者共同撰写的《城市面源污染控制原理和技术》专著作序。该书汇总了尹教授领导的研究团队从事城市面源污染的科研成果和实践经验。本书丰富了城市面源污染控制理论，提供了面源污染控制系统的技术原理和设计理念，能推动城市面源污染控制技术的发展和应用。本书可供环境科学工作者阅读，也可为城市规划、景观设计、城市水文与生态建设的管理和技术人员参考，还可以成为环境类课程的试用教材。

　　面源污染，也称非点源污染，已被人们所熟知。它作为当今世界上主要的污染问题，已在全球范围许多地方引起了严重的水环境恶化和水生态危机。例如在 20 世纪70 年代，来自面源的磷污染引起的富营养化威胁着北美的五大湖，其中伊利湖由于接受过量的磷负荷，它的清澈与秀丽不复存在；意大利的威尼斯泻湖由于把湿地排干用于耕种和城市发展，造成大量氮、磷排入湖体，泻湖生态环境严重恶化；切萨皮克湾是美国最大的河口，盛产鱼类和贝类，由于面源磷污染问题，河湾水产业严重受损。来自面源磷所造成的水华问题威胁着世界上许多内陆水体和沿海水域。

　　1980 年，第一本非点源污染手册书在纽约（Van Nostrand-Reinold Publishers，中译本也已有）出版问世以来，面源污染问题逐渐被重视。在 20 世纪 70 年代之前，人们对非点源污染没有认识，刚开始环境保护的少数国家人们的精力集中在去除生活污水和工业废水这些点污染源的耗氧有机物和固体悬浮物。后来，研究者逐渐发现，来自于农业汇水面和城市街道的化肥、杀虫剂、氮磷等污染物、农田和建筑工地的土壤侵蚀、大气沉降物、交通排放物也是环境的污染源。工业化国家的环境工作者开始呼吁，这些面污染源必须得到有效控制，否则，很多生物物种可能会灭绝，人类自身亦将受到面源污染的侵害。但遗憾的是，工业化国家 40 年前所面临的类似污染局面今天又出现在一些发展中国家。

　　在认识到面源污染问题之后的 40 年，关于面源污染控制的科学发现和技术进步有了长足的发展。人们开发了大规模的水力模型用于估算污染负荷和气象因素的关系，评价土地利用及其对受纳水体的影响。不同形式的最佳管理模式（Best Management Practices，简称 BMPs）相继被开发，示范并应用。随着对面源污染控制重要性的认识以及协调面源污染研究的需要，国际水协面源污染和富营养化专业组（IWA，Specialist Group on Diffuse Pollution and Eutrophication）于 1992 年成立。该组织在美国、捷克等国已经举办了 12 次世界大会，中国科学家在这些活动中发挥着重要的作用。

　　面源污染不仅仅是一个技术问题，也与人类活动及行为方式息息相关。由于面源污染源复杂、分布广，仅靠政府投入资金通过工程手段进行控制不可能做好；必须有社会公众的积极参与，改变资源利用和土地使用方式，在生产、生活的各方面减少化学品使用，使用清洁能源，改变道路的覆盖形式等。当一个社会广泛存在错误的滥用资源意识，如当认为大量施用化学品定能增产，认为汽车排放理所当然，认为土地和水资源永远是免费资源时，面源污染就会发生或为期不远了。

城市面源污染来源于不同类型的地表汇水面，受排水系统结构、大气污染和交通污染的影响。受到数百年传统城建思想影响，城市的管理者兴建排水设施（包括雨水和污水）时以尽可能快排快泄为目标，从而把大量城市汇水面改造为不透水区域，城市排水通过地下管道传输，在管道末端修建地下贮存池或污水处理厂来存放和净化污水。这些设施基建费用高，处理效率低，且无法处理大暴雨带来的诸多问题。把城市马路修成不透水和把排水管道放置地下这些做法的依据是：它们是几百年的城建传统。同时，由于城市地面累积的街尘含有许多危险的污染物，有的比污水的毒性更大。原有的地表排水被城市地下管道系统所取代，不透水汇水面冲刷的污染物质和有毒化合物排入水体，造成城市河湖严重污染。在现有的城市排水和地面结构体制下，控制面源污染的任务非常艰巨，传统的最佳管理模式（贮存和处理）在城市成本高，公众认可度低。

目前，传统的城市模式正发生着变化，在这个进程中，中国可能会扮演非常重要的角色。在亚洲的中国和新加坡，在欧洲、美国和加拿大，新的生态城市概念和理念——未来的城市正在深入和发展，并席卷各地。在未来城市的构建中，面源污染削减和新BMPs理念将结合，发挥重要的作用。

由于认识到BMPs是城市景观建设的重要部分，而不仅仅是末端治理污染，面源污染控制在城市建设中的作用在过去的十年发生了巨大的变化。BMPs可以使环境优美，自然和谐。他们是群落交错区的链接部分，成为镶嵌于受纳水体和周围城市之间的绿色地带。新的生态城市，或未来城市理念将融合面源污染控制的思想，结合雨水净化、贮存和利用，达到径流污染物削减的效果。此外，净化后并贮存的雨水为城市开发了新水源用于浇灌、冷却和饮用水供给，缓解了水资源匮乏城市用水紧张的局面。在未来的生态城市里，雨水将优先渗入地下，多余水的排除系统将多在地表运行，城市将恢复河道。建设具有可持续水管理模式的生态城市和用生态理念改造旧城区将赋予新时期城市面源污染控制更广阔的空间和意义。这本书和它所介绍的面源污染控制新构想和方法将为设计一个有魅力、可持续和有活力的生态城市提供指导。

Vladimir Novotny

于美国　马萨诸塞州　波士顿

Vladimir Novotny，现为美国东北大学（Northeastern University）教授，是世界非点源污染控制理论的创始人，他是 "*Handbook of Nonpoint Pollution*：*Sources and Management*" Van Nostrand-Reinhold，1981，"*Handbook of Urban Drainage and Wastewater Disposal*"，J. Wiley Publishers，1989，"*WATER QUALITY*：*Prevention，Identification and Management of Diffuse Pollution*"，Van Nostrand-Reinhold，1994，"*WATER QUALITY*：*Diffuse Pollution and Watershed Management*"．J. Wiley，2003 等十几部世界面源污染专著的作者，在全世界有广泛影响。

前　言

· · · · · · · · · · · ·

　　本书的止笔，正值我参加完在美国西雅图召开的"低环境影响开发国际会议"（Low Impact Development International Conference）。应会议的邀请，我作了大会报告，介绍了过去几年里我们团队在武汉开展的城市面源污染控制和暴雨径流管理的研究进展，这也就是本书的主要成果。中国快速城市化的巨大市场需求和我们开展的前期工作深深地吸引了与会代表，他们问了很多问题，表达希望合作的意愿。

　　在大会期间，我和很多代表一起考察了美国西海岸的西雅图和波特兰市所进行的大规模低环境影响开发实践，大家深有感慨。我们在2003～2006年期间，在国家"十五"水专项支持下开展了武汉城市面源污染控制研究。在研究进行过程中，我们发现，城市面源污染控制只是城市水问题的一部分，还有与此联系的许多问题，如城市水平衡失调、城市缺水、地下水位下降、城市洪水和积水、城市生物多样性、城市景观单调等。由于过去城市建设没有全面地、从生态系统和生态平衡角度考虑城市建设，致使城市系统的不协调、城市发展不具有可持续性、城乡水系统矛盾等。因此，我们在研究中提出了"要建设生态型排水系统"的理念，并在武汉城市面源污染控制研究中进行了一些尝试。近三年来，我们发现其他一些国家的科研人员也在关注这一问题，如英国提出了可持续城市排水系统（Sustainable Urban Drainage System，SUDS），美国提出了低环境影响开发（Low Impact Development，LID）。这些理念虽然在提出时的角度有些不同，但最后都趋向同一个解决方向，即城市水的生态化管理。其中，美国由于其强大的创新能力、适合的创新环境，在低影响开发方向进展很快，对国际城市建设技术界影响最大。西雅图是在这方面发展的领先城市之一。这次到西雅图开会，我感到受益匪浅。

　　这本书主要是总结我们在武汉水专项"城市面源污染控制研究"的研究成果，也包括与此相关的其他在生态型排水系统和低环境影响开发方面的理念、技术，并且邀请了专家介绍在北京、成都、英国丹佛姆林东区、美国西雅图、新加坡等地解决城市水问题的最新成果。在国家"十五"期间设立的"水污染控制技术与治理工程"专项研究中，武汉成为"城市水环境质量改善技术与综合示范"的首选示范城市，"汉阳地区城市面源污染控制技术与工程示范"课题是"武汉水专项"的主要部分之一。该课题的总体目标是：研究城市面源污染的产生规律，划分城市面源污染源类型，研究面源污染负荷监测技术和预测方法，认识其对城市水环境的影响；通过工程规模的现场研究，开发出适合于我国城市情况的城市面源污染控制系列技术，强化生态工程、环境工程和景观建设等多元技术的组合与集成，并用示范工程展示；提出适合武汉汉阳地区特点的城市水体面源污染控制技术和管理措施集成系统。本课题的实施，为我国城市水体的面源污染综合控制探索了经济、实用、可行的途径与方法，提出了保护城市水环境、促进城市可持续发展的城市水体面源污染控制技术和管理模式。

"汉阳地区城市面源污染控制技术与工程示范"课题是我国首次开展的大规模城市面源污染研究。通过3年多在30多个监测点、汇水区的监测，发现城市中面源污染负荷占水污染总负荷的比重比过去预想的大得多，由于暴雨径流的初期效应时间极短，面源污染对城市水体的冲击性非常高。课题通过深入研究不同城区面源污染的特点，开发出了一系列单项技术和技术系统，提出了具有我国城市特点的面源污染解决方案。这些技术通过控制面源污染的源—迁移—汇，对其进行系统控制。课题取得了良好的环境效益、社会效益和经济效益，在武汉市的城市建设和社会进步中发挥了良好的作用，并对全国其他城市产生了示范性影响。

我们在本书中介绍了在"汉阳地区城市面源污染控制技术与工程示范"课题中的一些发现和技术，以及其他城市的成果，供全国和国际同行们参考。目前，城市面源污染控制的理念、理论和技术正越来越受到世界各国城市管理者、规划师、工程师们的重视。由于多学科和因地制宜的特点，已连续十年每年都有关于面源污染控制的国际会议，吸引着越来越多的人参与讨论。国际上大量的经验证明，城市面源污染控制是一个系统工程，应规划先行，在城市建设的初期就加以考虑和设计，才能事半功倍，实现构建和谐城市的目的。

在这本书出版时，我们十分感谢国家"十五"水专项的制定者和专家组，是他们的支持和努力，使武汉城市面源污染控制课题能立项和进行，是他们前瞻的战略布局和科学指导，使课题能较好地完成；非常感谢武汉市政府、各有关部门为面源污染控制研究提供了宝贵帮助，解决很多困难。我们衷心地感谢世界面源污染控制理论的创始人 Vladimir Novotny 教授为本书作序，非常感谢赵景柱、刘俊新、李培军等研究员在武汉面源课题研究中所起的重要作用和对本书出版的支持；感谢武汉碧水科技有限公司的陈贤德总经理和其他同志，他们的课题业主公司模式很大地提高了水专项课题的工作效率，帮助克服了大量的非科学性困难和问题。我要衷心地感谢面源课题的合作单位、参加人员和学生，是大家的共同努力才使得这本书所叙述的研究成果得以取得并展示于示范工程；感谢参加写作的各位同事，谢谢对课题研究给予支持和帮助的所有朋友。最后，我们感谢中国建筑工业出版社给予本书的大力支持，谢谢责任编辑于莉同志。

本书是基于课题研究集体创作的成果。全书由尹澄清设定内容和统稿，刘燕技术支持。本书各章节的主要写作人是：

1.1 尹澄清，1.2 尹澄清、王效科，1.3 王为东，1.4 祝贵兵

2.1 李立青、尹澄清，2.2 祝贵兵，2.3 李立青，2.4 叶闽，2.5 赵洪涛

3.1 王效科，3.2 杨国胜

4. 尹澄清

5.1 尹澄清、王为东，5.2 刘红磊，5.3 穆环珍，5.4 刘燕，5.5 王孟，5.6 郭雪松、刘俊新，5.7 黄益宗、朱永官

6.1 单保庆，6.2 刘燕，6.3 尹澄清，6.4 尹炜，6.5、6.6 陈庆锋，6.7 刘燕、尹澄清

7.1 尹澄清，7.2 刘红磊，7.3 王为东，7.4 郭雪松、刘俊新

8. 马克明

9. 尹澄清

10.1 何庆慈、孔玲莉，10.2 叶闽、尹炜，10.3 单保庆、赵建伟，10.4 何庆慈、孔玲莉、陈道，10.5 张建新、张旭超

11.1 车伍，11.2 Brian J. D'Arcy、Robin Clarke，11.3 Nian She，11.4 董欣

我国的城市化进程正在加速进行，愿本书的出版对我国的生态城市建设和水管理有所帮助。由于作者水平有限，世界城市面源污染控制和低环境影响开发理论和技术又在飞速发展，难免有不足之处，尚请读者批评指正。

尹澄清

2008 年 12 月于中国科学院生态环境研究中心

目 录

• • • • • • • • • • • •

彩图

1 城市面源污染的由来

1.1 水体污染的来源

近年来，随着我国经济腾飞、城市化迅速发展、人民收入水平逐渐提高，我国水污染态势却呈加重趋势。吉林松花江化工污染、东海大面积赤潮、新墙河砷污染事件、沭阳水源污染、太湖蓝藻水华爆发……重大污染事件频频发生，水环境问题日益成为中国社会甚至国际关注的焦点。重大污染事件是水环境整体恶化背景下的突发表现。

1.1.1 水体污染源分类

所谓水污染，是指在人为因素直接或间接的影响下，污染物质进入水体，使其物理、化学或生物特性发生改变，以致影响水的正常用途和水生态系统的平衡、危害国民健康和生活环境。

水污染的来源包括天然的污染源及人为的污染源。天然的污染源一般指本底条件下降雨和径流造成的物质输入等；人为的污染源来自人们各种活动及开发所产生者，包括城市污水、工业废水、畜牧废水、矿场废水及垃圾渗出水等。从污染物进入水体的途径不同，污染源可分为点源、面源和内源。点污染源一般指工矿企业排放废水、城镇排放生活污水，有或明或暗的排污口，有明显的责任人。面污染源指一个区域，污染物在晴天积累，在降雨产流条件下雨滴和径流冲刷下垫面和排水通道，污染物随径流排入水体。这种面源污染因为没有明显的排污口和责任人，因此又被称作非点源污染。内污染源指已经进入水体、平时累积在底泥或其他地域的污染物，在一定条件下又重新释放出来。在长期的与污染作斗争过程中，人们已经总结出经验：要想控制水污染，必须首先以流域尺度治理污染源，即工业废水、城市污水和面源污染（彩图1-1）。

在污染源的控制力中，各国都首先把控制有明显排污口和责任人的工业废水和城市污水放在首位，控制也更有成效。面源污染是在降雨产流条件下才能监测的，没有明显的排污口和责任人，控制过程复杂，因此落在了后面。但是，面源污染对水环境的危害是非常强的。按照工业化国家的经验，随着科技的发展和治理投入的增加，点源污染的治理效果可迅速提高，点源对水体污染的贡献率逐年下降，而面源污染的负荷比例逐年增加。美国环保署的报告，美国江河湖海的污染负荷约三分之二来自于面源。在2000年监测的全美受功能受损水体中，河流部分48%的首要污染源是农业面源污染，12%的首要污染源是城市面源污染；湖泊水库41%的首要污染源是农业面源，17%是城市面源；河口部分18%的首要污染源是农业面源，32%是城市面源；滨海部分55%的首要污染源是城市面源（US

EPA，2002）。我国对江河湖海的污染负荷没有进行大规模的实测，但大多数学者相信，来自农业和城市的面源污染也超过了点源；从我国污染事件大多发生在暴雨以后这一事实看，人们可以直观地感觉到面源污染的威胁。

与点源造成的污染不同，虽然造成面源污染的主要因素是人，如地面脏土、管网沉积、水土流失等，但其发生的驱动力是降雨、雪融及其随之而来的径流这些自然因素。

1.1.2 面源污染的产生

根据面污染源发生区域的不同，面源污染可分为农业面源、城市面源、矿山面源、大气沉降等。

农业面源是最主要的类型，污染源发生在农田、菜地、草地、森林和村庄等区域。污染物包括来自农业生产所带来的氮、磷和农药，农村水土流失造成的泥沙，还有农民生活所产生的干厕所粪便、生活垃圾、洗涤用化学品，以及牲畜饲养生成的动物粪便和食物残渣。农业面源分布范围广泛，贡献量大，是面源污染控制的重点和难点所在。影响农业面源的主要因子是土壤入渗性能、污染物累积程度和土地利用的人为管理三个方面。土壤入渗低的地块具有高产流潜势，由污染物高累积度与低入渗性能耦合形成的区域成为降雨过程中输出污染物的关键源区。在大多数农业面源研究中发现，村庄往往是最重要的关键源区，在一般的降雨条件下，它单位面积产生径流多，径流中总氮、总磷和有机物含量也都比较高。

城市面源污染也被称为城市暴雨径流污染，是指在降水的条件下，雨水和径流冲刷城市地面，污染径流通过排水系统的传输，使受纳水体水质污染。和农业面源污染有所不同的是：城市的商业区、居民区、工业区和街道等地表含有大量的不透水地面，这些地表由于日常人类活动而累积有大量污染物，当遭受暴雨冲刷时极易随径流流动，通过排水系统进入水体（彩图 1-2、彩图 1-3）。城市面源污染依据其独特的下垫面特征和高强度的人类干扰性，其产生与输出具有与农业面源污染明显不同的规律。城市的面源污染是城市生态系统失调的结果；城镇人口密集，各种人类活动和生产活动频繁，产生的污染物具有面广、量大的特点。从时间上看，污染源排放具有间断性，污染物晴天累积，雨天排放；从空间上看，受排水系统的影响，小尺度呈现出点源特征，而在较大尺度上显现为面源。从污染物种类上看，城市面源污染物有总悬浮物（TSS）、总氮（TN）、总磷（TP）、COD、大肠杆菌、石油烃类、重金属、农药等，污染物种类、排放强度与城市的发展程度、经济活动类型以及居民行为等因素密切相关，自然背景效应很低。

近年来随着城市环境基础设施建设投资和运行机制的改变，城市污水处理厂建设加快，处理量逐年增加，城市污水处理率不断提高。2004 年，全国城市污水排放总量为 355亿 t，城市污水处理能力达到 160 亿 t。虽然由于种种的原因，目前我国城市水环境的问题主要还是点源，如很多城市没有污水处理厂、已建污水处理厂不正常运行、管网收集能力低下、工业企业废水偷排等。但随着政策法规的完善，管理能力的提高，排水系统基础建设的增强，城市面源污染的所占比例日益提高，对城市水系构成严重威胁。参考国际城市的经验，城市污水处理仅靠二级处理不能有效控制水体恶化。据报道，日本东京都污水处理率达 95% 以上，河川水质虽明显改善，但东京湾富营养化仍有增长趋势。

我国的水环境质量和发达国家相比有很大的距离。全方位地控制各种污染源，包括工业点源、城市污水、农村面源已经成为各级政府的共识。相比其他污染源，人们对城市面源，包括暴雨溢流，还缺乏足够的认识。近二十年来，我国社会经济快速发展，新城区面积迅速扩展，旧城区仍存在脏差现象，造成城市面源污染加剧，大量污染物由地表暴雨径流排入水体，由城市面源污染引起的水环境问题已经严重地制约城市的经济和社会的可持续发展。科学认识和有效控制城市雨水径流所带来的面源污染，是目前城市水环境质量改善和水生态保护的重要任务之一。

1.2　城市生态系统及其水文特征

要研究城市的面源污染负荷，必须要知道降雨后水在地面、水体、土壤及大气中的分布和它们的相互转化。分析径流洪峰流速、径流流量和流量时间分布是设计排水设施的基础。我们在设计控制洪峰流量和面源污染的构筑物和进行运行维护时，可以利用水文学知识来估算暴雨产生的洪水强度、流量及其在不同时间的分布，了解洪峰流量和单位时间关系的流量过程图。分析误差将导致一些问题，如排水设施过小而产生城市洪水，而过大则将导致建筑设施造价不必要的过高。另一方面，我们必须认识到汇水区的降雨量和产流量之间的关系是复杂的，任何水文学分析都是近似的，受很多客观和突然因素影响。

1.2.1　城市中的水系统和水循环过程

面源污染的发生与水文循环密切相关，面源污染负荷与降水量、降雨强度、下垫面性质密切相关。城市生态系统的水循环是降水进入城市生态系统后，经过下渗、径流和人类使用后流出生态系统的过程。

城市生态系统中的水循环包括两种途径：一是水在自然中通过降水、径流、蒸发等水自然循环过程；二是人类活动通过取水、用水、废水排放等的水社会循环过程。城市生态系统的水循环过程与自然生态系统具有较大差异（图1-1）。

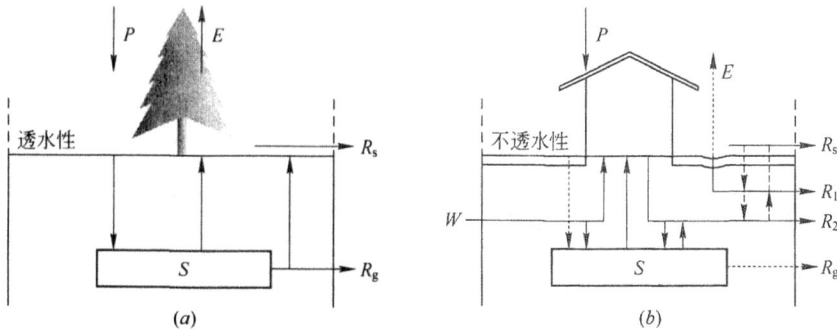

图 1-1　自然生态系统和城市生态系统水循环过程差异

(a)自然地域；(b)都市

P：降水；R_s：径流；E：蒸发；S：地下水；R_g：地下水流出；R_1：雨水道；R_2：污水道；W：供水

对于一个生态系统或区域来说，水量平衡一般表示为：

$$P + R_{地表} + R_{地下} = E + R'_{地表} + R'_{地下} + S \tag{1-1}$$

式中： P——降水量；

$R_{地表}$、$R_{地下}$、$R'_{地表}$ 和 $R'_{地下}$——分别为输入、输出地表和地下水量；

        E——蒸腾蒸发量；

        S——蓄水量。

在城市生态系统中，由于社会经济发展的需要和生态系统结构的改变，水平衡分量与自然系统对比，发生了变化，表现在以下方面：

1）降水：由于城市热岛效应等对区域大气环流的作用，城市对蒸发和降水有一定的影响，在一些大的城市或工业区，年降雨量一般比周边地区高 5%～10%。目前有些学者已经开始关注，但目前研究结论的不确定性非常大。

2）地表和地下水的输入：由于生活生产用水的需要，一般城市都需要在系统外修建一些取水设施，包括水库、水井及其相配套的输水管道，增加了城市生态系统水的输入总量。

3）水的输出：城市中通过布设人工排水系统，包括雨水管道和污水管道，将降水快速排出城市，将生活生产废水排放到自然水体，或污水经处理后再排放到自然河流或湖泊。

4）蒸腾蒸发：和自然系统比较，城市植被的减少降低了植物蒸腾和土壤表面蒸发，更多的降水以地表径流的形式输出。

5）蓄水：在城市中修建一些人工湖泊将增加城市的蓄水量，但城市在形成过程中一般都破坏原有地貌的湿地结构，造成能蓄水的洼陷结构减少；城市中修建的人工构筑物具有不透水表面，蓄水能力远小于植被和土壤，因而总体来看，城市的蓄水能力是降低的。

6）地下水和地表水间交换：城市不透水层阻挡了降水的下渗，造成了城市地下水的补给量严重不足，再加上城市抽取地下水，往往会造成城市地区的地下水位下降。

城市排水管道的铺设，自然河道格局变化，排水管道密度大，排水速度快，使水向排水管网中的输送更为迅速，引起洪水流量增加，流速加大，集流时间加快，汇流过程历时缩短，这样暴雨造成的危害会增加。在暴雨径流过程中，表现为流量曲线急升急降，峰值增大，峰值出现时间提前，雨停之后，补给退水过程的水量少，整个洪水过程线底宽变窄，增加了产生迅猛洪水的可能性。据研究，城市化地区洪峰流量约为城市化前的 3 倍，洪峰历时缩短 1/3，暴雨径流的洪峰流量预期可达到未开发流域的 2～4 倍（图 1-2 和图 1-3）。

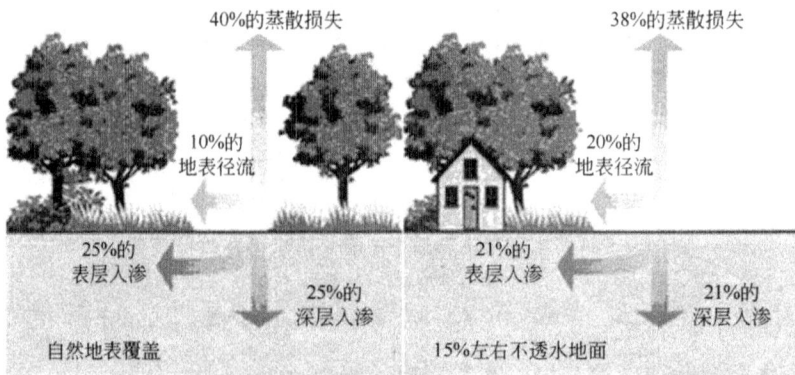

图 1-2 城市化过程增加了不透水地面覆盖率，从而加速了地表径流（一）

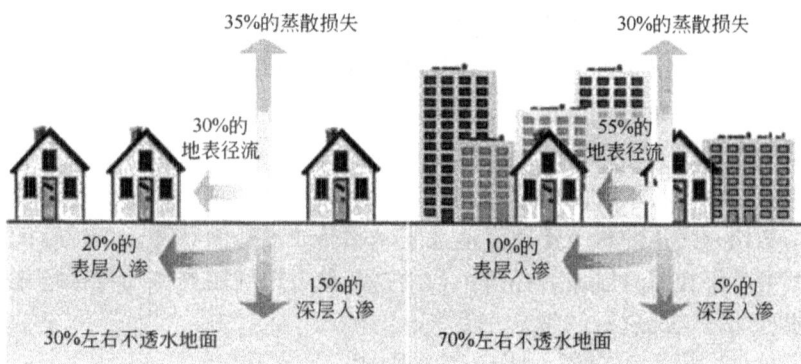

图 1-2　城市化过程增加了不透水地面覆盖率，从而加速了地表径流（二）

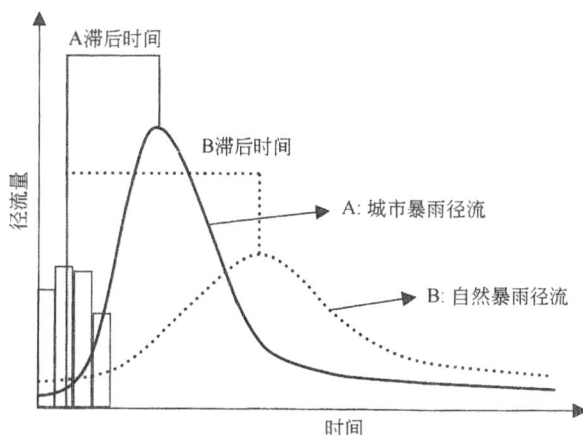

图 1-3　自然暴雨与城市暴雨径流过程比较

1.2.2　城市径流量的计算

计算降雨—产流的方法很多，有的是经验公式，也有概念性模型，也有复杂的计算机模型，如美国环保局的 SWMM 模型。每种方法在分析和设计暴雨径流都有自己的长处，但每一种方法都有局限性。因为水文模型数目繁多，有兴趣的读者可以通过文献查找，并通过计算机程序来协助应用这些模型。合理确定暴雨造成的径流强度，对提高城市雨水系统设计的科学性，优化城市排水、雨洪污染控制及水资源利用，增强城市的防洪抗灾能力都具有重要意义，暴雨强度计算公式直接关系暴雨强度的合理确定。本节将介绍几种简单的降雨—产流计算方法，可以让读者对城市面源污染负荷有所了解，并可用于对城市面源污染控制的规划，详细的以及可用于工程设计的较准确计算还要通过专业模型计算。

（1）径流系数法

一个流域或土地利用类型的径流深（mm）和降雨量（mm）之比就是这个流域或土地利用类型的径流系数（C）。

$$R=CP \tag{1-2}$$

式中：R——径流深，mm；

P——降雨量，mm。

径流系数（C）是一个统计型指数，它可用来计算这个区域一个较长时段的平均径流量。

自然下垫面和农村下垫面的径流系数一般在0.2～0.5之间，山区大于平原，湿润地区大于干旱地区。在城市生态系统中，由于植被和土壤的面积减少，不透水表面的增加，城市各类土地利用类型下垫面的径流系数要高得多。表1-1是5年一遇和10年一遇时城市各种土地利用类型的建议径流系数，径流系数受设计重现期、土壤类型、土地利用、平均坡度等许多因子影响。如当集水区的坡度增加时，选定的C值也应该增加。这是因为当集水区的坡度增加了陆地和渠道的水流流速，造成了水不易通过地面渗透。当估算的区域由多种土地利用类型混合组成时，区域的径流系数由这几种土地利用类型加权平均得出。在具体运用时还要根据实际情况进行调整。

各种土地利用类型的建议径流系数　　　　　　　　　　　　　　表1-1

区　域　描　述	径 流 系 数
商业区：	
市区区域	0.70～0.95
临近区域	0.50～0.70
居民区：	
别墅型居民区	0.30～0.50
公寓住宅区	0.50～0.70
工业区：	
轻工业区	0.50～0.80
重工业区	0.60～0.90
公园	0.10～0.25
运动场	0.20～0.40
铁路	0.20～0.40

当发生频率低、强度大的暴雨，需要在合理化公式中引入频率因子进行修正，即：

$$Q=CC_f IA \tag{1-3}$$

C_f 的取值见表1-2，C_f 与 C 的乘积应小于1.0。

合理化公式暴雨重现期校正频率因子　　　　　　　　　　　　表1-2

重现期(年)	C_f	重现期(年)	C_f
25	1.1	100	1.25
50	1.2		

径流系数还受土壤类型和地面坡度(表1-3)、土地利用类型(表1-1)及复杂流域合成径流系数(表1-4)影响。表1-3为选定的水文学土壤类型和坡度范围之内透水地表的推荐径流系数。渗透是指水透过土壤表层渗入到土壤中的行为。基于渗透率，美国土壤保持局把土壤划分成了以下四种水文土壤类型：

1）高入渗率，低径流，例如深厚砂土和砾石；

2）中等入渗率，例如中细到中粗质地土壤，如砂质壤土；

3）低入渗率，例如细质地土壤，如黏壤土，浅砂壤土，有机质含量少的土壤等；

4）入渗率非常低，例如膨胀和塑性黏土板块。

不同水文学土壤类型和坡度对应的汇水面径流系数　　　　表 1-3

坡度	A	B	C	D
平坦(0~1%)	0.04~0.09	0.07~0.12	0.11~0.16	0.15~0.20
平缓(2%~6%)	0.09~0.14	0.12~0.17	0.16~0.21	0.20~0.25
陡峭	0.13~0.18	0.18~0.24	0.23~0.31	0.28~0.38

注：引自 Storm Drainage Design Manual, Erie and Niagara Counties Regional Planning Board.

合 成 径 流 系 数　　　　表 1-4

土地利用类型	径 流 系 数
街道：	
沥青	0.70~0.95
混凝土	0.80~0.95
快车道和人行道	0.75~0.85
屋顶	0.75~0.95

注：引自 U.S. Department of Transportation, Federal Highway Administration, Hydraulic Engineering Circular No. 19, 1984.

应当注意的是，合理化公式是假定在整个区域内，集水区内所有的土地利用类型都是均一的。如果在集水区内土地利用类型不同时，应当通过水文模型中的水文曲线图推算集水区水文学过程。

（2）SCS 水文模型

SCS（美国国家土壤保持局）水文模型方法起源于美国土壤保持局计算径流比率，已经经过了半个世纪的发展和修订。SCS 方法的比较成熟之处，在于它同时考虑到了降雨的时程分配、降雨初期的截流和洼地贮存、降雨过程中渗透的降低。应用 SCS 方法，任何一场降雨实时或整个过程的径流都可以通过从降雨量中减去渗透和其他损失获得。SCS 方法的详细内容参见美国 SCS 工程手册第 4 部分（The SCS National Engineering Handbook, Section 4.）。

利用 SCS 方法可以发现峰流、流出水位曲线或通过修改 SCS 方法发现超过雨量图的降雨单位流量过程线。SCS 方法包括了以下基本的平衡和概念：

① 利用 SCS 方法的降雨—径流基本平衡可以发现径流容量；

② 用来决定降雨损失的径流曲线数（Curve Number）是以假定的整个集水区中土壤、土地利用和前期湿度为基础的；

③ 在全美国的地理学位置上利用了标准无量纲的暴雨分布；

④ 滞留时间是由基于计算到研究点的浓度时间来决定的。

从基本信息、峰流、水位图、暴雨和单位水位图可以发现：

① 利用 SCS 方法可以估算出径流峰值；

② 总流出水位图可以通过 SCS 表格方法或任何利用 SCS 单位水位线计算机模型开发；

③ 利用无量纲的单位流量过程曲线，可以计算基于集水面积和滞留时间的单位流量过程线。

1）基本平衡和概念

以下为 SCS 方法中的基本平衡和概念。

① 降雨—径流平衡

累积降雨量和累积径流量之间的关系可以依据试验区内大量的土壤和植被覆盖条件通过 SCS 推导出来。这个平衡关系原来是为农业小流域日降雨和流域数据开发的。它是从记录一个昼夜的总降雨量数据发展而来的。SCS 径流用于估算 24h 的直接径流量或作为一种常规方法估算持续时间更短的降雨，方法核心的基本比例关系为：

$$F/S=Q/(P-I_a) \tag{1-4}$$

式中：Q——累积径流量，mm；

P——累积降雨量，mm；

I_a——减去产流之前的填洼、截留和渗透等初损；

S——流域当时的最大可能滞留量，mm；

F——后损，mm。

将 $F=(P-I_a)-Q$ 代入式(1-4)，得降雨—径流关系：

$$Q=(P-I_a)^2/[(P-I_a)+S] \tag{1-5}$$

I_a 和 S 的关系来自试验流域的数据，不必求算 I_a。将下述经验关系代入 SCS 径流平衡：

$$I_a=0.2S \tag{1-6}$$

研究显示，并不是在所有的情况下都存在上述关系，它是一个具有很大分散度的数据。有人建议 $0.1S$ 更适合 SCS 数据。当使用 $0.2S$ 时，必须注意平衡的假定。Bosznay 为避免 $0.2S$ 的假定(和曲线数的应用)，通过寻求一个直接决定 S 和直接绘制 Q 图来作为适用于各种假定值 $(P-I_a)$ 的 S 功能函数。

用 $0.2S$ 取代式(1-5)中 I_a 后，降雨—径流关系平衡变成 SCS 模型最常用的公式：

$$Q=(P-0.2S)^2/(P+0.8S) \tag{1-7}$$

SCS 模型中含有径流曲线数(CN)：

$$CN=1000/(10+S) \tag{1-8}$$

$$或 \quad S=1000/CN-10 \tag{1-9}$$

CN 是反映流域特征的一个综合参数，它与土地利用和前期土壤湿润程度有关。CN 的变化范围从 $40\sim99$；曲线数越大，单位降雨量产生的径流就越多。下面详细讨论 CN 值。

图 1-4 是式(1-7)的图示解法，可以在总降雨量和流域 CN 已知的情况下，获得累计

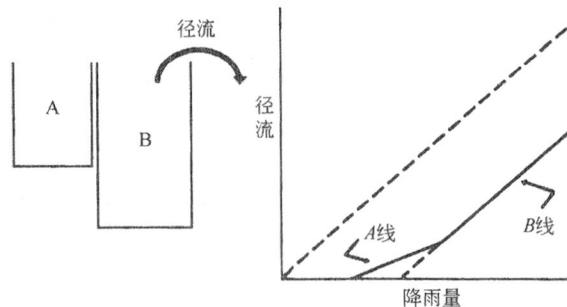

图 1-4 SCS 曲线的空间变异性

引自：Boughton, W. C., J. Irrig. and Drain. Eng., SCE, 113, 1987 年 8 月 3 日.

径流量。例如，如果降雨量为 165mm 降雨过程出现在一个 CN 为 85 的流域，那么直接径流量为 122mm。

通过对式(1-7)进行转换，图 1-5 中的 CN 族可以被整合为独立的曲线：

$$Q/S=2(P/S-0.2)/(P/S+0.8) \tag{1-10}$$

这个方程是一个随着空间变化的饱和溢流模型，并从纯物理学解释了曲线相似性（图 1-4）。图 1-4 说明了其推导过程。流域被考虑成一系列不同大小的水桶，每个桶都会在水满的时候产生径流。每个大小不同的桶在暴雨过程产生径流的点不同。当所有桶都满了的时候，径流量等于降雨量，此时图 1-4 中降雨—径流直线逼近 45°。如图 1-4 所示的两个水桶的简单例子中，当桶 A 中水满并开始产流时候，线 A 出现。当桶 B 水满了的时候，径流开始与降雨量相等，并且整个流域开始产流。对实际流域来说，会有上百万大小不同的桶。一些桶几乎会立刻产流。当越来越多的降雨发生时，流域的响应曲线缓慢达到了 45°的点线。直线向右的位移是因为较干燥的初始条件或较大的初损或多孔土壤造成的。

Hjelmfelt 的研究表明，这个方程是一个有效的频次转化器，把降雨转化成同频次降雨的径流。尽管有很多关于此模型的争议或质疑，但是它是受到美国和国外的广泛关注和应用。

② 径流曲线数(Curve Number)

在水位图应用程序中，径流经常被看做降雨过剩部分或有效降雨——所有的定义都是指降雨量超过土地的渗透能力或其他的持水能力。影响降雨—径流关系的主要流域物理特性是土地利用、土地处理、土壤类型和坡度。

土地利用是流域覆盖，它包括了农业和非农业利用。植被类型、水面、道路、屋顶等都是土地利用的一部分。

SCS 方法利用土壤条件和土地利用(地表覆盖)组合来赋值一个区域径流因子。这些径流因子，被称为径流曲线数(CN)，表明一个区域在土壤未上冻时的径流潜力。CN 值越高，产流潜力越大。

应该考虑到城市化对自然水文学土壤的影响。径流 CN 也随着前期土壤湿度条件改变。总的来说，对给定的一场降雨，如降雨前 5 天有降雨，就会产生较大径流。在降雨过程中前期土壤湿度条件同样也是变化的。干燥土壤上的大暴雨可以在降雨过程中把土壤湿度从干到潮，再到湿。

这里有一系列有关径流因子的表格。第一类表(表 1-5)给出了各种土地利用的 CN 值。它是基于平均土壤前期湿度条件下给出的，如设计降雨时，上壤既不太干也不太湿。CN 值的选择前应该对实验流域进行野外调查和区块和土壤分类。

在处理城市区域 CN 值时应该考虑不透水面比率和径流从不透水面到集水区的平均传输量等因素。例如，不透水面是否直接连接到排水系统，出口是在草坪还是其他可以发生渗透的透水面。表 1-5 给出的 CN 值是基于不透水面直接连接的区域。如果径流直接从不透水面流入排水系统，那么这个不透水面就被认为是直接连接的。如果径流从发生在浅的槽流中，流经透水面后进入排水系统，这种情况也被认为是直接连接。城市区域的 CN 值可以被非直接连接的透水面减少。

城市区域径流曲线数(CN) 表 1-5

覆盖描述、覆盖类型和水文学状况	不同水文学土壤分组的 CN 值				
	不透水面平均百分比(%)	A	B	C	D
城市绿化开阔地(草坪、停车场、高尔夫球场、公园等)					
差(草覆盖度<50%)		68	79	86	89
中等(50%<草覆盖度<75%)		49	69	79	84
优(草覆盖度>75%)		39	61	74	80
不透水的停车场、屋顶、行车道等		98	98	98	98
街道:					
硬化道路(含人行道)		83	89	92	93
砂路(含人行道)		76	85	89	91
市区:					
商贸区	85	89	92	94	95
工业区	72	81	88	91	93
居民区:					
房屋密集类	65	77	85	90	92
别墅类	30	57	72	81	86
正在开发中城市区域	77	86	91	94	

③ 前期湿度条件

大多数给定的 CN 值都是限定在标准状态下的。干燥的条件将会增加有效蓄水量,平移图 1-5 中曲线(如较低的 CN 值),潮湿的条件用尽有效蓄水量,导致 CN 值较高。

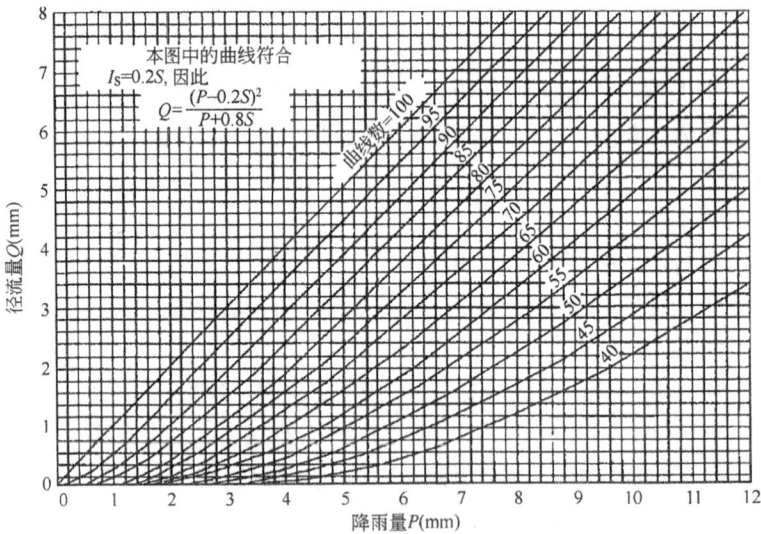

图 1-5 SCS 方法的降雨量与径流量关系图

[引自:U. S. Department of Agriculture, Soil Conservation Service, Engineering Division, Urban Hydrology for Small Watersheds, Technical Release 55(TR-55), 1986.]

任何一个降雨事件的实际 CN 值都可以从降雨—径流二次方程式中计算:

$$CN = 100 / \{1 + 1/2 [P + 2Q - (4Q^2 + 5PQ)^{\frac{1}{2}}]\} \tag{1-11}$$

以下讨论关于在不同不透水面 CN 值的修正。不透水性是可以利用一个栅格化的航空图片和一个最少为 200 个栅格交叉点上采样点估算。

④ 合成曲线数

当集水区多于一种土地利用时，合成 CN 在分析中可以被计算和应用。应该注意的是，当合成 CN 被应用时，分析不是要考虑土地利用的具体位置，而是要把流域看做是土地利用均一的合成曲线数呈现。

⑤ 降雨

SCS 方法是基于 24h 降雨分布，降雨分布形状取决于降雨在美国境内的位置。SCS 方法从分析许多的降雨纪录获取了降雨时程分布数据。

对于一场给定的持续时间和降雨分布的降雨，持续时间越短就会处于在 S-曲线斜率最陡的部分。例如，一个 6h 的降雨将会处于 24h 降雨分布的中心（时间为 9h 为 0.1467，15h 为 0.8538）。

⑥ 滞后时间计算和浓度时间

关于定义滞后时间和瞬时浓度的说法很多。SCS 认为不要将其简化成简单的计算"水流通过水利学系统的理论线速度"。滞后时间 (T_1) 实际上是流域每断面浓度的加权时间差。在水文图分析中，它是指从降雨量中心时刻到水流流出峰值时刻的时间段。浓度时间 (T_c) 是指水流从流域水力学最远的点到出水口的时间段。

流域的平均坡度，同全长和地表漫流阻力，是主要影响径流通过流域速率的主要影响因素。然而，不同降雨事件造成的不同滞留特性，季节变化和城市化都会影响滞后时间。

2）用 SCS 方法计算区域径流的实例

对于这些暴雨所能产生的地表径流，我们用 SCS 对某待建城区进行了预测计算。该方法可预测 t 日 P(mm)降雨在地块产生的地表径流 Q(mm)，其方程为：

$$\begin{cases} Q=(P-0.2S)2/(P+0.8S), & 当 P>0.2S \\ Q=0, & 当 P<0.2S \end{cases}$$

式中：P——降雨量，mm；

Q——地表径流深，mm；

S——滞洪系数，mm。

滞洪系数用下面方程计算：

$$S=(25400/CN)-254$$

式中，CN 为曲线数。因本地区土壤为黏土，在计算中我们设其 CN 值为 92。计算得到的多年一遇的特大暴雨降雨量与产径流量见表 1-6。图 1-6 是用 SCS 法得出的日降雨的雨量—径流深关系图，以及与本地常用的径流系数法（C 为 0.55）计算得到的日径流量关系的比较。

某地区 24.9km² 面积特大暴雨的降雨量与产径流量　　　　　　表 1-6

	24h 降雨量	径流深	产径流总量
1 年重现期	67.7mm	46.9mm	117 万 m³
2 年重现期	85.0mm	63.2mm	158 万 m³
5 年重现期	107.9mm	85.2mm	212 万 m³
10 年重现期	125.2mm	102.1mm	254 万 m³
20 年重现期	142.5mm	119.0mm	297 万 m³

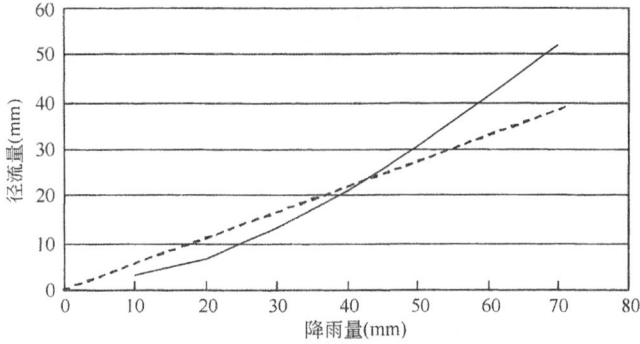

图 1-6 用 SCS 法与径流系数法(虚线，C 为 0.55)计算
得到的日降雨—径流深关系图

图 1-6 中可以看出，在设 CN 值为 92，当地径流系数相当于 0.55 时，这两种计算方法的结果有明显差异，小雨和中雨时，用径流系数法计算的结果大于 SCS 法的结果。当该日为大雨或暴雨时，用径流系数法计算的结果大于 SCS 法的结果，降雨量越大，这两种计算的差别越大。一般认为，在计算城市和区域泄洪过程时，用 SCS 法比径流系数法计算得到的日径流量和洪水产生量更接近事实。

目前，我国城市雨水排水的设计暴雨标准、选样方法和频率曲线理论分布方面与城市的发展不相适应，解决城市内涝的主要依据——城市截雨强度公式的设计、计算问题，囿于当时资料条件的限制，存在资料系列年份较短、代表性比较差及理论方法上的诸多问题(邵尧明，2008)。主要表现在：

① 重现期的标准偏低

目前一般采用 0.25a、0.33a、0.5a、1a、2a、3a、5a、10a 共 8 个重现期，设计标准偏低。根据我国城市化、现代化发展的需要，重现期扩大到 $TM=2.0-100a$ 较适宜，但重点为 $TM \leqslant 20a$ 的重现期雨强分析。

② 时段的短缺

当汇水面积较大时，所取的降雨历时较长，按公式计算得出的下游管段的设计流量公出现较大的偏差。现行标准规定了 5min、10min、15min、20min、30min、45min、60min、90min、120min 共计 9 个时段，这不能适应城市规模不断扩大的实际需求，另一方面无法为城市暴雨期间校核积水、退水时间分析提供详尽科学的技术参数。

③ 选样方法限制各地编制公式进程

由于当时制定室外排水设计规范时，降水观测资料年份系列比较短缺，暴雨强度公式的统计需要较多的样本容量，规范提出了年多个样法为过渡方法。作为统计的基础资料，水文、气象部门整编的短历时暴雨资料均不能满足现行规范的选样要求，这是限制各地暴雨强度公式编制的主要原因。

邵尧明(2008)收集了浙江省 700 余个雨量站的雨量观测资料的基础上，经分析比较后选取位于城市地区和资料系列较长的 48 个站点、1688 站/a 雨量资料，通过模型的比较分析，采用高斯—牛顿法统计暴雨公式与对应的设计暴雨强度、历时、重现期资料的绝对方式、相对均方法，整个过程由计算机一次性计算完成。

1.3 城市面源污染对水环境的影响

随着我国城市化进程的加快，可渗透地表的面积比例越来越小，由暴雨径流产生的突发性的、冲击性强的城市面源污染已成为城市水环境恶化的重要原因之一。资料表明，在我国 90%以上城市水体污染严重，很多城市河道和湖泊有黑臭现象或发生水华，严重影响我国城市的社会经济可持续发展和对周边区域的辐射带动作用。

研究城市面源污染对受纳水体的影响是城市地表径流污染研究的重要组成部分，包括对水生态系统的结构、功能，以及生态系统的健康性、稳定性和可持续性的影响等。国外于 20 世纪 70 年代初开始这方面的研究，迄今已有了许多研究成果，并将之应用于控制径流污染的实践中。

城镇地表如商业区、街道、停车场等，聚集了一系列降雨径流污染物，如油类、盐分、氮、磷、有毒物质及城市垃圾，在降雨过程中雨水及其形成的地表径流冲刷地面污染物，通过排水渠道或直接进入江河湖泊，造成地表水污染。面源毒性污染物（包括本身无毒，但可诱发其他污染物毒性的物质）进入地表水环境，造成的不仅是污染指标的超标，而且还会产生污染物的协同作用，直接对水生生物构成危害，并通过食物链最终影响到人类本身。近年来，人们越来越重视暴雨径流中多种污染物对城市水体的多重胁迫影响、潜在安全风险和复合污染效应。

地表水体的环境质量由水质、底泥和水生生物三部分的状况决定，这三部分是在相互依赖与相互影响中组成的一个统一整体，任何一个部分的性质改变，都可能引起整个生态系统平衡的失调。城市地表径流中污染物的种类、浓度及雨水排放量决定对地表水体影响程度。降雨状况及气候状况决定雨水排放量的大小，集雨流域的特点和功用决定着排放的污染物种类和浓度。城市区域内携带着不同种类和浓度污染物的降雨径流和合流制下水道溢流（CSO）会对受纳水体产生急性或慢性的冲击，产生物理、化学、生物以及联合效应。其中，物理效应包括水流（诸如洪水、侵蚀、生境被冲溃等效应），颗粒沉降物（造成生境破坏，干扰水质过程，对水生生物和污染物迁移的影响），以及引起水体密度分层（造成水层混合的破坏）。化学效应包括合流制下水道溢流中的生物可降解有机物（导致溶解氧耗竭），以及在暴雨水和合流制下水道溢流中经常出现的复杂的化学混合物，如营养物质（引发富营养化现象）、痕量金属、氯化物、POPs、杀虫剂和碳氢化合物等（具有急性、慢性毒性和遗传毒性）。微生物学效应包括暴雨水和合流制下水道溢流中来源于排泄物的细菌和病毒。它还影响城市的景观。上述这些因素会改变原有水生态系统的正常结构和平衡关系，如改变水体的化学动力学、能量动力学、食物网、物种的疏散和迁移、生态系统演化的受扰、关键物种的丧失、生物多样性降低，从而造成了水体水质发生转化或恶化。由于城市面源污染对受纳水体在这些方面的影响而造成的水环境问题，可能会改变受纳水体作为饮用水源或生态保护区的价值，从而严重破坏了区域水资源的正常用途。

应当指出的是，城市径流质量及其污染效应是与其他水质问题相关联的。就污染源而论，城市径流能够传输某些市政污水（在合流制下水道溢流的情况下）和某些工业来源的污染（意外溢流事故、违法排放、灰水）。暴雨和合流制下水道溢流的处理将产生沉积物和污泥，需要在垃圾填埋场处置。城市径流也可以传输来自各种城市污染源的POPs、杀虫剂、病原体和微生物。暴雨水和合流制下水道溢流排放可以引发受纳水体的富营养化。城市径流本身也会受到气候变化的影响，这在某种程度上也会影响到城市径流的产生量及其时空分布、径流的质量，以及径流控制和处理设施的正常运行。

在武汉汉阳地区进行的采样监测结果表明，城市降雨径流具有明显的初期冲刷效应，初期径流和颗粒态污染物对水体的污染负荷贡献量最大，是城市面源污染控制的关键。此外，具有较长晴天累积日数的降雨事件更容易产生较高的城市面源污染负荷，在城市面源管理中需引起足够重视。

下面从耗氧有机物、氮磷营养元素、重金属、有毒有机物等方面来阐述城市面源污染对水环境的代表性影响。

1.3.1 耗氧有机物对城市水体的影响

城市中人类聚居度高、活动强，土地不透水面积比例高，因此城市地表径流的来势迅猛，水量大，水质差，面源污染具有突发性。其中一个突出表现是径流会携带大量的耗氧有机物入水造成水中溶解氧的迅速损耗，影响了鱼类的生存，并且产生甲烷、硫化氢、氨和硫醇等难闻气体。一般而言，城市合流制排水系统雨天溢流对受纳水体溶解氧的影响较为严重。

耗氧有机物包括生物可降解的和非生物降解的耗氧物质。通常，这些物质可以利用水和废水分析的标准技术进行测定，并分别用化学需氧量（COD）和生化需氧量（BOD）来表达。地表径流中耗氧有机物的来源有自然发生源和人造物质来源，美国环保局针对美国受纳水体中主要污染物和/或相关联的污染过程的相对重要性进行了评估。结果表明，在受损的河流和溪流中，耗氧有机物的贡献率为8.1%，在受损的湖泊中，耗氧有机物的贡献率为6.3%。而且，耗氧有机物的污染过程很少例外地与城市径流有关。

因暴雨径流携带耗氧有机物造成水体水质恶化的现象不乏其例。比如，在武汉市的蔡甸区，2007年6月初就出现了一起因暴雨污染爆发，造成大约10万公斤鱼死亡，整个湖水面上漂浮着成片的死鱼（彩图1-4）。整个湖面形成了一个严重的污染带，湖面散发出刺鼻的恶臭。据悉，这主要是由于前几天，武汉突降暴雨，地处上游的汉阳区某泵站开闸放水，大量雨污合流水涌入了当地渔场，引起养鱼的水严重缺氧。

1.3.2 氮磷等营养元素对水体的影响

大量的氮磷等营养物质入湖后，造成湖泊长期维持富营养化状态，近年来我国湖泊因富营养化引起的"藻华"现象。发生时间越来越提前，频率越来越高，程度也越来越严重（彩图1-5）。研究结果揭示，除了点污染源以外，城市面污染源对水污染的贡献已到了不容忽视的地步。携带大量氮磷营养物质的地表径流排入受纳水体，就会导致水体中营养物质的浓度增高从而引起藻类和其他水生植物的大量繁殖，恶化水体感官性状，降低水体美学价值，破坏水体溶解氧平衡。地表径流对水体的潜在富营养化威胁应得到足够的重视。

1.3.3 重金属对城市水环境的影响

重金属是城市径流中的无机有毒污染物。城市地表径流中的重金属污染物的来源主要有：汽车尾气的排放，燃料或润滑油的泄漏，除冰剂的撒播，轮胎的磨损，制动器，杂物，工业排放，农药。

水体中的重金属是以颗粒态、胶体、溶于水的离子和分子的形式存在的，在水柱、沉积物和水生生物链之间发生着复杂的迁移转化。水柱中溶解态的重金属可通过物理化学和生物作用进入沉积物，进入水生生物和底栖动物体内，再由食物链网迁移到鱼体、鸟类和人体中。重金属的毒性影响有两种，其一为急剧的、快速的毒性影响，即由于毒物浓度过高而导致水生生物在短期内大量死亡；其二为长期的、慢性的毒性影响，即由于毒物浓度较低，水生生物在与水接触较长时间后才逐渐死亡。在进行城市地表径流对受纳水体的潜在毒性污染的研究中，需要考虑水生生物对金属的摄取及积累。

重金属对水体的主要负面影响通常主要在水生食物网的两个水平上进行检测和评估。絮凝的污染物趋于累积在湖泊底部的沉积物中，从而影响生根植物和底栖动物的生长。重金属污染的主要影响是发生在水生食物网的第三级消费者水平上。这是由于重金属在水生食物网中能够发生富集。人类因食用底栖鱼类而引起重金属积累，可以导致多种疾病的发生。

1.3.4　有毒有机物对水环境的影响

城市径流中有机有毒污染物包括杀虫剂、多氯联苯(PCBs)和多环芳烃(PAHs)，主要来源于园林绿地、菜地等施用的农药、机动车辆排放的废气以及大气的干湿沉降等。由于有毒有机物对水生生物以及人类具有长期的、持久性的影响，国外已将城市面源污染控制的重点逐步转向对水体产生重要影响的痕量物质以及持久性有机污染方面，除上述提到物质外，还包括内分泌干扰物质(EDS)和遗传基因改变物质(GMOs)。

1.4　城市面源污染控制的进展

城市面源污染问题的研究始于20世纪70年代初期的美国。法国、德国、澳大利亚等发达国家也根据本国雨水径流的实际情况开展了相关研究。我国于20世纪80年代初期在北京开展了对城市雨水径流非点源污染的研究，此后停顿了很长时间没有相关研究。由于缺乏系统深入的研究，目前在我国尚未建立控制雨水径流污染的工程技术和法规体系。因此学习借鉴国外城市面源污染控制研究的经验与举措，对我国该领域的研究有重要意义。

1.4.1　国外研究现状

美国对面源污染与暴雨事件关系的研究始于1930年，其时主要提出面源污染与洪水密切相关。卡西特利等人提出从立法上控制美国、加拿大的面源污染输入大湖，立法中规定农药的管理是根据保护生态平衡和防止剧毒性或耐久性农药在环境中的积累而进行的；着重控制在市场上能否得到农药，而对大湖流域的有关化肥的法律问题，其控制着重在制造、注册登记、分配方面。

20世纪60年代以来，日、英等一些发达国家也开始城市面源污染研究，主要是研究面源污染的分类特征。进入 70 年代中期，面源污染问题开始受到各国普遍关注和重视。全世界每年发表的有关面源污染的文献约有 500 余篇。美国水土保持局提出不透水地区的净雨量的计算方法，并且确定了哪类区域有产流趋向。到 80 年代，其因素分析和污染物的迁移转化机理研究更加深入，并研究了大气层污染物通过输送与沉积进入地表水。该领域研究分类为 4 项：①城市和工业排污；②全球性输送和沉积（高层大气）；③自然和农业活动的排污；④污染物转化与损失率研究。90 年代，微生物的迁移成为面源污染物迁移、转化研究的新的增长点，进而开展了面源污染扩散与负荷的模型研究。如针对城市污染模拟模型，美国提出了暴雨水管理模型（SWMM）、贮存处理与溢流模型（STORM）、贝特尔市城市径流管理模型等；针对农业与农村地区模型，提出了农药化肥迁移模型（ACTMO）、农业径流管理模型（ARM）、统一迁移模型（UTM）、农业管理系统中农药、径流与侵蚀模型（CREAMS）、区域性面源集水面环境响应的模拟模型（ANSWERS）等。SWMM 最初的版本后来由作者和用户进行修改，佛罗里达大学把结算透水性地区土壤流失的通用土地流失方程加入模型。

由于应用的目的不同，实际中面源模型的结构往往更为复杂，可能涉及水质模型、气候模型、作物生长模拟和管理控制费用估算等方面的子模型。在欧共体，第一个明确提出面源污染的官方文件是 1989 年欧盟委员会提出的一个直接建议，提出水质问题是由农田与城市硝酸盐的释放引起的。面源污染研究的基本内容主要集中于农田管理、滨岸流域管理、畜禽废物管理、农药化肥管理、矿业粉尘管理等，涉及环境化学、环境地学、水文学、农业经济、土地学、农学、生物学等多种学科。

20 世纪 90 年代初，美国提出了最佳管理措施（BMP），并逐渐完善对城市雨水径流污染的全面控制。经过十多年的应用和发展，由于城市"空间限制"和提倡"与自然景观的融合"，目前已发展为第二代 BMP，更强调与植物和水体等自然条件结合的生态设计和非工程性的管理方法，BMP 的各种措施更加科学和完善。BMP 已在美国、新西兰、德国等发达国家和南非的城市化地区成功应用。美国不仅提出全国性的雨水管理措施，许多州也提出了适合本州的雨水管理设计指南，如纽约州提出有效的雨水管理模式 SMP（Stormwater Management Practice），涉及雨水设计的可持续性、安全可靠性、易于维修、市民的参与程度和环境效益等方面，并制定了《纽约州雨水管理设计手册》，为雨水工程师提供了雨水技术性措施的具体设计标准和参数，包括景观设计的详细资料和 SMP 设计实例。新西兰也不断完善对城市雨水水质水量的控制管制措施。如奥克兰地区 1983 年发布的研究成果已涉及河流生态、资源合理利用、湖滨带管理、景观设计和相关法律。80 年代后期更详细地研究城市活动对雨水径流水质的影响及相应的控制措施，指出该地区径流中主要为 SS、COD、N、P、金属、杀虫剂等污染物。2000 年完成了控制雨水径流污染的技术手册，根据现场条件选择分散式技术措施，如湿地、自然水道、土壤渗透、天然植被带的利用等，为雨水径流污染控制提供更完善的参考依据。

在德国，BMP 也广泛应用于城市排水发展计划，于 1995~1998 年开发了城区降雨径流模型，包括雨水池贮存能力、集中和分散式的渗透系统、塘土壤渗滤和雨水利用等多种技术措施和管理决策方法。20 世纪 90 年代末，德国已基本实现对城市雨水的污染控制。

面源污染负荷定量化是水体污染管理规划和环境治理的重要基础。面源污染的定量研究就是对其负荷进行估算。要定量估算一定时段内面源污染负荷量，最基本的方法是监测所有降水过程的径流水质，但受客观条件限制，显然这是不可能的。因此，在进行面源污染的研究中，最为有效、直接的方法是建立数学模型，即在空间和时间序列上对面源污染的产生机理进行数学模拟分析，从而对研究区域内发生的复杂的污染过程作定量描述。人们对面源污染的认识和研究经历了由现象因果认识分析、机理模型开发到与计算机现代技术结合产生大型模型的3个发展阶段。在发达国家，城市面源污染研究起始于20世纪70年代，早期的模型研究集中以土地利用对河流水质产生影响的认识为基础，对降水径流污染特征、影响因子、单场暴雨和长期平均污染负荷输出等方面进行了研究，以统计模型为主，建立污染负荷与流域土地利用或径流量之间的统计关系，著名模型有 SWMM、STORM 模型等。到20世纪80年代，美国农业部研究所开发的化学污染物径流负荷和流失模型，采用了美国农业部水土保持局开发的 SCS 水文模型来计算暴雨径流，充分考虑了污染物在土壤中的物理、化学形态和分布状况，为城市径流污染模型的发展提供了很好的经验。20世纪90年代后，在对过去城市径流面源污染模型多年应用经验进行总结的基础上，不断地完善已建立的模型，推出新的模型。同时，与面源污染负荷估算相关的流域开发方向、面源污染管理模型和风险评价成为本时期应用模型研究的最新突破点。随着计算机技术的飞速发展以及3S技术的广泛应用，一些功能强大的基于流域尺度的具有空间数据信息处理、数据库技术、数学计算、可数化表达等功能的超大型模型被开发出来，如由美国国家环保局开发的 BASINS 和美国农业部农业研究所开发的 AGNPS 等，这为城市面源污染的定量化研究提供了方便。

城区面源途中和终端控制往往受城市建筑、占地等条件的限制，实施改造难度较大，代价也很高。因此，除尽可能实施源头控制外，应力争在规划和基础设施建设时加以妥善解决。这就要求研究必须超前和到位。欧美一些发达国家在回头治理城市面源污染时付出了巨大代价，一些城市至今仍受其困扰。这种经验实在应该汲取。主要的技术措施有：路边的植草沟、植被截污带、建筑工地雨水沉淀池、合流制管系溢流污水的沉淀净化，分流制管系上的各类雨水池，氧化塘与湿地系统等。控制污染较重的初期雨水径流可有效地控制城市面源污染负荷。

(1) 美国的最佳管理措施

城市面源污染由于其影响范围广、不确定性因素多、成分过程复杂，因而控制的难度较点源污染更高。美国在20世纪60年代开始重视面源污染，于70年代末提出了农村和城市雨水资源管理和雨水径流污染控制的最佳管理措施(Best Management Practices-BMPs)，随后进行了不断地改进和完善。最佳管理措施 BMPs 是自源头起控制城市面源污染的一整套思想与方法的代表，已经在其他各国相继得到应用和发展。BMPs 是一个或几个措施的组合，目的是防治和削减进入受纳水体的面源污染物，使之符合水质目标，并要求在经济和技术上切实可行。美国环保局把 BMPs 定义为"任何能够减少或预防水资源污染的方法、措施或操作程序"，包括工程、非工程措施的操作和维护程序。其中非工程性措施包括法律法规措施、污染源控制等；工程性措施包括调蓄设施、渗透设施、植被控制和过滤设施等。

1) 最佳管理措施的优化设计

最佳管理措施的优化设计分为两个阶段：先进行敏感参数分析，再进行系统优化。其中，敏感参数分析的步骤为：

① 选择合适的模拟模型；

② 准备模型的参数；

③ 利用实测的数据进行模型各项模拟输出的调试；

④ 利用实测的降雨事件对模型进行验证；

⑤ 敏感性参数分析；

⑥ 管理措施的提出；

⑦ 管理措施的减污模拟结果。

系统优化的步骤为：

① 选择合适的优化模型；

② 管理措施的环境经济系数率定；

③ 管理措施的系统优化；

④ 成套方案的提出。

2）控制措施的选择

由于面源污染的控制措施种类繁多，所以决策过程可以分为两步：第一步根据应用区域的实际情况对各种控制措施进行筛选，确定适用的面源控制措施；第二步则根据先前筛选的结果建立面源污染控制的可行性方案，然后对方案进行分析和比选，最终确定适合当地情况的最优方案。

非工程性措施的内容和作用、效果难以定性和定量，因此筛选就比较困难并且偏重于经验判断。筛选过程中应根据应用区域的特点进行有针对性的选择。非工程性措施的实施有赖于政府部门特别是地方政府部门的职能，所以相关部门必须尽快制定和执行强制性的法律法规。非工程性措施的实施需要公众参与，因此相关措施必须考虑能够被公众接受。工程性措施则更为具体和有针对性，同时也具有更多的局限性，因此其筛选过程应该更为详细和精确。工程性措施的筛选主要考虑如下因素：

① 污染物的去除。所采用的控制措施对目标污染物必须能够达到期望的去除效果。

② 占地面积。由于城市土地资源紧缺，必须考虑处理措施的占地面积，而一些占地面积较大的地面工程性措施往往会受到限制。

③ 服务面积。每种工程性措施均有一定的服务范围，所选用的措施必须能够服务于整个相关排水区域，对于较大的排水区域在执行控制措施时应当进行分割。

④ 土壤特性。不同的工程性措施对土壤有不同的要求。渗透设施一般适用于透水性的土壤，而滞留设施一般适用于不透水性土壤，在执行过程中必须熟悉应用区域的土壤条件。

⑤ 地下水位。排水区域的地下水位对工程性措施的应用有较大的影响。一般来说较高的地下水位会限制渗透和过滤设施的使用，而人工湿地等措施则需要较高的地下水位。

⑥ 可行性。所选用的控制措施必须在技术和经济上可行。

对以上评价标准应进行细化并且进一步量化或者分级，从而建立较为详细的筛选标准，对拟采用的控制措施进行打分，缩小可选控制措施的范围，最终确立符合条件的面源污染控制措施。

3）方案的确立与比较选择

根据以上筛选结果对控制措施进行有机组合以确定面源污染控制方案。根据实际应用情况不同，方案可以是单个的控制措施，但是更广泛的应用则是包括法规控制、源头控制和工程性措施的综合方案。确定方案的常用方法有以下两种：

① 针对已知的城市面源污染问题和污染物削减要求确定方案。例如，为了控制水体富营养化，必须选用针对营养类物质的控制措施的组合。该方法的结果可能会侧重于工程性措施的应用，但是非工程性措施（如建立法规控制含磷洗衣粉的使用等）同样需得到重视。

② 对于一般的综合性控制目标，可以建立不同等级的面源污染控制方案。例如，可以根据污染物去除效率将方案分为低、中、高三个等级。最低等级的控制方案采用最简单、最经济的方法对主要的污染问题进行控制；第二等级的控制方案可以在最低等级方案的基础上，通过增加其他的控制措施或者扩大原有措施的规模来实现更高的控制目标；最高等级的控制方案可以在第二等级的控制方案基础上进一步扩充，以达到更高的控制要求。建立了若干控制方案之后，可以选择某种分析方法，如整体性分析、费用效益分析等对方案进行综合分析，以期得出合理的结果。

（2）英国的可持续排水系统

可持续排水系统（Sustainable Urban Drainage Systems，SUDS）中包含各种污染防治措施技术，源头径流削减技术以及一系列的收纳存储地表径流量的物理结构设计方法。污染防治措施包括许多简单易行的方法，例如，污染防治教育、正确的废物收集处理措施和油回收罐等。源头控制技术包含可渗透性路面和雨水回用系统，物理性构筑物包括植草沟、塘和湿地。这些构筑物应尽可能靠近"降雨区"从而对径流产生一定的稀释作用，可持续排水系统还提供了雨水排放之前的自然作用的一系列净化措施，包括沉淀、过滤、吸附、生物降解。可持续排水系统适用面很宽，从硬路面系统到软景观系统，均有很多设计方案可以选择。在技术已经成熟的发达国家，可持续排水系统可以起到增加美观舒适度并提高生物多样性的作用。例如，塘可以根据当地地形地貌特征，设计成为具有景观娱乐功能，又能够提供有价值的野生生物节点和长廊。

在可持续排水系统中设计方案的可选性为设计者提供了广阔设计构想和设计理念，并可充分利用原有的排水体系的设计构筑物。可持续排水系统为地区性排水系统的设计提供了多种选择。设计人员和工程人员也可以根据当地实际情况从中有选择最佳的设计和管理方案。

可持续排水系统主要是通过不同工程途径达到以下三个目标：

① 减少径流量（源控制技术）；

② 降低径流量流速以促进、沉淀和过滤（过程控制技术）；

③ 采用适当措施以利于径流排入地下水前进行处理（汇控制技术）；

需要说明的是采用可持续排水系统，应该将上述的径流量削减技术或污染控制技术纳入到城市的发展规划过程中。而且对于某一区域的排水问题，不必要对上述的三个过程方法均一一应用，可根据实际情况灵活运用。而且在某些区域内无法做到整个区域应用可持续排水系统，但这些系统可以并入到排水设计中并承担一部分径流量。对于一个排水系统而言，采用可持续排水系统具有如下注意事项：

① 首先应确定能够减少的水量以最大限度地节省投资。可以搜集屋面雨水进行回用冲厕、水景及其他。如果地理条件允许，对地下水保护及土壤进行充分考虑后，促渗是较

佳的选择。以上这些均应该在早期进行考虑。

② 所搜集的暴雨径流应遵循降低污染物水平、促渗、减容的技术路线来去除。

③ 如果需要的话，可在最终排放前在"汇"的角度进一步削减径流量并提高水质，采用积极措施控制洪水危机。

对比于传统排水系统，可持续排水系统具有如下优点：

① 提高和增强水质以及生物多样性；

② 维持或修整自然流域；

③ 保护人民及生物财产避免受到洪水危害；

④ 保护水源由于突发性的溢流或管道错接而产生的污染；

⑤ 在污水管道已满负荷运行的条件下仍可进行应用，并保护绿地资源；

⑥ 可以采用景观生态学的方法满足环境建设需要并兼顾社区需要；

⑦ 补给地下水资源；

⑧ 简化排水构筑物。

为了确保可持续排水系统的成功设计、建设及维护，开发者需要在最初始阶段将设计理念和设计计划及可行性技术应用纳入城市发展规划中。

传统排水体系对环境有一定的负面影响，且不可持续发展。可持续排水系统提供了一系列的技术体系，既可应用于待开发地域，也可服务于已开发建成的功能区域。但是为了使可持续排水系统发挥最大功效，开发者或建筑师等工程人员应该在区域开发的最初阶段就将可持续排水系统的理念和关键技术融入其中，这也是最关键的步骤之一。通过大区域地使用可持续排水系统以及可持续排水系统的长期运行，区域河湖水水质会明显得到改善，减少洪水带来的损失。

（3）低环境影响开发

低环境影响开发（Low Impact Development，LID）的理念最初是新西兰科学家提出来的。它在美国获得了长足的发展，和最佳管理措施有机结合，形成系统，并在很多城市进行了推广，所以不少人认为低环境影响开发是美国的技术。

低环境影响开发的着眼点是，城市开发必须要减少对环境的冲击。低环境影响开发技术首先从城市水文着手，其核心是构建都市的自然排水系统，如雨水花园、生态植草沟、可渗透路面、生态屋顶、绿色街道、雨水再生系统，合理利用景观空间来对面源污染进行处理和对暴雨径流进行控制。和传统的最佳管理措施技术如湿地、滞留塘、植草沟等不同的是，LID技术是通过分散、小规模的源头控制来达到对暴雨所产生的径流和污染进行控制，使开发地区尽量地接近于自然的水文循环。低环境影响开发技术的实施可使暴雨径流减少30%～99%，延迟暴雨径流峰值5～20min，有效去除雨水径流中的污染物，节省雨水回用成本，美化环境，减轻市政排水管网系统的压力。自然排水系统将雨水留住，对地下水进行补充。在第11章，2008低环境影响开发国际会议大会主席 Nian She 博士对美国西雅图市在开发、应用低环境影响开发，和对城市雨水的管理方面进行介绍。

本书在下面的各章里将把笔者在武汉水专项中开发的技术，和应用国外最新理念、技术，结合在一起进行论述，并用国内外的城市面源污染控制案例进行展示。

1.4.2　我国研究现状

国内对城市径流污染的研究始于 20 世纪 70 年代，但由于点源污染矛盾突出，面源的径流污染研究发展较慢。近年来，随着点源污染逐步得到控制，国内对城市降雨径流污染控制的研究已逐步深入展开。我国真正意义上的面源污染研究起始于对北京城市径流污染的研究，随后上海、杭州、苏州、南京、成都等城市也逐渐开展起来。在北京，针对水资源缺乏和河湖水系"水华"频繁暴发现象，系统地研究了降雨从源头到汇的排污规律、污染物负荷等，提出从源头截污到终端控制、雨水利用等一系列措施，并完成研究报告如《北京城区雨水径流污染控制与管理模式》、《北京城区雨水径流污染控制指南》、《北京城市雨水利用技术体系》和《北京城市雨水利用工程评价与管理体系》，部分相关内容已纳入"北京总规修编"，在许多雨水利用和水环境修复工程项目中得到应用。

与此同时，中国科学院在北京、上海等研究单位采用以剖析土地利用方式与污染负荷之间的内在联系为出发点进行研究。方法上，对于面源污染负荷的估算，清华大学傅国伟教授等人采取了两种方法：①直接立足于污染物在区域地表径流的迁移过程；②立足于对受纳水体的水质（及水量）分析，即通过对水体纳污量的分析计算，推算汇水区的污染物输出量。后者是一种"间接方法"，它抛开了污染物在区域地表的实际迁移过程，而只以对受纳水体所接受的污染物量的观测负荷，减去点源负荷（还应考虑迁移衰减的影响），而得出的面源污染负输出量或河库水体污染物输入量。

我国在系统地面源污染负荷模型研究方面已进入起步阶段，但模型介绍及模型与 GIS 结合技术尚不多，且由于参与的单位不多等诸多原因，因而显得步履蹒跚。我国城市面源污染研究起步较晚，且仅局限于城区径流污染的宏观特征和污染负荷定量计算模型的研究。其中污染负荷定量计算模型研究的方向有径流量与污染负荷相关性分析、水量单位线和污染物负荷的研究以及地表物质累积规律等。同时，随着计算机技术的高速发展以及研究实践的需要，遥感技术以及人工模拟实验技术都已运用到城市面源污染研究领域。到 20 世纪 90 年代后，分雨强计算城区径流污染负荷为城市径流污染负荷定量计算提供了新的研究方法。目前，利用 3S 技术进行面源污染研究的成果不断出现，为面源污染研究提供了有力的支持，也提高了面源污染的负荷精度。随着信息时代的到来，把各种信息技术应用于解决环境问题中已成为共识。地表层、亚地表层的空间时间的复杂性，使得面源污染模型的建立更加复杂化。为此，需要大量的描述物理、化学、生物等特性变化的数据资料。GIS 是其中之一，GIS 具有检索、存储、显示大量复杂空间与时间信息的功能。溶质传输模型与 GIS 结合也正是 GIS 与模拟田间、区域及世界范围的面源污染物问题的结合。GIS 提供了搜集及处理时空数据资料的有效方法。利用 GIS 较强的数据处理功能，可大大减少一些环境模型特别是面源污染模型应用中花费高、劳动力强度较大等弊端。因此，将 GIS 应用于面源污染控制模型将大大促进对非点源污染模型的研究。

1.4.3　治理与控制对策

面源污染来源归纳起来包括以下 12 个方面：土壤的侵蚀和流失、农用化学制品的应用、城镇地表径流、农田污水灌溉、矿区、建筑工地径流、大气干湿沉降、林区地表径流、旅游污染、水体人工养殖、农村生活污水、分散形式畜牧业养殖废水、底泥二次污染。面源污染具有发生随机性、机制复杂性、形成广泛性和影响延续性等特点。与点源污染相比,面源污染的时空范围更广,不确定性更大,成分、过程更复杂,因而加大了相应的研究、治理和管理政策制定的难度。归结起来,控制城市水环境面源污染主要有以下两个方面的途径:

(1) 工程方法

采用工程方法,在源—迁移—汇层面上对面源进行全面控制。针对大气污染和大气降尘,可以采取各种除烟尘的方式来最大限度减少面源污染物的排放;修建沉淀池、渗漏坑、蓄水池和处理污染的建筑物等,对控制径流污染具有良好的效果。同时,可以采取措施增加城市的透水面积,如在汽车和自行车停车场、人行道边侧等处使用透水地面,在不透水区布设透水带等对控制城市水环境面源污染也有重要意义。此外,对于河流底泥,可以采取工程方法进行疏浚,减少其向水体中释放的污染物。

(2) 非工程方法

主要是通过各种方式来加强管理,以达到控制污染的目的。具体的措施有通过经济手段来控制工业区面源污染物的排放;加强对城市船只航运的管理;严格控制城市绿地的农药及肥料的施用;加大城市街道的清扫力度;加强城市废弃物的收集与管理等。同时要运用各种形式来进行宣传教育,以调动广大城市居民对面源污染防治的积极性和参与意识。

另外,可以通过景观生态学的途径来控制城市面源的污染。其基本思路是先了解城市景观格局对面源污染源、污染物迁移过程和受纳水体的影响,明确面源污染与景观格局的关系,判定造成面源污染的主要原因和关键环节。在此基础上,根据城市面源污染控制要求,针对性地重新组合原有景观格局或引入新的景观要素以构建新的景观格局,并将可持续排水系统的理念融入规划之中,将景观规划与管理有机结合,增强城市景观异质性,从而实现对城市面源污染的有效控制。

(3) 我国的控制策略

我国面源污染强度较大,随着城市化进程,城区面源污染程度有加重的趋势。加上点源污染控制程度的不断提高,城区面源对水体污染的贡献份额还会升高。"十五"期间面源污染得到了充分重视,经过科研院所和高校的通力合作,针对城区面源污染的突出特征以及我国的实际国情,目前已初步形成适合我国国情的面源污染控制措施。

1) 集约式控制策略

面源污染的特征决定,需要有全方位的集约式控制策略才能达到有效的控制目的。一些国家已建立一套系统的控制策略。有代表性的如:美国对城市雨水径流的"最佳管理模式",新西兰奥克兰地区对雨水径流实施的"低影响控制"(low impact),以及德国人称之为"集中式和分散式"(central/decentral)控制措施。它们的核心内容包括以上提到的各种技术和非技术性措施。因此,我国的城乡面源污染控制也需要分别建立一套符合国情,行之有效的集约式控制策略。

2) 污染源的界定及其污染通量的确定

我国城区面源污染情况与许多发达国家有很大区别。目前最大的问题是,城区面源污染对相应的流域究竟有多大贡献,需要采取什么样的有效控制措施。因此,首先要明确界定面源污染的"源"及其"通量",做到有的放矢。这是面源污染治理的一项基础工作和前提。

3) 水环境污染治理应标本兼治

治理雨水污染，不仅要重视处理工艺，更应控制各类污染源。我国对待城市雨水的问题还停留在"雨污分流"的老观念，北京城区径流污染控制研究表明，初期分流装置的应用可控制屋面径流 COD 负荷的 80%，路面径流污染负荷达 60%以上，最佳模式中应提出从终端治理向源头治理转变的措施。

4）建立我国雨水径流污染数据库

我国雨水径流污染控制方面的研究起步较晚，应及早针对我国降雨类型、地理条件以及雨水污染等方面的情况建立适合我国国情的数据库，以全方位的径流污染研究工作为基础，开发源头的污染控制—汇的迁移机理与规律—污染物的终端生态控制的系列研究集成调控模型，为可持续排水系统地的制定奠定基础。

5）结合我国国情，充分重视非工程方法

我国是发展中国家，在目前资金比较困难的情况下，必须及早转变观念，重视面源污染的管理，鼓励群众积极参与，将非工程方法纳入控制径流污染措施中。

1.4.4 结语

国外发达国家自 20 世纪 60 年代开始研究降雨径流污染问题。迄今为止，在降雨径流污染源的控制和管理方面已积累了许多经验，为我国的降雨径流污染的控制有一定的参考和借鉴作用。我国水环境的降雨径流污染日益突出，成为改善区域环境质量的重要研究内容。20 世纪 80 年代以来，我国逐渐认识降雨径流污染问题的重要性，相继开展了城市和农村的降雨径流污染研究，并取得一定进展。但我国开展研究的时间不长，许多降雨径流污染的理论和方法还需进一步完善。鉴于我国降雨径流污染的严重性，今后应重点加强降雨径流污染的理论研究，了解降雨径流污染物的迁移转化规律，结合我国实际，提出切实可行、经济实用的控制管理技术、方法。

2 城市面源污染的产生规律

2.1 面源污染的成因与过程

2.1.1 城市降雨径流污染过程

（1）降雨—径流—污染物变化规律

城市径流污染是在降雨径流与地表污染物的相互作用下形成的。城市径流污染过程就是降雨及其形成的径流对地表污染物的溶解、冲刷，最终排放进入受纳水体的过程。因此，在武汉面源污染控制项目中，我们首先做的就是对多个不同类型城市区域中多场降雨过程、径流过程和面源污染负荷产生过程的研究。在一次降雨径流过程中，径流中污染物浓度随时间的变化特征主要取决于降雨径流特征和地表污染物的数量。以武汉市汉阳地区十里铺集水区 3 次不同水文特征条件下的降雨—径流—污染的变化过程为例，说明城市径流污染过程的特征，见图 2-1、图 2-2 和图 2-3。

这 3 次降雨径流事件分别是 2005 年 6 月 10 日、2005 年 6 月 26 日和 2005 年 8 月 3 日。2005 年 6 月 10 日的降雨量是 35.0mm，最大降雨强度出现在降雨的中期；2005 年 6 月 26 日的降雨量是 78.0mm，最大降雨强度出现在降雨的中后期；2005 年 8 月 3 日的降雨量是 41.3mm，最大降雨强度出现在降雨的前期。三场降雨代表了三种不同的雨型。

十里铺集水区面积为 1.3km²，人口密度为 13200 人/km²。"十五"武汉水专项开始前，汉阳墨水湖周边城区没有污水处理厂，排水管网多为雨污合流制。彩图 2-1 为十里铺集水区的合流制排水口出口。彩图 2-2 显示 2005 年 6 月 26 日一场 78mm 降雨后从十里铺合流制排水口排出的特急水流。街道上仍有很多积水（彩图 2-3）。

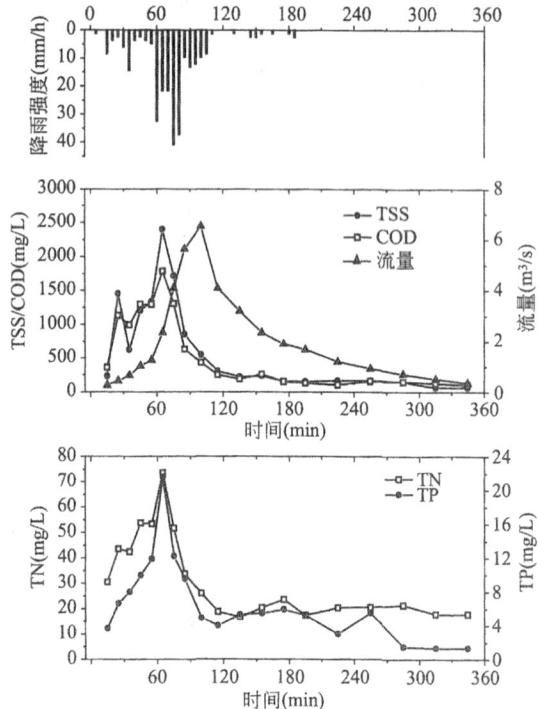

图 2-1 2005 年 6 月 10 日十里铺集水区降雨—径流—污染物变化过程

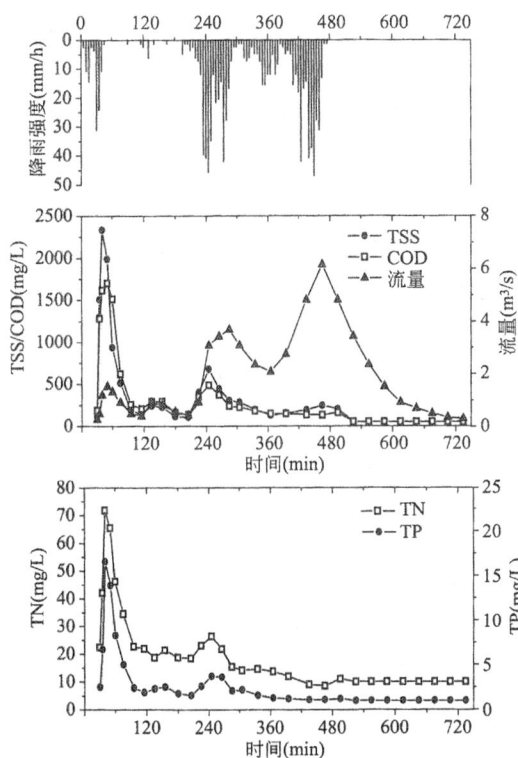

图 2-2　2005 年 6 月 26 日十里铺集水区降雨—
径流—污染物变化过程

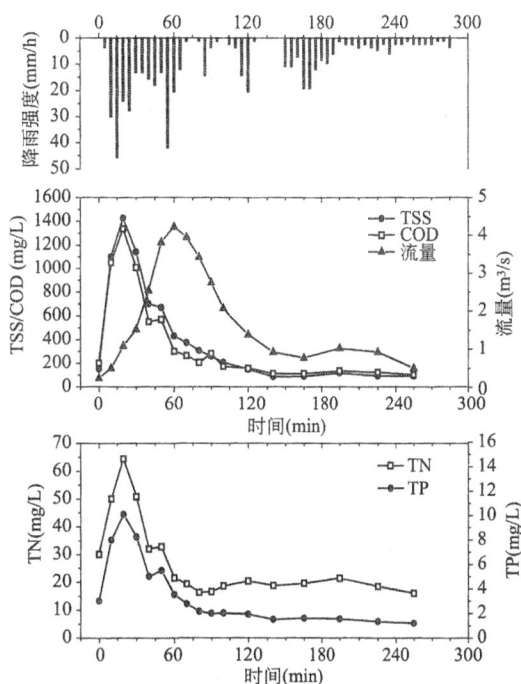

图 2-3　2005 年 8 月 3 日十里铺集水区降雨—
径流—污染物变化过程

城市不透水地表的出现，根本上改变了区域的水文过程，使得区域地表对降雨的响应加快。三次降雨径流事件的共同特征是随着降雨径流的产生和径流流量的增加，TSS、COD、TN 和 TP 的浓度很快升高，并达到峰值，之后污染物的浓度便迅速下降，趋于稳定。污染物 TSS、COD、TN 和 TP 浓度的变化特征基本相似。污染物浓度的峰值提前于径流的峰值，在整个径流污染过程中整体表现为初期径流中污染物的浓度高于后期径流中污染物的浓度，初期径流污染严重，是城市径流污染过程的基本特征。污染物浓度峰与径流峰的间隔时间同降雨强度与降雨雨型有关，表 2-1 是对 2005 年 8 场降雨径流监测过程中污染物峰现时间、径流峰现时间及两者间隔时间的统计，一次降雨事件初期降雨强度越大，污染物浓度峰与径流峰的间隔时间越短。

污染物峰与径流峰的间隔时间表　　　　　　　　　　　表 2-1

降雨日期	污染物峰现时间 （min）	径流峰现时间 （min）	间隔时间 （min）	最大雨强 （mm/h）	最人雨强出现时间 （min）
2005-04-08	10	30	20	40.8	15
2005-05-01	40	50	10	31.2	30
2005-05-17	20	95	75	32.4	75
2005-06-10	65	100	35	40.8	75
2005-06-26	50	465	415	46.8	450
2005-07-10	80	120	40	54.0	110
2005-07-22	40	90	50	82.8	50

注：时间从降雨开始计。

在 2005 年 6 月 10 日和 8 月 3 日径流污染过程中，在径流流量达到峰值前，虽然径流流量在继续升高、冲刷能力在增强，但是污染物的浓度已经开始下降，一方面是由于径流流量的增加稀释作用在加强；另一方面也说明集水区中累积的污染物在减少，降雨径流已经对集水区中累积的污染物形成有效的冲刷，表现为集水区中污染物相对于径流冲刷能力有限性的特点。这一特点是城市径流污染过程中初期径流中污染物浓度高于后期径流中污染物浓度的主要原因，即表现为城市径流污染的初期冲刷特征。而在 6 月 26 日的径流污染过程中，在径流流量第一次、第二次和第三次的增加过程中，污染物的浓度都有不同程度的升高。特别是在第三次径流峰值出现前，污染物浓度又一次出现升高的过程。尽管在城市径流污染过程中，城市地表污染物容易被径流冲刷、携带，具有初期冲刷的特征。但是 2005 年 6 月 26 日污染物浓度几次表现为升高的特点说明，降雨径流的变化对污染物浓度的变化特征具有重要的影响作用。当初期径流量的强度和量不足以对集水区中累积的污染物进行有效的冲刷，在降雨径流再增加的情况下，污染物的浓度还会再次升高，直至冲刷彻底。

以上是对降雨径流起涨、峰值、回落过程中 TSS、COD、TN 和 TP 浓度变化特征的分析，而溶解性污染物（TDN、TDP、NH_3-N、NO_3-N 和 PO_4-P）同 TSS、COD、TN 和 TP 的浓度变化特征存在明显的差异。图 2-4 和图 2-5 分别是 2005 年 6 月 10 日和 8 月 3 日十里铺集水区径流中溶解性污染物浓度随降雨径流的变化过程。两次降雨径流中溶解性污染物浓度具有相同的变化规律。

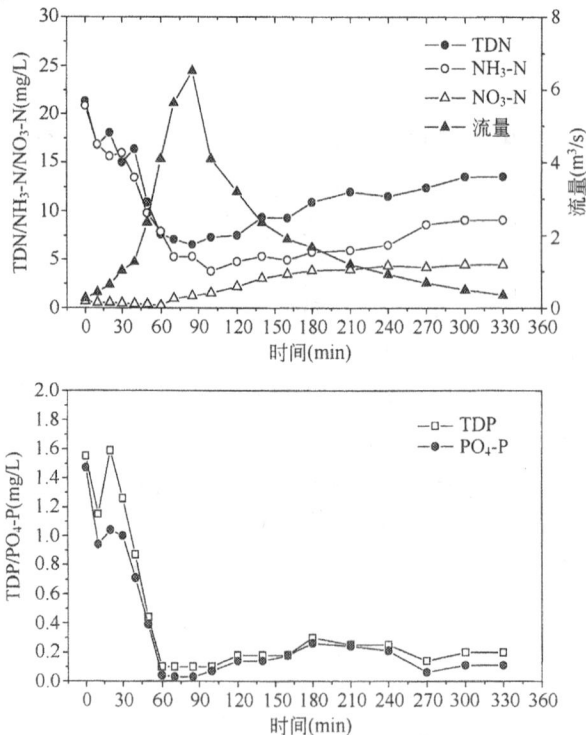

图 2-4　2005 年 6 月 10 日十里铺集水区径流中溶解性
污染物浓度的变化过程

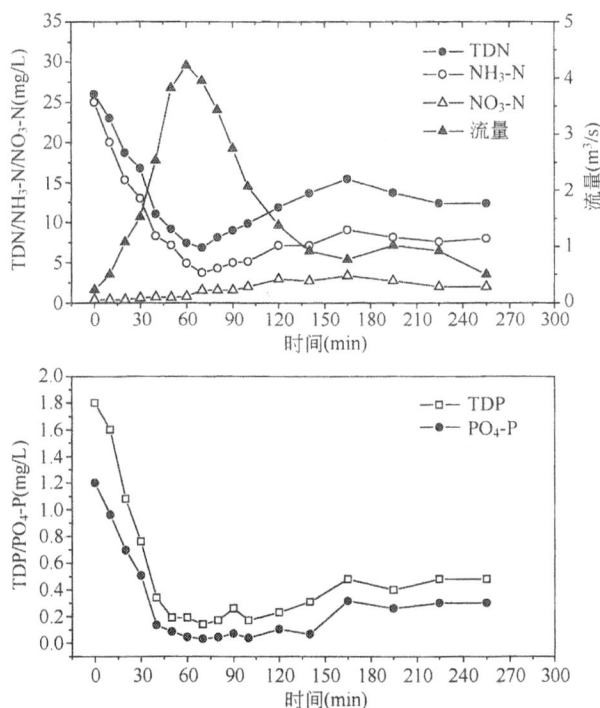

图 2-5　2005 年 8 月 3 日十里铺集水区径流中溶解性
污染物浓度的变化过程

在降雨径流过程中，TDN、TDP、NH_3-N 和 PO_4-P 浓度的变化同径流流量的变化呈
相反的趋势，随着集水区降雨径流的增加，这四种污染物的浓度下降，当径流流量达到峰
值时，TDN、TDP、NH_3-N 和 PO_4-P 的浓度降到最低，在径流的回落过程，TDN、
TDP、NH_3-N 和 PO_4-P 的浓度开始逐渐升高。在十里铺集水区降雨径流中 TDN、TDP、
NH_3-N 和 PO_4-P 浓度的变化特点主要受到排水体制的影响。十里铺集水区是雨、污合流
制排水系统，在降雨径流发生时，地表径流在经排水系统排放过程中，是同市政污水混合
在一起排放的，这是合流制排水系统城市径流污染的特点。对于溶解性污染物 TDN、
TDP、NH_3-N 和 PO_4-P 都是市政污水的主要污染物，而且浓度又很高，根据监测一般情
况下，TDN 和 NH_3-N 的浓度在 30mg/L 左右，TDP 和 PO_4-P 的浓度在 2mg/L 左右，所
以在降雨径流过程中，降雨径流对这些污染物都表现为不同程度的稀释作用。但是这并不
表示城市地表径流中就不含有这些污染物，只是这些污染物的浓度没有市政污水浓度高而
已，根据污染物浓度的降低程度同径流量的增加程度相比，径流中也含有相当部分这些污
染物。图 2-6 是降雨径流污染过程中，NH_3-N 负荷的输出过程，从图中可以看出在降雨径
流的初期 NH_3-N 的负荷是市政污水的 3～5 倍。

在降雨径流过程中，NO_3-N 浓度的变化特征不同于其他溶解性污染物。在整场降雨
径流中，NO_3-N 的浓度表现为逐渐升高的趋势。这可能是因为在径流的后期，径流的组
成发生了变化所致。尽管城市不透水地表占很大的比例，但是还是存在一些透水性地表，
如居民区的绿化用地、城市道路的绿色隔离带及城市中的裸露地。因此，在高强度的降雨
情况下，可能会出现淋溶过程，是 NO_3-N 浓度升高的一个原因。另一方面，城市不透水

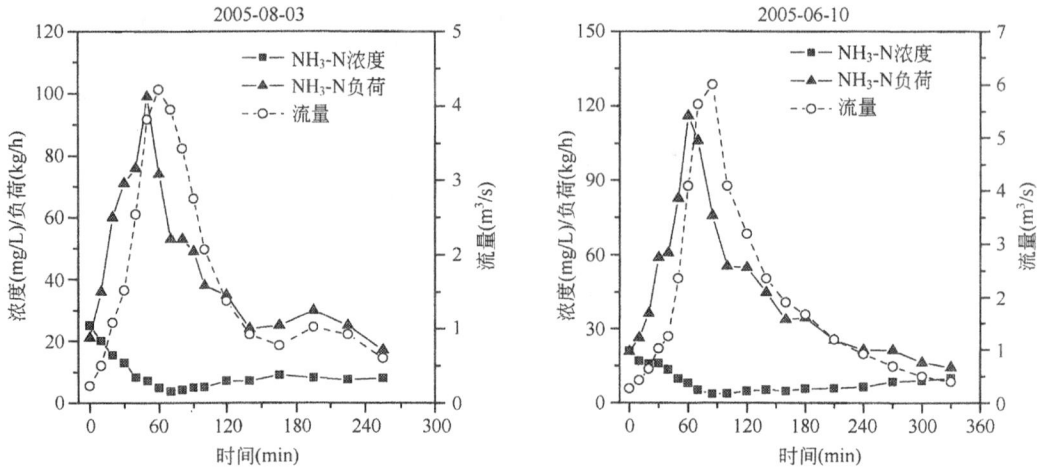

图 2-6　十里铺集水区降雨径流中 NH_3-N 负荷的输出过程

地表产流快，形成的径流来不及排放，会在城市地表造成滞水的现象，这使得径流同城市地表包括透水性地表的作用时间增加，可能会洗脱出一部分 NO_3-N。

（2）城市径流的污染组成及其形态特征

研究城市径流水质指标之间相关性的目的是确定污染物之间可能存在的关系，明确降雨径流污染的形成过程，另外对城市径流污染的监测具有重要意义，如果在某一地区确定了两种污染物之间的相关关系，那么通过分析某些指标，就可以根据相关关系确定另一些指标。表 2-2 是十里铺集水区水质指标之间的相关矩阵。从表中可知，TSS 和 COD、TN、TP 有显著的正相关关系，可以建立利用 TSS 的浓度预测 COD、TN 和 TP 的浓度，而溶解性污染物 TDN、TDP、NH_3-N、PO_4-P 之间存在显著的相关性。另外 NO_3-N 同其他污染物的关系是负相关。

十里铺集水区降雨径流水质指标之间的相关性（$n=96$）　　　　表 2-2

	TSS	COD	TN	TP	DCOD	TDN	TDP	NO_3-N	NH_4-N
TSS	1.00								
COD	0.96**	1.00							
TN	0.86**	0.91**	1.00						
TP	0.89**	0.89**	0.91**	1.00					
DCOD	0.42*	0.51**	0.54**	0.60**	1.00				
TDN	0.04	0.17	0.46**	0.22*	0.34**	1.00			
TDP	0.14	0.23*	0.42**	0.29**	0.39**	0.79**	1.00		
NO_3-N	−0.63**	−0.66**	−0.56**	−0.48**	−0.20	−0.13	−0.19	1.00	
NH_4-N	0.20	0.33**	0.55**	0.30**	0.34**	0.91**	0.76**	−0.41**	1.00
PO_4-P	0.07	0.17	0.35**	0.17	0.25*	0.79**	0.77**	−0.31**	0.80**

** 在 $\alpha=0.01$ 水平上显著，* 在 $\alpha=0.05$ 水平上显著。

如图 2-7 所示，TSS、COD、TN 和 TP 存在显著的相关关系，一方面说明降雨径流对它们的冲刷过程相似，另一方面也说明 TSS 是其他污染物的载体。TSS 是城市径流污染的主要污染物，且其富含耗氧物质和营养元素。NO$_3$-N 同其他污染物之间的负相关说明 NO$_3$-N 的污染行为同其他污染物不同，不只是地表径流的冲刷，可能有其他类似淋溶过程的存在。

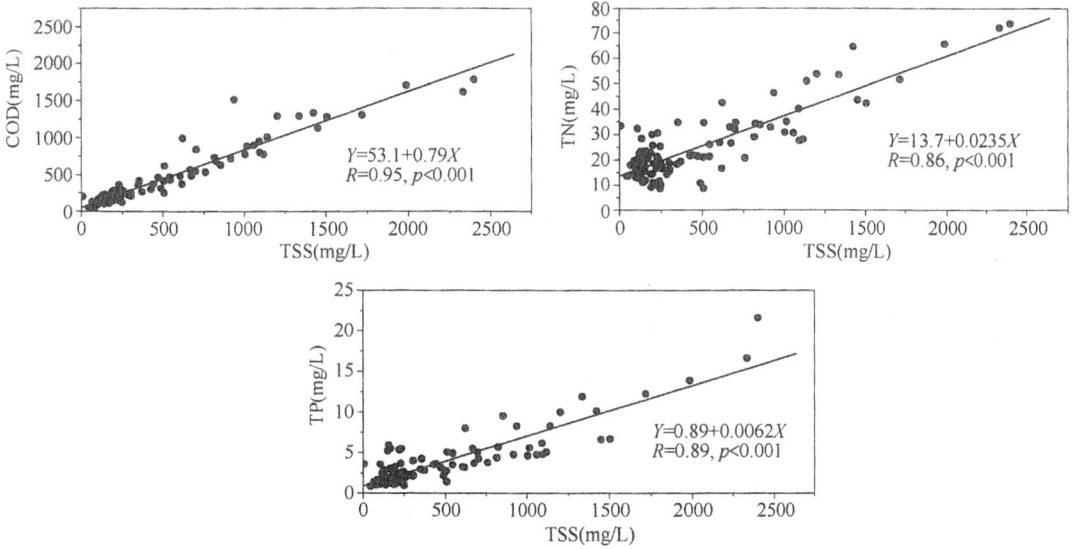

图 2-7　十里铺集水区降雨径流中 COD、TN 和 TP 与 TSS 的相关关系

　　为了进一步明确城市降雨径流污染组成和污染物质间的关系，我们研究了城市径流污染过程中 COD、TN 和 TP 的形态特征。十里铺集水区降雨径流污染物以颗粒态为主。颗粒态 COD、TN 和 TP 分别占 76%、54% 和 83%，见图 2-8。其中 TN 有相当一部分（46%）是以溶解态存在的。从溶解性 TN 的组成来看，NH$_3$-N 占 TN 的 32%，NO$_3$-N 占 8%，DON 占 6%，见图 2-9。NH$_3$-N 是溶解性 TN 的主要组成部分，一方面体现合流制排水系统的影响，另一方面街道到处散落垃圾，垃圾的收集管理水平差，在每个居民区都有一个街道是从事餐饮业的，而且多为露天餐馆，卫生管理差，街道上到处是随意倾倒的餐饮废水和垃圾，反映了汉阳城市径流污染的生活型污染特征。

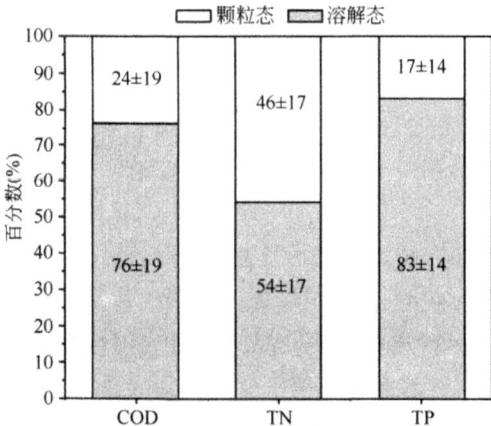

图 2-8　十里铺集水区降雨径流污染物的形态特征　　图 2-9　十里铺集水区降雨径流中氮素的组成特征

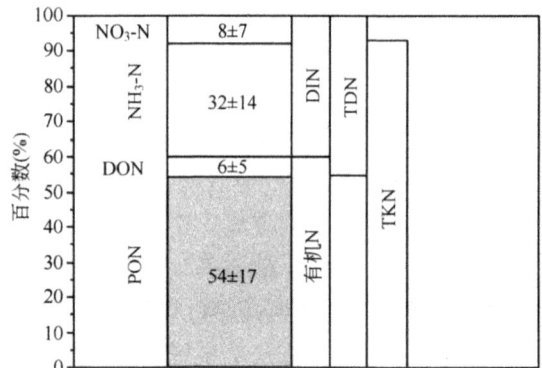

从此可以看出，对于汉阳地区城市径流污染控制的难度，对于 COD 和 TP 主要采取控制 TSS 的措施就可实现控制，但是对于 TN 的控制却提出了更高的要求，要考虑溶解性 TN 的控制。在雨季降雨的频繁冲刷，对生活污水中 NH_3-N 的稀释，这样的结果是大流量的径流，NH_3-N 的浓度在 5~10mg/L 范围，一方面由于大水量和低浓度对污水处理厂具有重要的影响，影响污水处理厂的正常运行；另一方面控制这样的径流也是相当有难度的。由于多降雨和雨污合流制的排水系统的耦合作用使得城市径流污染问题在汉阳地区更加突出。

汉阳地区城市降雨径流污染在浓度特征和形态特征上，具有污染物浓度高和污染物的高颗粒态性。汉阳是一个在村落基础上建立的一个工业镇，而近些年来，随着汉阳工业的没落，大部分的工厂关闭，目前汉阳城区的功能主要是提供居民居住，因此人类活动的影响主要体现在生活上。城镇居民收入低，生活水平不及汉口和武昌，相应的城市卫生管理很差，居民随意丢垃圾，特别是 20 世纪 80 年代建的小区。从不透水地表的比例看，汉阳城区的水文过程具有城市的典型特征，但是从径流的污染状况看，汉阳城市径流污染物主要是源于居民的各种生活行为和生活习惯，所以城市降雨径流污染在一定程度上具有生活型污染特征。

（3）城市径流污染程度的表征及其特征

由于降雨特征、集水区特征和污染物本身性质的影响，一次径流污染过程中污染物浓度变化范围大，随机性强。为了表征一次径流污染事件的污染程度以及对受纳水体的影响，美国 EPA 提出了一次降雨径流污染的平均浓度（Event Mean Concentration，EMC）作为评价径流水质的标准。在一次径流污染过程中，由于受纳水体对径流污染的响应滞后于径流污染物浓度的变化过程，所以利用 EMC 评价径流污染对水质的影响是合理的。EMC 系指一次径流污染过程中污染物的流量加权平均浓度，即总污染量与总径流量之比。假如一次径流的持续时间为 t_r，那么 EMC 可表达为：

$$EMC = \frac{M}{V} = \frac{\int_0^{t_r} C_t Q_t \mathrm{d}t}{\int_0^{t_r} Q_t \mathrm{d}t} = \frac{\sum C_t Q_t \Delta t}{\sum Q_t \Delta t} \tag{2-1}$$

式中：EMC——径流污染的平均浓度，mg/L；

　　　　M——整个径流过程中污染物的量，g；

　　　　V——径流总量，m³；

　　　　t——时间，min；

　　　　C_t——t 时刻污染物的浓度；

　　　　Q_t——t 时刻径流流量，m³/min；

　　　　Δt——采样间隔时间，min。

因此，EMC 可以全面反映一次降雨径流污染的程度，但是为了能够得到城市一次降雨径流污染的 EMC，就必须对整个降雨径流污染过程的水质、水量进行全程监测，一种方法是在水量可以连续监测的情况下，按一定的时间间隔采集瞬时样（本研究即按此方法采样监测）；另一种方法是利用采样装置根据径流流量的变化，按流量比采集混合样。

EMC 是对一次降雨径流污染程度的反映，而要对某一地区或集水区全年降雨径流污染程度进行评价时，需要知道一年内每场降雨径流的径流量和 EMC 值，这是很难做到的，于是通常采用多场降雨径流 EMC 的平均值,称为地区降雨径流污染平均浓度(Site Mean Concentration,简称 SMC)。SMC 是对一个地区降雨径流污染程度的综合反映,结合年径流量,可以用来计算全年降雨径流的污染负荷。因此,监测降雨次数越多,SMC 对全年降雨径流污染程度的代表性越强。

城市降雨径流污染的 EMC 是对每一场降雨径流水质的综合评价,代表了每场降雨径流的污染状况。对汉阳地区十里铺集水区 12 次降雨径流水质进行计算,12 次降雨基本信息见表 2-3。图 2-10 是对十里铺降雨径流 TSS、COD、TN、TP 的 EMC 同生活污水进行的比较。十里铺生活污水中 TSS、COD、TN 和 TP 浓度多次测定的平均值分别为 43.1mg/L、147.3mg/L、26.01mg/L 和 2.79mg/L(图中横线表示)。12 次降雨径流 TSS 和 COD 的 EMC 几乎都超过生活污水的污染程度,其中 TSS 的 EMC 有 100% 的降雨径流事件超过生活污水,是生活污水 TSS 浓度的 2~30 倍;COD 的 EMC 有 75% 的降雨径流事件超过生活污水,是生活污水 COD 浓度的 1.5~10 倍。对于 TN 和 TP 的 EMC 有 30% 的降雨径流事件超过生活污水,分别是生活污水 TN、TP 浓度的 1~3 倍。因此,雨污合流制排水系统的城区径流污染中 TSS 和 COD 的污染问题比较突出。但是这并不说明,TN 和 TP 就没有污染问题,而是同生活污水相比不突出,从图中可以看出降雨径流的 TN 和 TP 的浓度也很高。

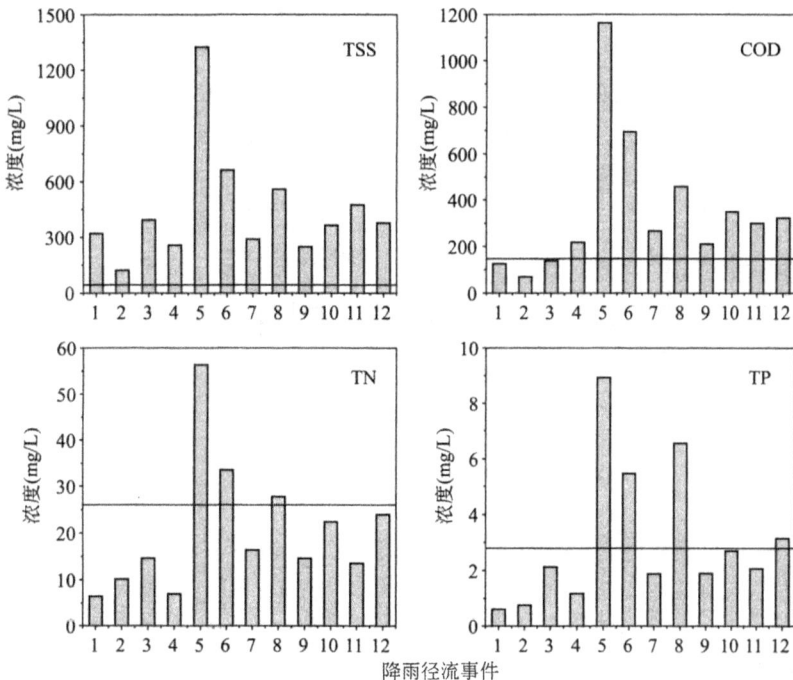

图 2-10 十里铺集水区 12 次降雨径流水质同市政污水比较(图中横线代表市政污水平均浓度)

表 2-3 是对十里铺集水区 12 次径流污染污染物 EMC 的统计结果,反映了汉阳地区城市降雨径流水质变异程度。12 次径流污染 TSS 的变化范围为 122.0~1326.3mg/L,COD 68.9~1162.5mg/L,TN 6.43~56.35mg/L,TP 0.61~8.94mg/L,降雨径流污染的变异程度很大。这也正是城市降雨径流污染监测与预测研究存在很大困难的原因所在。

十里铺集水区降雨径流 EMC 的统计特征   表 2-3

水质指标	降雨次数	最小值	最大值	中值	平均值	标准差
TSS	12	122.0	1326.3	363.8	449.7	311.9
COD	12	68.9	1162.5	267.2	359.9	303.0
TN	12	6.43	56.35	14.63	20.57	13.98
TP	12	0.61	8.94	2.07	3.11	2.56
NO_3-N	8	0.80	2.40	1.63	1.62	0.51
NH_3-N	8	4.11	14.08	6.30	7.92	3.72
PO_4-P	8	0.08	0.59	0.17	0.23	0.17

从表 2-3 中我们可以看出，降雨径流 TSS、COD、TN 和 TP 的 EMC 的平均值与中值有一定的差距，说明降雨径流污染的 EMC 不服从正态分布，利用多次降雨径流 EMC 的平均值可能不能完全反映某一地区降雨径流污染程度。根据 NURP 的研究发现，城市降雨径流中污染物 EMC 同其他水文变量一样，服从对数正态分布。对数正态分布有助于对降雨径流大多数污染物 EMC 总体特征的把握。本研究利用概率图对十里铺集水区降雨径流 EMC 的分布进行绘制，并作是否服从对数正态分布的统计检验。图 2-11 是对十里铺集水区降雨径流 TSS、COD、TN 和 TP 的 EMC 对数正态分布拟合。从图中可以看出，十里铺集水区降雨径流 TSS、COD、TN 和 TP 服从对数正态分布，并进行了 Shpiro-Wilk 检验。对数正态分布特征提供了研究预测 EMC 和负荷概率分布的方法。另外，更为重要的是对城市降雨径流水质的把握，根据 EMC 的对数正态分布，可以准确估计降雨径流污染物浓度的平均值。根据对数正态分布拟合，十里铺集水区 TSS、COD、TN 和 TP 浓度

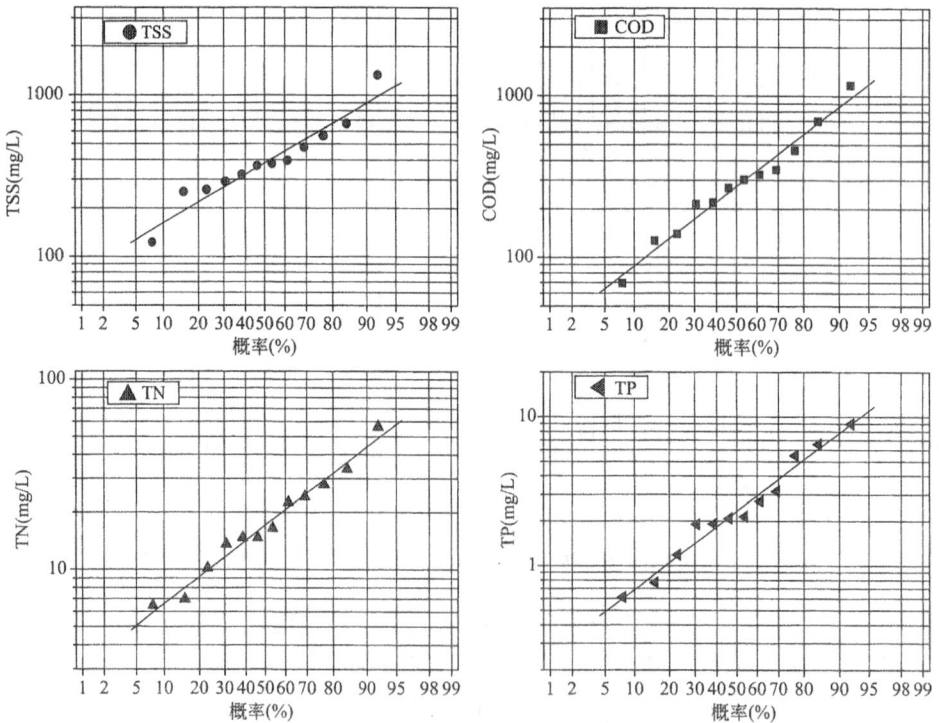

图 2-11 十里铺集水区降雨径流污染物 EMC 概率分布

的平均值分别为 380mg/L，275mg/L，17.1mg/L 和 2.32mg/L，可以全面反映十里铺降雨径流的污染程度。

2.1.2 城市面源污染的形成机理

（1）城区土地利用对径流污染的影响

影响城市地表径流污染的因素包括：降雨特征、城市土地利用类型、大气污染状况、地表卫生管理水平等。其中城市土地利用及其空间格局是影响城市地表径流污染的关键性因素。土地利用类型和功能对地表径流水质的影响是城市地表径流污染研究的重点。城市不同土地利用类型由于人类活动，包括管理不同，对地表径流水质的影响不同。城市土地利用类型和功能在空间上表现为多样性和相互镶嵌的格局，对地表径流污染的影响复杂，存在一个尺度的问题。因此，对地表径流污染的监测与研究的尺度不同，所得的结论不同。我国自 20 世纪 80 年代以来，已经陆续对城市屋面和路面两类不透水地表径流污染作了大量的监测研究，在降雨特征、地表材料和雨前干燥期对地表径流水质的影响方面取得了很多成果。但多数是针对路面和屋面本身对径流水质影响的研究。从不透水地表功能、周围土地利用方面研究城市地表径流污染空间分异性还鲜见报道。而城市径流污染的源控制首先需要了解城市土地利用/地表功能对径流污染水质的影响，明确两者之间的关系，鉴别地表径流污染产生的关键源区，采取有针对性的控制与管理措施，是实现城市径流污染有效控制的前提与保障。

本次研究在武汉市汉阳城区，通过对地表径流水质、水量的监测，着重分析不透水地表功能、周围土地利用以及地表卫生管理状况对径流水质的影响，识别造成径流污染的主要原因和关键环节，为城市地表径流污染的控制与管理提供科学依据。

表 2-4 是汉阳城区 14 个地表汇水单元降雨径流水质。不同类型汇水单元地表径流水质存在显著的差异，同一类型汇水单元不同监测位置地表径流水质也具有明显的差异。城市地表径流水质在空间上具有明显的分异性（表 2-5）。

汉阳城区地表 14 个汇水单元降雨径流水质　　　　　表 2-4

编号	测点位置	土地利用/功能	水质指标(mg/L)			
			TSS	COD	TN	TP
1	五里墩陶瓦屋面	建筑屋面	16.3	46.0	1.98	0.08
2	五里墩沥青屋面	建筑屋面	46.7	61.5	4.18	0.34
3	七里庙水泥屋面	建筑屋面	49.7	78.9	2.43	0.09
4	江汉大学草地	城市绿地	66.1	45.6	0.82	0.23
5	五琴路	交通区	194.5	70.8	3.32	0.40
6	钟家村路面	商业区	202.0	232.6	3.59	0.52
7	马仓湖路 2 号	居民区	348.3	328.1	10.35	1.17
8	墨水湖北路	交通区	369.7	172.0	2.82	0.53
9	菜市场路面	旧城居民区	377.9	468.4	7.64	1.40
10	琴台路	交通区	506.2	171.3	3.19	1.27
11	桃花岛	新建居民区	600.0	256.0	6.04	0.57
12	汉阳大道	交通商业区	787.0	557.0	12.00	1.47
13	马仓湖路 1 号	居民饮食区	813.5	780.3	14.51	2.00
14	万家巷	旧城居民区	2728.1	645.4	13.23	2.18

汉阳地区地表径流水质空间分异性统计　　　　　　　　　表 2-5

水质指标	最小值	最大值	中值	平均值	标准差	变异系数
TSS	16.3	2728.1	359.0	507.6	691.8	1.36
COD	45.6	780.3	202.3	279.6	242.8	0.87
TN	0.82	14.51	3.89	6.15	4.57	0.74
TP	0.08	2.18	0.55	0.88	0.70	0.80

以地表径流水质指标 TSS、COD、TN 和 TP 为基础，对 14 个地表汇水单元地表径流污染特征进行聚类分析，可将 14 个地表汇水单元聚为 3 类（图 2-12），同一类汇水单元地表径流污染程度、污染特征相似。第一类为地表径流污染程度最低的一类，汇水单元类型主要包括建筑屋面和城市绿地；第二类为地表径流污染程度中等的一类，汇水单元类型主要包括交通区和新建居民区；第三类为地表径流污染最重的一类，汇水单元类型主要包括旧城居民区、商业区和居民饮食区。聚类分析结果表明，地表功能/土地利用类型、人口密度、交通流量和地表卫生管理状况是影响城市地表径流污染最重要的因素，人口密度高/管理状况差的旧城居民区是地表径流污染最重的地区。

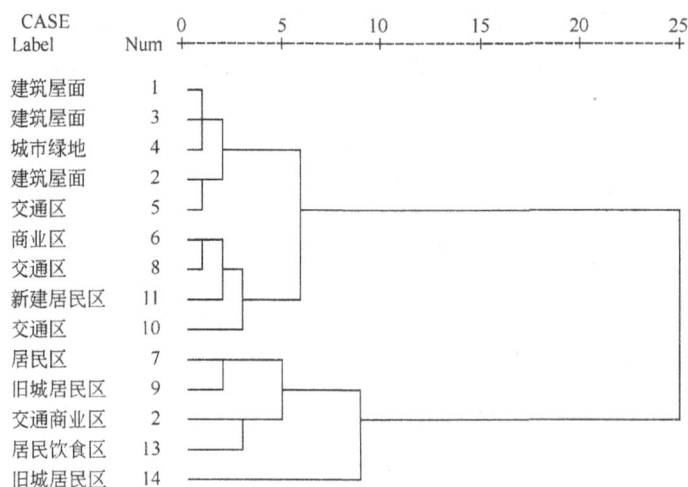

图 2-12　汉阳城区 14 个地表汇水单元地表径流水质聚类图

城市不透水地表主要分为两类，一类是各种建筑屋面，另一类是各种路面。由于两者的功能不同，人为活动对两者的影响在很大程度上不同，所以城市中屋面与路面对径流水质的影响不同。对于屋面而言，屋面材料的种类、性质和老化程度以及大气干沉降是影响屋面径流水质的主要原因。而城市道路，由于受到各种人类活动的直接影响，径流污染受交通流量、人流量、周围土地利用、地表卫生管理水平多种因素影响，径流水质变化复杂。图 2-13 是对汉阳城区三种屋面材料 3 次降雨径流事件初期 10mm 径流中污染物浓度的统计结果。可以看出汉阳屋面径流污染程度远远低于任何路面监测点。同北京屋面径流监测结果比较，汉阳地区屋面径流中污染物 TSS、COD、TN、TP 明显低于北京屋面初期径流中对应污染物浓度。这一特点反映了汉阳地区湿润气候条件下大气干沉降小，建筑屋顶污染物累积程度低。另一方面汉阳地区的降雨量和降雨次数要明显高于北京，降雨的频繁冲刷，屋顶污染物累积周期短也是其径流水质相对较好的主要原因之一。另外从图中可以看出，沥青屋面径流中 TN 和 TP 的浓度是水泥、陶瓦屋面的 2～3 倍，屋面材料对径流水质具有影响作用。

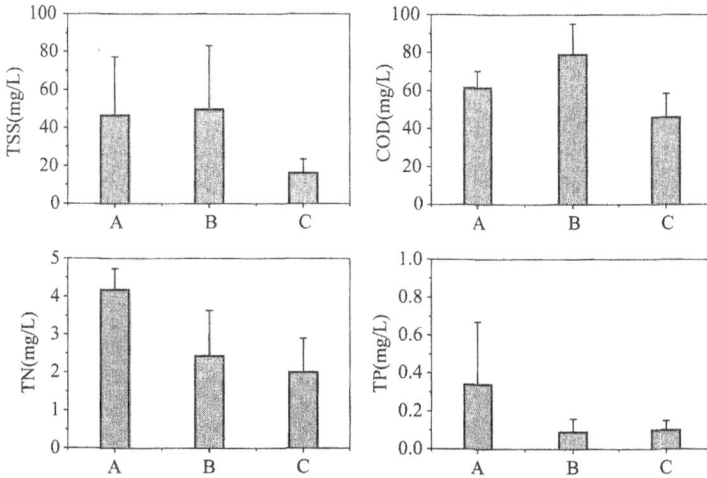

图 2-13 汉阳城区三种材料屋面径流水质

图中，A 为沥青屋面，B 为水泥屋面，C 为陶瓦屋面。

城市路面累积污染物主要来自交通工具的轮胎磨损、汽车尾气和行人丢弃的散落垃圾。道路级别和功能不同，交通流量不同，路面累积污染物的程度不同，进而影响到径流水质的污染程度。图 2-14 是 4 条不同交通流量道路 4 次降雨事件初期 10mm 径流中 TSS、COD、TN 和 TP 浓度的结果。汉阳大道是汉阳城区的主要交通干道，包括非机动车道双向 8 车道，琴台路和墨水湖北路是汉阳城区的 2 级干道，双向 4 车道，五琴路是连接汉阳大道和琴台路的一条支路。其中，交通流量是指早晨 7：00～9：00 上班高峰期的双向交通流量，车辆计数为所有机动车辆。

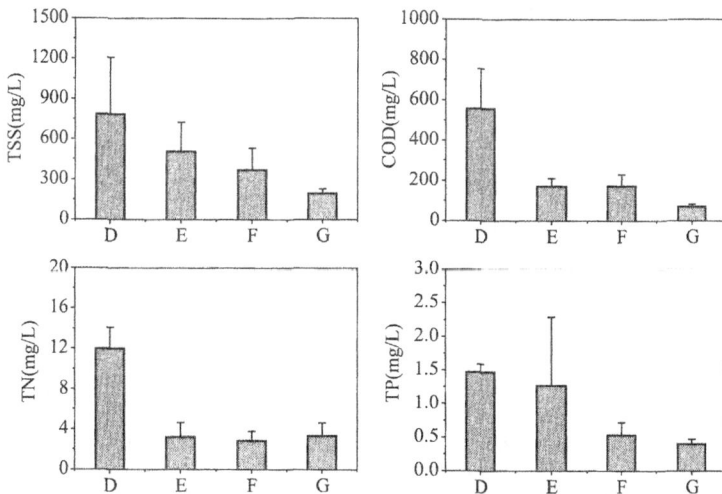

图 2-14 汉阳城区不同交通流量道路径流水质

图中，D 为汉阳大道，E 为琴台路，F 为墨水湖北路，G 为五琴路。

汉阳大道监测点是四个道路监测点中径流污染最重的，其次是琴台路、墨水湖北路和五琴路，反映了道路功能和交通流量对径流水质的影响。因此，道路交通流量是影响径流水质的主要因素，交通流量越高，污染程度越重。图 2-15 是不同道路交通高峰期（早晨 7：00～9：00）交通流量与径流水质中 TSS 的正相关关系。

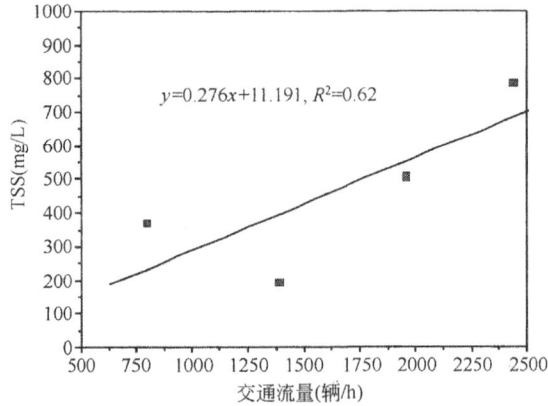

$$y=0.276x+11.191, R^2=0.62$$

图 2-15　道路交通流量对地表径流中 TSS 浓度的影响

图 2-16 是汉阳城区不同功能区/土地利用类型初期径流水质的结果。除了城市绿地径流水质较好外，其他四个监测点径流污染都比较严重，径流污染程度的顺序依次是旧城居民区（万家巷）＞一般城区居民区/饮食区（马仓湖）＞交通商业区（汉阳大道）＞新建区（桃花岛）＞城市绿地（江汉大学草坪）。

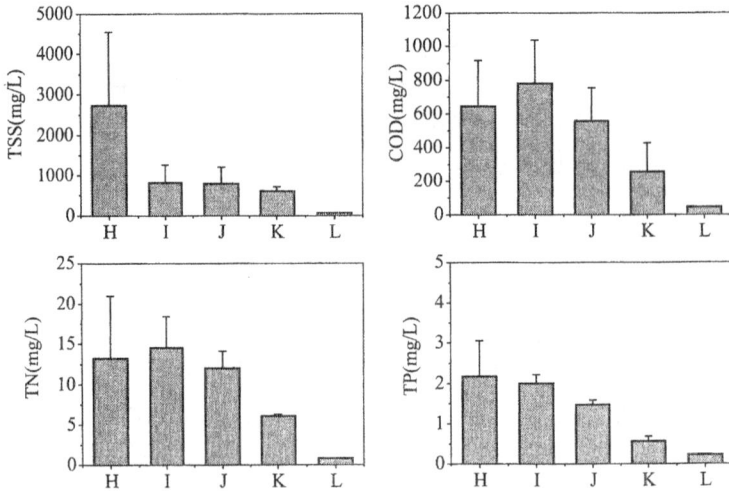

图 2-16　汉阳城区不同功能区径流水质

图中，H 为旧城居民区，I 为居民饮食区，J 为交通/商业区，K 为新建居民区，L 为草坪。

居民区地表径流污染负荷主要来源于居民生活的废弃物残留，这与人们的生活习惯、消费方式特别是饮食方式和习惯有紧密的关系。旧城区万家巷人口密集、地表卫生管理水平低下、地表清洁质量相对较差、街土累积明显，是造成径流中大量固体污染物的主要原因。尽管马仓湖路监测点径流中 TSS 明显低于万家巷测点，但是其 COD、TN 和 TP 与万家巷测点相当，即 COD/TSS、TN/TSS 和 TP/TSS 高于万家巷。这主要是由于马仓湖路测定不仅位于居民区，而且是附近居民的饮食区，晴天居民饮食过程中丢弃的垃圾和餐饮垃圾、餐饮用水的随意倾倒是造成径流中污染物，特别是 TN 和 TP 很高的主要原因。

汉阳大道的水质在上面已有讨论，这里需要指出的是，它一方面是汉阳城区的一级交通干道，另外在汉阳大道监测点附近是一小型的商业中心，因此人流量高也是径流污染较重的原因之一。桃花岛是 20 世纪 90 年代后期汉阳的新建区，人口密度要低于旧城区，卫生设施和管理水平也要好于旧城区，所以径流水质要相对好一些。另外所有监测结果都表明，径流中含有大量的固体污染物，所以提高汉阳城区，特别是旧城区地表卫生管理水平，从径流污染产生的源头进行控制，可以大大减少径流中的污染物，是降低地表径流污染程度的途径之一。

城市地表径流污染的程度受降雨特征、土地利用、地表功能、城市卫生管理状况等多个因素影响。城市土地利用变化对地表径流水质产生影响的关键，就在于下垫面性质对降雨径流反应的敏感性，城市中各种道路、停车场、建筑屋顶等不透水地表的出现，人类活动密集，晴天累积于不透水地表的污染物在雨天受降雨径流的冲刷、溶解形成径流污染，在空间上呈面状分布。人类活动影响着城市地表径流污染程度与特征。由于城市中人类活动的多样性，不同类型人类活动在空间上配置的复杂性与随机性，不同于农业流域人类活动在空间上分布的相对单一性。因此在城市中人类活动对地表径流污染的影响更趋复杂，再加上地表径流污染过程的尺度效应，所以监测与研究的尺度不同，监测的结果和说明的问题可能不同，很难建立地表径流污染同土地利用类型之间的对应关系。美国环境保护局（USEPA）在集水区尺度上的监测研究表明：城市不同土地利用居民区、商业区、工业区径流水质之间没有明显的差异。城市土地利用类型是对人类活动综合反映的一种定性分类。城市土地利用类型对径流水质的影响，主要是对影响地表污染物累积过程的各种人类活动的综合。而地表污染物的累积过程与程度，实际上主要同交通流量、人口密度等这些能产生污染物的因素有关，另外城市地表卫生管理水平是最终决定雨前累积于地表污染物数量的主要因素。

本次研究的监测尺度是数百个平方米的小汇水单元，讨论了监测汇水单元所处的功能、交通流量、行人流量、周围主要土地利用类型以及地表卫生管理状况对径流水质的影响。尽管在小汇水单元监测的结果具有一定程度的随机性，但它有利于识别影响城市地表径流污染的主要环节。在汉阳地区屋面径流由于区域气候湿润、降雨频繁，屋顶污染物累积周期短，屋顶径流水质远远优于路面径流水质。交通流量是影响路面径流污染的主要因素之一，汉阳大道作为汉阳城区的主要交通干道，径流污染最重。周围土地利用对径流污染有明显的影响作用，万家巷旧城区、人口密度高、地表卫生管理差是其径流污染最重的主要原因。另外汉阳地区居民饮食方式与习惯也是影响径流污染特征的一个原因，特别是对径流中 TN 和 TP 的影响显著。另外在大部分监测点中，径流中固体污染物的含量都很高，说明城区地表卫生管理是另一个影响径流污染的因素，在汉阳城区有待于加强地表卫生的管理，从地表径流污染的源头进行控制是减轻城市化对地表水环境负面影响的途径之一。

（2）城市排水系统对径流污染的影响

城市污染源复杂，径流很多通过地下管网传输，这种条件使得探索污染物来源非常困难。天然放射性核素[7]Be 和[210]Pb 与人工核素[137]Cs 可以作为土壤侵蚀、泥沙迁移、沉积和再悬浮的示踪剂。对于土壤侵蚀、泥沙传输、沉积和再悬浮过程的研究，要求放射性核素具有颗粒结合特征，而且具有与研究过程时间尺度变化适合的半衰期。[7]Be 和[210]Pb 通过大气干、湿沉降到达地表，被地表颗粒物质强烈吸附（Pb：$K_d = 10^3 \sim 10^6$；Be：$K_d = 104 \sim 106$），随地表颗粒物质的迁移而移动。所以，悬浮颗粒中核素的活度可以用来表征地表颗粒物吸附核素之后的时间，即自地表颗粒物被放射性核素标记后的时间。

[210]Pb 是自然界产生[238]U（$t_{1/2} = 4.5 \times 10^5$ 年）的系列衰变产物。[238]U 通过系列衰变到[226]Ra（$t_{1/2} = 1600$ 年），[226]Ra 的衰变产物是气态[222]Rn（$t_{1/2} = 3.83d$）。[226]Ra 自然存在于土壤和岩石中，土壤和岩石中[226]Ra 产生的[222]Rn 一部分散逸到大气中，在大气中衰变为[210]Pb（$t_{1/2} = 22.3$ 年）。土壤和岩石中[226]Ra 产生的、没有散逸到大气中的[222]Rn，在土壤和岩石中衰变为[210]Pb，称为本源性[210]Pb（[210]Pb$_{su}$）。在大气中衰变生成的[210]Pb，通过干、湿沉降到达地表，并被地表颗粒物质强烈吸附，称为非本源性[210]Pb（[210]Pb$_{ex}$）。因而地表颗粒物质吸附的[210]Pb 等于[210]Pb$_{ex}$ 与[210]Pb$_{su}$ 之和，即[210]Pb = [210]Pb$_{ex}$ + [210]Pb$_{su}$。

[7]Be 是宇宙射线轰击大气中的氮或氧产生。[7]Be 吸附于气溶胶，通过干、湿沉降到地表，特别是雷雨从同温层中清除。[7]Be 沉降到陆地表面很快吸附于地表土壤或颗粒物（Wallbrink and Murray，1996）。

[7]Be 和[210]Pb 作为大气中的天然放射性核素，由于有固定的来源，合适的活度范围，而且又是颗粒活性核素，所以常被用来示踪地表过程、大气过程和海洋中颗粒物的运移。原则上，[7]Be 和[210]Pb 都可以用来示踪地表侵蚀颗粒物的迁移时间，但是在短时间尺度内[7]Be 和[210]Pb 的沉降通量具有很高的变异。另外，[210]Pb 半衰期太长，限制了其示踪颗粒物短时期内的运移时间。因为[7]Be 和[210]Pb 以同样的方式（干、湿沉降）沉降到地表，都被地表颗粒物吸附，地表颗粒物对[7]Be 和[210]Pb 的吸附行为相同，无选择性（Baskaran et al.，1997），所以[7]Be/[210]Pb 的变异小于其任一个变异。[7]Be/[210]Pb 的变异小于其任一个的变异已经被许多研究所证实。因而地表颗粒物中[7]Be/[210]Pb 可以指示颗粒物的形成时间和运移时间，以及识别河流水体中重新悬浮颗粒物的比例（Matisoff et al.，2005）。

利用[7]Be/[210]Pb 在自然流域或农业流域可以示踪在降雨径流作用下地表颗粒物的运移时间、运移距离以及河床中沉积物再悬浮对水体中颗粒物的贡献，从而识别河流泥沙的主要来源。在城市降雨径流污染形成过程中，地表颗粒物在降雨径流的作用下发生冲刷、迁移，在排水系统中传输。悬浮物是城市降雨径流污染的主要污染物，而且是重金属、有机污染物的载体。因而对城市降雨径流中地表颗粒物的迁移、转化过程和来源，以及污染物在集水区的累积形成时间的研究，为城市降雨径流污染控制提供依据。

城市地区水文过程和地表颗粒物的组成、来源不同于农业流域，大量不透水地表和排水系统的出现改变了自然水文特征，而且地表颗粒物不同于农业流域的土壤，而是街土、生活和生产垃圾碎屑，组成复杂、来源多样。另外城市地表颗粒物累积量具有明显的空间分异性。因此，探索[7]Be 和[210]Pb 示踪技术在城市降雨径流污染过程研究中的应用，为城市降雨径流污染过程研究提供新的方法，深化城市降雨径流污染形成过程的研究，同样为研究城市地表其他污染物的迁移、转化行为及归宿提供一种可借鉴的方法，对开拓同位素示踪技术在城市地表过程研究领域中的应用具有重要的意义。

通过测定城市地表、雨水口、污水管和合流管沉积物和降雨径流悬浮物中^{7}Be 和^{210}Pb 的含量，利用^{7}Be/^{210}Pb 定量化研究城市降雨径流污染物的迁移转化过程，城市地表和排水系统对降雨径流悬浮物的相对贡献，进而明确排水系统在城市降雨径流污染形成过程中的作用。

2006 年 6～7 月在武汉汉阳城区研究过程中，对 3 次明显降雨过程中^{7}Be 和^{210}Pb 含量研究表明，3 次雨水中^{7}Be 和^{210}Pb 比活度变化范围分别为 0.33～0.45Bq/L 和 0.07～0.16Bq/L，^{7}Be 和^{210}Pb 比活度的平均值分别为 0.37Bq/L 和 0.11Bq/L。

十里铺集水区地表、雨水口、污水管、合流管沉积物和降雨径流悬浮物的^{7}Be、^{210}Pb 和^{210}Pb$_{ex}$含量见表 2-6。地表、雨水口、合流管沉积物和降雨径流悬浮物^{7}Be、^{210}Pb 和^{210}Pb$_{ex}$含量相当，污水管沉积物^{7}Be、^{210}Pb 和^{210}Pb$_{ex}$含量最低。其中，地表沉积物^{7}Be 含量介于 0.038～0.33Bq/g 之间，平均值为 0.19Bq/g；^{210}Pb 含量介于 0.090～0.59Bq/g 之间，平均值为 0.25Bq/g；^{210}Pb$_{ex}$介于 0.063～0.56Bq/g 之间，平均值为 0.22Bq/g。雨水口沉积物^{7}Be 含量介于 0.021～0.71Bq/g 之间，平均值为 0.17Bq/g；^{210}Pb 含量介于 0.047～0.99Bq/g 之间，平均值为 0.34Bq/g；^{210}Pb$_{ex}$介于 0.030～0.98Bq/g 之间，平均值为 0.32Bq/g。合流管沉积物^{7}Be 含量介于 0.066～0.219Bq/g 之间，平均值为 0.13Bq/g；^{210}Pb 含量介于 0.22～0.40Bq/g 之间，平均值为 0.31Bq/g；^{210}Pb$_{ex}$介于 0.18～0.37Bq/g 之间，平均值为 0.28Bq/g。降雨径流悬浮物^{7}Be 含量介于 0.080～0.34Bq/g 之间，平均值为 0.18Bq/g；^{210}Pb 含量介于 0.11～0.50Bq/g 之间，平均值为 0.29Bq/g；^{210}Pb$_{ex}$介于 0.11～0.50Bq/g 之间，平均值为 0.28Bq/g。污水管沉积物^{7}Be 含量介于 0.004～0.011Bq/g 之间，平均值为 0.007Bq/g；^{210}Pb 含量介于 0.027～0.30Bq/g 之间，平均值为 0.12Bq/g；^{210}Pb$_{ex}$介于 0.010～0.28Bq/g 之间，平均值为 0.11Bq/g。

不同类型沉积物和悬浮物中^{7}Be、^{210}Pb 和^{210}Pb$_{ex}$比活度　　　　表 2-6

类　　型	^{7}Be	^{210}Pb	^{210}Pb$_{ex}$	^{226}Ra(^{214}Pb)	^{226}Ra(^{214}Bi)	^{40}K
	Bq/g(Bq/L)					
降雨 $n=3$	0.37±0.07	0.11±0.05	0.11±0.05	—	—	—
地表沉积物 $n=6$	0.19±0.10	0.25±0.19	0.22±0.19	0.029±0.002	0.027±0.002	0.44±0.04
雨水口沉积物 $n=7$	0.17±0.24	0.34±0.34	0.32±0.34	0.024±0.007	0.024±0.006	0.44±0.05
污水管沉积物 $n=3$	0.007±0.004	0.12±0.16	0.11±0.15	0.015±0.006	0.016±0.006	0.55±0.05
合流管沉积物 $n=4$	0.13±0.08	0.31±0.10	0.28±0.10	0.030±0.008	0.028±0.010	0.40±0.04
径流悬浮物 $n=18$	0.18±0.07	0.29±0.09	0.28±0.09	0.014±0.012	0.017±0.015	0.37±0.11

由^{7}Be、^{210}Pb 和^{210}Pb$_{ex}$含量特征说明地表沉积物、雨水口沉积物、合流管沉积物和降雨径流悬浮物是城市集水区降雨径流驱动下的一个连续体，而污水管沉积物暴露在^{7}Be 和^{210}Pb 干湿沉降和降雨径流中的机会很少，是污水管中沉积物^{7}Be、^{210}Pb 和^{210}Pb$_{ex}$含量最低的主要原因。由此可以推断，当城市集水区降雨径流污染发生时，径流中悬浮物的直接来源主要是地表、雨水口和合流管道中的沉积物。

图 2-17 是十里铺集水区两次降雨径流悬浮物（TSS）中^{7}Be/^{210}Pb 的变化过程。在两次降雨径流过程中，^{7}Be/^{210}Pb 均表现为先降低再升高的特征。^{7}Be/^{210}Pb 的变化过程可以说

明降雨径流对集水区污染物的冲刷过程。在降雨径流形成过程中，随着径流流量的增加，悬浮物的浓度快速升高，而 $^7Be/^{210}Pb$ 相应降低，当悬浮物浓度达到峰值时，此时 $^7Be/^{210}Pb$ 降到最低，随后随着悬浮物浓度的降低，$^7Be/^{210}Pb$ 上升。集水区降雨径流悬浮物中 $^7Be/^{210}Pb$ 之所以存在这样的变化过程，是由于降雨径流悬浮物从地表到排水系统迁移、传输过程中，从地表冲刷、携带高 $^7Be/^{210}Pb(0.86\pm0.44)$ 的悬浮物受到排水系统中低 $^7Be/^{210}Pb(0.41\pm0.13)$ 沉积物再悬浮的稀释。由此可以说明，在降雨径流污染的高峰期，排水系统中径流的流量升高，水流剪切力增加，冲刷、侵蚀沉积在排水系统中的污染物，致使径流中悬浮物浓度升高，大量的污染负荷形成。因此，在降雨径流污染负荷输出的高峰期，降雨径流中悬浮物来自排水系统沉积物的比例升高，排水系统中沉积物的再悬浮是降雨径流中污染物的主要来源。

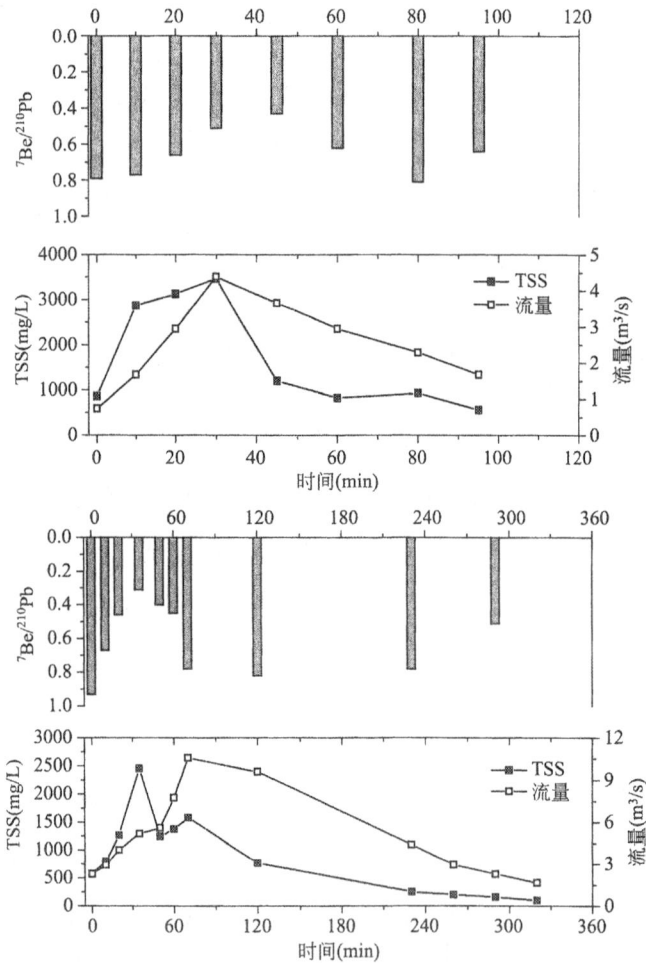

图 2-17　两次降雨径流程悬浮物中 $^7Be/^{210}Pb$ 的变化过程

　　由于降雨径流对颗粒物冲刷的分选作用，集水区地表、雨水口和合流管道对降雨径流悬浮物的相对贡献，不可以根据降雨径流悬浮物和源地沉积物中两种放射性示踪元素的含量直接求得。因而必须寻求其他方法推算 3 种来源对降雨径流悬浮物的相对贡献。我们采用 ^7Be 与 ^{210}Pb 的比值推求 3 种来源对降雨径流悬浮物的相对贡献。图 2-18 给出地表、雨水口和合流管道沉积物和降雨径流悬浮物中$^7Be/^{210}Pb$ 和$^7Be/^{210}Pb_{ex}$，同时也给出了降水中和污水管沉积物的$^7Be/^{210}Pb$ 和$^7Be/^{210}Pb_{ex}$。

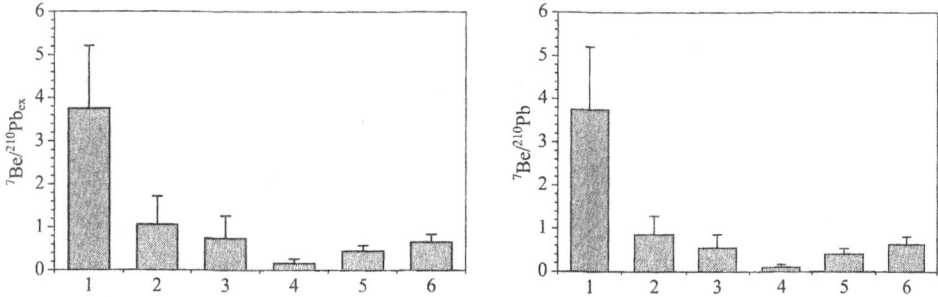

图 2-18　城市集水区沉积物与降雨径流悬浮物中$^7Be/^{210}Pb$

图中，1 为降雨，2 为城市地表，3 为雨水管/口，4 为污水管，5 为合流管，6 为降雨径流。

3 次降雨中$^7Be/^{210}Pb$ 平均值为 3.75 ± 1.46。Matisoff 等人(2005)研究结果表明，单次降雨中$^7Be/^{210}P$ 的变化范围为 $2.7\sim12.4$。Baskaran 等人研究结果表明，单次降雨中$^7Be/^{210}Pb$ 的变化范围为 $2.2\sim32.6$。贾成霞等人对厦门地区^7Be 和^{210}Pb 大气沉降通量测定表明，两核素的沉降通量存在线型相关性，$^7Be/^{210}Pb$ 最大值出现在春末夏初的 4、5 月份，最小值出现在 $10\sim12$ 月，平均值为 3.1。影响$^7Be/^{210}Pb$ 变化的因素主要是大气来源与季节变化。陆地上空大气中$^7Be/^{210}Pb$ 低于海洋上空大气中$^7Be/^{210}Pb$，因为陆地土壤会释放更多的^{226}Rn，因而在大气中产生更多的^{210}Pb。夏季由于大量降雨对^7Be 的稀释作用是$^7Be/^{210}Pb$ 低的主要原因。本次对降雨中^7Be 和^{210}Pb 监测是在 6、7 月，$^7Be/^{210}Pb$ 与厦门地区的监测结果一致。

由图 2-18 可以看出，不同类型的沉积物和悬浮物中$^7Be/^{210}Pb$ 具有明显的差异，利用$^7Be/^{210}Pb$ 和$^7Be/^{210}Pb_{ex}$可以区分不同类型沉积物，而且可以消除降雨径流对颗粒物冲刷的分选作用。因而可以根据$^7Be/^{210}Pb$ 和$^7Be/^{210}Pb_{ex}$推求不同沉积物对降雨径流悬浮物的相对贡献。在推求不同沉积物对降雨径流悬浮物的相对贡献时，因为只有$^7Be/^{210}Pb$ 和$^7Be/^{210}Pb_{ex}$可以利用，所以只能求得两类沉积物的相对贡献。根据雨水口沉积物和合流管沉积物中$^7Be/^{210}pb$ 相近，而且都属于排水系统，统称为排水系统沉积物。因而可根据$^7Be/^{210}Pb$，识别在降雨径流污染形成过程中，集水区地表和排水系统对径流中主要污染物—悬浮物的相对贡献，利用混合模型求得：

$$C_s=C_1\times f_1+C_2\times f_2 \qquad (2\text{-}2)$$
$$f_1+f_2=1 \qquad (2\text{-}3)$$

式中：C_s——降雨径流悬浮物中$^7Be/^{210}Pb$ 或$^7Be/^{210}Pb_{ex}$；

C_1，C_2——集水区地表和排水系统沉积物中$^7Be/^{210}Pb$ 或$^7Be/^{210}Pb_{ex}$；

f_1，f_2——地表和排水系统沉积物的相对贡献(%)。

我们用$^7Be/^{210}Pb$ 和$^7Be/^{210}Pb_{ex}$分别计算地表沉积物和排水系统沉积物对降雨径流悬浮物的相对贡献。利用$^7Be/^{210}Pb$ 计算的集水区地表与排水系统的相对贡献分别为 40% 和 60%；利用$^7Be/^{210}Pb_{ex}$计算的集水区地表与排水系统的相对贡献分别为 14% 和 86%。尽管两种计算方法求得的相对贡献存在一定程度的差异，但是均表明排水系统沉积物是降雨径流污染的主要来源。两种方法计算结果的差异主要是由于地表沉积物中$^7Be/^{210}Pb$与$^7Be/^{210}Pb_{ex}$的差异造成的，地表沉积物中$^7Be/^{210}Pb$的平均值为 0.86，而$^7Be/^{210}Pb_{ex}$的平均值为 1.06，而且$^7Be/^{210}Pb$的变异程度（51％）小于$^7Be/^{210}Pb_{ex}$的变异程度（62％），同时说明利用$^7Be/^{210}Pb$可以更好地表征地表沉积物的特征。因而这种差异可能与沉积物或悬浮物的$^{210}Pb_{ex}$含量计算值未必能表征$^{210}Pb_{ex}$的真实含量有关。沉积物或悬浮物的$^{210}Pb_{ex}$并非直接测定，而是^{210}Pb总含量与本源性$^{210}Pb(^{210}Pb_{su})$的差值，而本源性^{210}Pb又是用^{226}Ra替代。Wallbrink（1996）和 Walling（1995）的研究表明，不同类型土壤和沉积物中^{226}Ra衰变产生的^{222}Rn气体散逸到空气中的比例差异很大。而对于城市集水区，由于沉积物的形成复杂、来源多样，可能^{226}Ra衰变产生的^{222}Rn气体散逸到空气的比例大，而且变异也大，所以利用^{226}Ra代替本源性$^{210}Pb_{su}$的风险相应增加。此外，当沉积物中^{210}Pb或$^{210}Pb_{ex}$的含量很小时，由于测试误差增加也是引起两种方法计算结果存在差异的一个方面。考虑到上述原因，我们认为利用$^7Be/^{210}Pb$计算得到的地表沉积物和排水系统沉积物对降雨径流悬浮物的相对贡献结果可靠，排水系统在城市降雨径流污染形成过程具有很重要的作用。

（3）两次降雨间隔时间对径流污染的影响

城市降雨径流污染是一个涉及多介质、多时空尺度和多污染物的复杂过程。区域气候、降雨特征，土地利用类型、强度，不透水面积的比例，排水体制，以及城市规划管理等因素都对城市降雨径流污染的形成具有重要的影响。因此，控制城市降雨径流污染是一项艰巨而系统的工作。不同的城市由于所处的区域不同，社会经济状况不同，因而城市降雨径流污染的程度以及主导径流污染的因素不同，在控制上需要因地制宜，从解决城市径流污染产生的主要矛盾入手。目前国际上对城市降雨径流污染的控制研究主要集中在进一步开发和完善管理措施，更加重视污染源的控制，强调城市管理在城市径流污染控制中的重要性，在模型研究上也侧重于开发面向管理和应用的模型。

通过研究城市降雨径流污染负荷同 2 次降雨间隔时间的关系，在宏观层面上探讨武汉市汉阳地区城市地表卫生管理、排水系统的管理以及降雨特征在城市降雨径流污染负荷形成过程中的作用，识别城市径流污染形成的主要环节，进而为城市降雨径流污染的控制提供科学依据。

表 2-7 是对汉阳十里铺集水区 3 年 12 次降雨径流污染负荷的监测结果，反映了十里铺集水区不同降雨条件下径流污染负荷的特征。城市降雨径流污染是在降雨及其径流冲刷地表累积的污染物而形成的。降雨前地表污染物的累积状况与降雨特征是影响城市径流污染程度的主要因素。由于不同次降雨降雨量、降雨强度、降雨历时等降雨因子和雨前污染物的累积程度不同，次降雨径流污染负荷存在明显的差异。4 种污染物 TSS、COD、TN 和 TP 次降雨污染负荷的最大值是最小值的 10～30 倍。另外，即使降雨量近似相同的降雨事件，径流污染负荷也存在明显的差异。2005-05-17 和 2005-06-10 的 2次降雨事件尽管降雨量、降雨强度、降雨历时基本相同，但是后者的污染负荷约是前者的 2 倍。这与 2 次降雨事件的雨前干燥期不同有关。因为雨前干燥期不同，地表污染物的累积程度不同，进而影响到可被降雨径流冲刷、携带污染物的数量。因此，城市降雨径流污染负荷产生与降雨量、降雨强度、降雨历时的降雨因子和晴天累积天数密切相关。

十里铺集水区次降雨径流污染负荷的监测结果 表 2-7

降雨事件	降雨日期 (年-月-日)	降雨量 (mm)	污染负荷(kg/hm²)			
			TSS	COD	TN	TP
1	2003-06-23	96.6	220.8	86.9	4.43	0.42
2	2003-07-06	16	16.3	9.4	0.85	0.06
3	2004-06-14	12.9	30.4	10.7	1.13	0.17
4	2004-06-23	57.3	93.3	79	2.52	0.43
5	2005-04-08	18.8	146.1	75.5	3.22	0.29
6	2005-05-01	10.5	42.8	45.2	2.08	0.34
7	2005-05-17	32.0	73.7	67.8	4.15	0.48
8	2005-06-10	35.0	163.6	134.2	8.12	1.92
9	2005-06-26	78.0	168.0	143.3	9.86	1.28
10	2005-07-10	30.1	80.9	77.4	4.99	0.60
11	2005-07-22	27.0	124.9	79.6	3.55	0.54
12	2005-08-03	41.3	71.0	61.2	4.49	0.59
最小值		10.5	16.3	9.4	0.85	0.06
最大值		96.6	220.8	143.3	9.86	1.92
平均值		35.4	102.7	72.5	4.12	0.59

由于城市降雨径流中污染物之间存在着不同程度的相关性，其中尤以 COD 与 TSS 的相关性最为显著($R^2=0.65$，$p<0.01$），见图 2-19。TSS 不仅是城市降雨径流污染过程中的主要污染物，而且是其他污染物的载体，所以在分析降雨特征和 2 次降雨间隔时间对径流污染负荷的影响时，仅以 TSS 为代表进行分析。

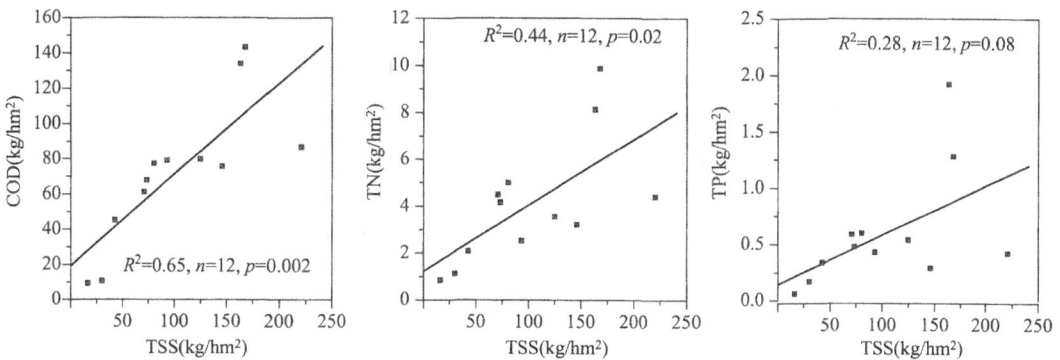

图 2-19 城市次降雨径流中 COD、TN 和 TP 与 TSS 的相关关系

次降雨事件的降雨量、降雨强度(平均降雨强度和最大降雨强度)、降雨历时分别代表了降雨径流对地表污染物的冲刷溶解能力、冲刷强度和冲刷时间，是城市降雨径流污染形成的重要水文条件，因而对次降雨径流污染负荷具有重要的影响。城市次降雨径流污染负荷与降雨量、降雨强度、最大降雨强度和降雨历时的单因子相关分析结果见图 2-20。城市次降雨径流污染负荷与降雨量、降雨强度和最大降雨强度均呈显著正相关($p<0.05$)；说明降雨量、降雨强度和最大降雨强度是影响城市径流污染负荷的重要水文参数。城市次降雨径流污染负荷与降雨历时没有明显的相关性，说明降雨历时对城市径流污染负荷无明显的影响。

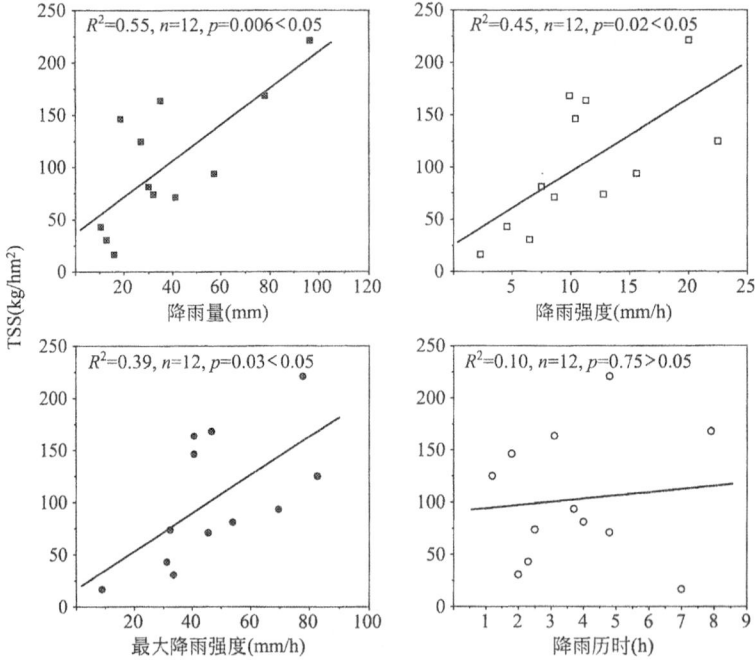

图 2-20 城市次降雨径流污染负荷(TSS)与主要降雨特征之间的相关关系

由于降雨在产生径流的过程中有一部分降雨要满足初损、入渗等损失，所以相比于降雨量，径流量更能代表地表径流的实际冲刷能力，次降雨径流污染负荷与径流深呈极显著的正相关($p<0.01$)，见图 2-21。径流污染负荷同径流量的相关性($R^2=0.60$)要略高于同降雨量的相关性($R^2=0.55$)，因而利用径流量可以更好地预测一次降雨径流事件所产生的污染负荷。

晴天累积天数，即 2 次降雨间隔时间(T_{ADW})，可以用来表征城市地表污染物的累积程度，进而同城市降雨径流污染可能存在一定程度的相关性。汉阳地区十里铺集水区次降雨径流污染负荷与晴天累积天数的相关关系见图 2-22。对于十里铺集水区，城市次降雨径流污染负荷与晴天累积天数存在弱的正相关，随着晴天累积天数的增加，降雨径流污染负荷存在增加的趋势，但是两者之间的关系没有达到显著水平($p>0.05$)。

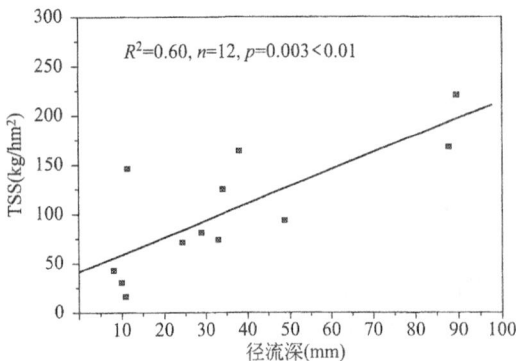

图 2-21 城市次降雨径流污染负荷与径流深的相关关系

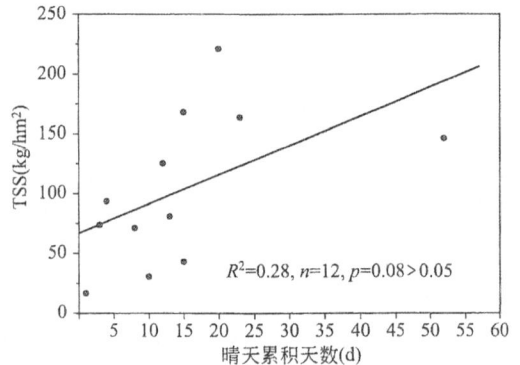

图 2-22 城市次降雨径流污染负荷(TSS)与晴天累积天数的相关关系

为了进一步考察十里铺集水区降雨径流污染与晴天累积天数的关系，分别计算了每一场降雨初期 5mm 径流中 TSS 的负荷，并分析其与晴天累积天数的相关关系，见图 2-23。初期 5mm 径流中 TSS 的负荷与晴天累积天数呈极显著正相关（$p<0.0001$），随着晴天累积天数的增加，次降雨初期 5mm 径流中的污染负荷线性增加。由此可以说明，汉阳十里铺集水区晴天累积天数，即 2 次降雨间隔时间，可以反映地表污染污染物的累积程度，且主要影响初期 5mm 径流中的污染负荷，是影响城市降雨径流污染负荷的重要水文参数之一。

从以上的分析结果看，径流深和晴天累积天数是影响城市径流污染负荷的主要水文参数。其中，晴天累积天数主要影响初期 5mm 径流中的污染负荷，初期 5mm 径流中 TSS 的负荷与晴天累积天数呈极显著的正相关（$R^2=0.95$，$p<0.0001$），利用晴天累积天数可以很好地预测一场降雨径流过程初期 5mm 径流中的污染负荷。对于初期 5mm 之后径流中的污染负荷与相应的径流深也呈极显著的正相关（$R^2=0.89$，$p<0.0001$），见图 2-24。由此说明，城市一次降雨径流污染过程，初期 5mm 径流之后的污染负荷主要由相应的径流深决定。

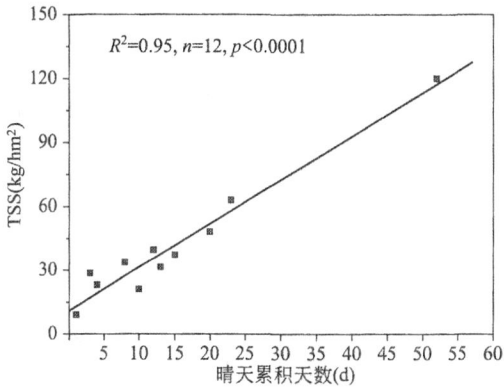

图 2-23 初期 5mm 径流中 TSS 负荷与
晴天累积天数的相关关系

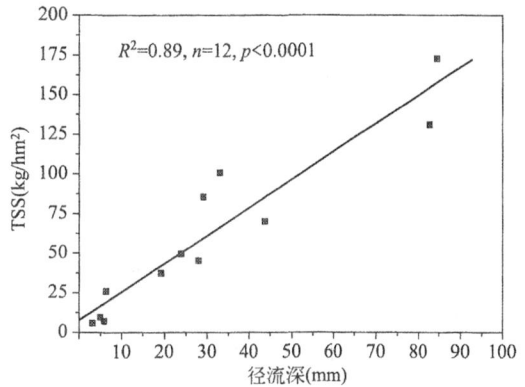

图 2-24 初期 5mm 径流之后径流中 TSS 负荷与
相应径流深的相关关系

因此，对于城市一次降雨径流污染负荷的排放过程，可以分为 2 个阶段，初期 5mm 径流中的污染负荷由 2 次降雨间隔时间决定，初期 5mm 之后径流中的污染负荷由相应的径流深决定。为此，可以利用 2 次降雨间隔时间与径流深对城市次降雨径流污染负荷进行分段拟合，得到城市次降雨径流污染负荷与晴天累积天数和径流深的最优回归模型：

$$L_{TSS}=2.0\times T_{ADW}+1.8\times(R-5.0)+18.7 \quad R^2=0.90 \tag{2-4}$$

式中：L_{TSS}——城市次降雨径流 TSS 负荷，kg/hm^2；

T_{ADW}——2 次降雨间隔时间，d；

R——降雨径流深，mm。

因此，汉阳地区城市次降雨径流污染负荷是在晴天累积天数和径流深的共同影响下形成的，两者是影响城市降雨径流污染负荷的主要水文变量，可以利用晴天累积天数和径流深预测城市次降雨径流的污染负荷（图 2-25）。

在研究城市地表径流污染过程中，2 次降雨间隔时间常用来反映地表污染物的累积程度，同降雨径流污染存在一定的关系。城市径流污染具有晴天累积，雨天排放的特征。随着晴天累积天数的增加，累积于城市地表的污染物数量可能会增加，因而晴天累积天数的增加意味着城市地表可被降雨径流冲刷的污染物数量在增加，即增加了降雨径流的污染潜力。但是，不同地区大气污染状况、风速以及人类活动的方式和强度

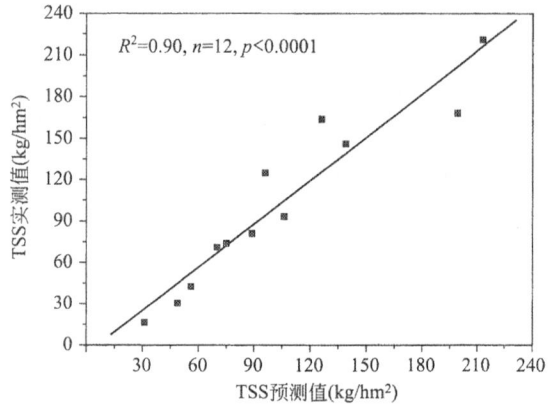

图 2-25　城市次降雨径流污染负荷
实测值与预测值的相关关系

的不同，地表污染物的累积速率不同。另外，城市地表卫生管理水平，地表清扫频率、效率同样对地表污染物的累积具有重要的影响，使得 2 次降雨间隔时间同地表污染物累积程度的关系不明确，加之降雨特征对地表径流污染的影响，因而使 2 次降雨间隔时间同地表径流污染之间的关系更趋复杂。以美国环境保护局开发的 SWMM 为代表的一些模型将 2 次降雨间隔时间作为其模型最主要的参数，而英国的 MOSQITO 模型则认为 2 次降雨间隔时间对径流污染没有明显的影响，认为降雨量是影响地表径流污染的主要因素。根据我们的研究，2 次降雨间隔时间在武汉市汉阳地区城市径流污染形成中具有显著的影响。可见，在不同的气候区晴天累积与降雨特征对径流污染的耦合作用不同。

通过研究 2 次降雨间隔时间同地表径流污染的关系可以间接地反映人类活动在地表径流污染形成过程中的作用，以及对地表径流污染程度的影响。对于本次研究的汉阳城区，由于城区的不透水面积比例高达 80% 以上，仅从这一点上看城市化水平很高。但是，汉阳城区是一个老城，大量的城中村或类似于农村居住形式的居住小区存在，建筑密度大，绿化面积少，或根本没有绿化用地，居住区地表卫生很少清扫，卫生管理差。另外还有相当大的一部分居住面积，是在汉阳发展工业时期兴建的居民小区，绿化面积比例在 15% 左右，虽然有清扫地表垃圾的管理，但是根据调查清扫效率不高。在这样的地表卫生管理状况下，随着 2 次降雨间隔时间的增长，地表累积的污染物数量必然增加，因而在降雨时可被降雨径流冲刷的污染物增加。此外，我国城市道路在路面保洁管理方面，也存在往雨水口中清扫地表垃圾的问题，随着晴天时间的增加，同样往雨水口清扫的污染物也会增加，当降雨时雨水口积存的街土、垃圾便成为径流污染的来源之一。

汉阳地区城市降雨径流污染同 2 次降雨间隔时间存在显著相关性，除了反映地表卫生管理状况以外，同排水体制也存在密切的关系。十里铺集水区是雨、污合流制排水系统。合流制排水系统晴天时市政污水沉积在排水管道中的污染物也是降雨径流过程中的污染来源。因此，随着 2 次降雨间隔时间的增加，排水系统累积的污染物增多，相应地增加了降雨径流污染负荷。

汉阳地区城市降雨径流污染负荷与 2 次降雨间隔时间存在显著的相关性，在一定程度上同汉阳地区的区域降雨特征有关。汉阳地区地处亚热带大陆季风气候区，降雨主要集中

在每年的4月至8月，而且次降雨强度大，每次降雨可对城市地表累积的污染物形成一次有效的冲刷，因而下次降雨冲刷的污染物基本是在上次降雨径流冲刷后地表重新累积的。因此，2次降雨间隔时间才有可能反映一次雨前地表污染物的累积程度，进而有可能影响次降雨径流污染负荷。

在汉阳地区，2次降雨间隔时间决定可被降雨径流冲刷的污染物数量，主要影响初期径流(5mm)的污染负荷，说明了城市降雨径流污染的初期冲刷特征，初期径流携带了大部分污染负荷。而初期5mm径流过后的污染负荷主要由相应的径流深决定，随着降雨径流量的增加，尽管径流中污染负荷有很大程度地减少，但是还是具有持续输出污染物的特征，这时污染物的输出主要受径流量的影响。同时说明即使是在强降雨过程的后期，十里铺集水区中还有污染物可被降雨径流冲刷。因此，在汉阳地区降雨量和2次降雨间隔时间都是影响城市降雨径流污染负荷的重要水文变量，城市降雨径流污染负荷是在两者的耦合作用下形成的，利用2次降雨间隔时间和降雨径流量可以预测城市降雨径流污染负荷。

上述原因使得在汉阳城区2次降雨间隔时间同径流污染存在明显的相关关系，是影响城市降雨径流污染的重要水文变量。而汉阳地区城市降雨径流污染与晴天累积天数的强相关性，正是对上述影响城市降雨径流污染因素的综合反映。因此，对于汉阳地区加强地表卫生管理和排水系统沉积物的管理，降低污染物的晴天累积效应，从源头上控制城市降雨径流污染会起到事半功倍的效果。

2.2 城市排水系统与面源污染物的传输

随着我国城市化进程的不断加快、不透水地面比例不断增加，相应的由于暴雨径流引起的城市面源污染逐渐成为水体污染的重要来源。城市面源污染是指在降水的条件下，雨水和径流冲刷城市地面，使污染物进入受纳水体引起的环境问题。城市排水系统作为一个城市的基础设施建设，同时也是污染物由源向汇迁移的主要途径，其运行模式直接影响着受纳水体受面源污染影响的程度大小。

2.2.1 现有排水体系

城市污水通常包括生活污水、工业废水和雨水，这些污水既可采用一个管渠系统来排除，又可采用两个或两个以上各自独立的管渠系统来排除。污水这种不同排除方式所形成的排水系统，称作排水系统的体制(简称排水体制)。排水体制一般分为合流制和分流制两种类型，合流制与分流制又根据其污水收集方式不同分成以下五种模式：

(1) 直排式合流制排水系统

城市污水与雨水径流不经任何处理直接排入附近水体的合流制称为直排式合流制排水系统(图2-26)。这种排水模式在城市建设早期多被使

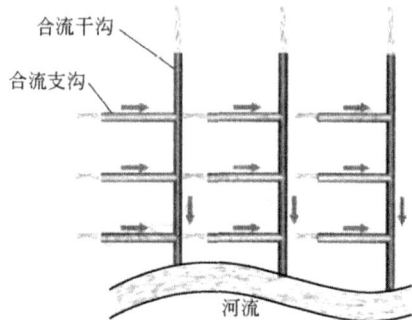
图2-26 直排式合流制排水系统

用,不少老城还在沿用这种方式。施工简单与成本低廉成为了这种排水模式最大的优点,国内外很多老城市也几乎都采用这种合流制排水系统。但由于污水未经处理直接排放,引起受纳水体的污染问题越来越引起人们重视。

(2)截流式合流制排水系统

截流式合流制排水系统是在直排式合流制基础上,在临河岸边建造一条截流干管,同时在合流干管与截流干管相交前或相交处设置溢流井,并在截流干管下游设置污水厂。晴天和初期降雨时所有污水都送至污水厂,经处理后排入水体。随着降雨量的增加,雨水径流也增加,当混合污水的流量超过截流干管的输水能力后,就有部分混合污水经溢流井溢出,直接排入水体(图 2-27)。

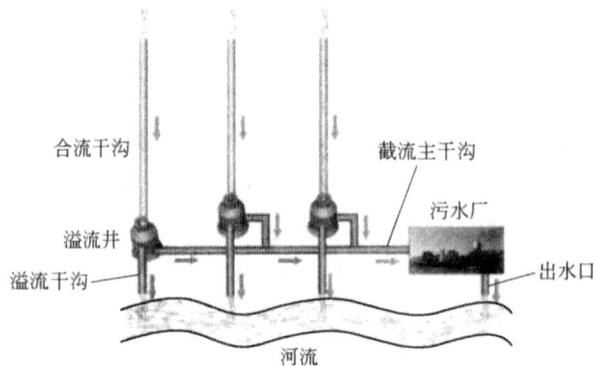

图 2-27 截流式合流制排水系统
(出自无忧环评网,http://www.51hp.net/articlel)

(3)完全分流制排水系统

分流制排水系统是将生活污水、工业废水和雨水分别在 2 个或 2 个以上各自独立的管渠内排除的系统,包含污水排水系统和雨水排水系统。排除生活污水、城市污水或工业废水的系统称为污水排水系统;排除雨水的系统称为雨水排水系统。前者汇集生活污水、工业废水送至处理厂,经处理排放或加以利用;后者通过各种集水设施汇集城市内的雨水就近排入水体(图 2-28)。

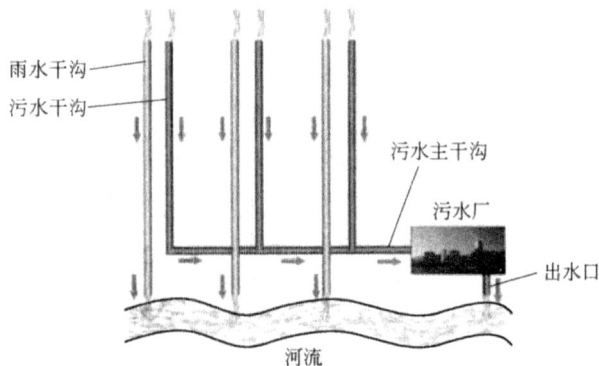

图 2-28 完全分流制排水系统
(出自无忧环评网)

(4)不完全分流制排水系统

　　不完全分流制排水系统是指没有完整的雨水排水系统而只有污水管理系统，待城市进一步发展再修建雨水排水系统，使其转变成完全分流制排水系统。雨水沿天然地面、街道边沟、水渠或者修建部分雨水渠道等排泄，进入不成系统的阴沟或小河，然后进入较大水体。城市污水通过污水排水系统流至污水厂，经处理利用后，排入水体(图 2-29)。

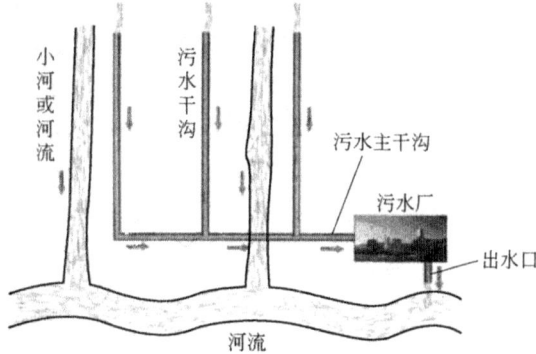

图 2-29　不完全分流制排水系统
(出自无忧环评网)

（5）半分流制排水系统

　　半分流制排水系统是既包含污水又包含雨水的排水系统。与完全分流制的不同之处是在于它具有把初期雨水引入污水管道的特殊设施，称雨水跳跃井。在雨量较小时，雨水经初期雨水截流干管与污水一起进入污水处理厂处理；暴雨时，雨水跳跃过截留干管经雨水出流干管排入水体(图 2-30)。

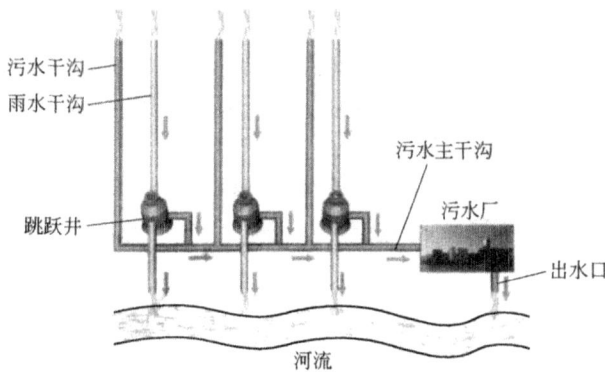

图 2-30　半分流制排水系统
(出自无忧环评网)

　　在几种常用的分流制排水体系中，截流式分流制可以克服完全分流制的缺点，能够较好地保护水体不受污染，由于仅接纳污水和初期雨水，截流管的断面小于截流式合流制，进入截流管内的流量和水质相对稳定，可降低污水泵站和污水处理厂的运行管理费用。不完全分流制具有投资省的优点，主要用于有合适的地形、比较健全的明渠水系的地区，以便顺利排除雨水。对于常年少雨、气候干燥的城市可采用这种体制，而对于地势平坦、多雨易造成积水的地区，则不宜采用。

两种排水系统相比，合流制造价比完全分流制一般要低20%～40%，但合流制的泵站和污水厂的造价却比分流制高。从总造价来看，完全分流制比合流制可能要高。从初期投资来看，不完全分流制初期只建污水排水系统，因而可节省初期投资费用，又可缩短工期，发挥工程效益也快。而合流制和完全分流制的初期投资均大于不完全分流制。

在合流制管渠内，晴天时污水只是部分充满管道，雨天时才形成满流，因而晴天时合流制管内流速较低，易于产生沉淀。但经验表明，管中的沉淀物易被暴雨冲走，这样合流管道的维护管理费用可以降低。但是，晴天和雨天时流入污水厂的水量变化很大，增加了合流制排水系统污水厂运行管理中的复杂性。而分流制排水系统可以保持管内的流速，不致发生沉淀。同时，流入污水厂的水量和水质比合流制变化小得多，污水厂的运行易于控制。

混合制排水系统的优缺点，介于合流制和分流制排水系统两者之间。

2.2.2 不同排水系统对城市面源污染的影响

一般来说城市污水对城市面源污染的贡献中，生活排水与工业排水相对于雨水排水属于较为稳定的因素。然而对于现有不同的排水系统来说，其最大的区别即在于对降水特别是暴雨径流的收集与处理。同时雨水排水则由于其所包含的污染物受降雨特征、城市土地利用类型、大气污染状况、地表清扫情况、下水道状况等多个因素影响且污染物含量高，因此排水系统对于雨水排水的收集与处理成为了城市排水系统中影响面源污染的最重要的因素。

降水即大气降水，包括雨水和冰雪融化水。目前，在我国的排水体制中，认为雨水较为洁净，一般不需处理，直接就近排入水体。天然雨水一般比较清洁，但初期降雨时所形成的雨水径流会挟带大气中、地面和屋面上的各种污染物质，使其受到污染，所以初期径流的雨水，往往污染严重，应予以控制排放。有的国家对污染严重地区雨水径流的排放作了严格要求，如工业区、高速公路、机场等处的暴雨雨水要经过沉淀、撇油等处理后才可以排放。近年来由于水污染加剧，水资源日益紧张，雨水的作用被重新认识。长期以来雨水直接径流排放，不仅加剧水体污染和河道洪涝灾害，同时也是对水资源的一种浪费。

（1）合流制排水系统与城市面源污染

目前我国许多城市的排水体制以合流制为主，雨水和污水在排水系统中同行。作为传统的排水系统，合流制排水系统主要由于两方面的不足，使其对受纳水体及周围环境的污染严重。

1）无法对降雨径流进行及时治理

合流制排水系统中雨污合流，雨水在输移的过程中污染物浓度有可能增加。一方面污水的污染物浓度高于雨水；在合流制排水系统中，污水和雨水混合在一起输送到受纳水体或污水处理厂。当雨水径流流速较大时，排水管网中无雨时沉积下来的污染物被冲起并带走，成为径流污染物的又一来源，这种影响可能随着降雨量、降雨强度的增加和降雨持续时间的延长有所缓解甚至消失，但是这种排水体制抑制了雨水径流的有效治理。同时，由于雨水的波动性大等特点会严重影响城市污水处理厂的正常运行，所以合流制管道直排的情况比较多，对受纳水体造成较大的危害。

2）容易形成污水溢流

在暴雨或融雪期条件下，由于大量雨水流入，当雨污合流量超过管道输水能力和污水处理厂处理容量时，导致合流制排水系统溢流（CSOs），即有一部分会溢流排放，大量污染物以溢流方式直接排入受纳水体。合流制排水系统污水溢流收集了生活污水、工业废水、雨水三种性质不同的水体，以及晴天时形成的腐烂的沟道底泥，含有大量的污染物，类型复杂，包括有机物、营养盐、SS、致病微生物、其他有毒有害物质如重金属、含氯有机物等，成为径流污染物的又一来源。同时，污水溢流由于受降雨过程雨量变化的影响，具有流量波动大、污染物浓度波动范围大的特点，给排水量调节、污染物的治理等带来了较多困难。

一些研究也证实，合流制排水系统溢流中主要污染物如重金属、SS、COD 等均值远远高于典型城市生活污水。以重金属为例，1998 年荷兰官方估计，全国合流制排水系统中由于溢流向地表径流中排放的锌约 16t，而同年污水处理厂的重金属锌的总流量为 123t。20 世纪 60 年代，美国就开始了对城市雨水径流和合流制排水系统溢流污染控制的研究。美国环保局的调查显示，在美国 31 个州和哥伦比亚地区，市政处理设施每年收集、处理并排放的污水有 $500 \times 10^8 \mathrm{m}^3$，而 772 个合流制排水管道系统每年排放未经处理的雨污水大约为 $38.64 \times 10^8 \mathrm{m}^3$。可见，合流制排水系统的溢流是重要的污染来源。

合流制排水系统溢流的直接排放会给生态环境造成巨大的影响。首先，合流制排水系统溢流中大量的有机物排入水体，微生物迅速繁殖，造成水中溶解氧下降，水体中经常短期出现低溶解氧时，会影响水生生物的正常生长，阻碍内陆水体水产业的发展；当水体中富含大量的氮、磷元素时，水中藻类异常增殖，水呈褐绿色，不仅有损水体外观，而且当这种水作为水源时，造成了给水处理的困难，提高了制水成本；其次，污水中的固体颗粒使受纳水体的视觉效果变差，造成人舒适感的下降；同时，大量的微生物排入水体，使环境和公众健康受到影响，甚至威胁人的生命。

同时，我国大多数地区特别是北方省份雨季集中，合流制排水系统雨污合流导致合流管渠中旱季污水量与雨季输送的合流污水量差异悬殊，造成资源的浪费。

（2）分流制排水系统与城市面源污染

在我国，分流制排水系统虽然在管理及建设成本方面仍有不尽如人意的地方，但在城市面源污染的控制方面，分流制排水体系具有明显的优势。

分流制排水体系中雨、污分流，雨水管道的沉积物以可沉降无机固体为主，同时也会出现少量沉积有机成分，这样就为许多微生物创造了适宜环境，生长并繁殖。雨水在输移过程中，虽然可能由于冲刷而导致其中的污染物浓度增加，但管道微生物也能起到分解雨水径流中污染物的作用。通过对合流制和分流制排水系统的对比研究发现，在发生城市径流时，雨污合流排水系统的径流污染要比分流制排水系统中严重。在全年的降雨径流中，对于总悬浮颗粒而言，合流制排水系统中总悬浮颗粒物的平均浓度（160～460mg/L）比分流制排水系统总悬浮颗粒物的平均浓度（90～270mg/L）高 50%。合流制排水系统中 BOD_5 的平均浓度（90～270mg/L）是分流制排水系统中（13～130mg/L）的两倍多。合流制排水系统的径流中含有更多的有机物质，挥发性悬浮固体与总悬浮固体之比的变化范围为 4%～55%，而在分流制排水系统径流中挥发性固体/总悬浮固体的变化范围为 10%～36%。此外，在合流制排水系统径流中悬浮固体的沉降速度低于分流制排水系统径流中悬浮固体的沉降速度。其他一些研究也表明，分流制排水中 BOD 浓度约为城市污水的 1/5，基本上达到二级污水处理厂出水的要求，而且其大肠杆菌数也明显低于城市污水的值，总氮和总磷浓度值也都低于城市污水（韩冰，2005）。

同时，分流制排水系统中初始冲刷造成的污染也是城市面源污染的来源之一，这主要是由于分流制排水体系多将所收集降雨直接排放，没有对降雨的初始冲刷进行处理而引起的。初始冲刷是指当降雨开始后最先产生的径流，其污染物的含量是整个产流过程中最高的。英国水研究中心研究表明，初始冲刷的污染强度基本与合流制排水系统中污染物强度相当。有研究表明，初期 5mm 径流中污染负荷所占比例的变化范围是 22%～82%，平均为 48%；初期 10mm 径流中污染负荷变化范围是 28%～100%，平均为 67%；初期 15mm 径流中污染负荷变化范围是 41%～100%，平均为 78%。由此可见，在初期 10mm 或 15mm 径流中包含大量污染物，也是总降雨径流污染负荷的主要部分。

基于分流制排水系统在控制水体污染方面的良好性能，我国城市排水工程规划规范中规定："新建城市、扩建城区、新开发区或旧城改造地区的排水系统应采用分流制。在有条件的城市可采用截流初期雨水的分流制排水系统"。多年来我国倾向于对新建区采用分流制、对旧城区原有合流制系统进行改造最终达到分流制的目的，许多城市的排水系统规划和改造都是采用这一原则。

（3）目前我国排水系统改造中的问题

我国目前许多城市都是雨、污合流制的排水系统，这是造成城市地表水环境面源污染的重要因素，但要在全国范围内开展雨、污分流制排水系统尚不现实。合流制排水系统相比分流制排水系统，与地下建筑相互间的矛盾小，总投资也比分流制小。美国早在 20 世纪 60 年代末对 600 多个城市的排水体系所进行的调查结果就表明，保留合流制并增建截流管与将合流制改为分流制的所需投资比为 1：3。

除此之外分流制排水系统经过几十年的建设运行自身也发现存在许多问题，除了有管线多、纵横交错、与城市地下建筑的竖向规划矛盾较大等不利条件外，还由于设计、施工和管理方面的原因，大多数地区的分流制排水系统都存在较严重的雨污混流现象，而雨污混流使得降雨径流特别是初期径流没有得到有效的处理，分流制排水系统也失去本身的效益。例如，深圳市排水工程的规划与建设完全采用分流制，但 1990 年发现特区内开发建设最早的罗湖、上步两区的实际情况是雨水、污水系统几乎已全部混流，部分污水直接通过雨水管系排入水体，造成水体的严重污染，而污水厂又收集不到足够的污水量，影响设计的规模效益，这种条件下的分流制可能失去其应有的环境效益，还会造成资金的巨大浪费。分流制雨、污系统一旦形成事实上的混流，要想彻底分流则必须采取分散截流的办法，但因混流点是动态增长的，故难于从根本上解决污水排入水体的问题。根据国内外的经验，采取截流处置的办法是比较现实可行的，即沿排洪渠、河道或城市主干道设截污干管并在支管上设截流槽式或溢流堰式溢流井以截流雨水系统中混流的污水。截流系统除可截流旱季全部污水外，对污染严重的初期雨水也可一并截流，这样可最大限度地收集点源和面源污染物。英、法等国家的大部分城市仍保留了合流制体系，其主要河流莱茵河和泰晤士河的水体都得到了很好的保护，主要举措是控制面源污染并保证排入河流之污水的处理率。而德国在采用分流制的同时还投入了大量资金用于建设对初期雨水进行处理的构筑物并对排入点进行监管和维护。因此，对尚不具备完全彻底改造排水系统的地区来说，对旧的合流制排水系统进行改造也是控制城市面源污染的途径之一。

合流制排水系统的改造可借鉴国外的有效措施（如雨水截流井、线内贮存和线外贮存）以减少合流制系统溢流造成的污染，同时逐步实现雨水资源化。截流式合流制排水系统相比直排式，在减少水体污染方面有了较大改进，但缺点也很明显，就是排水系统在暴雨期间水量过大降低了污水处理厂的处理效率，还极易形成溢流，导致含有高负荷有机污染物、重金属和 PAH 等的污水未经处理直接排放。国内外在改造老城市的合流制排水系统时，通常采用这种方式。

在合流制排水系统中建造调蓄池，可以降低下游合流制干管、泵站的设计容量，降低工程造价，是提高系统排水能力的一项有效措施。对现有超负荷运行的排水系统，建造调蓄池可提高系统的排水能力。调蓄池可通过收集初期雨水，从而大大减少暴雨期间合流制泵站的溢流量，减少对水体的污染，对受纳水体起到保护的作用。合流制排水系统的溢流调蓄池工作原理如图 2-31 所示。调蓄池在降雨期间收集部分初期雨水，将收集的雨水缓慢地输送至截流总管，最终进入污水处理厂，从而减少初期雨水对受纳水体的污染。

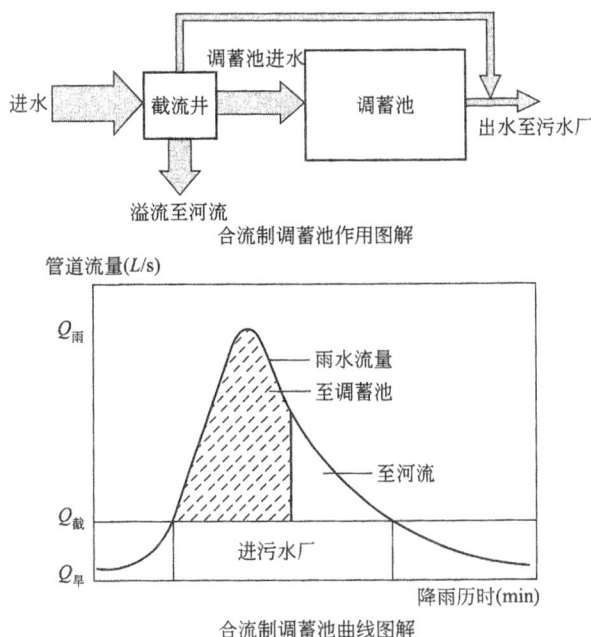

合流制调蓄池作用图解

合流制调蓄池曲线图解

图 2-31 合流制排水系统的溢流调蓄池工作原理(张辰，2006)

总之，排水系统体制的选择是一项既复杂又很重要的工作。应根据城镇及工业企业的规划、环境保护的要求、污水利用情况、原有排水设施、水量、水质、地形、气候和水体状况等条件，在满足环境保护的前提下，通过技术经济比较综合最终确定。新建地区一般应采用分流制排水系统，但在特定情况下采用合流制可能更为有利。

2.3 城市地区的面源污染负荷特征

2.3.1 城市降雨径流污染负荷的定量方法

城市降雨径流污染负荷是指一场降雨或多场降雨所引起地表径流排放的污染物总量。由于地表径流排放污染负荷的随机性使次降雨径流污染负荷的代表性差，所以通常采用的是年径流污染负荷(L_y)。L_y可利用下式计算：

$$L_y = 0.001 \sum_{i=1}^{m} EMC_i R_i A P_i \tag{2-5}$$

式中：0.001——单位转换系数；

$\quad\quad R_i$——第i场降雨的径流系数；

$\quad\quad P_i$——第i场降雨的降雨量，mm；

$\quad\quad A$——集水区面积，km^2；

$\quad EMC_i$——一场降雨地表径流全过程排放的某污染物的平均浓度，mg/L。

由下式可计算出 EMC 的值。

$$EMC = \frac{\sum_{j=1}^{n} C_j V_j}{\sum_{j=1}^{n} V_j} \tag{2-6}$$

式中：C_j——第j时段所测的污染的浓度，mg/L；

$\quad\quad V_j$——第j时间段的径流量，m^3；

$\quad\quad n$——时间分段数。

在利用式(2-5)计算年降雨径流污染负荷时，需要知道一年内每场降雨径流的径流量与 EMC，这是很难做到的，于是在计算过程中常采用年平均降雨量和多场降雨径流污染的平均浓度(EMC_s)。因此式(2-5)可以简化为：

$$L_y = 0.001 EMC_s \cdot R \cdot A \cdot P \tag{2-7}$$

式中：R——研究区域的年径流系数；

$\quad\quad P$——研究区域的多年平均降雨量，mm；

$\quad\quad A$——集水区面积，km^2。

所以监测降雨次数越多，EMC_s的代表性越强。

本研究中汉阳地区的年平均降雨量根据1990～2002年降雨资料计算为1344.3mm，标准差295.4mm，相对误差22.0%。3个集水区的年径流系数是根据集水区不透水地表的面积比例计算的。各个集水区的EMC_s取多次降雨径流 EMC 的平均值。

2.3.2 城市降雨径流污染负荷对受纳水体的贡献

表2-8是汉阳地区3个集水区降雨径流水质的统计特征。城市降雨径流水质在时间上和空间上都表现出明显的差异。在时间上，同一集水区不同次降雨径流的水质(EMC)存在明显的差异，3个集水区降雨径流的 TSS、COD、TN 和 TP 的变异系数(标准差/平均值)都在1左右。

根据3个集水区多次降雨径流污染的监测结果(表2-8)，利用城市年降雨径流污染负荷的计算公式(2-7)，分别计算了十里铺、七里庙和五里墩集水区的年降雨径流污染负荷。

汉阳地区3个城市集水区次降雨径流污染物平均浓度（EMC） 表 2-8

集水区及其污染物	降雨次数	最小值	最大值	中值	平均值	标准差
十里铺						
TSS	12	122.0	1326.3	363.8	449.7	311.9
COD	12	68.9	1162.5	267.2	359.9	303.0
TN	12	6.43	56.35	14.63	20.57	13.98
TP	12	0.61	8.94	2.07	3.11	2.56
七里庙						
TSS	4	94.9	446.8	162.3	243.7	153.6
COD	4	46.4	163.2	85.7	99.9	48.6
TN	4	6.60	18.40	8.00	10.65	5.31
TP	4	0.50	1.90	0.80	1.03	0.61
五里墩						
TSS	4	123.8	662.1	354.2	383.6	220.6
COD	4	70.0	543.8	172.4	274.8	205.1
TN	4	6.60	14.90	9.20	10.20	3.47
TP	4	0.50	1.40	0.80	0.95	0.39

　　表 2-9 给出了 3 个集水区市政污水、降雨径流年污染负荷以及降雨径流占总负荷的比例（图 2-32）。根据 3 个集水区平均，全年由降雨径流排放的 TSS、COD、TN、TP 污染负荷分别占全年集水区总排放污染负荷的 59.4%、26.3%、11.2%、10.1%。降雨径流对受纳水体影响比较大的污染物是 TSS 和 COD。

汉阳地区3个城市集水区降雨径流污染负荷对集水区总污染负荷的贡献 表 2-9

集水区及其污染物	市政污水(t)	降雨径流(t)	降雨径流污染负荷/总污染负荷（%）
十里铺			
水量(×10³m³)	7585	1404	15.6
TSS	326.9	631.4	65.9
COD	1117.3	505.3	31.1
TN	197.3	28.88	17.1
TP	21.2	4.37	12.8
七里庙			
水量(×10³m³)	2079	594	22.2
TSS	183.8	144.8	44.1
COD	558.5	86.6	13.4
TN	80.7	6.33	6.2
TP	9.1	0.59	7.3

集水区及其污染物	市政污水(t)	降雨径流(t)	降雨径流污染负荷/总污染负荷（%）
五里墩			
水量($\times 10^3 m^3$)	2562	648	20.2
TSS	116.6	248.5	68.1
COD	341.5	178.1	34.3
TN	58.2	6.63	10.4
TP	5.3	0.61	10.2

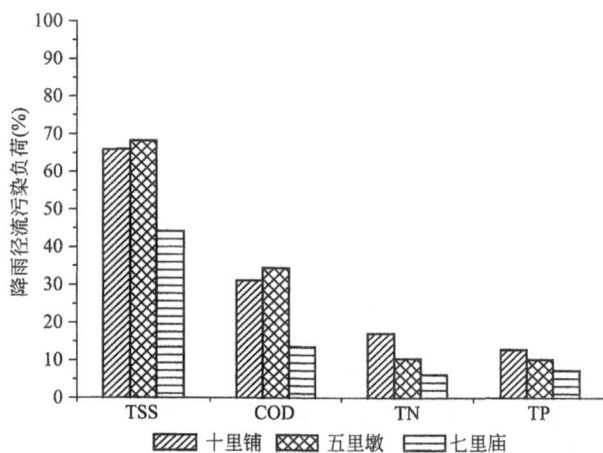

图 2-32　三个城市集水区降雨径流污染负荷占全年负荷的比例

本研究对汉阳地区城市降雨径流污染负荷的估算方法类似于农业面源污染负荷估算的平均浓度法和水文法，在国际上也常被用来计算城市降雨径流污染负荷。该方法的基础是计算集水区一年内产生的径流水量和所有降雨径流污染物的平均浓度。其中，年径流量测定与计算相对简单，容易获得。对于年降雨径流污染的平均浓度，如果有能代表平均浓度的值，即 EMC_s，则估算出的城市降雨径流污染负荷更具有代表性。理论上讲，只有对一年内所有场次降雨径流污染进行监测所获得数据计算才是准确的、有代表性的。但是由于降雨径流污染发生的随机性和难以监测的特点，对一年内所有降雨径流污染的监测是不可能的。因此，对于 EMC_s 通常采用对多场降雨径流的测定而计算，是对 EMC_s 的一个近似。本研究对 3 个集水区监测的降雨次数不同，十里铺集水区监测了 12 次，而七里庙集水区和五里墩集水区只有 4 次，可见十里铺集水区估算的城市降雨径流污染负荷要比七里庙和五里墩更有代表性。

根据在汉阳地区三年城市降雨径流和市政污水水质、水量的监测资料，以汉阳地区的墨水湖为例，在流域尺度上探讨控制城市降雨径流污染对改善墨水湖水环境质量的重要性。

目前墨水湖的主要污染来源是市政污水和城市地表径流。市政污水中现在主要是生活污水和很少的一部分工业废水。其中市政污水是由十里铺、桃花岛、七里庙和五里墩 4 个集水区排放的。雨天时有 6 个城市集水区向墨水湖排放地表径流。城市降雨径流污染负荷是根据 2003～2005 年十里铺、七里庙和五里墩三个集水区的监测推算的。表 2-10 是三个集水区单位面积降雨径流污染中 TSS、COD、TN 和 TP 的负荷及其平均结果。然后根据三个集水区单位面积降雨径流污染负荷的平均值估算了墨水湖流域城市降雨径流污染负荷，见表 2-11。点源污染负荷也是根据 2003～2005 年十里铺、汉桥村、七里庙和五里墩三个集水区市政污水的监测计算的，见表 2-11。

汉阳地区三个合流制集水区城市降雨径流污染负荷　　表 2-10

集水区	TSS	COD	TN	TP
	t/(km² · a)			
十里铺	485.7	388.7	22.22	3.36
七里庙	263.3	157.5	11.51	1.07
五里墩	414.2	296.8	11.05	1.02
平均值	387.7	281.0	14.92	1.82

墨水湖流域点源与面源污染年负荷　　表 2-11

污染源	水量（×10⁴m³）	污染物(t/a)			
		TSS	COD	TN	TP
点源(生活污水＋工业废水)	1525.3	787.6	2444.7	395.7	43.5
面源(城市地表径流)	934.2	3353.7	2430.6	129.1	15.7

在墨水湖流域污染负荷来源中，市政污水的水量占 62.0%，污染负荷 TSS 占 19.0%，COD 占 50.1%，TN 占 75.4%，TP 占 73.5%；城市降雨径流的水量占 38.0%，污染负荷 TSS 占 81.0%，COD 占 49.9%，TN 占 24.6%，TP 占 26.5%（图 2-33）。从污染负荷的角度看，墨水湖 TN 和 TP 的主要来源仍然是市政污水，COD 市政污水与城市降雨径流相当，TSS 的来源是城市降雨径流占主导地位。结合水量考虑，城市降雨径流污染对墨水湖水质的影响已经同市政污水相当，甚至超过市政污水。

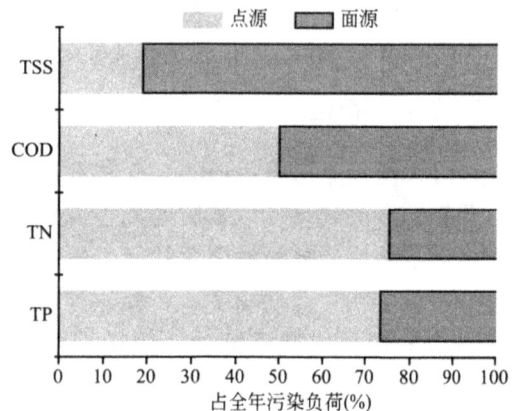

图 2-33　墨水湖流域城市点源与面源污染
负荷的相对贡献(2003～2005 年)

由于城市面源污染过程的间歇性和季节性，污染负荷的排放主要集中在雨季，所以在城市降雨径流产生的短时期内或主要降雨季节，是城市面源污染发生的主要时期，汉阳地区属于亚热带大陆季风气候区，春、夏季节是全年的主要降雨期。图 2-34 是汉阳城区点源和面源 COD 负荷排放的季节性特征。从图 2-34 可以看出，在汉阳地区进入雨季 4 月至 8 月，由城市降雨径流输出的 COD 负荷超过点源，约是点源污染的 2 倍，这可能是墨水湖在每逢降雨过后水质下降的主要原因。由此可以看出城市降雨径流污染在城市水环境质量恶化过程中占有很重要的地位。

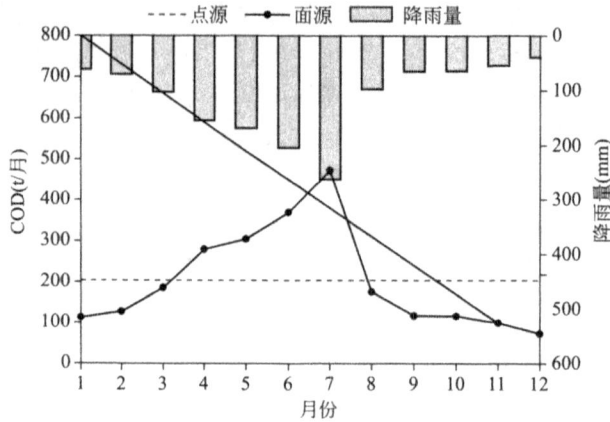

图 2-34　汉阳城区点源与面源(降雨径流)COD
排放的季节变化特征(2003~2005 年)

随着城市污水处理厂建设的加快和截污工程的实施,城市降雨径流污染占受纳水体污染负荷的比例将日益提高,成为影响城市水体水质恶化的主要原因。在对汉阳城区十里铺、七里庙和五里墩 3 个集水区的研究表明,由城市降雨径流排放的 COD 负荷已占整个集水区排放总和的 30% 左右,可见在集水区尺度城市降雨径流污染对受纳水体的影响不容忽视。在受纳水体墨水湖流域尺度上,年降雨径流输出的 TSS、COD、TN 和 TP 分别占入湖污染负荷的 81.0%、49.9%、24.6% 和 26.5%。城区降雨径流输入墨水湖的悬浮物和有机污染物质已经相当于或超过点源污染的贡献,特别是在雨季降雨径流污染对受纳水体的影响更大。

2.3.3　城市降雨径流污染负荷的排放特征

城市降雨径流污染过程的一个基本特征是初期径流中污染物的浓度一般高于后期径流,称为初期冲刷,所以截流初期径流是控制城市降雨径流污染的主要策略之一。但是由于污染物浓度的随机性变化特征,很难根据污染物浓度定量化研究城市径流污染负荷的排放特征和初期冲刷程度。因此,利用降雨径流污染负荷在径流中的累积分布曲线可以明确污染负荷的排放特征,便于进一步比较研究不同集水区、不同次降雨以及不同污染物负荷的排放特征,采用无量纲的负荷分布曲线,即 $L(V)$ 曲线,见图 2-35。

$L(V)$ 曲线是在一次次降雨径流过程中以累积径流量同径流总量之比为横坐标,以相应径流中污染物累积负荷同负荷总量之比为纵坐标作图所得的曲线。$L(V)$ 曲线的斜率是单位径流中污染物的量(无量纲)。因此,当 $L(V)$ 曲线的斜率大于 1 时,说明污染物负荷的排放要快于径

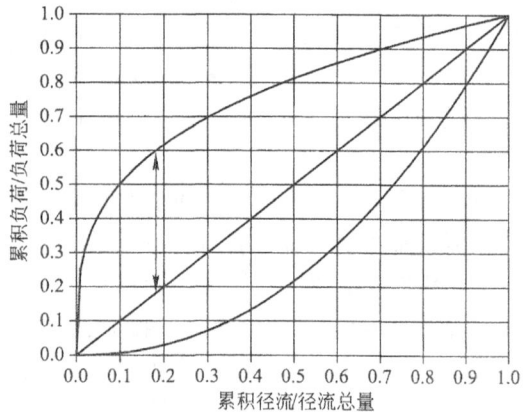

图 2-35　$L(V)$ 曲线

流的输出；反之，则污染物的排放要慢于径流的输出。所以 $L(V)$ 曲线在坐标平面 45°对角线之上，说明存在初期冲刷，同 45°对角线的偏离程度代表初期冲刷的程度；$L(V)$ 曲线落在坐标平面 45°对角线下方，说明不存在初期冲刷。当 $L(V)$ 曲线同 45°对角线重合，说明污染负荷的排放是等比例径流的排放，即在径流过程中污染物的浓度保持不变。因此，通过 $L(V)$ 曲线可以定量化研究城市径流污染的初期冲刷特征。

图 2-36 是 2003～2005 年 12 场降雨径流事件 TSS、COD、TN 和 TP 在径流过程中的累积负荷分布曲线，即 $L(V)$ 曲线。研究发现，十里铺集水区 12 次降雨径流事件中，除了 TN 有 1 次降雨事件(2003 年 6 月 23 日)的 $L(V)$ 曲线在 45°对角线的下方以外，所有 $L(V)$ 曲线都在 45°对角线的上方，说明 TSS、COD、TN 和 TP 污染负荷的输出快于径流的输出，具有明显初期冲刷的特征。同一种污染物不同次降雨 $L(V)$ 曲线同对角线的偏离程度不同，说明污染物在不同次降雨径流过程中负荷排放特征不同，初期冲刷程度不同。同一次降雨中不同污染物 $L(V)$ 曲线同对角线的偏离程度也不同，反映了不同污染物负荷排放特征不同，初期冲刷程度不同。总之，多次径流污染监测结果表明，对于 TSS、COD、TN 和 TP 污染负荷在排放过程中都具有初期冲刷的特征，只是不同污染物、不同次降雨

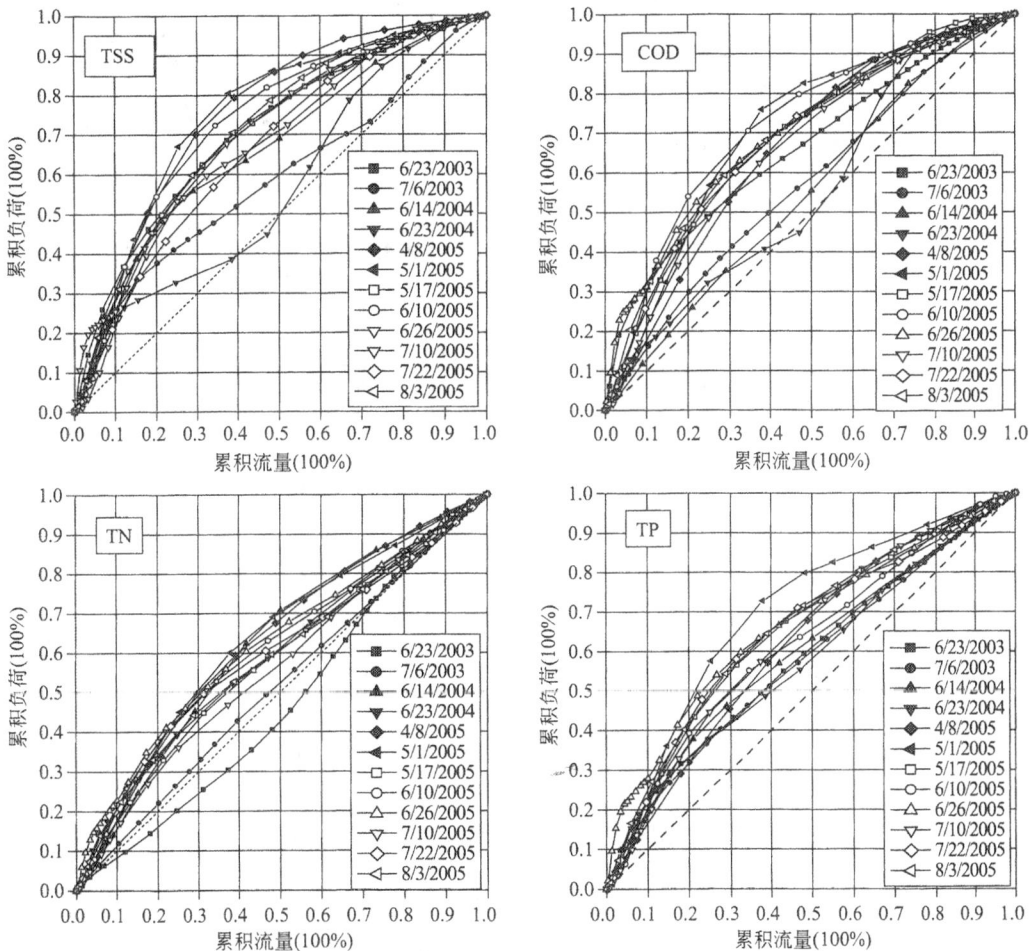

图 2-36　十里铺集水区降雨径流过程中的累积负荷分布曲线

初期冲刷的程度不同。

图 2-37 是 2005 年 6 场降雨事件溶解性污染物 NH_3-N、PO_4-P 和 NO_3-N 在降雨径流过程中的负荷累积分布曲线。溶解性污染物同 TSS、COD、TN 和 TP 负荷的输出特征明显不同。其中 NH_3-N 和 PO_4-P 的负荷输出有相似之处，在径流的初期也存在一个初期冲刷的效应。首先这是因为地表径流对溶解性污染物 NH_3-N、PO_4-P 具有初期冲刷的作用。当形成的地表径流开始流入排水系统时，存在一个对排水系统中污水的推动作用，在降雨径流刚开始排放过程中混有大量污水是 NH_3-N、PO_4-P 存在初期冲刷的一个原因。而随着径流流量的增加，NH_3-N、PO_4-P 负荷的排放开始慢于径流的输出，所以负荷累积分布曲线开始靠近 45°对角线。降雨径流对 PO_4-P 的稀释程度要高于对 NH_3-N 的稀释程度。其中 2005 年 6 月 26 日由于径流形成多次峰值，所以对 PO_4-P 负荷的输出不同于其他几次径流过程。

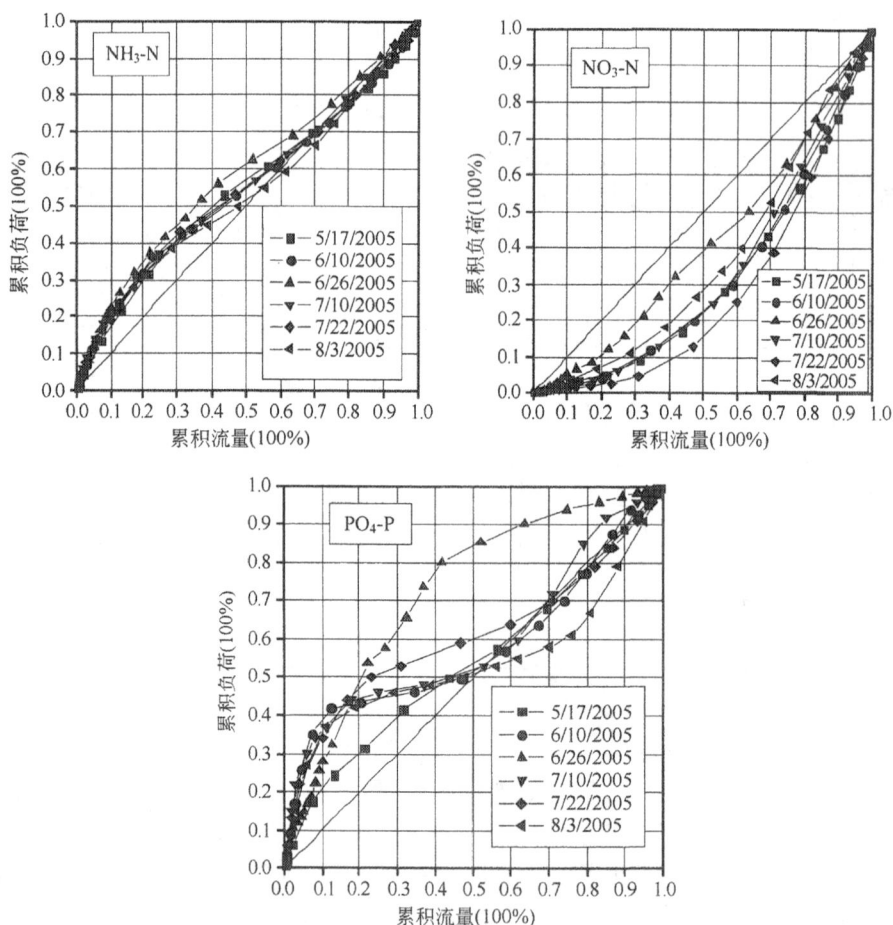

图 2-37　十里铺集水区降雨径流过程溶解态污染物负荷累积分布曲线

NO_3-N 的负荷累积分布曲线不仅不同于 TSS、COD、TN 和 TP 的负荷分布曲线，而且同 NH_3-N、PO_4-P 负荷分布曲线也不同。NO_3-N 的负荷累积分布曲线都在 45°对角线的下方，负荷的输出明显慢于径流的输出，是在径流的后期才有明显的负荷输出。这一结果说明 NO₃-N 同其他污染物的污染过程和污染行为明显不同。在对 NO₃-N 污染过程分析时已经提到，NO₃-N 的污染是出现在径流的后期，可能在城市中也存在部分 NO₃-N 的淋溶过程，后期 NO₃-N 负荷增加可能是径流的组成发生了变化，有部分是源于各种雨水的淋溶液。在多次监测中发现，在降雨量大和降雨持续时间长的径流事件中，NO₃-N 的浓度要高，这也是 NO₃-N 的负荷分布曲线图中位于最上方的是降雨量 78.0mm，持续时间最长的一次降雨径流事件(2005 年 6 月 26 日)。

城市径流中 TSS、COD、TN 和 TP 的负荷排放具有明显的初期冲刷特征。但是在研究不同污染物和同一种污染物不同次降雨时的初期冲刷程度，需要确定初期冲刷的标准。而且初期冲刷标准的确定也是利用污染物具有初期冲刷特征进行截流控制的前提。国外研究根据降雨径流的污染过程与 $L(V)$ 曲线的形状特征提出了几种标准。Deletic 将初期冲刷定义为初期 20% 径流所携带的污染负荷，并认为只有初期 20% 径流携带的污染负荷达到 40% 才具有明显的初期冲刷出现。Betrand-Krajewski 等人提出了更为严格的定义，只有初期 30% 的径流携带超过 80% 的污染负荷，才为明显的初期冲刷。但是由于集水区特征和水文特征的不同，径流污染的初期冲刷过程不同，因此用来表征初期冲刷程度的标准也随着集水区的特征与区域降雨特征的不同而不同。

图 2-38 是对 12 次降雨径流过程中 TSS、COD、TN 和 TP 污染负荷在径流中分配特征的统计结果，反映了降雨径流对集水区污染物的冲刷排放过程。从图 2-38 中可以看出，污染负荷在径流中的分布呈指数递减的趋势，初期径流中的污染负荷明显高于后期径流中的污染负荷。在初期第 1 个 10%、第 2 个 10% 和第 3 个 10% 径流中分布有大部分污染负荷。12 次降雨径流的平均结果：第 1 个 10% 径流中 TSS、COD、TN 和 TP 的负荷分别占

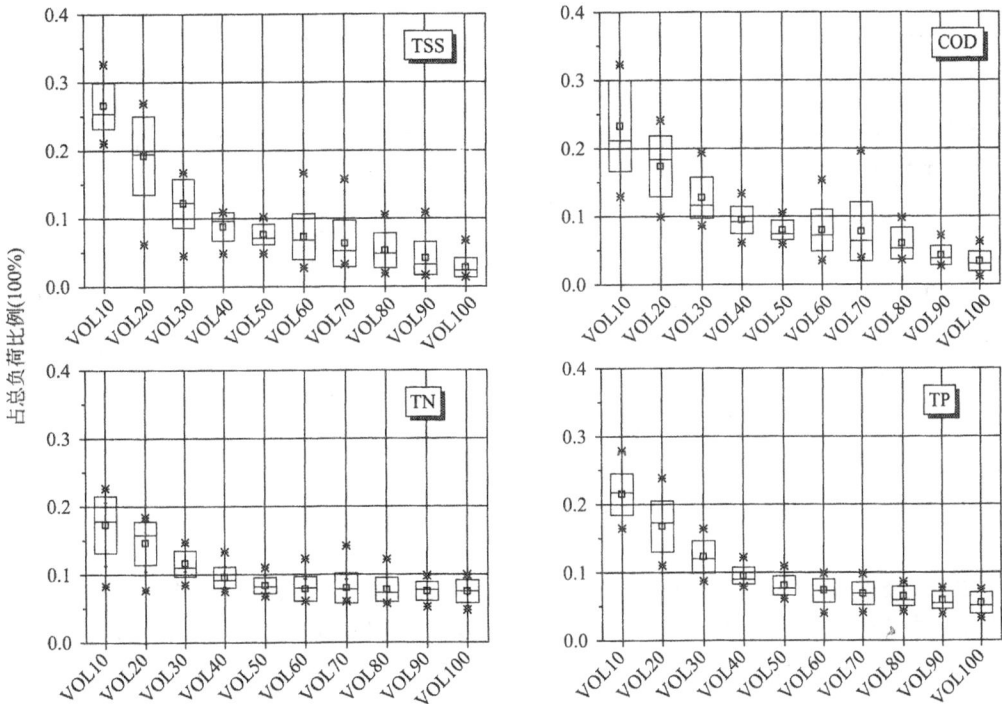

图 2-38 十里铺集水区污染负荷在径流过程中的分布特征

总负荷的 26.7%、23.3%、17.3%和21.5%；第2个10%径流中 TSS、COD、TN 和 TP 的负荷分别为 19.2%、17.4%、14.6%和16.8%；第3个10%径流中 TSS、COD、TN 和 TP 的负荷分别为 12.2%、12.7%、11.6%和12.3%。在降雨径流污染负荷排放过程中，前3个10%径流中的污染负荷都大于10%，所以在前3个10%径流中污染负荷的排放都快于径流的排放，是污染负荷发生初期冲刷的主要部分。而在30%径流过后，每个10%径流中的污染负荷都小于10%，而且相互之间的差异很小，说明在初期30%的径流后，污染负荷的初期冲刷特征已经结束，而且污染负荷的排放已趋于稳定。因此，对于十里铺集水区选取初期30%的径流来确定初期冲刷程度是合理的，以初期30%径流中的污染负荷来表征初期冲刷的程度。

表2-12是对十里铺集水区12次降雨径流事件初期30%的径流中携带的 TSS、COD、TN 和 TP 负荷(FF_{30})占次降雨过程总负荷比例的统计结果，同时给出了初期20%(FF_{20})的结果。从图2-38和表2-12中可以发现，不同污染物的初期冲刷程度不同，TSS 和 COD 的初期冲刷程度要强于 TN 和 TP，初期冲刷的程度依次是 TSS>COD>TP>TN。初期30%径流携带 TSS、COD、TN 和 TP 的负荷分别为 58.0%、53.4%、43.5%和45.8%。

初期 20%和 30%径流中 TSS、COD、TN 和 TP 污染负荷的统计结果　　　　表2-12

	FF_{20}				FF_{30}			
	TSS	COD	TN	TP	TSS	COD	TN	TP
平均值(%)	45.8	40.7	31.9	38.2	58.0	53.4	43.5	45.8
最大值(%)	55.4	53.7	38.3	46.8	72.1	65.3	50.6	55.4
最小值(%)	30.4	24.7	16.0	31.7	34.9	35.3	24.5	30.4
标准差(%)	7.3	9.3	6.7	5.2	10.4	10.4	7.8	7.3

根据一次径流污染过程中初期30%径流携带的污染负荷，可将初期冲刷程度划分为三类：污染负荷＞50%为具有明显初期冲刷；30%＜污染负荷＜50%为中等初期冲刷；污染负荷＜30%没有发生初期冲刷。对于十里铺集水区，TSS 和 COD 在80%的径流污染事件具有明显的初期冲刷，TN 在只有20%的径流污染事件具有明显的初期冲刷，TP 在50%的径流污染事件具有明显的初期冲刷（图2-39）。

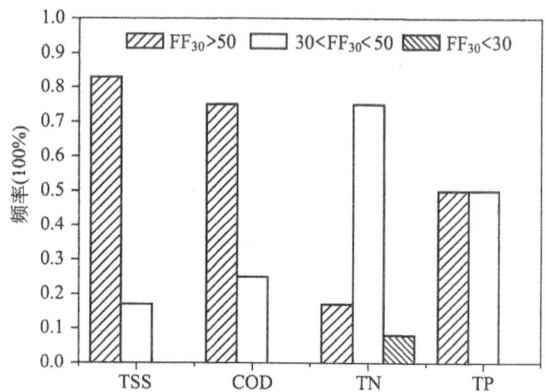

图 2-39　十里铺集水区降雨径流事件初期冲刷频率统计

城市径流污染的初期冲刷特征为城市径流污染的有效控制提供了机会。但是由于初期冲刷受城市污染物累积过程、降雨径流过程以及两者相互作用的影响，所以在不同集水区，同一集水区不同次降雨初期冲刷程度不同。影响初期冲刷程度的因素主要有降雨特征、集水区特征、排水系统特征以及晴天累积天数（两次降雨间隔时间）。Gupta 等人研究得出，径流中总悬浮物的初期冲刷与最大降雨强度、降雨持续时间和晴天累积天数具有明显的相关性。Taebi 等人研究得出，初期冲刷程度同降雨量呈正相关，同降雨历时呈负相关。相反，Saget 等人研究发现，初期冲刷与集水区特征（面积、径流集中时间和平均坡度）、降雨特征（降雨量、最大降雨强度）、晴天累积天数没有关系。Deletic 研究认为不可能建立初期冲刷与晴天累积天数和降雨径流特征的通用关系。同样 Lee 等人研究也没有观测到初期冲刷与晴天累积天数有关。不同研究对于初期冲刷及其影响因素的分歧，一方面是由于对初期冲刷的判断标准不同，但另一方面也说明不同地区所处的气候区不同，降雨特征不同，监测研究集水区污染物累积特征不同可能是导致初期冲刷出现频率与程度不同的主要原因。

十里铺集水区初期 12 次径流污染过程 30％径流中的污染负荷（TSS）都大于 50％，具有明显的初期冲刷效应可能与集水区不透水面积比例高达 85％和排水体制有关。城市不透水地表的出现、不透水面积比例的增加，大量道路边沟和排水系统的出现，加快了地表径流的形成，缩短径流峰值的形成时间，增加了径流量。十里铺集水区的不透水面积比例达85％，地表对降雨的响应加快，在降雨开始时很快形成径流，水文效应敏感，为径流污染的形成提供了动力条件。在这种水文特征下，加上累积于不透水地表污染物的易冲刷性，在径流初期流量不是很高的条件下，径流中污染物的浓度就会很高。不透水面积比例越高，累积于地表的污染物越容易冲刷。另外，在合流制排水系统中晴天时从市政污水沉淀下的污染物有机质含量高也容易被冲刷。十里铺集水区是典型的雨污合流制排水系统，是径流污染初期冲刷效应明显的另一个主要原因。

以初期 30％径流携带的污染负荷为评价初期冲刷程度的指标，对汉阳十里铺径流污染（TSS）的初期冲刷程度与降雨径流特征和晴天累积数分别进行了简单相关和秩相关分析（表 2-13）。相关分析结果表明，十里铺集水区径流污染过程 TSS 的初期冲刷同降雨量（P）、降雨历时（T_r）和降雨强度（I）没有相关性（$p>0.05$），同最大降雨强度（I_{max}）呈显著相关（$p=0.01$）。虽然初期冲刷程度与径流量（V）和晴天累积天数（$ADWP$）的相关性没有达到显著水平，但是表现出一定程度的相关性。由此可以推断，一些在较低雨强条件下不容易冲刷的污染物质，十里铺集水区径流污染初期冲刷程度在高强度降雨时，由于径流的冲刷能力加强，可以被冲刷、搬运，虽然污染物浓度不高，但是流量很大，那么污染负荷会相对很高，特别是这种情况出现在降雨的后期，会导致初期冲刷程度相对较低。因此，如果高强度的降雨时段发生在降雨的后期，可能会冲刷集水区中不容易被前期径流冲刷的污染物质，那么这种情况发生时，就会影响到径流污染负荷的输出特征，使径流污染的初期冲刷程度降低，所以降雨雨型是影响初期冲刷程度的一个原因。晴天累积天数与初期冲刷具有一定的相关性（$R_r=0.65$），说明晴天累积天数越长，集水区中累积的污染物越多，初期冲刷的程度越强。

初期冲刷程度与降雨径流特征和晴天累积时间的相关性　　　表 2-13

	Pearson 相关		Spearman's 秩相关	
	R	p	R_r	p
P	−0.52	0.19	−0.43	0.29
T_r	−0.27	0.52	−0.20	0.65
I	−0.66	0.08	−0.43	0.29

	Pearson 相关		Spearman's 秩相关	
	R	p	R_r	p
I_{max}	$-0.76*$	0.03	$-0.83**$	0.01
V	-0.57	0.15	-0.69	0.06
$ADWP$	0.66	0.07	0.65	0.08

* 代表双尾置信水平 5% 显著相关，** 代表双尾置信水平 1% 显著相关。

2.4 城市面污染源类型

城市是高度人工化的区域。城市人口密集，工业发达，机动车辆多。此外，城市建筑物密度高，道路系统发达，广场众多，且这些区域多采用水泥或沥青材料构筑而成，因而，土地不透水的比例高。对于快速发展中的城市而言，还大量存在建筑施工区。城市的这些特点决定了城市面源与其他种类的面源有显著的不同。一般来说，城市径流中的污染物来自三个方面：降水、地表和下水道系统。降水中的污染物主要由两类组成，一类是降水污染物背景值，另一类是降水淋洗大气污染物；地表污染物是径流污染物的主要部分；下水道系统对城市径流水质的影响主要是排水系统中的沉积物及漫溢的污水。

城市下垫面种类的复杂性决定了城市面源污染性质和污染物种类的复杂性。城市下垫面种类可大致分为不透水硬质下垫面和透水软质下垫面。城市居民区、商业区、机关单位的建筑物群、城市道路(包括停车场、广场等)以不透水硬质下垫面为主，也包括小区公园、道旁绿地等一些透水地面即软质下垫面组成的区域。在硬质下垫面中可进一步分为屋面、水泥广场、水泥道路、沥青道路等。屋面按构造更进一步可细分为硬质屋面(陶瓷砖、陶土砖、水泥、铁皮)、沥青屋面等，按形式可分为平顶屋面和斜顶屋面两类。水泥道路可细分为小区道路、人行道路、机动车道路等。软质下垫面中，城市绿地按构造可细分为高位花坛、高位草坪、低位草坪、裸露地面等，这些下垫面的类型直接决定了面源污染的性质。根据汇水面的性质、地表功能、人为活动的影响以及污染物的形成原因，城市面源污染可分为大气污染沉降、屋面径流污染、街道径流污染、建筑工地径流污染和排水灌渠沉积物污染。

2.4.1 大气污染沉降

城市面源污染的强度和程度往往与大气污染及气象条件有关。降水是清洁大气最有效的途径之一，降水是大气污染的良好载体和清除者。因此，雨和雪含有许多对水陆生态系统有害的大量污染物，如酸类、有毒金属、有机物、氮磷物质等，致使地表水体受到污染。

干沉降的沉降率通常比湿沉降小些。重力作用是决定大气干沉降率的主要机制，但表面撞击、静电吸引、吸附和化学反应等，是细小粒子(小于 $1\mu m$)沉降的重要原因。许多大城市，大气干湿沉降速率为 $7\sim30t/(km^2 \cdot 月)$；闹市区和工业区的大气沉降速率大于其他区域。大气降尘对本地区径流水质有明显影响。瑞典的研究发现，径流中 20% 的有机物、25% 的磷、70% 的总氮来自大气。

酸雨就是由于大气中的硝酸盐和硫酸盐等酸性物质，由降雨或干沉降造成的严重的全球性环境问题。在美国，每年约有 320t 来自大气的氮沉降。氮通过干、湿沉降在陆地或水体中，其中沉降在陆地的氮有 30%～60% 被生态系统吸收。相当数量的沉降氮通过地表和地下径流进入水体。Paerl(1993)研究表明，北卡罗来纳的河口接纳了 30%～40% 的大气氮，海湾接纳了 50% 以上的大气氮。美国全国地表水监测(The National Surface Water Survey，NSWS)结果显示，在美、加和北欧酸雨区，湖水中 SO_4^{2-} 的浓度与大气中 SO_4^{2-} 的沉降正相关。我国是继欧洲、北美洲之后的第三大重酸雨区，全国酸雨覆盖面积已占国土面积的 30% 以上，全国 1/2 以上城市降雨的平均 pH<4.0，酸雨频率>90%。

重金属铅和汞的大气沉降也是地表水中重金属的重要来源。

许多有机物都是潜在的致癌物，通过大气、水、生物和沉积物进行迁移。农药和有机污染物通过大气输送，对水体造成危害。研究表明，大气沉降已成为荷兰水体中持久性有机物(POP)和农药的重要来源，降水和大气中发现 50 种农药，其中降水中的 17 种农药浓度超过地表水的最大容许值，22 种农药浓度超过饮用水标准。在北美五大湖地区，大气沉降成为有毒污染物的主要来源，在上游地区，来自大气沉降的 DDT 负荷为 97%～98%；在下游地区，也达到 22%～31%。在中国滇池，由于大气干湿沉降输入湖泊的氮、磷负荷分别占总负荷的 8.39%、7.58%。

2.4.2 屋面径流污染

建筑屋面及庭院在城市下垫面中占有相当比例，而且大多不透水。屋面污染物主要是干沉降和屋面材料的分解物质。德国 Förster 研究了空间和季节对屋面径流中大离子和有机痕量污染物浓度的影响，指出屋面径流中大离子污染物(如铵、铬和钙等)的含量主要取决于屋面材料和当地的污染源；一般来说，径流中的有机污染物(AOX、PAH 等)的浓度冬季大于夏季，主要是由冬季采暖而增加了煤的消耗引起的。化石燃料的不完全燃烧是产生有机污染物的主要原因，而径流中卤代烃类有机污染物(AOX)浓度的变化不能归因于单个污染物。Förster 认为，影响屋面径流污染和污染物的浓度变化的主要因素为：本地的污染源(如冬季采暖焚烧生物质燃料等)、屋面材料(锌材等)、空气污染(干沉降)、降雨情况(降雨强度、降雨时间间隔)、气象学因素(季节、风速、风向)和污染物的物理化学特性等。

国内车武等人对北京城市建筑屋面径流水质进行了测试研究，发现城区屋面雨水径流尤其是初期径流的污染比较严重，主要污染物为 COD 和 SS。目前国内采用较多的沥青油毡屋面是一种重要的污染源，污染成分复杂，污染浓度受降雨条件、气候条件、材料性质等多种因素影响，也有较大的随机性和变化幅度。表 2-14 为北京沥青油毡屋面一次中度污染程度的初期径流污染物指标。同北京相比，气候湿润的武汉市汉阳地区屋面径流水质明显好于北京，屋面径流中污染物 TSS、COD、TN、TP 明显低于北京屋面初期径流中对应污染物浓度。屋面初期径流中 TSS、COD、TN 和 TP 的浓度分别为 46.7mg/L、61.5mg/L、4.18mg/L 和 0.34mg/L。这一特点反映了汉阳地区湿润气候条件下大气干沉降小，建筑屋顶污染物累积程度低。另一方面汉阳地区的降雨量和降雨次数要明显高于北京，降雨的频繁冲刷，屋顶污染物累积周期短也是其径流水质相对较好的主要原因之一。

北京沥青油毡屋面污染物指标 表 2-14

指标	COD	酚	合成洗涤剂	石油类	氰	TP	TN	硫酸盐	Pb	Zn	Fe	Mn	六种苯
浓度(mg/L)	457	0.1	4.4	16	0.038	0.43	12.2	74.6	0.01	1.36	0.44	0.06	均<0.01

2.4.3 街道径流污染

城市街道作为城市地表的主要组成部分，是城市中人类活度频繁的地段，是城市地表径流污染产生的主要源区。城市道路径流中的污染物通常包括有：金属、颗粒态或溶解态的固体物质、有机物及包括冬季冰盐在内的无机物等。汽车在行驶过程中，汽车零件如轮胎等在地面磨蚀而产生灰尘，是碳氢化合物如多环芳烃 PAHs 的主要来源。交通流量、公路条件、磨蚀情况、汽车排放情况、街道餐饮业、行人卫生习惯等决定了街道污染物的累积速率，进而直接影响街道径流的污染程度。武汉市汉阳地区路面监测结果表面，径流水质的空间变异性大，10 个测点路面初期径流中 COD 浓度的变化范围为 70.8～780.3mg/L。地表功能、交通流量和周围土地利用是引起路面径流水质变异的主要因素。赵剑强等人对西安市城市道路路面径流水质的测试表明，城市道路降雨初期路面径流雨水污染物浓度 COD 高达 1230g/L，BOD_5 高达 204g/L，SS 达 2288mg/L，石油类高达 161mg/L。车伍等人对北京城区道路雨水径流污染的研究表明：在初期雨水径流中 COD 与 SS 的浓度分别高达 2480mg/L 和 4866mg/L，且随降雨历时的延长，径流中的污染物浓度会明显下降。Gromaire 等人对法国城市居民区街道径流污染进行测定，结果表明街道相对于建筑屋面而言是悬浮固体和有机污染的主要来源，占城市地表径流 23% 的街道径流对地表径流中 SS 和 COD 的贡献在 40%～70%。

2.4.4 建筑工地地表径流污染

城镇建筑工地地表径流污染是城市面源污染的主要类型之一。建筑工地地表径流污染主要是人类活动引起的，一方面由于不合理的人为活动，破坏了原来的土壤结构和植被面貌；另一方面，在施工过程中建筑机械将土壤压实，降低了土壤的渗透率和地表蓄水，增加了水文活动，导致水土流失增加。另外，在降雨条件下，散落在工地的泥沙、盐类、酸类物质以及工地的生产和生活垃圾，会随着地表径流进入水体，形成面源污染。影响建筑工地泥沙及其他污染物流失的因素是坡度、工地与受纳水体的距离、土壤的可蚀性、植被覆盖度、气象因素等。

2.4.5 排水灌渠沉积物污染

排水体制对城市降雨径流污染具有很重要的影响，不同的排水体制(分流制和合流制)降雨径流的污染程度不同。研究表明：在发生城市径流时，雨污合流排水系统的径流污染要比分流制排水系统严重。在全年的降雨径流中，对于总悬浮颗粒而言合流制排水系统中总悬浮颗粒物的平均浓度(160～460mg/L)比分流制排水系统总悬浮颗粒物的平均浓度

(90~270mg/L)高 50％。在合流制排水系统中 BOD$_5$ 的平均浓度(90~270mg/L)是分流制排水系统中(13~130mg/L)的两倍多。在合流制排水系统的径流中含有更多的有机物质，挥发性悬浮固体与总悬浮固体之比的变化范围是 24％~55％，而在分流制排水系统径流中 VSS/TSS 的变化范围是 10％~36％。

目前排水系统中沉积物作为暴雨径流污染的主要来源已经受到许多研究者的重视。在英国、比利时、德国和法国先后开展了研究，目的是深入理解在发生降雨径流时排水系统中污染物的迁移转化行为。然而只有一部分研究给出了合流制排水系统中污染物对径流污染的贡献。Krejciz 在苏黎世利用 12.5hm^2 集水区的 4 场降雨资料对地表径流、污水和排水系统污染物的再悬浮的相对贡献作了评价。地表径流对 SS 和 COD 的贡献分别为 35％和 22％。排水系统污染物再再悬浮对 SS 和 COD 的贡献都为 60％。Bachoc 和 Chebbo 认为导致合流制排水雨天径流污染要比分流制排水系统严重不仅与生活污水的污染有关，而且与排水系统底部沉积物的侵蚀有关。他们在对合流制和分流制排水系统雨天径流水质分别测定的基础上，首次评价了地表径流、生活污水和下水道底泥对暴雨径流污染的贡献。Bachaoc 通过对两次暴雨径流的监测得出由于排水系统沉积物的侵蚀对径流中 SS 的贡献为 30％~40％。Chebbo 的研究结果表明排水系统沉积物侵蚀的 SS 占全年降雨径流中 SS 的 24％，而地表径流中的 SS 占 56％，是全年内合流制排水系统径流中 SS 输出的主要来源。

鉴于合流制排水系统雨天径流污染严重这一现象及其与排水系统底部沉积物侵蚀有关，Gromaire 在法国巴黎市的一居民区对不同地表(屋面、街道和庭院)径流、生活污水以及排水系统出水口分别测定水量、水质，运用污染物质在输入与输出排水系统时质量平衡的方法，研究了排水系统沉积物对径流污染的贡献。结果表明，在降雨径流过程中排水系统沉积物的侵蚀是径流中悬浮颗粒物(SS)、挥发性固体(VSS)和颗粒态 COD 和 BOD 的主要来源，31 次测定平均值分别为 64％、63％、51％和 54％。其中悬浮颗粒物的有机质含量高，而且可生物降解。另外，主要来源于屋面径流中的重金属，特别是 Zn 在排水系统的输移过程中由于颗粒物对其的吸附会发生形态的转化，从溶解态转为颗粒态。当以全年降雨径流为尺度研究时，城市污水是降雨期间径流污染的主要来源，占径流中 SS、VSS、COD 和 BOD$_5$ 负荷的 40％~60％；排水系统沉积物侵蚀占径流污染的 30％~45％，仍然是径流污染的主要来源之一，而地表径流 SS 与 COD 相对而言只占很小的比例。全年内降雨以低强度降雨为主是城市污水对径流污染贡献较高的主要原因。

合流制排水系统中的沉积物对城市降雨径流污染贡献的变化范围很大，不同的研究所得的结果不同。这一方面与研究的地点不同有关，集水区的特征以及排水系统沉积物的状况的不同必然会影响到研究结果；另一方面，不同雨型所产生径流强度也是研究结果不同的原因之一。小雨时，径流所携带的固体颗粒物可能沉降在排水系统，而大雨所产强径流，引起沉积物泛起，排水系统增加了径流的污染负荷。但是，所有的研究都表明排水系统沉积物存在着对暴雨径流污染的作用。在一年内，至少有 20％的降雨径流污染来自排水系统，而对于次降雨，特别是短历时、高强度的降雨排水系统对径流污染的贡献可能达到 50％以上。此外，排水系统中的沉积物不仅是径流中 SS 负荷的主要来源，而且也是 COD 的主要来源。

2.5 城镇道路街尘的污染特征

街尘是指那些街道表面上可以被冲刷的尘土,在降雨过程中,街尘被径流冲刷而进入地表水体,成为城市水体面源污染的重要来源。

2.5.1 街尘的来源和累积

街尘的累积规律、粒径分布、污染物组成、冲刷迁移行为、清扫去除等与降雨—径流污染密切相关。街尘的颗粒来源和性质与天气、交通密度、工业状况以及与附近土壤等有关,区域土地利用类型对于街尘具有较大的影响。街尘是一个来源复杂的各种污染物的混合体,是城镇环境中各种污染物质的"源"和"汇"。当前城镇道路地表街尘受到汽车尾气、轮胎磨损、工业生产活动、道路老化、大气沉降、融雪剂等污染,因此易富集有毒污染物。因此街尘的来源是由大气沉降、城市交通、建筑、工业等各种面源所产生的颗粒物质在风力、水力及重力作用下,沉积在城市地表形成。

街尘的累积负荷与雨水冲刷、清扫的有效度、晴天累计天数、路面质地以及季节有关。降雨特征如降雨量、降雨历时和降雨强度等对街尘的冲刷能力是不同的。街尘的清扫与清扫方式和颗粒粒径有很大关系。树叶是一种季节性易腐败的物质。不同街道路面的质地影响着街尘永久库存,比如在同种土地利用类型上,质地粗糙的路面上有较多"永久库存",因为粗糙的路面上某些街尘颗粒不易被雨水冲刷、风吹和清扫去除。李立青等人(2007)认为加强城市地表卫生的管理和排水系统的管理,降低污染物的晴天累积效应,从源头上减少污染物的数量,是控制城市降雨径流污染的首先途径。

2.5.2 街尘颗粒粒径分布与环境危害

街尘对人体和环境造成的危害程度与街尘颗粒物的粒径有着直接的关系。街尘颗粒物的粒径一般从小于 $1\mu m$ 到几个毫米之间,其物理性质、化学性质、环境学性质都有本质的区别。由于街尘来源较多,街尘的粒径分布曲线大多呈非正态多峰分布。Zhao 等人(2009)在嘉兴市新塍镇街尘的粒径分布结果表明,15 个采样点街尘的颗粒粒径质量分布趋势基本相同,颗粒粒径较大的街尘有较大的质量百分比。小粒径街尘颗粒虽不是街尘质量组成中的主要组成部分,但是由于其较难清扫和在地表径流中移动性较大,因此在目前的清扫条件下,仍对地表径流水质量造成了很大的威胁。街尘的颗粒粒径组成对其有重要的环境意义。

街尘颗粒物粒径及密度大小影响着污染物的含量。国外研究对街尘中重金属污染进行的研究表明,小于 $75\mu m$ 粒径级别的灰尘颗粒具有最大的污染物含量,并且检测 6 种粒径不同街尘颗粒中铅的浓度,发现细小黏土颗粒中包含了 38% 的总污染量。在日本东京居住区和主要交通区街尘中密度小的颗粒质量虽少,但对径流中污染物的贡献较多,3.4% 的细小颗粒部分包含了多环芳烃污染负荷的 44%。田晖等人(2006)对西安市路面积尘粒径分布和不同粒径中矿物质量组成的研究表明,路面积尘质量主要集中在 $0.59\sim0.297mm$,其次在 $0.105\sim0.088mm$,$<0.074mm$ 的粒径中,同时细颗粒表面积大,更易吸附较多的有

毒有害物质，对环境的影响较明显。Zhao 等人（2009）在嘉兴市新塍镇的研究结果表明，小于 $250\mu m$ 的街尘颗粒质量仅占小于 $900\mu m$ 街尘质量总和的 40%，却含有约 63% 的 Cr，67% 的 Cu，64% 的 Ni，71% 的 Pb，63% 的 Zn，55% 的多环芳烃。另外，街尘颗粒越小，污染越严重，并且密度越小，在地表径流中更具有较高移动性，因此在对街尘中多环芳烃污染进行治理时，应有效考虑粒径小的街尘去除问题。

街尘颗粒物粒径在某种程度上决定物质的可移动性和潜在的污染效应。降雨的冲刷污染物随沉积物汇入地表径流，而街尘的迁移受街尘粒径大小的影响。街尘粒径的不同造成了在不同的水文水力条件下再移动和再传输的能力。大多数的冲刷试验的研究结果表明，径流中的流失的固体质量主要集中在细小颗粒（小于 $63\mu m$）上，被冲刷的颗粒物几乎没有发现有大于 $1000\mu m$ 的。

街尘颗粒物粒径大小影响其对人体健康的危害程度。细小的街尘颗粒在外动力作用下能再次飘起，并且颗粒物粒度较小颗粒占的比例越大，其危害也越大，因为细小颗粒更容易飘起，会使 PM10 和 PM2.5 的质量增加，导致它们在肺中的浓度也增加，危害人体健康。从粒径对人体健康的危害程度来看，粒径的大小不仅影响街尘颗粒物在大气中滞留时间（粒径越小，其滞留时间越长），而且与对人体的危害程度直接相关。一般来说，粒径在 $0.1\sim10\mu m$ 的粉尘对人体危害最大，因为大于 $10\mu m$ 的粉尘由于惯性作用，被鼻和呼吸道黏液排除；小于 $0.1\mu m$ 的颗粒由于扩散作用和布朗运动被黏附在上呼吸道表面，随痰而排出；只有粒径在 $0.1\sim10\mu m$ 的粉尘可以直接到达肺细胞而沉积积累，并能进入血液循环。

2.5.3 街尘中的多环芳烃和重金属污染风险

城镇或城市是人类活动最为强烈的地区，其环境受到人类活动的深刻影响，交通、居住和工业生产导致了土壤和街尘中重金属和多环芳烃的富集。城镇地表街尘颗粒物既是污染物又是重金属和多环芳烃污染物的载体。城镇地表灰尘中的重金属和多环芳烃含量主要受交通运输、工业生产以及城市建设等人类活动的影响，在降水、风等外动力条件下对城镇环境造成直接污染，细小街尘容易通过呼吸道和皮肤被人体吸收或直接摄入，对人体健康产生危害。城镇街尘中重金属 Pb 是儿童血 Pb 的一个重要潜在污染源。因此，研究城市灰尘中重金属的污染状况对于城市生态环境和居民身体健康都具有重要意义。

随着我国城镇化进程的迅速发展，工业"三废"排放、金属采矿和冶炼、家庭燃煤、生活垃圾、汽车尾气排放等多环芳烃和重金属的共同来源日益增加。国内外研究发现，重金属和多环芳烃在城市土壤和街尘中的分布规律表现为城市土壤和街尘中重金属和多环芳烃含量高于郊区，人类活动密集区和交通拥挤区重金属和多环芳烃含量较高。城镇主要通过其土地利用方式的改变来影响城镇土壤、街尘及水环境中重金属和多环芳烃的含量。

长期以来国内城镇环境重金属和多环芳烃的污染研究主要集中于大气和土壤环境，而对城镇地表街尘中的重金属和多环芳烃污染的关注较少。街尘在城镇环境中无处不在，它不仅是大气和水体中重金属和多环芳烃污染的一个重要潜在污染源，而且极易通过"手—口"途径进入人体，危害人体健康，因此研究城镇地表街道灰尘中重金属和多环芳烃污染具有重要的现实意义。

作者在长江三角洲河网地区的嘉兴市新塍镇对街尘的污染状况进行相关的研究。由于该区域河网密度大，暴雨径流发生频繁，地表径流从城镇地表迁移到水体的路径短，因此研究暴雨径流污染的源头街尘具有重要的意义。从水文和地球化学的角度看，街尘的颗粒越小，就越容易随地表径流发生迁移而污染水生生态系统；对于粒径较大的颗粒随地表径流迁移的几率较小，造成的污染程度相对较小。因此，有必要对不同粒径的街尘进行风险评价。采用 Long 等人(1995)建立的沉积物生物毒性评价方法，对不同粒径街尘中的多环芳烃进行生态风险评价。借助风险效应高值(effects range media，ERM，生物有害效应几率＞50%)和风险效应低值(effects range low，ERL，生物有害效应几率＜10%)分别用来评估有机物的生态风险效应。如浓度＜ERL，极少产生负面生态效应；如浓度在两者之间，则偶尔发生负面生态效应；浓度＞ERM，则经常会出现负面生态效应。从表 2-15 可看到，粒径为＜63μm、125～63μm、250～125μm 和 900～250μm 街尘中多环芳烃浓度＞ERL 的多环芳烃分别为 10、9、6 和 5 种，粒径＜63μm 街尘中 DBA 含量＞ERM。上述结果表明，街尘粒径越小其生态风险越高，进入水体后对沉积物造成的影响越严重。

街尘中多环芳烃的风险评价(μg/kg)　　　　　　　　表 2-15

合　　物	ERL	ERM	900～250μm	250～125μm	125～63μm	＜63μm
萘(NAP)	160	2100	223	389	365	322
苊烯(ACY)	44	640	43	72	83	86
苊(ACE)	16	500	17	29	30	33
芴(FLO)	19	540	73	123	139	158
菲(PHE)	240	1500	587	858	1035	1022
蒽(ANT)	85.3	1100	113	161	172	168
荧蒽(FLA)	600	5100	353	540	698	925
芘(PYR)	665	2600	271	395	483	645
苯并[a]蒽(BaA)	261	1600	167	218	283	364
屈(CHR)	384	2800	195	366	467	613
苯并[b]荧蒽(BbF)	—	—	224	531	736	917
苯并[k]荧蒽(BkF)	—	—	76	124	227	315
苯并[a]芘(BaP)	430	1600	157	246	370	537
茚并(1,2,3-cd)芘(IcdP)	—	—	65	142	160	229
二苯并(a,h)蒽(DahA)	63.4	260	180	176	208	436
苯并(g,h,i)芘(BghiP)	—	—	164	288	377	4910
总 PAHs	4000	44792	2909	4660	5835	7261

* NA，暂无标准浓度；＿表示＞ERL 但＜ERM；＿表示＞ERM。

由于街尘颗粒经降雨径流冲刷后进入水体，最终沉积在水体中形成河道沉积物，由此本研究中引入纽约州立环保局(New York State Department of Environmental Conservation；NYSDEC，1999)标准进行评价。该评价标准基于沉积物总量的重金属，有两个污染程度的阈值：最低效应阈值(Lowest effect level；LEL)和最高效应阈值(Severe effect level；SEL)，依据这两个阈值和重金属总量对其污染程度进行评价。由表 2-16 可以看出，粒径＜900μm 的街尘中的 5 种重金属都超过了 LEL 值，表明如果这些街尘转化成河道沉积物存在对水生生物存在中等危害影响；粒径＜250μm 的街尘中 5 种金属和 900～250μm 的中 Pb 超过 SEL 值，表明如果这些街尘转化成河道沉积物存在对水生生物存在严重危害影响。上述结果表明，街尘存在较高重金属生态风险，并且粒径越小其生态风险越高，进入水体后对沉积物造成的影响越严重。

街尘中重金属的风险评价（mg/kg）　　　　　　　　　　表 2-16

重金属	LEL	SEL	＜63μm	125～63μm	250～125μm	900～250μm
Cr	26	110	193	168	133	87
Cu	16	110	285	258	182	96
Ni	31	110	165	135	96	67
Pb	16	50	311	333	203	107
Zn	120	270	529	438	384	241

＿划下划线的表示高于 SEL 值。

2.5.4　道路清扫与街尘的去除

街尘颗粒物粒径大小影响去除效率。道路清洁方式包括道路清扫和道路冲洗。道路冲洗是一种高效去除细小颗粒污染物的方式，主要在欧洲国家应用。目前道路清扫车是街道清洁的发展方式。据有关资料记载：美国纽约、洛杉矶，日本东京，英国伦敦，法国巴黎等城市道路的机扫率均达 100%；我国在现阶段，大多数城市的道路清扫保洁仍然采用人工作业方式，采用人工清扫作业效率低。工业发达国家从 20 世纪 20 年代就开始研究制造清扫机械，已具有半个多世纪的发展历史，我国从 20 世纪 60 年代末才开始研制清扫机械，也已有 40 多年历史了。但清扫车的设计和制作水平仅相当于国外七八十年代的水平。道路机械清扫是有效去除城镇道路垃圾碎屑的方式，但是对细小的街尘颗粒的效率非常有限。道路机械清扫主要有两种方式：一种是旋转毛刷，另一种是真空旋转毛刷，但两种方式对于去除细小街尘颗粒都是无效，其清扫效率见表 2-17。有研究发现人为清扫对小于 45μm 和 246μm 的街尘颗粒物分别只有 15% 和 48% 去除率。Sartor 等人（1972）报道了粒径 63～600μm 之间的街尘的清扫去除率均小于 50%，然而在地表径流过程中，粒径小、密度小的街尘颗粒是最易随径流迁移。

机械清扫车的清扫效率（%）　　　　　　　　　　表 2-17

街尘粒径（μm）	街尘负荷（50～500g/m）		
	第一遍清扫	第二遍清扫	第三遍清扫
＜43	15	28	59
43～104	20	36	49
104～246	50	75	88
246～840	60	84	94
840～2000	65	86	96
2000～6370	80	96	99

3 城市面源污染的监测与模型

3.1 面源污染负荷监测技术

监测是开展面源污染研究和治理的基础性工作。通过面源污染的监测，可以为研究面源污染规律和分析评价城市面源的长期演变规律及污染治理效果提供基础数据。美国的城市面源监测工具已经开展了很长时间，并有一些规范可供使用，如加州交通部 2000 年制定的《暴雨径流监测指导手册》，美国环境保护局和美国土木工程学会编制的《城市暴雨最佳管理措施效果监测指导手册》。我国目前还缺乏有关的技术标准。作者根据国内外有关城市面源污染研究的成果和笔者在武汉市汉阳地区和北京市开展的城市面源污染监测研究，对城市面源污染的监测技术进行了以下总结，供国内有关人员参考。

3.1.1 面源污染监测的类型

面源污染监测是为了解面源的污染物种类、数量、负荷、空间分布和时间动态以及对水体、人体健康的可能影响，对其性质进行观测、分析和报告的过程。根据监测的目标，可以将城市面源污染的监测包括三种：过程监测、总量监测和控制效果监测。过程监测是为了研究城市面源污染规律，需要对面源污染物的产生、迁移和汇集过程进行监测。监测的精度和频率都要求比较高。总量监测是为了获得一个城市区域面源污染物总量进行的监测，要求监测点比较多，监测频率可以适当减少。控制效果监测是为了评价面源污染控制项目效果而进行的监测。

3.1.2 监测工作流程

城市面源污染监测工作流程见图 3-1。

3.1.3 监测计划

为进行开展城市面源监测而编制的计划，应该包括以下内容：

（1）监测目的：明确监测需要达到的目标，并辨识关键性问题和技术难点。

（2）监测布点：确定布点原则，明确需重点考虑的问题，监测点的布置基本思路和可能达到的精度，编制监测点分布图。

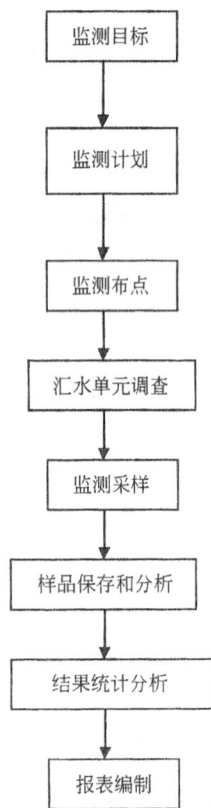

图 3-1 监测工作流程

流程图内容（从上到下）：
监测目标 → 监测计划 → 监测布点 → 汇水单元调查 → 监测采样 → 样品保存和分析 → 结果统计分析 → 报表编制

（3）汇水单元调查：首先确定监测点的汇水范围，并作为一个汇水单元。编制汇水单元内降水径流路线图，分析雨水排泄和污水排泄管网的关系。编制汇水单元内部的功能分区图和下垫面类型图，调查各功能区和下垫面类型的面积、人口及其分布、工业生产情况和商业销售情况、污染物排放情况及与面源有关的人类社会经济活动状况。

（4）采样和监测方法：确定制定监测方案的依据、可供选择的采样方案和监测技术及其选择需要考虑的主要问题，包括样品的保存和分析方法。

（5）质量控制方案：如何保证各个环节的质量，在质量问题出现时如何进行补救。

（6）结果分析评价方法：如何对监测结果的可靠性进行统计评价，如何才能得出监测区域的面源污染物排放总量和排放规律。能否提出面源污染控制的对策。

3.1.4 监测布点

（1）资料准备分析和实地调研

在布设采样点前，需要了解调查城市的降水规律、城市水文、污染源和排水管道系统的特点。

1）降水规律

利用监测区域的多年降水资料，分析降水的年际变化和年内分配，降水强度分布特点（最大降水强度、平均降水强度、最大降水量等）。

2）城市水文

利用大比例尺（如1：10000）地形图，确定监测区域的主要河流及其分布，调查河流的径流特征，并进行实际验证，保证地表的所有河流能够反映在地图上。此外，还需掌握区域内的湖泊和水塘等分布状况及水文特征。

3）城市下垫面

城市地面主要是由各种人工构筑物组成，可以分为：屋面、道路、广场、绿地等类型。不同类型的下垫面在降水下产生的污染物种类和数量是不同的。因此，有必要编制城市下垫面类型分布图，并明确各汇水单元内下垫面的主要类型及其分布。

4）污染源分布

城市面源污染的类型很多，可按污染物产生特征划分城市土地利用类型，如居民区、工厂区、学校区、机关区、事业单位区、商业小区等。可以利用高分辨力的遥感资料或航片，编制城市土地利用图，调查各类土地利用类型的主要污染物类型及其数量。

5）排水管道系统

通过市政部门和城市规划部门，掌握城市排水管网分布资料、主要排水口及排水管网排放的污水和雨水状况。城市面源与点源具有交汇分布、传输的特征，通过收集已有监测资料和城市地下管网图，结合实地监测数据，对城市管网系统中面源与点源污染物的分配系数进行研究，最终明确控制城市面源污染产生和运移的关键环节。

6）城市水环境现状

搜集已有的监测资料，开展污染源调查、城市水体环境特征调查、水质特征调查。查明水体周围的主要污染源和污染物，包括污染物种类、量、排放方式、排放规律等。

（2）汇水单元和排污口的确认

利用大比例尺地形图，建立数字高程模型（DEM），采用地理信息系统的空间分析功能，分析地表水流方向、汇流能力，进行汇水单元边界的划分、水道的自动提取和水道级序的划分。并结合按污染类型划分的土地利用类型图，将区域划分成若干不同污染类型的汇水单元(如住宅小区、文化商业区、工业区、旅游区、街道路面、教育区等)，确定各汇水单元的出口及其空间上相互联系，考虑与城市管网系统的关系。

采样点设置的基本原则有：

1) 代表性：具有一定的汇水面积、相似类型在监测范围内有较大的分布面积、避免地面结构过于复杂。

2) 安全性：采样者和采样仪器的安全应该是首先考虑的问题，特别是雨天或暴雨天的工作，需要制定安全保证和救助措施。

3) 易达性：方便达到，必要时应该整修道路和建设必要的栈道等设施。

4) 满足统计学要求：对于复杂的区域，要设置足够的采样点。有前期监测资料时，可根据项目的要求、区域监测项目的变异系数，进行统计分析，科学地确定采样点数量；没有监测资料时，每一汇水单元类型都应该有采样点。对区域变异大的汇水单元类型，至少设置 3 个以上的采样点。

5) 区别对待三种不同目标(过程、总量和项目效果)的监测布点。

3.1.5 汇水单元调查

(1) 确定汇水单元范围

对每一个监测点或采样点，要确定其汇水单元的范围。汇水单元的范围首先参考城市排水管网分布图。对于有完善雨水排水管网的汇水单元，只需实际考察，确认管网设计图和实际施工完全一致即可。对于雨水排水管网不完善的汇水单元，可以根据城市大比例尺地图(如 1∶5000，1∶2000 或 1∶1000)的等高线确定汇水范围。对地形复杂或从图上难以确定的地方，需要采用示踪法在降水时予以确定。还需要实际考察，确认图上的范围与实际完全相符。

(2) 汇水单元内降水径流路线

对于有完善雨水排水管网的汇水单元，只需实际考察，确认管网设计图和实际施工完全一致即可。对于雨水排水管网不完善的汇水单元，可以根据城市大比例尺地图(如 1∶5000，1∶2000 或 1∶1000)的等高线特征，结合实际考察，绘制降水径流路线，需要时可在降雨期间采用示踪法确定，并注意雨水排泄和污水排泄管网的关系。

(3) 汇水单元调查

首先要编制功能分区图。在一个较大的汇水单元，往往由一些不同的功能单元构成。按污染物来源、种类、产生与运移特征，可以将汇水单元划分为几种功能区：学校、机关、科研、商业、居住、工厂、农田及其他(特殊区或综合区)。功能分区时应该考虑：每一功能区具有 1 个雨水出水口，最好不超过 3 个；功能区间的雨水不混流；功能区内污染物种类、来源比较一致。功能区内的人口、社会经济、污染物产生等数据比较容易统计。

然后编制下垫面类型图。为了提高污染物总量的统计分析精度及分析污染物产生和运移规律，需要将汇水单元内部划分为以下不同类型的下垫面：

1) 屋面：无屋架、有屋架

2) 道路：水泥路面、沥青路面、简易公路、人行道

3）广场：城市广场、街心广场、单位广场

4）绿地：人工草地、自然草地、人工林地、自然林地、农田

最后开展汇水单元调查。调查统计每一功能区的人口及其分布、工业生产情况和商业销售情况和污染物排放情况及与面源有关的人类社会经济活动状况（如街道清洁、城市管理等）。

3.1.6　在线实时监测

暴雨径流的污染物浓度随降雨过程变化很大，这种变化可以通过分时采样得到。最理想的方法应该是能够连续测定和记录降水过程的暴雨径流时间及其对应的污染物瞬时浓度。在线实时连续监测系统将有可能实现连续观测。在线实时连续监测系统费用较低，且不需要实验室的分析。在国内外，针对不同的污染物种类、径流空间流动体系、污染物的物理化学行为特性，已经开发出了多种类型的污染监测系统和暴雨监测系统，根据实际监测工作需要和经费状况，采用现成的实时在线污染监测系统或集成现有的在线监测仪器，研制新的在线监测系统。

水质监测在线实时监测仪器一般通过各种传感器测量某种特定的组分的浓度，能够以1分钟或更少的间隔进行测量。大多数监测利用探头提供一个控制的环境，在这种环境中会发生物理或电化学反应，这种反应的速度是流体的被测组分浓度驱动的。这种反应的速率决定了输送到显示装置或数据采集器的电信号量。在许多情况下，电化学反应导致探头的响应对温度、pH 或大气压的变化很敏感。因此，仪器的设计时，也需要对这些相关性质进行同时监测。通过设定在探头的微处理器中数学程序修正，或通过对下载在微机中的数据进行修正，获得被需要组分的浓度。如，溶解氧（DO）探头需要进行温度和大气压补偿，pH 探头需要温度补偿，氨探头需要 pH 补偿。

尽管这些仪器具有连续测定的优点，但目前实时在线监测还有一些问题没有解决，如监测的内容有限，容易损坏，可靠性较低等。它们还需要在现场不断检查和维护，以防止由于油腻淤塞、有机质附着和微生物及藻类膜形成，仪器经常需要使用前清洗和调正。因此人工现场采样和测量还是很多面源污染监测的主要手段。

3.1.7　采样技术

（1）采样频率

依据降水过程和污染物种类产生排放的规律、特征曲线及费用函数曲线确定监控的时间频率。

根据已有的资料和研究初期的监测资料，判断不同空间区域或城市功能区的水文—污染负荷特征曲线。以特征曲线为量度，初步确定出各监测点不同雨次的监测取样频率。

对于降水面源，只在降水发生时进行监测，一般要求能够对暴雨的形成过程进行高频率的采样，并测定环境因子和测定流量。样品的采集可按目的要求分为季、月、雨次及降雨过程等进行。对于非降水面源，常年都可能发生。一般可根据污染特征，按季节采样，每一季监测污染物的日变化。

根据取样时间频率分为两类：低频率常规监测点和高频率重点监测点。低频常规监测点主要分布于大型居民居住区、工业区、文教区、商业区、湖泊沿岸、经济技术开发区等

的水文节点。高频重点监测点主要分布重点监控地区的重要水文节点。

低频点每年至少监测 7 次：非雨期每季节监测 1 次，3 次降雨径流过程，其中包括一次大雨过程（＞25mm 日降雨量）。高频监测点前每年至少监测 15 次：非雨期每季节监测 2 次，7 次降水径流过程，其中包括 2 次大雨（＞25mm 日降雨量）和 2 次暴雨过程（＞50mm 日降雨量）。每次降水过程按流量消长曲线中雨至少采样 5 次，大雨至少采样 8 次，暴雨至少采样 10 次，初期径流每 10min 采样一次，采样时同时测定和记录流量。

（2）流量测定

对于管道出口，可直接利用流量计测定，也可以通过测定管道内压力差等，建立或利用经验公式计算流量。对于河道出口，通过测定水位和流速，计算流量。也可以修建规则的槽或堰，通过测量槽或堰的水位变化，利用经验公式计算流量。

（3）环境因子的采样现场测定

对水体的基本物理性质（如温度、水位、流量等）进行现场测定。同时记录采样点周围环境状况、采样时的天气状况，以便于对监测结果的分析。

温度测定可直接采用各种温度计，也可采用数据采集器和温度探头（热电偶、半导体材料、热敏电阻等）。

水位测定可以用标杆直接读数，也可以利用一些物理介质（光、声、电、压力等），自动测定水位。

（4）采样方法

采样方法一般分为两种，一是手工和机械采样，二是自动采样系统。手工和机械采样主要针对安全的河道或建有安全设施的河道，可以直接从水体中盛取样品（手工取样）或借助机械（如水泵等）取得样品（机械取样）。自动采样系统是根据监测工作需要，选择合适的商业生产的自动采样系统。既可以连续采样，也可以间歇性采样；既可以采用固定时间间隔采样，也可以采用等比例采样或等动力采样。有些自动采样系统同时可以测定流量等参数。

（5）降水量的测定

降水是引起城市面源污染的最重要因素，可以根据监测工作需要，对降水总量和降水过程进行监测。降水包括降雨和降雪。降雨总量测定可用雨量筒，降雨过程可用自记雨量计或自动雨量测定记录系统。

降水总量和降水过程也可以利用城市气象监测站的资料，但应该注意暴雨的空间分布具有很大的空间变异。

（6）大气沉降监测

大气的干湿沉降会增加地表污染物的数量，并随面源污染物一起进入水体，因此，在分析评价城市面源污染时，应该对大气沉降物的数量和分布进行监测。可参照《大气降水样品的采集与保存》GB 13580—92 执行。

（7）样品保存和管理

执行《水质采样：样品的保存和管理技术规定》GB 12999—91。

3.1.8 监测项目

由于目前我国还没有制定城市面源污染监测标准，《污水综合排放标准》GB 8978—

1996 中也没有考虑城市面源污染问题。因此，城市面源污染的监测项目应根据监测目的与地区面源污染的特点以及影响水体的环境要求制定。

监测项目的确定可以根据监测目的(过程监测、区域总量监测和项目效果监测)、地区特点(如城市类型：政治中心、工业中心、商业中心等)和影响水体的环境要求(地表水环境质量分为五类：一类：适用于源头水、国家自然保护区；二类：主要适用于集中式生活饮用水水源地一级保护区、珍贵鱼类保护区、鱼虾产卵场等；三类：主要适用于集中式生活饮用水水源地二级保护区、一般鱼类保护区及游泳区；四类：主要适用于一般工业用水区及人体非直接的娱乐用水区；五类：主要适用于农业用水区及一般景观要求水域)。

在对重要的面源污染区和污染物种类进行划分筛选的基础上，确定城市面源的主要污染指标和监测项目。

一般常监测的项目有：NH_4^+、NO_2^-、NO_3^-、TN、TP、PO_4^{3-}、Fe、Cu、Cd、Zn、TSS、BOD、COD、TOC、油类、PAH。

最重要的是：TSS、TN、TP、COD_{Mn}(地表水)、COD_{Cr}(污水)。

可以根据影响水体的保护目标，参考国家地表水环境质量标准所列的项目。

3.1.9 分析方法

执行《地表水和污水监测技术规范》HJ/T 91—2002 中附表 1 所列的测定方法。

3.1.10 统计计算和结果分析

(1) 数据质量评价

对监测结果进行统计分析，评价监测方案是否能够最大限度地得出面源污染的规律、总量和变异。

(2) 数据分析

对于城市面源过程的监测，应对面源污染过程的各阶段(产流、汇流、河道或管道排放等)的污染物数量变化、迁移途径和速度、排放状况等进行分析评价，得出面源污染规律。

对于城市面源污染总量监测，可采用平均值统计法和模型法：

1) 平均值统计法

根据典型汇水单元污染源时空变化特征及选取单元在研究区域内所占的比例及空间关系，推导出整个研究区域内的污染源特征变化、污染负荷输出总量和动态规律。

考虑降水对污染的贡献，则：

$$污染物量＝流量×污染物浓度－降水中污染物量$$

在雨污合流情况下，可采用减去法，用降水期间的污染物监测量减去非降水期间的污染物监测量(代表点源污染物量)：

$$暴雨污染物量＝降水期间的污染物总量－非降水期间平均日排污量×降水时间$$

2) 模型法

采用建立的或现有的区域非点源模型，根据监测资料，进行数学模拟方法和参数修正，估算区域的污染物总量。

对于项目效果监测，可通过比较项目建设前后主要污染物浓度和总量的变化。事实上，采用不同的指标，评价的结果可能不同。一般可以有以下指标：

① 浓度减少率（ER）：

$$ER = 1 - EMC_{out}/EMC_{in}$$

其中：EMC_{out} 和 EMC_{in} 分别为项目工程进水和出水的一次平均浓度。

② 负荷减少率（SOL）：

$$SOL = 1 - SOL_{out}/SOL_{in}$$

其中：SOL_{out} 和 SOL_{in} 分别为项目工程进水和出水的污染负荷总量。

（3）结果评价

目前国内外都没有制定城市面源排放标准，主要是参照污水综合排放标准和地表水水质标准进行评价。

面源污染排放还可以用以下指标进行比较或评价：

1）一次降水平均浓度：可以是流量加权的混合样品的浓度，也可以对降水过程中采集的多个样品的浓度进行流量加权后得出。

2）污染负荷总量：可以是一次降水平均浓度乘以相应流量。

3.1.11　质量保证

质量控制贯穿于整个监测过程，以保证所获数据具有代表性、完整性、可比性和可靠性。

必要时可以采用示踪法对降水径流的产生、传输和汇流过程进行跟踪观测。

需要有专门的质量控制和检验程序对采样方法进行定期考察，特别是对样品的运输、固定和贮存方法进行考查。质量控制可采取对采样仪器的校验和检定、现场空白检验、采集平行样品和加标回收实验等方法。应对所有采样方法按特定设计采用现场质检和审查步骤定期进行试验，以检验这些方法的有效性。

3.1.12　安全防护

（1）采样时需要两人或两人以上操作，特别是位于比较偏远地段的采样口。

（2）有危险隐患的地方取样时应特别小心，必要时应该采取一些防护措施：如安全带、救生圈和防毒面具等。

3.1.13　编制监测报告

按城市面源污染监测报告按内容和时间长短，可以分为以下几类：

（1）监测点信息报告：提供有关监测点的基本信息。

（2）采样分析报告：记录每次采样的地点、时间、环境条件及样品分析方法和分析结果。

（3）一次降水报告：对一次降水的所有采样分析结果进行统计，得出一次降水的有关信息报告。

（4）月报告、季报告和年报告：对发生在一定时期（如月、季和年）内的每一次降水监测结果进行统计分析。

监测点信息报告的主要内容有：编号、名称、区域、纬度、经度、监测目标、采样频率、汇水单元编号、汇水单元描述（面积、功能分区图、下垫面类型图、人口社会经济状况）等。

采样分析报告的主要内容有：样品编号、监测点编号、降水编号、采样点位、采样方法、采样时刻、流速、水位、样品保存处理方法、污染物、分析方法、含量等。

一次降水报告的主要内容：降水编号、监测点编号、降水开始时间、降水结束时间、降水量、最大降水强度、前期未降水天数、前期降水量、径流开始时间、径流结束时间、总流量、最大流量、采样次数、污染物、污染物平均浓度、污染物变异系数、最大污染物浓度、污染物总量等。

对于月报告、季报告和年报告，监测点报告的主要内容有：年或季或月、监测点编号、监测的降水过程次数、降水量、污染物平均浓度、污染物变异系数、污染物最大浓度、污染物排放总量等。区域报告的主要内容有：年或季或月、平均降水量、污染物平均浓度、污染物变异系数、污染物最大浓度、污染物排放总量等。

3.2 面源污染负荷模型和预测方法

3.2.1 城市面源污染负荷模型理论和方法

城市暴雨径流污染的发生随机性强、来源复杂、时空变化大，因此，对所有区域的面源污染进行现场测定成本高，具有一定的难度。国内外已有学者提出了一系列的数学模型模拟降雨径流及污染负荷。如1977年美国水文工程中心提出了STORM模型，该模型可模拟城市、农村流域中与降雨量相对应的径流量与污染负荷，能够模拟单次事件，亦可以小时为时间步长模拟连续事件。Price、kidd、Bettess等人于1978年分别提出Wallingford模型，此模型以15min为时间步长，可用于暴雨系统或排污系统或二者的结合。Huber等人于1984年提出SWMM模型。SWMM模型是一个比较完善的城市暴雨管理模型，根据降雨输入（雨量过程线）和系统特征（流域、泄水、蓄水和处理特性等）模拟暴雨事件的径流水质过程。SWMM模型RUNOFF模块中所涉及的城市水文物理过程包括降水、蒸发、下渗、地表径流、融雪和地下径流。

3.2.2 地表径流水质水量模型

（1）地表径流模型

1）地表径流

根据区域特点，将其划分为几个子集水区（包括路网和沟渠）。地表子集水区可概化为3种单元：不透水有滞蓄单元 A_1、透水有滞蓄单元 A_2 和不透水无滞蓄单元 A_3。每个子单元的径流直接进入汇水口或沟渠，一个子单元的径流不经过另一个子单元，如图3-2所示。

地表径流的非线性滞蓄是通过联合曼宁方程的连续性方程建立的。对每个子单元，连续性方程为：

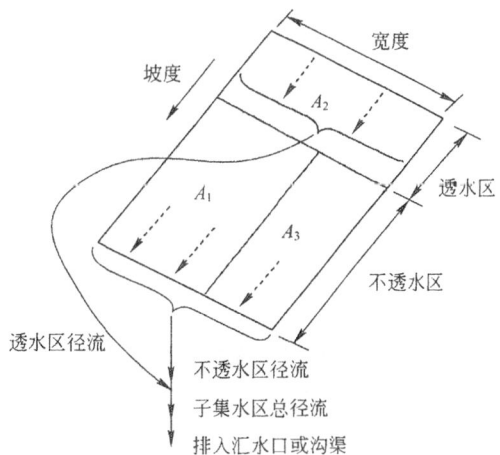

图 3-2 子集水区的 3 种单元划分图

$$\frac{dV}{dt} = A_{s1} \cdot \frac{dh}{dt} = A_{s1} i^* - Q_{W1} \tag{3-1}$$

式中：$V = A_{s1}h$——单元中的水量，m^3；

$\qquad h$——水深，m；

$\qquad t$——时间，s；

$\qquad A_{s1}$——单元表面积，m^2；

$\qquad i^*$——净雨，净雨＝雨强－蒸发－下渗，m/s；

$\qquad Q_{W1}$——子单元的出流流量，m^3/s。

子单元的出流流量用曼宁公式表示：

$$Q_{W1} = W \cdot \frac{1}{n}(h - h_p)^{5/3} S^{1/2} \tag{3-2}$$

式中：W——子集水区宽度，m；

$\qquad n$——糙率；

$\qquad h_p$——滞蓄水深，m；

$\qquad S$——子集水区坡度。

对于其他两种子集水单元，在式（3-1）和式（3-2）中，分别取下渗量和滞蓄水深 h_p 均为零、滞蓄水深 h_p 为零，分别求解得出流量 Q_{W2}、Q_{W3}，则子集水区总出流流量 $Q_W = Q_{W1} + Q_{W2} + Q_{W3}$。如图 3-3 所示，子集水区的滞蓄与入流和出流相关。子集水区的出流流量进入汇水口或沟渠。

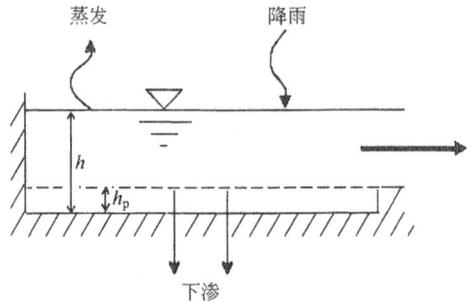

图 3-3　地表径流的非线性滞蓄

2）沟渠径流

每一矩形单元上的径流汇集成该小区排水沟渠的坡面径流 Q_W。对于每一时段 Δt，排水沟渠的连续性方程为：

$$\frac{V - V_0}{\Delta t} = Q_I + Q_W + Q_{GW} - Q \tag{3-3}$$

式中：V、V_0——对应为水深 h、h_0 时的排水渠蓄水量，m^3；

$\qquad Q_I$——上游入流量，m^3；

$\qquad Q_W$——坡面流汇入量，m^3；

$\qquad Q_{GW}$——地下水补给量，m^3；

$\qquad Q$——沟渠出流量，m^3。

沟渠出流用曼宁方程表示为：

$$Q = \frac{1}{n} J_f^{1/2} R_h^{2/3} A_C \tag{3-4}$$

式中：Q——Δt 时段沟渠的平均出流量，m^3；

$\qquad J_f$——渠底坡降；

$\qquad R_h$——水力半径，m；

$\qquad A_C$——过水断面面积，m^2。

3）下渗

下渗采用 Green-Ampt 方程计算，此方程不仅适用于雨强大于下渗能力的情况，而且对暴雨开始时雨强小于下渗能力的情况同样适用。下渗能力定义为：

当 $F < F_s$：$f = i$

$$F_s = \frac{S \cdot IMD}{i/K_s - 1} \quad (i > K_s) \tag{3-5}$$

$$F_s = 0 \quad (i \leqslant K_s)$$

当 $F \geqslant F_s$：

$$f = f_p$$

$$f_p = K_s \left(1 + \frac{S \cdot IMD}{F} \right) \tag{3-6}$$

式中：f——下渗率，mm/s；

　　f_p——稳定下渗率，mm/s；

　　i——雨强，mm/s；

　　F——累积下渗量，mm；

　　F_s——饱和累积下渗量，mm；

　　S——湿润锋处的毛细管吸力，mm；

　IMD——初始不饱和度，mm/mm；

　　K_s——土壤的饱和导水率，mm/s。

4）高层建筑物屋顶的滞后径流

① 屋顶产流量：

屋顶净雨量为雨强 I、屋顶面积 S_b 以及时间步长 Δt 三者的积。当下泄水量小于排水管最大设计能力时，产流量为净雨量除以时间步长，即：

$$Q_b = Q_0 / \Delta t \tag{3-7}$$

$$Q_b = I \cdot S_b \tag{3-8}$$

式中：Q_0——净雨量，m³；

　　Q_b——屋顶产流量，m³/s；

　　I——雨强，m/s；

　　S_b——屋顶面积，m²；

　　Δt——时间步长，s。

假定屋顶排水管的最大设计流量为 Q_s，则有如下关系：

$$Q_d = Q_b = I \cdot S_b, \quad Q_b < Q_s \tag{3-9}$$

$$Q_d = Q_s, \quad Q_b \geqslant Q_s \tag{3-10}$$

式中：Q_d——下泄流量，m³/s；

　　Q_s——屋顶排水管的最大设计流量，m³/s，根据建筑设计规范，依据当地气象特征确定。

下泄速度根据管道水力学方法计算：

$$V_s = \frac{1}{\sqrt{1 + \lambda \dfrac{l}{d}}} \sqrt{2gH} \tag{3-11}$$

式中：V_s——下泄速度，m/s；

H——建筑物屋顶高度，m；

λ——动量系数（0.5～1）；

l——管长，m；

d——管道的水力半径，m。

因此，下泄流量 Q_d 为：

$$Q_{dk} = \begin{cases} Q_s = \sum_{i=1}^{n} V_{si}A_i = \sum_{i=1}^{n} V_{si}\pi R_i^2 & V_{k-1}/\Delta t + I_k \times S_b \geqslant Q_s \\ \dfrac{V_{k-1} + I_k \times \Delta t \times S_b}{\Delta t} & V_{k-1}/\Delta t + I_k \times S_b \leqslant Q_s \end{cases} \quad (3\text{-}12)$$

式中：Q_{dk}——k 时段的下泄流量，m³/s；

n——建筑物屋顶排水管的数目；

R_i——建筑物屋顶排水管 i 的半径，m。

屋顶的积水量 V 为：

$$\begin{cases} V_0 = 0 \\ V_k = (I_k \times S_b - Q_{dk}) \times \Delta t + V_{k-1} \end{cases} \quad (3\text{-}13)$$

式中：V_k——k 时段屋顶的积水量，m³。

② 滞后时间：

$$T = H/V_s \quad (3\text{-}14)$$

（2）地表径流水质模型

1）污染物的累积和冲刷

污染物的累积：

$$\frac{dL_{si}}{dt} = k_i - k_{2i}L_{si} \quad (3\text{-}15)$$

式中：下标 i——第 i 种地表特征；

L_{si}——地表降尘的量，g/m²；

k_i——降尘沉降速率，g/(m²·d)；

k_{2i}——降尘的消耗率（由风、交通车辆以及生物化学衰减所引起的降尘消耗），d⁻¹；

t——时间，d。

污染物的累积量 L_{ij} 与降尘累积量 L_{si} 成正比，即

$$L_{ij} = f_{ij} \cdot L_{si} \quad (3\text{-}16)$$

式中：f_{ij}——第 i 种地表特征上的第 j 种污染物的比例系数，mg/g。

地表又可以分为不同的地表类型，如屋顶、地面和草地，它们的降尘残留量不同。对于屋顶，因为不考虑清扫，所以只考虑降雨冲刷后的降尘残留；对于地面，要考虑街道清扫；对于草地，不考虑清扫，但是计算时要考虑降尘贡献到初始累积量的有效部分。由空气中的干沉降引起的地表污染物的累积采用式（3-16）进行估算，对于一般情况，空气中污染物的干沉降主要是前次降雨结束后到本次降雨开始这一段时间内产生的，其数量与当地当时的风场、交通及空气中污染物状况等因素有关。

污染物的冲刷：

污染物的冲刷以如下的指数冲刷方程给出：

$$\Delta L_{ij} = L_{ij}\left[1 - \exp(-k_{3i}R)\right] \tag{3-17}$$

式中：ΔL_{ij}——降雨时从第 i 种特征的地表冲刷的第 j 种污染物的量，g/m^2；

L_{ij}——开始降雨时第 i 种特征的地表第 j 种污染物的量，g/m^2；

k_{3i}——第 i 种特征地表的冲刷系数，mm^{-1}；

R——降雨量，mm。

2）完全混合水质演算

对于完全混合，假定单元内的污染物浓度与出流浓度相等。

$$\frac{dVC_{ij}}{dt} = V\frac{dC_{ij}}{dt} + C_{ij}\frac{dV}{dt} = Q_lC_{lij} - QC_{ij} - KC_{ij}V + S_c \tag{3-18}$$

式中：C_{ij}——第 i 种特征地表的第 j 种污染物的浓度，mg/L；

V——体积，m^3；

Q_l——入流流量，m^3/s；

C_{lij}——第 i 种特征地表的第 j 种污染物的入流浓度，mg/L；

Q——出流流量，m^3/s；

K——第一衰减系数，d^{-1}；

S_c——源或漏，g/s。

3.2.3 城市排水系统模型

（1）城市排水模型

1）节点基本方程

一个下水道节点通常连接 3 或 4 个排水管道。通常情况下，下游管道接受节点出流，而其他管道的水流进入节点。节点可以分为以下几个类型：按照几何形状分，单项节点、双项节点、三项节点、四项节点和多项节点；按照接点管道中的水流分，明渠节点（明渠流进入所有节点管道）、超载节点（所有节点管道超载）和部分超载节点（部分节点管道超载）；按照节点贮存的重要性分，贮存节点和点节点。

节点的连续方程为

$$\sum Q_i + Q_j = \frac{dS}{dt} \tag{3-19}$$

式中：Q_i——第 i 个连接管道出入该节点的流量；

Q_j——直接进入节点的变化的入流量（＋）或节点的抽水量或溢流量或渗漏量（－）；

S——节点的贮存量；

t——时间。

对于一个双项节点来说，$i=1$，2；对于一个三项节点来说，$i=1$，2，3。

动量方程的一维解析形式为

$$\sum Q_i\left(\frac{v_i^2}{2g} + \frac{P_i}{\gamma} + Z_i\right) + Q_jH_j = s\frac{dY}{dt} + \sum Q_ik_i\frac{v_i^2}{2g} \tag{3-20}$$

式中：Z_i，P_i，v_i——第 i 条管道出口的底高、大气压和速度；

H_j——每单位容积入流的净能量输入，以水头的形式表示；

k_i——第 i 条管道入口或出口损失系数；

Y——节点水深；

g——重力加速度。

左边第一项为连接管道的能量输入和输出总数；第二项为直接入流带入的净能量。右边第一项为当节点水深增加时的贮存能量；第二项为能量损失。

2）管道中的水流及基本方程

单个管道是排水管网的基本组成单元，研究排水管网水力学过程，必须先了解单个排水管道中的水流情况。

3）排水管道中流量过程

由于上游管道水流峰值的阶段变化以及降雨和入流的时间变化，通常情况下实际的水力曲线是多峰值的，深度和流量的关系也是非线性的。

4）管道水流方程

单个管道中的水流遵循质量、动量和能量守恒等物理原则。质量守恒产生了连续方程，而牛顿第二定律产生了动量方程。管道断面流量可以用一维双曲线一阶偏微分方程组表示：

$$\begin{cases} \dfrac{\partial A}{\partial t}+\dfrac{\partial Q}{\partial x}=q \\[2mm] \dfrac{1}{gA}\dfrac{\partial Q}{\partial t}+\dfrac{1}{gA}\dfrac{\partial}{\partial x}\left(\dfrac{\beta}{A}Q^2\right)+\cos\theta\dfrac{\partial}{\partial x}(kh)+(k-k')h\cos\theta\dfrac{1}{A}\dfrac{\partial A}{\partial x} \\[2mm] =(s_0-s_f)+\dfrac{1}{\gamma A}\dfrac{\partial T}{\partial x}+\dfrac{qU_x}{gA} \end{cases} \quad (3\text{-}21)$$

式中：Q——排出量；

x——水流沿着管道长度方向移动的距离；

g——单位长度管道的旁侧入流量；

A——流量通过部分的面积；

θ——管道与水平面的夹角；

s_0——管道坡度，$s_0=\sin\theta$；

β——动量变动改正系数；

k 和 k'——非水力静态分布的改正系数；

T——作用于断面 A 的内部压力产生的作用力；

γ——液体的重力密度；

U_x——x 方向的旁侧入流流速；

s_f——摩阻比降，曼宁公式计算为：

$$s_f=\frac{n^2u^2}{R^{4/3}}$$

（2）管道水质方程

排水管道中各水质组分随水流而迁移，假设管道中污染物完全混合，水质的基本方程为：

$$\frac{\mathrm{d}VC}{\mathrm{d}t}=V\frac{\mathrm{d}C}{\mathrm{d}t}+C\frac{\mathrm{d}V}{\mathrm{d}t}=Q_iC_i-QC-kCV+L \qquad (3\text{-}22)$$

式中：C——浓度，mg/L；

    V——体积，m^3；

    Q_i——入流流量，m^3/s；

    C_i——入流浓度，mg/L；

    Q——出流流量，m^3/s；

    k——第一衰减系数，L/d；

    L——源或漏，g/s。

3.2.4 汉阳地区面源污染负荷预测

选用桃花岛汇水系统（1.33km²）水文、水质、降雨、地表类型、排水管网分布等资料，对模型参数进行率定，同时选用不同的降雨过程，对模型率定参数进行验证。

（1）城市地表汇水单元划分

将地表类型按工业区、商业区、居民区、草地、水体共5种地表类型，结合汇水系统（墨水湖以北区域包括7个汇水系统：十里铺系统、桃花岛系统、五里墩系统、齿轮厂系统、马沧湖系统、万家巷系统、汉阳动物园及其他系统）的边界来考虑，对桃花岛系统进行划分。

（2）模型参数率定

1）参数率定与验证的基本数据

研究中采用2003年6月23日、2004年6月14日的两次降雨资料，这两次降雨过程如图3-4、图3-5所示。利用2003年6月23日桃花岛排污口的实测水量和水质数据对模型参数进行率定，选用2004年6月14日桃花岛排污口的实测水量、水质数据对模型进行验证。

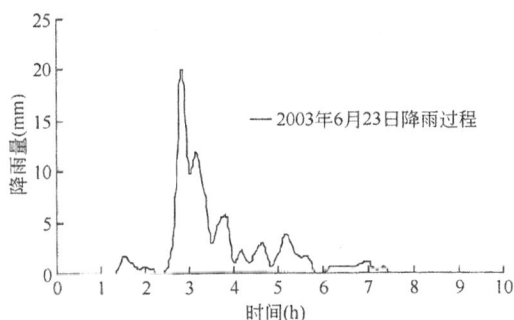

图3-4　2003年6月23日降雨过程　　　　图3-5　2004年6月14日降雨过程

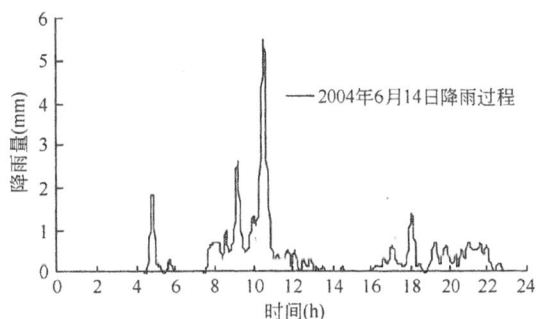

2）径流模拟参数率定

地表径流的主要影响参数是不透水区的曼宁糙率和透水区的曼宁糙率。利用该区域2003年6月23日暴雨的降雨过程、流量的实测数据，对它们进行率定和识别。根据相关监测资料优选以及对参数进行敏感性分析，模型中的有关参数取值如表3-1所示。

曼宁糙率的取值　　　　　　　　　　　　　　表 3-1

地表特性	透水性	曼宁糙率文献值	率定值
工业区	透水	0.20～0.35	0.30
	不透水	0.01～0.32	0.04
商业区	透水	0.20～0.35	0.30
	不透水	0.01～0.32	0.04
居民区	透水	0.20～0.35	0.30
	不透水	0.01～0.32	0.04
草地	透水	0.01～0.35	0.08

3）产流模拟部分率定结果

通过对汉阳桃花岛区域的降雨径流过程进行数值实验，得到流量的模拟结果，如图 3-6 所示。流量的模拟精度较高。所计算的流量值与实测值的误差一般不超过±25％。

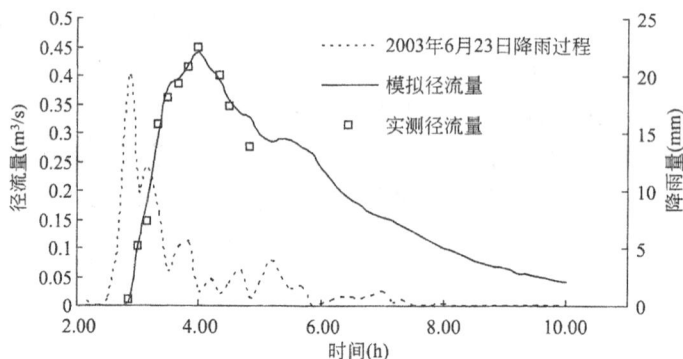

图 3-6　径流量过程实测值与模拟值比较图

4）面源污染负荷模拟参数率定

面源污染负荷的主要影响参数是地表最大的降尘量、降尘的消耗率（由风、交通车辆以及生物化学衰减所引起的降尘消耗）、污染物的累积量（L_j）与降尘累积量（L_s）的比例系数、冲刷系数。利用该区域 2003 年 6 月 23 日的降雨过程和 SS、COD 的实测数据，对该数值模型进行参数率定和识别。参数识别过程同径流模拟部分。根据相关监测资料优选以及对参数进行敏感性分析，模型中的有关参数取值如表 3-2 所示。

面源污染负荷模拟中相关参数的取值　　　　　　表 3-2

参数	单位	地表特性	文献值	率定值	参数	单位	地表特性	文献值	率定值
k_1（降尘）	g/m²	工业区	14～20	19	f（COD）	mg/g	工业区	18.3～498.4	40
		商业区	10.5～15	14			商业区	18.3～498.4	39
		居民区	7～10	10			居民区	18.3～498.4	46.1
		草地	4.8～7	6.5			草地	18.3～498.4	41
k_2（降尘）	d⁻¹	工业区	0.02～0.2	0.1	k_3（SS）	mm⁻¹	工业区	0.01～0.2	0.06
		商业区	0.014～0.15	0.14			商业区	0.01～0.2	0.06
		居民区	0.01～0.1	0.07			居民区	0.01～0.2	0.06
		草地	0.007～0.06	0.05			草地	0.01～0.2	0.06

参数	单位	地表特性	文献值	率定值	参数	单位	地表特性	文献值	率定值
L_{0s} (降尘)	g/m²	工业区	2.56~8.31	8.31	k_3 (COD)	mm⁻¹	工业区	0.013~0.27	0.05
		商业区	2.56~8.31	6.3			商业区	0.013~0.27	0.05
		居民区	2.56~8.31	4.2			居民区	0.013~0.27	0.05
		草地	2.56~8.31	2.6			草地	0.013~0.27	0.05

通过对汉阳桃花岛区域的降雨径流面源污染过程进行数值实验，得到 SS 浓度、COD
浓度的模拟结果，如图 3-7、图 3-8 所示。SS 和 COD 的浓度监测值可直接与模拟值比较。
在 3：30 以后，污染物浓度的实测值是管道中的污水的浓度。图中所示的结果证明这一
点。从总体来看，SS 浓度和 COD 浓度的模拟精度较高。3：30 之前 SS 浓度模拟值与实测
值的误差一般不超过±12%，COD 浓度模拟值与实测值的误差一般不超过±22%。

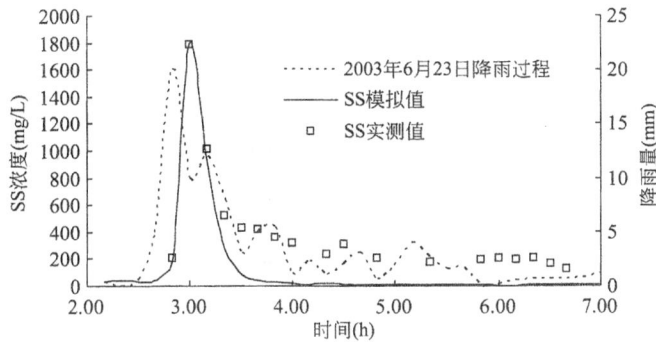

图 3-7   SS 浓度过程实测值与模拟值比较图

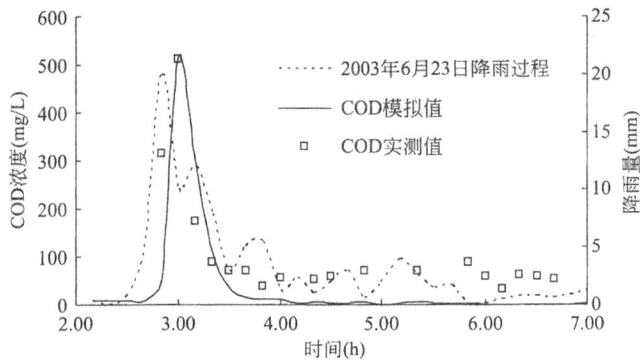

图 3-8   COD 浓度过程实测值与模拟值比较图

5）模型的可靠性和适用性

图 3-9 表示了面源污染的水量与污染物负荷模拟的精确大致范围，在水文部分或者侵
蚀部分出现的误差，会转移并且扩大到其他有关部分。所以可能的误差从水量到面源污染
物逐渐增加。从模型的率定结果看，流量误差在±25%以内，面源污染物 SS、COD 的误
差在±22%以内。这样的结果表明率定后的模型具有一定的精确度，可以适于该研究区面
源污染负荷的模拟计算。

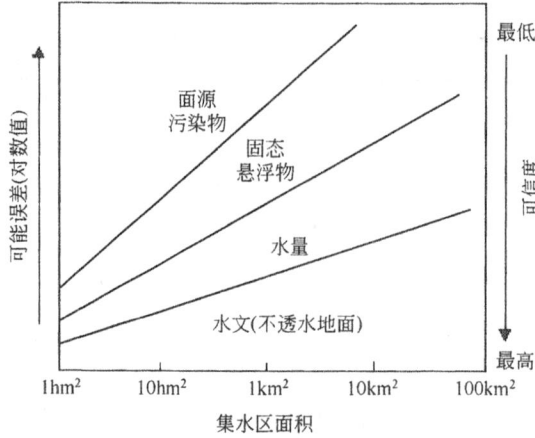

图 3-9　模型的可靠性与可能误差

3.2.5　模型验证

研究过程中，采用 2004 年 6 月 14 日桃花岛排污口的实测水质数据对模型进行验证。
2004 年 6 月 14 日流量模拟过程见图 3-10，SS 和 COD 的模拟和实测结果见图 3-11 和图 3-12

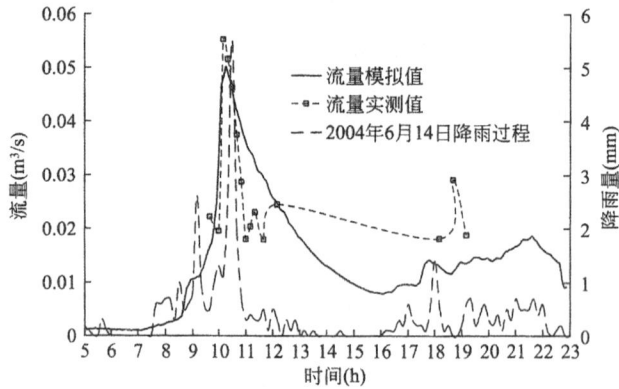

图 3-10　桃花岛流量过程模拟值

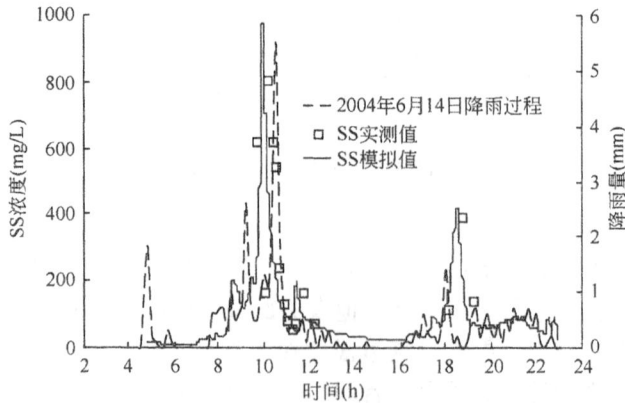

图 3-11　桃花岛 SS 浓度过程实测值与模拟值比较图

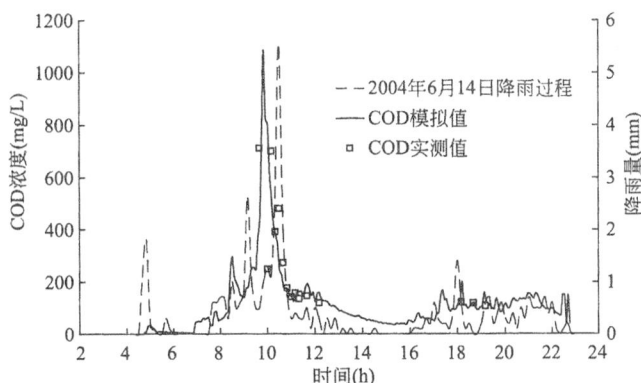

图 3-12　桃花岛 COD 浓度过程实测值与模拟值比较图

所示。从总体来看，SS 浓度和 COD 浓度的模拟精度较高。SS 浓度模拟值与实测值的相对误差一般不超过±22％，COD 浓度模拟值与实测值的相对误差一般不超过±28％。在降雨达到峰值前，流量模拟精度较高，模拟值与实测值的相对误差一般不超过±12％。表3-3 给出模拟值与实测值之间的误差值。

3.2.6　汉阳地区面源污染负荷预测

（1）墨水湖以北地区汇水单元划分

墨水湖以北研究区域包括 7 个汇水系统：十里铺系统（1.3km²）、桃花岛系统（1.3km²）、五里墩系统（0.6km²）、齿轮厂系统（0.55km²）、马沧湖系统（1.1km²）、万家巷系统（3.3km²）、汉阳动物园及其他系统（2.45km²）。总汇水面积 10.6km²。

结合墨水湖以北区域的影像图、汇水边界和道路边线图、地形示意图和子集水区地下管网布设图，按照汇水单元划分原则进行汇水单元划分。汉阳墨水湖以北区域总汇水面积达 10.6km²，地表属性较桃花岛系统复杂得多，将其分为工业区、商业区、居民区、草地、水体共 5 种地表类型。

在本次研究中，墨水湖以北研究区域共划分成了 237 个子集水区。

（2）面污染负荷预测

根据确定的模型，以及验证参数，选定不同的雨型（大、中、小），其中大雨为100.5mm，中雨为 81mm，小雨为 45.7mm，对墨水湖以北地区面源污染负荷进行预测，预测结果见表 3-3。汉阳墨水湖以北地区，在大雨情况下，产生的面源污染物负荷量SS 117t，COD 77t，TP 8.9t 和 TN 0.9t。

墨水湖以北地区不同地表系统、不同雨型下污染负荷总量　　　　　　　　　表 3-3

地表系统	面积（km²）	雨型	SS（kg）	COD（kg）	TP（kg）	TN（kg）
十里铺	1.3	大	17042	9728	1328	146
		中	6298	5938	218	28
		小	716	912	244	37
桃花岛	1.3	大	19513	10712	1235	132
		中	7656	6488	228	28
		小	904	1019	250	40

续表

地表系统	面积(km²)	雨型	SS(kg)	COD(kg)	TP(kg)	TN(kg)
五里墩	0.6	大	8334	4763	646	70
		中	3023	2975	99	13
		小	332	445	114	17
齿轮厂	0.55	大	6332	3497	595	67
		中	2167	2146	89	12
		小	227	313	98	14
马沧湖	1.1	大	15463	8874	1229	134
		中	5498	5615	178	24
		小	586	826	210	30
万家巷	3.3	大	49999	28469	3654	393
		中	18205	18060	542	72
		小	1971	2673	641	94
汉阳动物园及其他	2.45	大	731	882	206	25
		中	221	387	40	5
		小	48	89	42	5
墨水湖以北	10.6	大	117415	66924	8892	967
		中	43069	41609	1393	182
		小	4784	6276	1599	238

4 城市面源污染控制的机制

4.1 城市面源污染控制的核心思想与原则

在前几章，我们讨论了城市面源污染产生的原因：城市化进程改变了下垫面的流域景观，房顶、路面等不透水面积的增加显著改变了城市降雨径流过程，降低了雨水下渗，增加了径流量，以快排快泄为主导的管网排水系统更缩短了汇流时间；人类生活和经济活动产生的各种污染物，大量在城市地面积累；城市暴雨径流过程具有短促、峰高的特性，对地表累积物冲刷强度大，来势猛的雨水在排水管道内使淤积的污泥泛起，径流挟带大量的污染物进入水体；面源污染物在晴天累积，雨天排放，污染的周期性明显；许多老城市由于排水系统多采取合流制，突发性径流常冲刷排水道中的市政污水积累污泥，使污染更加严重；对我国城市来说，由于城市排水管网不健全，还有许多分散型小点源没有进入污水管网；我国城市建设、水务、环保等的多头管理和缺乏统一规划更加重了城市面源污染。

城市面源污染控制与治理在于对城市暴雨径流污染的产生与输出进行调控。要针对城市面源污染产生的上述原因，控制进入城市水体的面源污染物总量；改善城市水环境，提升城市水生态系统的服务功能，构建人水和谐的生态城市。我们提出，城市面源污染控制应包含增大透水面积、减量源头污染、利用雨水资源、净化初期雨水、清污分流处理、径流时空缓冲、过滤沉积净化、自动生态处理共八个核心思想，以及相关的技术系统。我们在下面分别进行叙述。

（1）增大透水面积

一切能扩大城市透水面积的方法都非常有效。可采取的措施包括城市绿化，土壤改良，促渗剂使用，地表或亚表层回灌，建设入渗场、植草沟、入渗井等，通过这些技术和措施使径流渗入到地下。源区径流通过入渗来解决或部分解决是城市暴雨径流污染控制的最佳措施之一。透水面积增大一方面减少了流域的总径流量，另一方面减小进入排水管网中的水量、峰值及其所带入的污染物量。入渗有利于把水保存在土壤，将污染物质固定在原地，使氮、磷被植物利用，可降低后续的处理压力。大量雨水进入地下，解决了城市地下水干枯问题，有助于整个城市水文和生态系统的稳定。

（2）减量源头污染

源头控制措施的目的在于从源区预防或降低潜在污染物，避免它们同雨水混合。保持城区地面的清洁卫生，加强管理，清除垃圾，勤扫地面能大大减少污染物进入排水系统。城市水土流失、路面漏油撒污、市场和露天餐饮都能造成源头污染。地表污染物中，细微颗粒物一般含有较高浓度的污染物，塑料薄膜容易堵塞雨水口，清扫时应特别注意。关于文明、卫生、废物利用/回收的宣传教育能从源头减少城市地面的污染物量。及时清除雨水口、下水道中的污泥也能显著减少污染。

（3）利用雨水资源

因为城市面源污染主要是由于雨水产流携带污染物形成的，因此把水利用起来，减少产流也就自然减少了这种污染。目前，我国各城市不同程度都存在水资源缺乏问题，雨水作为一种宝贵的资源，可分质用于城市中不同的生活用水、生产用水和生态用水需求。怎样把雨水因地制宜地处理后贮存、利用在城市自然系统中是我们在城市面源污染控制研究中需要重点解决的课题。

（4）净化初期雨水

在以不透水面积为主的城市下垫面，降雨后产生的径流冲刷地表污染物，最初几毫米径流具有水量少、污染物浓度高的特点；对这部分径流进行在地下或地上分别贮存，然后分开处理；净化初期雨水，避免其和后期产生的大水量混合，这在城市面源污染控制措施中具有事半功倍的效果。

（5）清污分流处理

旧的城市排水管网采取污水和雨水合流制，在暴雨产流和溢流过程中，下水道的污水和雨水混合，造成处理困难。新建城区提倡采取分流制，在暴雨产流过程中初期雨水和后期径流水质和流量各不相同。由于雨情不同，所产生的径流水质特征曲线也不同。控制城市面源污染的重要内容就是要针对径流各阶段的不同水质水量采取分流处理、贮存，以最大限度地降低处理成本、提高利用效率。特别要防止在采取分流制地区出现污水和雨水管道混接的问题。

（6）径流时空缓冲

在自然生态系统的空间中存在有各种缓冲体系，它们起到削减洪峰、净化水质、水土保持的作用。在城市中尽可能保存和建立一定面积具有这样功能的地表排水结构，包括低位绿地、植草沟、滞留塘、水塘、湿地等。有条件的可进行房顶绿化。在时间角度，这些景观洼陷结构可使径流过程延长，流量峰高降低，从而形成缓冲，使水质得到净化。

（7）过滤沉积净化

把微污染的径流引入有植被或有固体介质的空间，利用水在流动过程中与这些介质的相互作用，使颗粒态污染物在传输空间沉积或被介质过滤，溶解态的污染物在介质表面被吸附。介质中的微生物可慢慢降解这些污染物，植物也可吸收部分污染物，最终达到净化的目的。

（8）自动生态处理

因为城市面源污染随暴雨径流产生，具有突发性特点，很多发生在夜晚。因此在设计处理思路时，应尽可能使系统具有自动开启、自动贮存功能，截留污染最严重的初期径流。在设计技术类型时，应生态角度出发，采用环境技术、市政技术和生态技术的结合。

根据上述核心思想，我们在武汉城市面源污染控制课题中开发了一系列技术，提出了一些措施。本书将在下面各章中介绍我们的研究成果，介绍国内外其他科研人员研发的相关技术和管理经验，包括非工程性和工程的技术措施。

城市面源污染控制就是根据水与面源污染物在城市系统中的流动规律，围绕暴雨径流的形成和空间流动过程的调控。其控制的工程措施与技术要同城市景观、远景规划和已有的结构、设施联系起来。城市面源污染控制的主要原则有：

1）虽然城市面源污染没有明显的责任者，但是负责城市面源污染控制必须要有明确的责任主体；

2）同城市规划、区域防洪、景观建设、生态恢复相结合；

3）以流域集水区为单元，分区、分级、系统控制；

4）已建城区以排水管网的改造调控为主，构建为辅；新建城区尽可能建设生态型的排水体系；

5）工程措施与规划、管理措施并重。

4.2　面源污染控制：源—迁移—汇系统与模式

面源污染控制技术体系应将多样化技术，实施合理组合，在流域尺度上从源区—迁移—汇，形成处理链模式。这样从源头净化，设层层拦截，工程加管理，能起到较好的效果。源—迁移—汇系统控制是面源污染控制的优化模式，已经得到国际公认。在"汉阳地区城市面源污染控制技术与工程示范"课题中，我们以理念创新、技术创新、系统解决方案创新3个层次，从源—迁移—汇逐级控制，提出面源污染控制的解决方案（图4-1）。在汉阳的典型新城区、旅游区、旧城区实施了示范工程，并且实现了良好的多目标效果（彩图4-1、彩图4-2）。

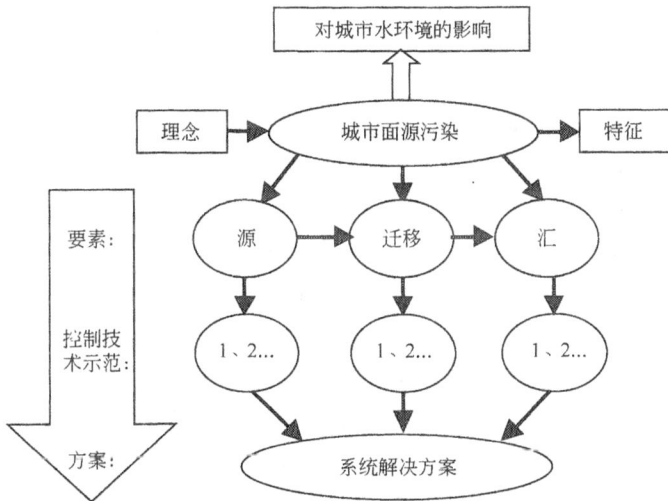

图 4-1　汉阳地区城市面源污染控制技术与工程示范的
源—迁移—汇逐级控制研究路线

面源污染控制处理链的"源"指的是：城市流域的顶端——居民区、商业区、文化区、工厂、仓库、道路、成片绿地等，雨水在这里形成径流，冲刷地面并汇集水流，通过下水道或地表沟渠排向下游。面源污染源区的地表可渗透性和持水性决定着流域的产水能力，源区地表的卫生状况和污染物积累数量决定着流域径流的水质。上节讨论的"增大透水面积"、"减量源头污染"、"净化初期雨水"、"利用雨水资源"、"改善卫生管理"等技术体系一般都在"源区"实施。在本书中，我们将在第5章对城市面源污染的源控制进行介绍和讨论。

面源污染控制处理链的"迁移"指的是：城市径流产生后到受纳径流水体之间的空间和过程；空间指传输暴雨径流的沟渠、管道或其他形体，过程是城市径流在这些迁移形体流经的时间和变化。城市径流在迁移中由于物理、化学和生物作用，其水量和水质会发生变化。上节讨论的"径流时空缓冲"、"清污分流处理"、"过滤沉积净化"等技术体系一般在"迁移"过程实施，"净化初期雨水"、"利用雨水资源"等技术也有在"迁移"过程实施的。在本书中，我们将在第6章对城市面源污染的迁移控制进行介绍和讨论。

城市径流到达受纳水体时，径流和水体在水陆交错带接触相遇，这里的空间和过程被称为面源污染控制处理链的"汇"节点。一般在岸边带、沟渠与水体连接处、修建大型区域性湿地等技术一般归在"汇"控制。在本书中，我们将在第7章对城市面源污染的汇控制进行介绍和讨论。

源—迁移—汇系统控制模式把各种处理措施以链状或网状分布在空间上。在"源"、"迁移"、"汇"的每一道关口，处理措施和责任者只承担了部分任务，而总体效果达到了最大。同时由于污染物被持留在系统的各个部分，在大雨径流的冲刷下较少重新进入径流，二次污染的风险较低。源—迁移—汇这种链形控制模式还表现在建设和运行管理上。一般源控制区域是在家庭、居民区、单位，迁移和汇控制区域应该是在多单位组成的社区，一般由区和市政府有关部门进行建设、运行和管理。

4.3　生态城市理念中的水循环和面源污染控制

城市是在人类不断与自然相互作用过程中形成的人工—自然复合生态系统。与真正的自然生态系统相比，城市生态系统具有发展快、开放程度高、能量和物质利用效率低、发展受单一物种(人)绝对影响等特征。通过城市生态系统的能流和物流很高，缺乏系统内循环，导致城市对其他生态系统具有高度依赖性，同时也会对其他生态系统产生严重干扰。

现代城市是一类脆弱的生态系统，它在过程上是耗竭性的，体制上是非循环式的(王如松，2004)。长期以来，人类为了本身的短期利益，对城市生态系统进行规划、建设和管理。由于知识的缺失和利益的诉求，城市中自然生态的规律和其他物种的利益被长期忽视，造成一系列城市病。如城市生态系统的生产者—绿色植物量少；消费者物种单一，营养结构简单；分解者微生物的活动受到抑制，分解功能不强，容易出现环境污染等问题。就城市系统的水循环而言，城市土地的不透水表面多，使大部分降水汇成地面径流输送到城市下游，且由于携带市区污水而使水质发生恶化。因此，城市土壤易受干旱威胁，地下水位下降，而降雨后又容易暴发洪水，缺乏调节功能，面源污染爆发对水环境造成危害。随着人们生活水平的提高和环境意识的加强，人们越来越重视深层次的环保需求，追求城市的生态质量。生态城市理念的提出，正是人们对密集的人口环境、紧张的生活节奏、污染的周围环境等城市病的自然反应。

人们预期的生态城市是一个"可持续发展"的城市，人们处理城市的各种问题时，不只考虑到眼前利益,并且为了子孙后代对各种资源的长期使用;生态城市又是一个"循环经济"的场所,物质和资源得到最大限度的循环,其中水在城市多维空间的存在、水在空间的就地小循环和区域大循环应得到保证,水资源的节约和重复利用特别应引起重视;生态城市还是一个"和谐、平衡"的系统,那里人和自然和谐相处,包括绿地、水体在内的各种土地利用类型合理配置,相互交融。目前,生态城市的理念正在全世界发展,包括城市水管理、城市面源污染控制的许多新理念相继被提出。

城市面源污染是现代城市病的一种。为克服这个问题,应该从生态系统的整体构建和维修出发进行整治。目前,我国城市水管理主要集中于解决问题防洪、供水和景观,主导思想是快排快泄,较少考虑水资源的循环,停留在低层次的需求解决和表面问题的应急处理。要缔造生态城市,在城市总体规划中,要考虑城市水循环的区域性生态配置,以及水循环与各类生态服务功能的结合。对已建成城市来说,要对雨水和径流进行新的生态设计和生态管理,控制城市面源污染,实现城市的可持续发展。

4.4 面源污染控制纳入城市水管理的综合考虑

城市水管理是一个包括防洪、水资源利用、控污、景观、生物多样性、水娱乐等多种问题和需求的解决。城市水资源和水环境在整个城市运行中承担着重要的生态系统服务功能。防洪、水资源利用、控污、景观、生物多样性、水娱乐等措施如果单一解决,将是非常昂贵的负担。在城市水管理的实践中,城市面源污染控制工程一般和城市其他水管理目标共同发挥作用。这样既有利于政府集中力量干大事,又能加大群众对城市工程的支持力度,提高政府的业绩展示。图4-2表示了城市面源污染控制和其他目标的耦合关系,目标可以进一步增多。

城市面源污染控制一般最容易和城市防洪、城市景观建设一起发挥作用。在不同的城市,城市面源污染控制工程的这种多目标性质略有不同,在武汉,桃花岛、动物园、万家巷的面源污染控制示范工程和城市景观建设和湖滨生态保护带建设很好地结合,并为城市房地产发展提供了环境保证。

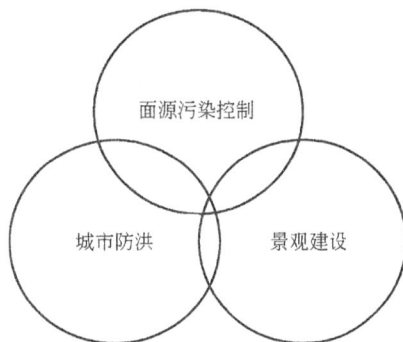

图4-2 在城市水管理中,城市面源污染控制和其他目标相互耦合,相辅相成,形成多目标关系

5 城市面源污染的源控制

　　根据本书2.1节关于城市面源污染产生的原因和过程，我们知道污染物在城市地表的积累和降雨径流冲刷、携带污染物是面源污染形成的两大关键因素。因此，如何在整个城市地面，尤其是关键源区消除污染物积累，如何加强雨水的入渗、贮存和利用以减少径流产生就成了城市面源污染控制的基础。本章介绍的各种源控制措施在应用时一般都是多技术配合、协作发挥作用的，并且源控制、迁移控制和汇控制也往往配套，形成一个强有力的系统控制工程。

5.1　地表绿化的促渗和控污

　　在城市生态系统中，绿地是最接近自然系统的要素，具有强大的生态服务功能。绿地对改善城市的生态与环境有下列方面的作用：改善小气候，释放氧气和其他有益气体，吸收有害物质，滞留尘埃，防御风沙，减少噪声，净化径流，防止水土流失，补充地下水，使人感到舒适、平衡、心情放松。城市绿地能在源头清除污染，减少地表径流的产生，因而对减少和消除城市面源污染具有重要作用。对于城市绿地的功能和设计已经有很多专著和论文，本节主要就绿地控制面源污染进行讨论，以供有关人员在规划和设计中，能充分发挥城市绿地的这方面功能。

5.1.1　城市绿地的生态结构和在城市生态系统中的作用

　　绿化控制带是指在城市周围建设的绿色植被带。城市绿带除了能够控制城市建成区的无限制蔓延、疏散市中心的人口与工业、保护耕地、改善城市环境等，还在削减城市地表径流量、减轻城市面源污染方面具有重要作用。从国际上特大城市环城绿带的效果来看，环城绿带对控制城市格局、改善城市环境、提高城市居民生活质量具有显著作用。在国内外大城市绿化控制带的规划与建设中，通常都是根据城市自身的条件，如地形、水文、气候、城市的历史文化特征，以及与周边地区和城市发展的关系，规划与建设具有明确功能的绿化控制带。绿化控制带的形态与结构多样，在城市生态系统中具有重要功能（欧阳志云等，2004）。城市绿地分为许多种类，从植物组成来分，有城市树林、灌木丛、草坪和复合型城市绿地；从位置、景观来分，有环城绿化带、公园绿地、行道绿地、小区公共绿地、庭院绿地等。城市绿地不同于自然状态下的森林和草地，它是在城市的总体规划下，主要考虑人类需求设计、构建和管理的。

城市绿地系统按雨水运动的轨迹在垂直方向可划分为树冠层、地被层、地表结构、根系和土壤各层。树冠层由乔木和灌木的茎叶组成，在绿地系统的较大空间发挥作用；地被层由低矮草本植物组成，它们叶丛低矮而密集，有的有匍匐茎，有的叶片长有绒毛，在近地空间发挥作用；地表结构包括枯枝落叶和腐殖质层，也包括人为放置的木屑和碎石；根系和土壤是绿地系统的地下部分，包括表土的草根层，下部的深根层，一般考虑 0～1.5m 深的土层。

作为系统工程，城市绿地是在源头减少面源污染的强大组件（彩图 5-1）。它从两个方面实现此功能：一是入渗雨水，减少径流；二是滞留污染，净化水质。在很多情况下，这两个方面是结合完成的。减少地表径流的数量是控制面源污染的重要方面。假如径流中污染物浓度不变，城市区域输出的地表径流减少百分比就等于区域面源污染负荷减少的百分比。

5.1.2 城市绿地减少径流和控制污染的微观原理

城市绿地减少地表径流的主要原理是水滞留和增加入渗。绿地的林冠层、地被层能滞留雨水，随其疏密程度和降雨形态的不同，一般能滞留 1～4mm 的降雨量。林冠层、地被层的植被还减少了雨滴落地或地表径流冲刷的动能，减少了土壤侵蚀的程度。地表结构中的枯枝落叶、腐殖质层和木屑含有较多的木质素类基团，能吸收约等于其自身质量的水，并对径流中的污染物有一定的净化作用；地表结构中的物质也能减少冲刷的动能，减少土壤侵蚀。

城市绿地因为有了植被可以增加地表的阻尼作用和糙度，植被不仅能够阻碍流失物的迁移，而且还具有固结土体作用和直接截留降水的功能。因此，绿地植被能够延缓地表径流的产流过程，降低地表径流流速，减轻汇流对地表的冲刷力，削减地表径流的产生量，增加城市地表径流的就地垂直下渗量，从而达到阻抗城市水土流失的目的。此外，存在于城市绿地自然地形中的坑洼截留作用也能起到很好的促渗和削减径流的功效。

许多未扰动的土壤如森林土壤、自然保护区与永久性草地，通常都具有相互连通的大孔隙、动物空洞或其他孔隙的网络。大孔隙数量范围为每平方米 100～3000（Logsdon et al.，1990）。这些孔隙之间的连通性较好，能够使降水或地表径流迅速下渗。这些生物孔隙称之为"根孔"，是由植物腐烂之后或者在生长过程中形成的中空性孔洞，分别称之为"死根孔"和"活根孔"。由植物根系形成的孔隙，形状是管状的，大孔隙可以占森林土壤体积的 35%，且随深度增加而减少。在城市绿地中高矮粗细不同的植物相互搭配，构成绿地植物镶嵌体。这些植物的地下部分形成的根孔结构是不同的，通常树木形成根孔较为粗壮，灌木其次，而草形成的根孔则较为细小。大小粗细不等的根孔在城市绿地中形成空间连续体。植物根孔增加土壤入渗在城市绿地水文循环中的作用如图 5-1 所示。

土壤大孔隙和优先水流不仅影响着土壤的水热状况和溶质运移，而且在很大程度上影响到降水、灌溉水和养分的有效性和流失程度。小区染色实验表明，水分和染料在富含根孔的土壤中主要沿死根孔和活根孔进行迁移。在死根孔孔隙中和活根孔周围发现的很多染料残余证明，植物死活根孔均可以成为水分的优先迁移路径。由于植物根孔的存在，在土体 1m 深度内，其垂直入渗率较无根孔存在的自然土壤增加了 5～20 倍左右。

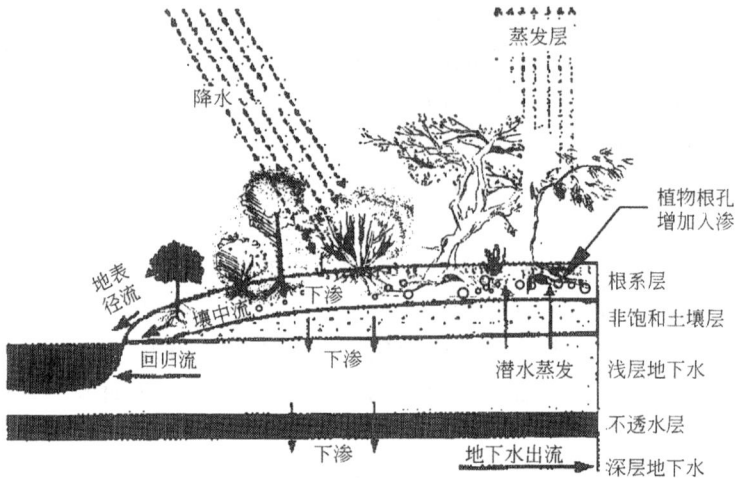

图 5-1 植物根孔增加土壤入渗在城市绿地水文循环中作用示意

（修改自王旭东等，分布式水文模拟模型在流域水资源管理中的应用，南水北调水利科技，2004）

先水流，在土壤导流中具有重要意义；且孔隙中丰富的根系分解物，加之水分、溶质和空气的传输，为微生物提供了良好的生长界面和条件，形成由城市绿地植物的地下根状茎、根系等形成的根孔（包括死根孔与活根孔）。除增加促渗外，还提供了一个良好的污染物吸附转化界面。植物根孔可以说是植物和土壤之间的"多介质界面"，由水、气、土壤、微生物和植物根系组成，其良好的多层次交叉管孔分布特征对污染物质的空间传输迁移过程具有明显的移向、导流和整合富集作用，并影响土壤亚界面各种物质动态和能量流动过程。对于活体根系生长形成的根孔，由于根系的吸收、分泌以及根际微生物的活动等，形成了一个根系吸收分泌—微生物代谢—空气传输—溶质流动的持续界面。根系分泌为植物根孔周围的"微生物膜"提供持续的碳源，而根系的吸收和微生物膜的代谢活动对土壤溶质流动中的转化具有重要意义。由根系腐烂形成的根孔，由于其在土壤中形成广泛连续的大孔径孔隙，使得土壤水分和溶质形成所谓"微生物膜"，所以此类根孔在土壤溶质的迁移和转化中的作用也是相当重要的。

植物根孔的"多介质界面"特有的微生物活性加速了径流水体污染物的降解与转化，氮磷及其他污染物在土壤—根孔微界面发生优先流动和迁移，并在土壤系统的物理、化学和微生物过程中，达到转化降解并最终去除的目的。

为了探索城市绿地在净化地表径流的规律，可通过垂直和水平土壤渗透试验，模拟自然条件下雨水在土壤过程中的下渗过程。这种实验一方面可确定雨水渗透引起的污染物在土壤中的迁移及其对地下水水质的影响，另一方面研究土壤的净化过滤作用或通过某些改良措施是否能成为雨水处理的一种方法。研究结果表明：

1）砂性黏土渗透系数为 10^{-6} m/s 数量级，50%的砂性黏土和50%的炉渣组成的人工土渗透系数为 10^{-4} m/s 级，人工土较天然砂性黏土具有显著的渗透通量；2）垂直渗透净化效果与渗透深度密切相关，人工土 1m 深 COD 去除率可达 70%～80%，天然砂性黏土 1m 深可达 60%左右，即地表 1～1.5m 厚土壤层可去除大部分有机污染物；3）人工土和天然砂性黏土水平渗透的去除率和垂直渗透无显著差别（汪慧贞，2003）。渗透试验结果城市雨水渗透工程实施有指导意义。

5.1.3 利用城市绿地减少径流和控制污染的技术要领

利用城市绿地减少径流和控制污染,在技术方面主要考虑增加入渗和在入渗过程中使微污染径流得以净化。雨水就地渗透既可缓解径流污染物对环境的排放,又可延缓暴雨洪峰,减轻市政排水管网的压力,还增加景观效应。充分利用土壤的净化功能,可以使雨水径流得到净化且下渗涵养地下水。

根据渗透方式,雨水渗透可分为分散式和集中式两类,可以是自然渗透,也可以是人工渗透。分散式雨水渗透设施包括渗透检查井、渗透沟、渗透管、渗透池(坑)、透水地面和绿地渗透;集中式渗透设施分为干式深井回灌和湿式深井回灌。分散式渗透可应用于城区、生活小区、公园、道路和厂区等地方,具有技术简单、设计灵活、易于施工、运行方便、适用范围大、投资少、环境效益显著等优点。集中式深井回灌容量大,可直接向地下深层回灌雨水,对地下水位、雨水水质有更高的要求。

城市绿地减少径流和控制污染的技术要领是:1)城市绿地能接纳雨水径流,在技术方面表现为产流地面和屋面能较流畅地将径流引入绿地,主要考虑尽可能采用低位绿地,并且道路和绿地之间采用可过水的马路牙(彩图 5-2、彩图 5-3、彩图 5-4)。目前我国城市大多采用道路低于绿地,并且道路两边有密封的路牙,这种设计虽然保证了绿地不会被水淹,但是大部分雨水都通过下水道流入了城市下游,城市绿地和地下水得不到路面和屋面的雨水,进行绿地浇灌的时候又要用自来水或再生水,十分浪费。2)在设计城市绿地时,应布设深根、中根和浅根植物的搭配,在植被层次方面,乔木、灌木和草本植物增加入渗和在入渗过程中使微污染径流得以净化。

城市公共绿地采用低位好处有:1)降低室外雨水径流系数;2)把雨水口放在低位绿地内,雨水由道路广场流经绿地,再由雨水口排除,这样可以过滤雨水中的泥沙、部分树叶和垃圾,有效避免管网的阻塞;3)低位绿地一般为:道路广场高于雨水口 50mm,雨水口高于低位绿地 50mm。这样绿地有调节池的作用,初期雨水收集在绿地里,延缓了雨水进入雨水管网的时间,增加了绿地渗水量,改善土壤环境,减少了绿地浇灌水量。

经合理设计与控制,利用天然绿地或人工混合土层处理城市雨水径流,可达到较好的处理效果。实际工程中可以在绿地表层采用厚 0.5～1m 左右的人工土层处理雨水径流,也可在建筑物附近设计专门的人工土净化装置,既可保证处理效果,又可节省占地和改善环境。

5.2　透水路面技术

透水路面通过在道路表面营造孔隙(微孔或大孔),从而使得路面具有透水功能。城区道路是城市面源污染的主要污染源,而源区控制是城市面源污染控制的重点。城市道路多为硬质下垫面,污染物在地表累积过程快;雨水入渗量小,径流系数大,形成径流的时间短促,对污染物的冲刷强烈,污染物输出的动力学增强。将城区道路设计为具有良好透水性能的路面,可以较好地控制暴雨径流水质(去除水中的有机污染物质);同时也能够对暴雨径流量进行适当的控制,特别是对小型降雨事件。透水路面同时还兼具防滑、降噪、排水、防眩等优点，在国外得到了比较广泛的应用，而国内对此研究和成功应用的案例较少。

5.2.1　技术原理

平时可见的一些路面也具有透水能力，如混凝土镂空砖（即空心砖）路面、条石路面（间距排列的混凝土或者岩石材质的条石）、卵石路面（仅以一定大小的卵石在设置了路沿的道路中间平铺而成）等。然而这几种路面一般仅用于露天停车场或是庭园、公园休闲小径等，由于其性能及应用的局限性，大多数关于透水路面的研究并不涵盖于此。一般来讲，透水路面主要是指可用于轻量级交通载荷的，具有微细连通孔的交通路面。其基本技术原理是将单一级配的粗骨料（无砂或少砂）加胶凝材料进行拌合，并使粗骨料间以点接触式的方式连接，从而创造出可供雨水渗透的连通孔隙。降雨时，雨水经由透水面层渗透至基层后就地入渗，或向四周扩散；或是通过埋设在碎石层及砂层中的排水管道进入雨水阴沟或排水井（陶有生，2006）。

依据制备工艺的不同，透水路面大致可以分为现浇路面和砌铺路面砖。而依据所用材质的不同，现浇路面可分为水泥和沥青混凝土路面两种；砌铺路面砖也可分为混凝土透水砖和陶瓷透水砖两种。

（1）透水性沥青路面

透水性沥青路面英文为 Porous Asphalt。它是采用单一级配的骨料，以沥青或高分子树脂为胶结材料的透水混凝土。与常规沥青路面相比，透水性沥青路面含有较大的孔隙率和较多的大粒径骨料。

（2）透水性水泥混凝土路面

透水性混凝土路面是采用较高强度的硅酸盐水泥为胶凝材料及单一级配的粗骨料制备的多孔混凝土。这种混凝土制作简单，适用于用量大的道路铺装。但是因为孔隙较多，改善和提高强度、耐磨性、抗冻性是难点（雷丽恒等，2006）。

（3）透水性路面砖

透水砖是由一定级配的粗骨料、胶结材料和水等经特殊工艺制成的具有路面用砖形状的预制品，可以分为混凝土透水砖、陶瓷透水砖。混凝土透水砖是将粒径比较相近（非连续级配）的砂、石颗粒用无机或有机胶凝材料或有机胶结材料经搅拌混合压制成型，使其粘结在一起，形成带有通道孔的砖坯，再经养护成为具有一定抗压强度的混凝土透水路面砖，图 5-2 为中国科学院生态环境研究中心研制的波浪形混凝土透水砖。

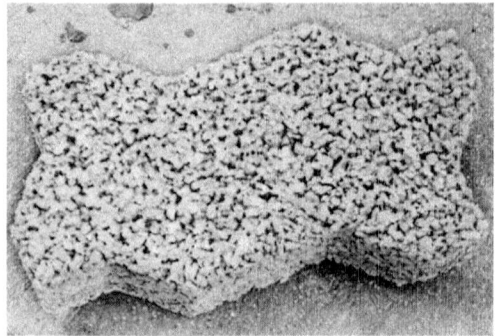

图 5-2　波浪形水泥混凝土透水砖

5.2.2　技术框架、处理工艺和运行方式

透水路面一经铺设、养护完毕，即可投入使用。在透水路面内部和表面，易于附着细菌和藻类等，形成可栖息的生物膜，使其中的好氧细菌对有机物具有净化的可能（朱航征，

2002）。透水路面因其特殊的结构与表面特性，不仅使得路面产流时间大大延迟、产流量大大降低，也使得径流污水在其中通过时发生化学、物理、物理化学及逐渐形成的生物膜的生物化学作用，清除和降解污染物质，达到净水的目的。

5.2.3 设计参数

与传统路面系统相比，多孔路面的缺点是造价较高，施工较为复杂。多孔路面的设计和施工需要具有较高水准的技工团队进行操作，以确保其功能发挥正常。根据美国 EPA 的统计数据，多孔路面铺筑的失败率很高；设计不合理、施工质量不过关、交通载荷过高以及维护不及时都是造成多孔路面失败的原因。

（1）多孔路面的前期勘测与规格设计内容（修改自：Debo and Reese，2003）

1）在多孔路面设计前，应充分调研地质、地形、构造和气候条件；

2）应用范围介于 0.1~4hm²；

3）只适用于缓坡的地形，坡度小于 5%；为避免对建筑物地基和水井水质的有害影响，透水路面应距建筑物至少 3m 远，与饮水井的最小距离为 30m；

4）设计的入渗速度应通过土壤组分分析确定，多孔路面的入渗速度应取土壤入渗速度测得值的 1/2；对于设计为部分就地下渗的多孔路面，土壤基质的渗透速度应大于 7mm/h，黏土成分少于 30%；而对于设计为完全就地下渗的多孔路面，土壤基质的渗透速度应大于 13mm/h；

5）多孔路面的设计标准应至少可以接纳处理最小径流量，也就是处理区域地表所产生的前 13mm 降雨径流；

6）在多孔路面的下坡方向末端设计安装一个检查井，以观测径流清除效率；检查井由直径 100~150mm、带孔的 PVC 管制成，且顶部加盖。

（2）透水路面路基设计与施工

透水路面是个完整的系统，除了面层的透水层（现浇或预制块砌铺），还须有相应的贮水或排水层。透水路面基层的典型结构是自透水表层往下，依次为顶部过滤层、贮水层、底部过滤层、土工布层、未扰动底土（图 5-3）。路面的透水实用功能及作用不仅取决于透水路面的透水速度和透水率，还取决于整个系统的设计、构造、每层材料的性能等。

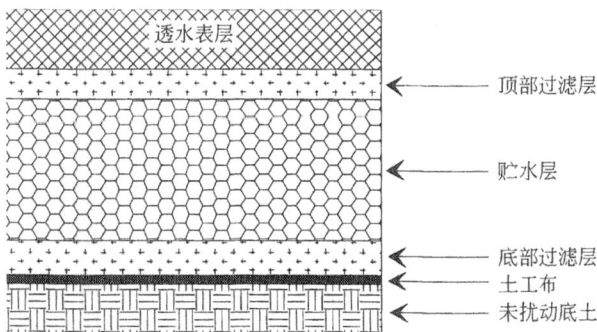

图 5-3 多孔混凝土路面剖面结构图

（修改自：Debo and Reese，Municipal Stormwater Management，Lewis Publisher，2003）

顶部过滤层：该层为粒径大小为 13mm，厚度为 25～50mm 的碎石层。该层主要起到稳定透水混凝土表层的作用，若采用合适粒径的碎石则可以使该层并入贮水层。也有在该层碎石间添加水泥胶凝材料，使之形成透水性多孔水泥混凝土层。多孔混凝土基层作为一种新型的路面基层形式，排水能力强、抗冲刷性能好（赖兆平等，2005）。若采用多孔水泥混凝土基层形式，为保证基层的力学强度、耐冲刷性能以及排水能力，基层的养护期应不少于 7d，且始终保持表面湿润；养护期间除洒水车外，禁止其他车辆通行，并防泥土、砂石料等堵塞排水空隙（刘广斌，2006）。

贮水层：该层填充材质为冲洗干净、粒径在 40～60mm 之间的卵石（孔隙率约为 40%），300mm 厚的贮水层能够持留 120mm 的降雨，并应能在设计暴雨径流事件条件下 48h 内排空。该贮水层底部和路基岩石层的距离应不小于 60cm，并高于季节性高水位 60cm（Debo and Reese，2003）。

底部过滤层：底部过滤层应设置在路基的表面，其成分为 150mm 厚的沙子或是 50mm 厚、粒径在 13mm 左右的碎石层，其表面应完全整平，以促使雨水在整个表面进行渗透。该层起到稳定贮水层的作用，并防止路基受压。

土工布层：采用土工布对透水路面的路基以及边沿在骨料浇筑前进行铺覆是非常重要的。土工布可以防止底部泥土向上部贮水层迁移，降低其贮水能力。该层材料也可采用乳化沥青、热沥青稀浆封层等（赖兆平等，2005）。

一般来讲，路基的坡度应小，否则暴雨水流将冲走基层材料。对于具有一定坡度的路面，可在垂直于排水方向设立不透水栏障，以减少基土的移动。在透水性表层浇筑前路基或底基层必须湿润。干燥的路基或底基层将加速凝固时间，而快速的水分损失将减弱水泥砂浆的骨料粘结强度。在建造之前和过程中应设置植被带以防止路面受径流污染；在建造前后应避免超重设施挤压潜层土壤。

（3）透水面层设计与施工

1）透水性沥青路面

透水沥青路面的面层为开放级配的多孔沥青混凝土混合物。该层其厚度依当地降雨强度及设计路面的要求而异，一般为 50～100mm。该层孔隙率为 18% 左右，即 100mm 厚的多孔混凝土层能够持留 18mm 的雨水（Debo and Reese，2003）。原材料的选择及配合比直接影响强度、路用性能及耐久性。

① 沥青

与骨料表面有较好的粘附性、具有较小的针入度和较高的软化点、应有较好的抗裂性。为提高沥青与石料的粘附性能，也可在加入沥青的同时加入部分表面活性剂（抗剥落剂）。透水性沥青混合料属骨架—空隙结构，木质素纤维能够有效地吸附沥青，使沥青用量增加，沥青膜变厚，进而增加骨料间黏聚力，提高混合料的耐久性。目前，木质素纤维有两类：一类是松散的絮状木质素纤维；另一类为颗粒状的木质素纤维。现在，国内外普遍认为，絮状木质素纤维在拌合时若拌合机未完全封闭，纤维容易在拌合过程中飘散，不便于添加及机械化生产；颗粒状的木质素纤维在拌合过程中便于投放，不会飘散，卫生条件好，目前大多数国家采用这类纤维。

② 骨料

骨料为粒径均匀的粗颗粒石料，粒径大小的上限一般为 9.5mm，具体见表 5-1。为保证透水所必需的连通孔隙，通常没有或很少有粒度 2.5mm 以下的细骨料。而透水路面的透水速率与通道孔的数量、孔径、路径有关。

开放级配沥青混凝土骨料粒径配比 表 5-1

孔径(mm)	过筛量(质量%)	过筛量(质量%)	过筛量(质量%)
1/2″(10.7)	100	100	100
3/8″(8.0)	95～100	90～100	90～100
4 号(4.0)	30～50	35～50	35～50
8 号(2.0)	5～15	15～32	15～32
16 号(1.0)	—	0～15	2～15
200 号(0.06)	2～5	0～3	2～15

（引自：Debo and Reese，Municipal Stormwater Management Lewis Publisher，2003）

骨料必须经过充分冲洗，并在搅拌前予以干燥。如果骨料中粉质颗粒含量过多会影响胶凝剂和外加剂的使用量，从而降低多孔混凝土路面的效果。

2）透水性水泥混凝土路面

① 骨料及配合比

透水性水泥混凝土路面同样为开放级配的混凝土混合物，与沥青路面不同的仅是胶凝剂发生了改变。该层的厚度及骨料的选择同透水性沥青路面一致。常规的混凝土浇筑规范无法确保没有经验的施工单位进行多孔混凝土透水路面的成功铺设。监理工程师或是施工单位应该在水泥或添加剂生产厂家的帮助下确定配合比，并指定专门的搅拌和铺设设备。由于多孔混凝土低的初期坍落度及快速的凝固时间，任何错误都是不可挽回的，其代价十分昂贵。

由于采用了水泥和水作为胶凝剂，其水量的控制（即水灰比）对于骨料间的粘结强度以及路面的修建成功与否至关重要。过多的水将冲走骨料的水泥砂浆，过少的水将妨碍水泥砂浆与骨料颗粒的粘结。

如果指定了一种粘结强化剂，在未经此强化剂生产厂家同意的情况下，不得随意使用其他的"常规"混凝土外加剂。

如果骨料级配良好，水灰比合理，表面包裹有水泥浆的骨料相互抵依、颗粒之间少有干涉现象、颗粒接触点水泥浆连接面大，则无砂多孔混凝土抗压强度高。小水灰比、多水泥用量，无砂多孔混凝土抗压强度高；大水灰比、少水泥用量，无砂多孔混凝土抗压强度低(徐飞，2005)。

现有的混凝土骨料规范及测试方法不能确保没有多孔混凝土施工经验的搅拌厂家以及在添加不同的外加剂时多孔混凝土路面浇筑的成功。经验表明，能保证骨料搅拌及铺设成功的人只能是胶结材料制造商或是具有成功的多孔混凝土路面铺设经验的承包商。由于多孔混凝土保持工作性能的范围很窄，所以，应该避免在极端的天气情况下进行施工。而且由于不可避免地会出现部分搅拌的骨料不得不废弃，所以，完工的时间应该有额外的附加时间。

由于多孔混凝土的超强透水能力，没有必要将全部通行道路设计为透水路面。可以设计为常规混凝土路面与透水路面相间隔的条状结构。条形路面顺序摊铺，可以提高路面表观统一性。路面宽度的降低可以使得摊铺时减少混合料的移动距离；一次碾压可以覆盖整个路面，减少多次碾压所导致的折皱；有利于碾压完成后薄膜的立即覆压，保持均匀的水化养护。

② 运输和搅拌

为了减少混凝土运输所可能造成的搅拌时间差异，透水性水泥混凝土应该在仅加骨料和水泥的情况下运输；在进入施工地点后再加水重新搅拌，以防混合料中水分蒸发及水泥初凝。现场水和胶结材料的加入必须由具有丰富多孔混凝土施工经验的人员操作。

水量、搅拌次数以及外加剂的加入和调节必须尽快进行，以保证浇筑时混凝土骨料具有良好的工作性能。多孔混凝土混合料坍落度较低，一般只能由目测及手感测试合适的稠度来确定拌合过程的结束。最佳的稠度状态应为：拌合物试料保持容器形态，骨料颗粒表面水泥浆厚度均匀、有光泽，试料徐徐崩解。为了提供均匀的拌合，应对搅拌泵仔细检查，以防其结垢，并在必要时清洗(向可明，1993)。

③ 浇筑和养护

对于将要进行施工的工头和施工人员，强烈建议其进行多个点的铺设预演，预铺的路面要不小于 18.58m²，以检测路面的平整性和一致性。

当搅拌完成后，应迅速进行摊铺浇料。结果表明在一箱搅拌 6.4m³ 倾倒到最后时，骨料已经变得很难移动，其工作性能已开始降低。浇筑时还应避免在同一处倾倒过多的混合料，应该进行连续带状倾料(每次倾料的量越少越好)，以利于快速摊铺刮平作业，减少由于平铺而需要的工作时间和移动的距离(Traver et al. www.villanova，edu/wus/)。多孔混凝土骨料凝结时间很短，所以摊铺后需要及时的碾压和覆盖。为了避免采用平板器材，如铁锹、抹刀和泥铲可能带来的路面浆化，只能采用耙等进行集料的平移和路面的抹平。

因为由于透水性混凝土的多孔结构，水分损失迅速，初凝很快，所以刮平后随即进行压实。碾压过程中要始终保持表面湿润。滚动碾压是推荐的压实方法。高频振动会使表层骨料上的水泥砂浆离析，并堵塞下层空隙，还容易造成路面中的褶皱，而且这些褶皱在施工时难以发现，只有水化后才能看到，而此时已难以恢复。路面滚压应在刮平后 20min 内完成，宜采用表面为塑料的圆柱体进行碾压。在碾压器不能作用到的地方，还需要小心的手工抹平。

碾压完成后立即铺设土工织物或塑料薄膜进行覆盖养护，防止水分蒸发过快而导致表面松散现象的发生。抹平的多孔混凝土路面在铺筑完成 48h 内必须完整覆膜养护；用钢筋或木条小心地压覆，避免薄膜被风吹移位，整个养护期应在 4 周左右。

3) 透水砖砌铺路面

透水性砌块铺装便捷方便，适用于交通流量较小的人行道、自行车道或停车场等。由于其车流量较小，地面承受的平均荷载也较小，可不做混凝土基层。透水砖砌铺路面可以采用前两种透水路面的基础构造，也可以采用图 5-4 的简易结构。若当地降雨量小，且设计的交通载荷较低，可不设置基层；而若降雨量较大，且交通载荷较高，则必须设置基层，甚或添加相应的导流装置，以保证完成表面在今后使用中完好平整，不变形、不翘裂。如应用于上海新国际博览中心入口处的透水路面，自上而下依次为：100mm 厚的预制透水性混凝土铺块、50mm 厚的天然砂找平层、200mm 厚的 C30 现浇混凝土层、200mm 厚的三渣基层、100mm 厚的道碴垫层及夯实底土(王蕾，2003)。

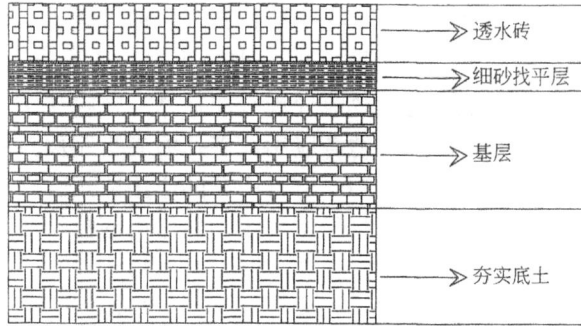

图 5-4　含基层的预制透水路面

(引自：王蕾，建筑施工，2003，25(6)：501-502)

5.2.4　控制效果

研究结果表明通过多孔路面能够减少洪峰量的 83%(Debo and Reese，2003)。由于对暴雨径流进行了过滤，透水路面通过捕获、吸附或是污染物在透水路面的底层土壤中降解，从而对径流中的溶解态及颗粒态污染物具有高的消除作用。国外研究表明，氮、磷及重金属具有较强的去除能力。

多孔路面可以去除因大气沉降及附近地表径流携带的污染物。多孔路面去除污染物的机理和滤渠及其他过滤装置类似：吸附、分解、网捕及土壤微生物降解。研究表明，如果污染物能大量渗透入地下，则多孔路面对其的去除效率是很高的，表 5-2 列表了三种类型的多孔路面对于污染物的去除范围。

多孔透水路面平均每年污染物去除能力　　　　表 5-2

污染物	多孔透水路面设计型号		
	每英亩不透水区域 0.5in 径流	每英亩不透水区域 1.0in 径流	2 年设计暴雨处理
TSS	60%～80%	80%～100%	80%～100%
TP	40%～60%	40%～60%	60%～80%
TN	40%～60%	40%～60%	60%～80%
BOD	60%～80%	60%～80%	80%～100%
细菌	60%～80%	60%～80%	80%～100%
金属	40%～60%	60%～80%	80%～100%

(引自：Debo and Reese，Municipal Stormwater Management，Lewis Publisher，2003)

除此之外，透水路面还具有良好的生态环境效益：减少地面辐射及热岛效应；路面排水、防滑，改善路面交通条件；增加地下水源补给；减轻排水系统压力；降噪。

5.2.5　应用条件及维护

(1) 应用条件

虽然多孔路面相比传统不透水路面具有诸多优点，但是其设计和实施并不是易事，它在交通量较少的区域具有较好的应用价值：温室和苗圃路面、停车场、商业中心区、居民区街巷、公园休闲小径、高尔夫球场、人行路及自行车道、紧急机动车道及消防车通道(许贤敏等，港工技术与管理，2005，2：42-48)。

在没有经过严格的地质勘察条件下，在喀斯特石灰岩地貌区也不适宜修筑多孔透水路面。多孔路面应远离城市给水管线；为防止地下水受污染，还不应建于制造业、加工区、工业区以及回填土等工业污染地带进行径流处理。而在具有危险化学品溢漏危险区、风蚀严重以及地下饮用水含水层补给区亦不适合应用此多孔混凝土路面技术。透水路面是解决大面积场地排水问题经济有效的方法之一，有着广泛的应用前景。

我们把自己开发和他人生产的透水材料用于汉阳的城市面源污染控制示范工程。彩图5-5是用生态混凝土预置砖铺设的桃花岛示范工程道路。彩图5-6是用生态混凝土预置砖铺设的万家巷生态路，出乎我们意料的是，在2008年一月的特大雪灾中，武汉其他的道路都因雨后结冰不能通行，用生态混凝土铺设的透水路却因水迅速入渗，路面没有结冰。彩图5-7是在英国用生态混凝土预置砖铺设的停车场。

（2）运行与维护

透水路面需要日常清洗和养护，才能延长其使用寿命，以达到长期削减面源污染的目的。透水路面的修复可以用高压水枪对路面进行了清洗；也可用吸力式清洗机。欧洲和日本的应用经验表明，对其进行必要的维护可有效解决堵塞问题。对于每一个设施都应设立良好的暴雨管理与维护规则，条款中应注明要求业主定期对多孔路面进行清理，如防止木屑、木片、沉淀物等杂质进入透水路面系统内；限制重型车辆进出透水路面系统；以及在多孔路面禁止洗车等。如果径流中含有油类、酯类等物质，在进入多孔路面前应进行预处理。

多孔透水路面上严禁施加细沙和尘土。多孔路面中的污点堵塞问题可以采用通过多孔沥青层钻孔的方法进行缓解（孔深6mm）。在建设完成后的最初几个月，检查井应该保持每月检查一次，之后可以每季度检查一次，具体见表5-3。

多孔混凝土路面典型维护措施　　　　　　　　　　表5-3

维　护	时　间
最初的检查	建设后每月一次，持续三个月
确保多孔路面无沉积物	每月一次
确保实施地区及相邻地区已经稳定，已完成植物收割	根据检查结果而定
高压真空抽吸多孔路面并采用高压水冲	每年四次
检查表面以防止腐化和破碎	每年一次
确保暴雨期间排水顺畅	雨后0h、24h、48h
采用钻孔的方法对堵塞的污点进行救治	堵塞后立即进行

（修改自：Debo and Reese，Municipal Stormwater Management，Lewis Publisher，2003）

5.3　木质素促渗剂和土壤结构改良

木质素是腐殖质的前身，可以在土壤中缓慢降解，最终转变为土壤腐殖质，因此木质素是一种有利于改善土壤生态环境、具有稳定和促进土壤团粒结构产生、提高土壤降水渗透能力的环境友好物质。在武汉水专项面源污染控制课题中，我们基于木质素在土壤环境中可自然降解、具有良好的环境融合性的特点，以制浆造纸工业污水治理副产品木质素为主要原料，通过接枝共聚反应，开发生态环境友好、成本低、效果稳定的土壤结构改良剂，增强土壤降水的渗透性，促进降水下渗到地下，延缓并削减地表径流，从源头上减少面源污染。

5.3.1 木质素及其聚合物

木质素是制浆造纸工业污水治理副产品。制浆造纸工业生产过程，大量木质素被分离溶于废液之中，成为制浆废液组分，以废弃物的形式随造纸废液排放进入环境水体，一方面造成资源物质的极大浪费，同时造成严重的水环境污染。浆产量 10 万 t/a 的化学制浆造纸厂，每年可产生木质素废弃物约 2 万 t，如果使其得到有效利用，可产生巨大的经济效益；反之，必将成为严重的环境污染来源。研究开发合理利用木质素资源的技术，对减少制浆废液污染排放造成的环境污染危害，为制浆造纸工业污水治理副产品寻找市场出路，促进工业、农业经济可持续发展，保护生态环境，却具有重要意义。

在土壤中，聚合物增加土壤表层颗粒间凝聚力，维护原有的团聚体，并通过絮凝作用创建新的团粒结构。聚合物通过与土壤粒子发生一系列的物理化学作用，稳定和创建土壤团聚结构的作用，减少土壤结皮的生成，使土壤密度降低、孔隙度增加，使降水在土壤中的渗透作用增强，从而实现减少降水土壤侵蚀和地表径流。

（1）木质素结构与反应性

木质素是一种仅次于纤维素的广泛存在于各种植物中的天然大分子有机物，是一种来源广泛、可自然再生的资源物质，在植物体中，木质素与纤维素和半纤维素构成植物骨架的主要组成，世界上每年可自然生成木质素约 600 亿 t。

木质素主要是由三种不同类型的苯丙烷基本结构单元聚合生成的无定形三维网状天然高分子聚合物，三类苯丙烷单体分别为愈创木基丙烷、紫丁香基丙烷和对羟苯基丙烷，各结构单元之间以醚键或 C-C 键相连，形成不规则三维芳香类有机聚合物，如图 5-5 所示。木质素分子中含有芳香基、酚羟基、醇羟基、甲氧基、醛基、羰基、羧基和苯环等多种活性功能基团，不同科属植物的木质素基本结构类似、结构单元数量不同，其分子量分布广泛，从几百到上百万不等，光谱分析是识别木质素结构的

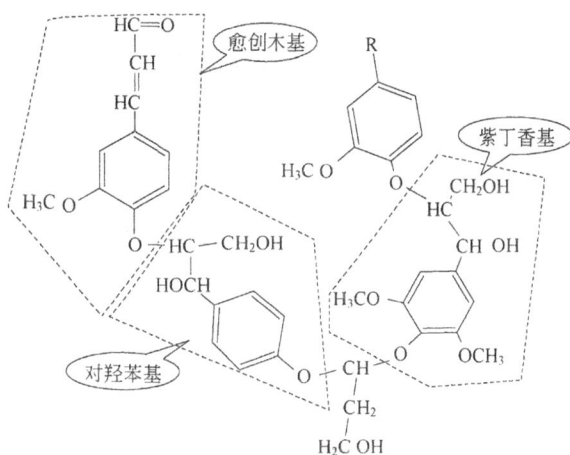

图 5-5 木质素基本结构

常用手段。对木质素的化学反应性能起着重要作用的官能团主要为酚羟基、苯甲醇羟基及羰基等。由于木质素具有多样性的、活性较强的基团特征，为对其改性、进一步优化性能提供了很大的研究空间，研究者根据木质素的活性基团特点，结合一定的应用目的，对木质素进行诸如磺化、甲基化、氧化、还原、酯化、烷基化、接枝共聚等多种化学反应改性，为木质素这种可自然再生物质资源化利用奠定理论和物质基础。

木质素分子具有的不同结构基团如醇羟基、酚羟基、羰基、羧基等，因而具有不同的

反应特性基础，如具有多元醇的性质，酚类化合物的性质等，木质素分子中的苯环及侧链具有较强的反应活性，可实现其分子功能化反应，如亲核、亲电、自由基反应等，木质素在交联剂存在下发生交联反应，是其通过化学反应赋性的一条重要途径。

（2）木质素对水中氮、磷污染物的吸附效应

木质素具有比表面积大、质轻、分散性好等特点，可以通过分子表面吸附以及其分子结构中各种活性基团，以简单的化学作用与某些活性分子产生吸附、化学结合或各种次级键合。在一定条件下木质素可以将吸附、结合的物质缓慢释出。木质素在土壤中缓慢降解为土壤腐殖质，成为土壤有机质的特性是其改良土壤理化性质作用的基础。研究表明，木质素对水中氮和磷具有较好的吸附去除效果，吸附去除作用与木质素的用量呈线性相关，平均吸附量为 $7.37mg/g$ 和 $0.4316mg/g$。木质素较大的比表面积和富含的分子活性基团，可能成为其对硝酸盐氮以及磷酸盐产生较稳定吸附的条件。

（3）木质素聚合物制备

1）木质素接枝共聚

一些人工合成的高分子聚合物在土壤改良方面得到广泛的应用，与天然高分子物质相比，人工合成的高聚物具有更为多样的功能基团，通过高聚物各种功能基团与分散的土壤颗粒之间以缠绕、包裹、贯穿、吸附乃至形成化学键等的作用，可以更好地创建新的和稳定原有土壤的水稳性团粒结构。聚丙烯酰胺是在该领域得到广泛应用的高聚物之一。但人工合成高聚物一般价格昂贵，且具有一定的生态风险，因此使其应用受到限制。开发生态环境友好、成本低、效果稳定的土壤结构改良剂，增强土壤降水的渗透性，对面源污染的治理与控制具有非常重要的意义。

通过接枝共聚反应，改善木质素的分子结构，在其分子中引入多样的、预期功能的活性基团，是木质素实现高聚物赋性的有效手段。在引发剂存在下，木质素分子能够与烯烃类单体发生游离基接枝共聚反应，改性后的木质素分子量增大，其分子中既保留有天然大分子有机物木质素原有的在环境中可自然降解等的优良品质，同时具有合成聚合物如聚丙烯酰胺的优越性能。木质素与单体的接枝聚合作用可用下式表示。

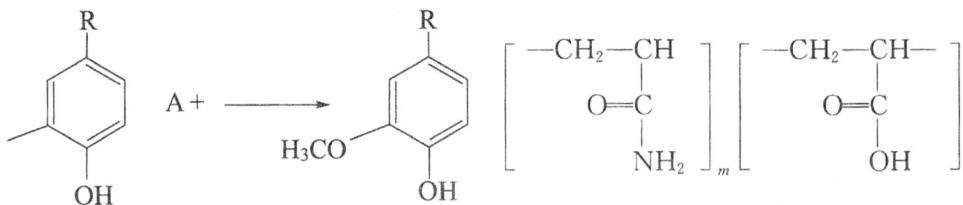

式中：R——木质素主体；

A——单体。

接枝共聚制备聚合物反应常以烯烃类为单体。引入适当的引发剂条件，木质素能够与丙烯酰胺、丙烯酸单体等进行良好的接枝共聚作用实现赋性，进而获得具有特定性能的物质，使其在更多领域得到有效应用。其中，反应体系的引发剂类型与引发剂浓度、接枝单体的组配与单体用量、体系反应温度、反应时间、固液比等，是木质素与烯烃类单体接枝共聚反应改性的主要影响因素，是获得理想改性效果的必要控制条件。当以碱木质素形式（酸化处理碱法制浆黑液回收的产品）为原料进行接枝共聚改性时，则反应体系中合理的

pH 值条件控制尤为重要。

接枝共聚作用使木质素骨架中接入长链结构，获得的木质素聚合物，具有天然与合成聚合物共有的特性，为其得到更广泛的应用奠定了物质结构基础，将其应用于降水地表径流过流体土壤的结构改良，减少降水土壤侵蚀导致地表径流引发的面源环境污染效果显著。

2）木质素接枝聚合物制备

以木质素为骨架材料，通过接枝共聚合反应为木质素赋性，制备一种木质素功能聚合物，该聚合物分子结构中保留天然有机质木质素原有的骨架和活性基团结构，在其骨架上引入阴离子基团的长链结构，通过带电粒子基团与土壤颗粒之间的作用，使降水径流界面土壤结构改良优化，实现削减降水地表径流出生的面源污染危害。

材料：造纸制浆的木质素副产品（工业品），碱法造纸制浆黑液酸化，沉淀、过滤分离固体，以热水洗涤所得固体至中性脱除灰分，经干燥后备用，木质素含量不小于 80%，水分 3%～5%、灰分 <7.0%。将木质素溶解于稀碱溶液中，调节 pH 值至碱性备用。与木质素配伍的复合单体为丙烯酸和丙烯酰胺（简称为 AA、AM）与淀粉。以碳酸钠和氢氧化钠中和丙烯酸、丙烯酰胺制成液体或固体形式，淀粉经过预糊化处理制成溶液或直接以固体形式使用。

合成过程如下：①将木质素与淀粉溶液加入反应器中，按定量将 AM 与丙烯酸钠混合均匀后加入反应器中，使系统在氮气保护下搅拌、升温，当达到 70℃±5℃后，反应 10～15min，加入定量的交联剂 CaCl₂ 溶液，继续在氮气、保温下搅拌反应一定时间。之后，依次向反应器中缓慢加入定量过硫酸钾—硫代硫酸钠氧化还原引发剂，继续反应一定时间完成木质素接枝共聚。反应结束，降低温度，将产物移出反应器，得到流体木质素接枝共聚物。②以分离剂将流体产物转变为固体，为产物保存、运输提供保证。按分离剂与流体产物一定体积比混合，木质素聚合物被分离沉淀成固体产物，于 60℃ 恒温干燥得到固体产品。

3）木质素接枝聚合物制备反应的主要影响因素与条件

① pH 值

以碱木质素为原料，pH 值 7～8 之间可以获得较高的接枝效率，共聚物产率≥90%，当 pH 值 <5 或 pH 值 >9，接枝共聚反应效率低，这种现象主要与木质素自身的性质关系密切，在较低 pH 值条件下，木质素的溶解性显著降低，体系中可能产生明显的木质素聚凝沉淀，其分子的表面活性随之被显著削弱，自由基与木质素之间结合共聚的几率降低，进而导致接枝共聚产物产率明显下降。另一方面，单体 AM 在强碱性条件下可能产生严重的水解作用是导致较高 pH 值条件下接枝共聚效率低下的主要因素。

② 引发剂

过硫酸盐—硫代硫酸盐氧化还原引发剂体系是木质素接枝共聚作用适宜的引发剂之一，其作用机理是自由基引发，过硫酸盐与硫代硫酸盐组成的氧化还原体系活化能较低，可在较低温度下引发接枝共聚反应。研究表明，当氧化剂与还原剂的质量比为 4.2 时，适宜的氧化剂反应浓度约为 10mmol/L。

③ 反应时间

过硫酸盐引发剂浓度 10mmol/L，反应温度 70℃±5℃，反应时间为 2～2.5h 时，木质素与 AM、AA 复合单体接枝共聚可获得较高的聚合物产率。

④ 产物分离

不同分离剂对产物的分离效果不同，以丙酮分离木质素聚合产物可获得好的分离效果，分离剂与液态产物体积比约 0.7，产物收率与含水率指标比较理想。

5.3.2　木质素接枝聚合物与功能材料在系统中的作用

木质素聚合物对土壤物理性质的影响如下：

土壤是天然的系统界面和环境净化器，是自然与人工降水的过流体，同时也是面源污染发生的系统界面，土壤结构状况优劣，直接影响降水地表径流发生的时间与地表径流强度，而面源污染的发生与强度和地表径流的发生与强度直接相关，通过聚合物与功能材料对地表径流界面的改良作用，促进降水入渗，抑制、延缓、削减降水地表径流。

1）土壤密度

施用木质素聚合物能降低土壤密度。聚合物在土壤中促进细小土壤颗粒形成聚团，使土壤变得疏松多孔，孔隙度增加。疏松的结构有利于空气以及养分交换，有益于植物生长和增加微生物活性，提高土壤的降雨入渗能力。在 $0.5\sim6kg/hm^2$ 用量条件下，木质素聚合物使土壤密度较对照降低 $3.54\%\sim7.71\%$。这种效果主要源于木质素聚合物分子与土壤组分间的作用，增加了土壤孔隙度使土壤密度降低。

2）土壤渗透性

土壤渗透性是土壤重要的物理特征之一，与大气降水和灌溉水进入土壤及其在土壤中的贮存状况有关，土壤渗透性良好，降水将最大程度地入渗并贮存其中，成为植物可利用的土壤水资源；渗透性不良，降水入渗量将显著减少，大部分降水将沿地表径流，造成水土流失，导致面源污染危害。高分子聚合物通过吸附、化学键合等的作用，稳定并促使分散性土壤黏粒形成团粒结构，增加土壤抗侵蚀的能力。在 $0.5\sim4kg/hm^2$ 用量下，喷施木质素聚合物，土壤渗透系数较对照增加了 $87.5\%\sim125\%$，$1\sim4kg/hm^2$ 范围效果最佳。木质素聚合物对土壤渗透系数的影响随浓度增大呈先增后减的趋势。用量过大，聚合物在土壤表面将形成高分子胶结膜，其分子在土层中扩散不畅，导致土壤的渗透性减弱。

3）土壤水分

水是维系土壤功能的重要条件，土壤中的许多物理、化学及生物学过程需要在一定的水分条件下进行。木质素聚合物对土壤吸水量和持水量均有一定的影响，经木质素聚合物处理，土壤饱和吸水量可增加约 5%，持水量较对照区提高约 5 个百分点。

5.3.3　木质素聚合物促渗削减面源污染的工程应用

（1）设计思想

聚合物具有促进土壤形成团粒，改良土壤结构，固定表土，保护耕层，促进降水渗透，防止水土流失的功用，功能材料对水污染物具有吸附去除作用。利用功能聚合物改良降水地表径流发生界面的土壤结构，增强降水径流界面土壤的渗透性，可延缓并削减地表径流的发生，积存在地表被径流挟带的污染物在经过径流发生界面土壤介质时，将通过吸附、过滤作用被截留。对水资源丰沛地区，促渗技术对水环境质量提供保障作用，对水资源匮乏地区，促渗技术开辟了一条降雨资源化利用的途径，符合可持续发展对水资源的需求。针对面源污染的治理与控制在时间、空间上呈现的不确定性，建立一种就地促渗、削减地表径流，从源头上抑制和削减面源径流污染发生的方法，实现阻滞污染物迁移进入水体，不必修建特定的设施与构筑物，不需占据土地资源，具有管理简便、成本低廉、易于实施的特点。

（2）工程方案

城市面源污染控制的工程措施在武汉动物园内进行。土壤基本性质见表5-4，环刀测试法测得土壤的水渗透系数 K_{10} 为 0.12mm/min。

供试土壤基本性质　　　　　　　　　　　　　　　表 5-4

项　目	数　值		
土壤剖面（cm）	0～10	10～20	20～30
水分（%）	3.44	3.62	3.30
总磷（P_2O_5，%）	0.253	0.271	0.308
有效磷（P_2O_5，ppm）	152.45	163.97	197.03
NO_3-N（ppm）	8.53	18.16	9.83
NH_4-N（ppm）	13.39	15.50	12.75
全氮（%）	0.108	0.085	0.085
有机质（%）	4.38	3.16	2.59
pH 值	5.58		

木质素聚合物：山东某制浆造纸公司碱法制浆废液酸化回收木质素产品，以 AA、AM 为复合单体接枝共聚，在无氮条件下反应合成。

沸石：浙江缙云神石矿业出产斜发沸石，基本性质：密度 2.16g/cm^3、孔径 3.5～4.0Å（10^{-10}m）、比表面积 230～320m^2/g、吸水量 12g/100g、氨离子交换量 150～170meg/100g。

1）系统设计与处理

对场地 0～20cm 表层土壤翻挖、整平，各区以阻渗隔膜隔离。下游端口设径流收集器，上下游坡降 5%。就地取得土壤适量，风干过 20 目筛，将木质素与沸石以 1t/hm^2、4t/hm^2 用量先后与 20 目土壤混合均匀成为复合料，将复合料均匀地撒在各区表层，然后按深度 10～15cm 混合各区表土，对照区撒施相同质地、数量的土壤，以相同方式混合表土；各处理区土壤表面以 3kg/hm^2 定量喷施木质素聚合物溶液，对照区喷施等量水，进一步在各区按常规方法种植红花酢浆草植物。

2）径流采样与污染负荷分析

工程前处理于主要降雨季到来之前完成，所在地的主要降雨季为每年的 5～8 月，观测期为主要降雨季的 5 月底至 8 月中旬，对工程区主要产流降雨实施连续观测，现场统计径流量，进行降雨径流采样，径流液分析 TN、TP、COD_{Cr} 和 TSS 等污染物负荷变化。期间的 7 月 11 日工程区域降雨，实测降雨量 62.5mm，各区自产流开始后每间隔 10min 分别收集并记录径流液产量，连续进行观测 1.5h，对收集的径流液进行 TN、TP、COD_{Cr}、TSS、氨氮与硝态氮分析，所有径流原样经 0.45μm 孔径薄膜过滤后测定溶解态氮、磷含量。

（3）促渗措施对面源污染的减量作用

1）对降雨季径流与径流污染物的影响

聚合物促进新的土壤颗粒形成并强化土壤颗粒之间的聚团作用，土壤变得疏松多孔，降水下渗量加快、加大，直接影响地表径流形成时间和径流量大小。结果显示，观测期内11场产流降雨，聚合物促渗使径流量降低了 26.0%～83.4%，大多数情况下，处理区径流量约为对照总径流量的三分之一以下。促渗措施主要延缓降雨地表径流发生的时间与削减径流的产生量，对径流 TSS、TP、TN 和 COD_{Cr} 污染物浓度的降低程度分别为 4.96%～82.2%、1.07%～44.4%、0.98%～50.0% 和 4.00%～37.7%。促渗措施对削减径流污染的主要贡献在于通过大幅度减少径流产量，进而显著地减少径流污染物产生的负荷。因此，促渗措施是减少降雨地表径流，削减径流污染物发生量的有效技术手段。

2）对降雨产流污染物负荷影响

观测期间，对 7 月 11 日大强度降雨进行全程观测，自产流开始对处理和对照区分别顺序采集径流样品 8 次，测定径流液污染物，观测促渗措施对降雨径流污染物负荷的影响效应。

① 径流量和径流 TSS

延缓降雨产流并削减径流量是降水促渗措施效果的第一指标，促渗区的产流时间较对照区平均滞后约 10min，径流量削减 44.4%～50.0%。产流降雨冲刷地表、侵蚀土壤、破坏土层导致水土流失，径流挟带地表积累的各种物质迁移是形成悬浮物污染负荷的根本原因，悬浮物是反应径流挟带各种污染物的重要指标。TSS 的发生与地表径流强弱密切相关。促渗措施对径流悬浮物影响显著，木质素聚合物与功能材料作用提高土壤抗侵蚀的能力，促进了土壤的降水渗透性，在使地表径流量得到显著削减的同时，径流挟带的悬浮物得到明显降低，促渗措施使 TSS 负荷平均削减了 44.6%。

② 径流 COD_{Cr}

地表径流 COD_{Cr} 负荷与径流量密切相关，促渗措施通过削弱径流强度减少来自面源地表径流对水体的 COD_{Cr} 污染，在持续 1.5h 的产流降雨观测中，其负荷较对照区降低了11.1%～58.4%，平均降幅 37.8%。

③ 径流 TN、TP 与 TSS

减少氮、磷进入水体是控制水体富营养化的主要前提。研究显示，降水地表径流 TN、TP 发生量与 TSS 相关密切，无论处理区与对照实验区，两者相关系数 R^2 分别达到0.8728、0.8696 与 0.7156、0.7136，由此表明，控制径流 TSS 发生量是减少地表径流氮、磷对水体面源污染危害的重要前提。促渗处理形成对径流的削弱作用，径流量削减使TN、TP 发生量减少。促渗措施使径流 TN 浓度负荷高峰降低约58%、浓度负荷高峰出现时间明显后延，观测全过程，促渗措施使径流 TN 负荷平均削减 51.6%。非溶解态是磷在自然环境中的主要存在形式，磷的迁移大多与悬浮或沉积颗粒物运动密切相关，降雨地表径流挟带的悬浮和沉积颗粒物是磷的迁移载体，是面源污染中磷的主要来源。径流 TP 负荷与径流强度直接相关，因为径流携带的颗粒物与径流强度呈正相关性，高强度地表径流必然会造成高负荷径流悬浮物和沉积颗粒物，导致更多磷迁移，促渗通过削减径流强度与径流量达到降低 TSS 发生量，进而实现减少 TP 污染物负荷。研究表明，促渗措施使径流TP 负荷平均降低 44.1%。木质素材料在土壤中对磷的竞争吸附起到了对磷的固定作用，对减少磷迁移具有一定的贡献。

（4）促渗方法与效益分析

以造纸制浆黑液回收的碱木质素为主要材料接枝共聚制备的聚合物，与沸石配施改良降雨径流界面土壤，提高降雨向土壤中渗透，对延缓高强度降水地表径流发生的时间及减少地表径流的产量具有显著的作用，促渗工程措施是从源头控制面源污染发生、削减面源污染物负荷的有效技术手段。

木质素聚合物改良降雨径流界面土壤，促进降水渗透，具有高效、低成本，环境融合性好等特点，适宜的用量为 $2\sim4kg/hm^2$，使用方法以溶液喷洒在土壤表层有利于获得最佳效果，喷施后自然稳定一定时间。小麦、水稻的栽培试验考察施用木质素聚合物对植物发育的影响表明，木质素聚合物对植物的发育无负面作用，对小麦、水稻的发芽率、根系的根数目与根长发育、植株高度与干重等具有不同程度的促进作用。

5.4 城市雨水的资源化与面源污染控制

5.4.1 城市雨水管理不当所引发的问题

中国目前正处在城市化快速发展的阶段。随着城市化水平的提高和经济的高速发展，城市雨水问题就愈发凸现出来。主要表现为：雨水资源大量流失；雨水径流污染严重；城市洪灾风险加大；生态环境破坏等方面。全国 600 多个城市中有 400 多个存在资源性或水质性缺水问题，正常年份全国城市缺水已达 60 亿 m^3。我国许多城市水资源严重不足，而大量雨水资源却白白流失，雨水利用率不到 10%。城市雨水问题不仅是制约国民经济发展的重要因素，而且是危害和威胁人民健康的严重社会问题。

城市化发展还导致了雨水径流污染程度更为严重。沥青油毡屋面，沥青混凝土道路，磨损的轮胎，融雪剂、农药、杀虫剂的使用，建筑工地上的淤泥和沉淀物，动植物的有机废弃物等均会使径流雨水中含有大量污染物，如有机物、病原体、重金属、油剂、悬浮固体等。对北京城区 1998～2003 年不同月份屋面和路面径流水质的大量数据分析表明，城区屋面、道路雨水径流污染都非常严重，其初期雨水的污染程度通常超过城市污水。

城区的抽样调查还表明，雨水口被普遍当作垃圾和污水倾倒口，雨水井充塞垃圾的现象很严重，暴雨过后，道路雨水淤积，交通堵塞。对许多旧城区的合流制排水系统，在暴雨期间由于水量大大超过了城市排水和处理能力，水流对管道冲刷和未经处理的污水溢出也进入受纳水体。合流制管系的溢流污染没有得到有效控制。如 2001 年、2002 年、2003 年的雨季，耗资数十亿元整治后的北京城区部分河道和湖泊仍然发生水质恶化、藻类大量繁殖，这与城市雨水径流污染有很大的关系。

目前，我国对雨水径流污染尚未给予足够的重视，相应的法规和技术规范不完善。政府倾向采用分流制排水系统来减轻水体污染，但分流制排水系统耗资巨大，旧合流制管系改建为分流制周期长、难度大、影响面宽，且仍然存在雨水径流污染的隐患。

城市洪灾由于少有发生而常被忽视。事实上，由于城市人口密度和财产的密度加大，同样的洪涝灾害一旦发生，将造成更大的生命、财产损失。城市发展中的洪灾问题主要表现为不透水面积增加、汇流时间缩短、峰流量加大等。

城市化的进程增加了城市的不透水面积，如屋顶、街道、停车场等，致使雨（雪）水无法直接渗入地下，洼地蓄水大量减少。一般的，天然地表洼地蓄水，砂地可达 5mm，黏土可达 3mm，草坪可达 4～10mm，甚至有资料报道在植物密集地区可高达 25mm，而光滑的水泥地面在产生径流前只能保持 1mm 的水。这些土地利用情况的改变造成从降雨到产流的时间大大缩短，产流速度和径流量都大大增加，原有管线可能会无法满足要求。

排水管渠的完善，如设置道路边沟、密布雨水管网和排洪沟等，增加了汇流的水力效率。原有的天然河道在城市化过程中往往被截弯取直，疏浚整治，河底和堤岸大多采用全衬砌的方法加以固化，粗糙度减小，从而使河槽流速增大，导致径流量和洪峰流量加大，峰现时间提前。例如，北京 1959 年 8 月 6 日和 1983 年 8 月 4 日发生的两场降雨的雨量相似，总雨量分别为 103.3mm 和 97.0mm，最大一小时雨量为 39.4mm 和 38.4mm，但两次的洪峰流量分别为 202m³/s 和 398m³/s，后者较前者增大了近 1 倍。

此外，城市雨水问题还包括水土流失加剧、生态环境恶化、地下水位下降，地面下沉等。

5.4.2 关于城市雨水资源化与面源污染控制

雨水资源化是一个含义广泛的词，狭义的城市雨水资源化主要指城市汇水面产生的径流进行收集、调蓄和净化后利用；广义的城市雨水资源化是指有目的地采用各种措施对雨水资源的保护和利用，使之在城市生态系统中循环，主要利用各种人工水体、自然池塘、湿地或低洼地对雨水径流实施调蓄和净化利用，改善城市水环境和生态环境；通过各种方法、设施使雨水渗入地下，补充地下水资源。无论是在狭义的雨水资源化还是广义的雨水资源化过程中，雨水径流净化过程都必不可少。

我国地域辽阔、南北方降水特征差异极大，在旧城区和新城区实施雨水资源化或面源污染控制工程时也会有不同的方案。目前，由于北方地区为资源型缺水，雨水作为水源直接或间接利用称为雨水资源化；而南方部分地区为水质型缺水，以控制雨水的径流污染来减轻对受纳水体的污染负荷为重点。实际中，雨水资源化和面源污染控制密不可分，两者不仅都涉及水资源的保护与利用，还与排水系统等基础设施的建设、城市环境保护、城镇与园区规划、建筑与园林景观等有着密切的联系。如屋面采用了绿化设计，径流系数可降低到 0.3 左右，流经屋顶绿化系统的径流水质会明显改善，屋面植物和土壤起到了预处理的作用；此外，在雨后，调蓄池的部分雨水和屋面绿化可以形成一个循环，在满足绿化用水要求的同时改善了建筑景观和环境；另一部分雨水则可供室外水景之用。

处理好雨水利用系统与面源污染控制的关系，不仅对雨水利用具有十分重要的作用，还关系到整体环境和水系统的优化，关系到工程总的效益/投资比。

5.4.3 城市雨水资源化与面源污染控制协调原则

城市雨水利用工程规划和面源污染控制设计方案，通常应遵循如下基本原则：
1) 雨水资源化与雨水径流污染控制、城市防洪减涝、生态景观改善相结合
由于雨水资源作为生态用水和其他杂用水的补充水源，可以减少雨水排出量，削减洪峰，净化回用或渗透补充地下水，从而有效地减少雨水污染物的排出，所以雨水利用工程规划设计往往与雨水径流污染控制一起考虑，并兼顾城市防涝防洪、生态环境改善与保护等。
2) 雨水资源化充分考虑区域降雨及雨水水质特点

雨水径流污染控制水质测定指标应根据雨水利用的用途和相应的水质标准进行检测。

城市径流原水水质分析：城市地理位置、环境管理水平、汇流表面特性、降雨规律等的不同，决定了不同城市、不同径流表面产生的雨水径流水质差异较大，而且城市雨水径流水质变化有很强的随机性，故城市雨水径流污染控制和利用工程水质监测指标也不同。

城市雨水利用水质要求：城市雨水利用的水质要求应根据处理后雨水的用途来确定。如绿化、冲厕、道路清扫、消防、车辆冲洗、建筑施工等均应满足《污水再生利用城市杂用水水质》GB/T 18920；景观环境用水应满足《污水再生利用工程景观环境用水的水质》GB/T 18921；渗透应满足地下水人工回灌水质控制标准等。当雨水利用有多种用途时，其水质应按最高水质标准确定。

3）雨水资源化与径流污染控制系统与排水系统协调规划

从城市大的排水系统看，雨水利用对整个排水系统都会产生影响（见 6.7 节）。雨水的综合利用和面源污染控制在排水体制、雨水的流量分配、排水管道和建筑物的设计、结构、材料等方面对排水管系统产生影响或提出新的要求。

4）处理好雨水利用系统、径流污染控制系统与景观水系统的关系

景观水体是改善城市或区域生态环境的有效设施，因而得到较广泛的应用。由于普遍存在的缺水问题，近年来开始提倡使用再生水。优先考虑用雨水作为景观水源，以再生水、自来水等作为补充水源。有些情况下，水景设计本身就是雨水利用系统或径流污染控制系统的重要组成部分，如雨水池塘或湿地、多功能雨水调蓄设施等。同时，一些大的生态型景观水体本身还有很好的净化雨水水质的功能。当然，需要根据项目的条件、水景的规模和形式、水量的平衡、水质要求确定两者的具体关系。

5）处理好雨水利用系统、径流污染控制系统与绿地/道路/建筑的关系

在雨水水质、收集、渗透中都涉及雨水利用及径流污染控制与绿地、道路、建筑等关系。绿地、道路、建筑既是雨水的收集面，关系到可收集利用的雨水水量和水质，同时，它们又可能是雨水利用系统的重要组成部分或主要单元。如绿地既是一种雨水收集面，又可以是雨水净化（预处理）和渗透（间接利用）的一种主要设施。这些都可能与传统的设计不同，在不影响绿地景观要求的前提下，许多时候绿地设计得比四周的地面略低，有利于实现上述目的。因此，雨水利用对区域绿地/道路/建筑等相关子系统会有新的要求，如绿地的布局、高程、土质甚至植物种类；道路的高程和结构要求；建筑屋面材料和排水管的设计要求等。在考虑雨水利用的区域，必须将各子系统与雨水利用系统一道纳入总体规划，进行综合性设计。这是一项复杂的工程，但能够使园区的整体设计更和谐、更完美、更符合生态和可持续发展的要求。

5.5 居民小区双井式雨水处理与利用技术

随着城市化发展，水资源紧缺、环境污染、生态破坏等问题不断加剧，城市小区雨水利用已引起世界各国的关注。城市小区雨水利用兼有节约水资源、减缓洪涝灾害、控制径流污染和改善城市生态环境等多重意义，因而是一项多目标的综合性技术。在武汉汉阳城市面源污染控制研究中，城市居民小区的雨水利用作为一项重点技术进行了研究，开发了

适合长江中下游城市的双井式雨水处理与利用技术，并在桃花岛地区的旺达小区进行了工程示范(彩图 5-8)。

5.5.1 国内外小区雨水利用技术综述

（1）国外城市小区雨水利用概述

近 20 多年来世界多个国家开展了雨水利用的研究与实践，并召开过十届国际雨水利用大会。其中，德、日、美等经济发达、城市化进程发展较早的国家，将城市雨水利用作为解决城市水源问题的战略措施，试验、推广、立法、实施。

德国：城市雨水利用方式主要有以下两种：①屋面雨水集蓄系统。收集下来的雨水采用简单的处理后，使其达到杂用水水质标准，用于厕所冲洗、庭院浇洒、工业冷却等。②生态小区雨水利用系统。德国还制定了一系列法律法规，规定在新建小区之前，无论是工业、商业还是居民小区，均要设计雨水利用设施；若无雨水利用措施，政府将征收雨水排放设施费和雨水排放费。

日本：1980 年开始推行雨水贮留渗透计划，日本政府于 1992 年颁布了"第二代城市排水总体规划"。近年来，各种小区雨水入渗设施在日本得到迅速发展。日本城市小区雨水利用方式主要有以下三种：①在城市屋顶修建了雨水浇灌的"空中花园"。在减少城市地表径流的同时，减少自来水的消耗，增加了城市的绿地面积，美化了城市环境，净化了城市空气，吸收了城市噪声，还能够降低城市的热岛效应。②修建蓄积雨水的工程。在小区内修建蓄积雨水的工程设施，既控制了汛期多余的雨洪径流，又减少了排水设施，同时也缓解了城市水资源的供需矛盾。如日本名古屋的若宫大通调节池，建在城市街道下面（与地面仅有一层混凝土板相隔），长约 316m，宽度为 47～50m，最大贮水量约为 10 万 m^3。③日本还在一些城市的建筑物上设计了收集雨水的设施，将收集到的雨水用于消防、植树、洗车、冲厕、冷却塔补给等，部分雨水经处理后供居民饮用。

美国：很多城市建立了屋顶蓄水和由入渗池、井、草地、透水地面组成的地表回灌系统，并制定了相应的雨水利用法律法规。美国还制定了相应的法律法规对雨水利用给予支持。美国的许多州制定了《雨水利用条例》。这些条例规定新开发区的暴雨水洪峰流量不能超过开发前的水平。所有新开发区必须实行强制的"就地滞洪蓄水"。

综上，国外发达国家城市雨水利用的主要经验是：制定了一系列有关雨水利用的法律法规；建立了完善的屋顶蓄水和由地表雨水收集贮存系统；收集的雨水主要用于冲厕所、洗车、浇庭院、洗衣服和回灌地下水。

（2）我国城市小区雨水利用概述

我国城市雨水利用的思想具有悠久的历史。北京北海团城古代雨水利用工程是古代雨水利用的典范。而真正意义上的城市雨水利用的研究与应用开始于 20 世纪 80 年代，发展于 90 年代，目前呈现出良好的发展势头。

北京、上海、大连、哈尔滨、西安、武汉等许多城市相继开展雨水收集利用研究。尤其是北京近几年雨水集蓄利用技术发展速度较快，已建雨水利用工程等示范工程 10 多处；2003 年 4 月起施行《关于加强建设工程用地内雨水资源利用的暂行规定》，要求凡在本市行政区域内新建、改建、扩建工程，均应进行雨水利用工程设计和建设，雨水利用工程应与主体建设工程同时设计、同时施工、同时投入使用。

（3）城市小区雨水利用的主要途径和方法

目前国内外城市小区雨水利用方法主要集中在雨水景观利用、雨水回用等方面，包含了雨水的初期径流弃流技术、过滤技术、贮存技术、污染物降解技术、消毒技术等。

雨水景观利用：该方法实际是雨水促渗的延伸。雨水经收集处理后，进入景观系统如喷泉、人造溪流、浅池、湿地等构造中循环，营造景观效果。循环中渗透和蒸发损失大于雨水收集量时，可用自来水补充。

雨水回用：该方法是将雨水经收集处理后，作为中水用于洗车、浇绿地、冲洗地面等杂用。

上述城市小区雨水利用方法，均有不同程度的缺陷。雨水景观利用的难点在于，为保持水质符合景观水体要求，必须靠动力维持水流动态，运行费用是一大障碍。雨水回用，已有的工艺在目前条件下，很难推广应用，最主要的原因是水价低廉而处理工程造价太高，加上维护繁琐，运行成本高，即便建成了，也很难维持。

5.5.2 居民小区雨水生态处理与利用技术原理

（1）武汉水专项雨水处理和利用技术有下列重要意义：

1）有效控制污染源，降低对城市面源污染负荷的贡献。降雨后，在径流还没有扩散或者没有完全扩散时，就进行收集、沉淀、渗滤等净化处理，然后将清洁雨水贮存、再利用，减少了地表径流，雨水进入城市下水管网的量有所减少，其污染负荷大为降低。

2）调节洪峰流量，防止洪涝灾害。城区源头净化系统技术的雨水储存功能能有效地调节径流，在处理和利用暴雨初期径流的同时，起到了径流调节作用，减轻了城市排水管网暴雨期排雨洪防涝渍的压力。

3）缓解城市用水问题。目前，我国正面临着严重的水资源危机，雨水处理利用技术一方面能起到净化雨水，另一方面还可以达到水资源重复利用的目的。

4）补充地下水，改善城市生态环境。城市源头净化系统技术一方面可使径流充分入渗，补充地下水，另一方面可利用处理后的雨水来进行城市绿化，改善城市生态环境。

（2）技术思路

本技术利用南方地区包气带中土壤水丰富的特点，在总结国内外雨水处理利用技术的基础上，设计一种新型小区雨水处理利用方法。该方法将工程措施和生态环境有机结合，使雨水、地表水、包气带中土壤水构成一个相对封闭的循环体系。利用渗滤管、渗滤沟、过滤沟及沉淀/存贮井技术对小区和道路产生的径流进行促渗、过滤和净化，并循环利用于绿地浇灌。使雨水弃流、过滤、贮存、促渗、回灌利用、景观美化等技术高度集成于一体，使雨水在循环中，通过工程措施的一级沉淀处理和进一步的生化处理得到净化。

本技术的小区雨水处理利用方法为：小区雨水处理利用方法是由两个系统相互连接来完成的，一个系统雨水收集处理系统，另一个雨水喷灌处理系统。下雨时，路面汇水通过与窨井连接的过滤暗沟进入贮水井，屋面雨水通过渗滤管、渗滤沟进入贮水井。开启潜水泵，通过喷灌系统抽取雨水进入绿地，利用易渗滤构造层含水，同时利用植物根系的吸收和土壤中微生物的分解作用去除污染物，直到进入贮水井的雨水全部被处理，洁净后的雨水通过渗滤补充包气带中土壤水。晴天时，利用贮水井连接的喷灌系统，抽取包气带中土壤水对绿地进行养护或其他方式回用。核心技术包括：

1）雨水收集处理技术

雨水收集储存处理技术主要由屋面雨水收集处理系统和路面雨水收集处理系统组成。

屋面雨水收集处理系统包括雨水初沉井、渗滤管、渗滤沟和沉淀/贮存井。使屋面雨水径流在收集过程中便得到沉淀和渗滤处理，同时还起到绿地土壤水循环流动的作用。

路面雨水收集处理系统包括弃流装置、隔栅、初沉井、过滤暗沟和沉淀/贮存井。使路面雨水径流在收集过程中便得到拦截、沉淀和过滤处理。

2）雨水贮存、促渗、喷灌处理技术

雨水喷灌处理系统包括沉淀/贮水双井，水泵、绿地喷灌管网、渗滤草坪等。其作用是在小区绿地浇灌的过程中，植物的根系生化作用对雨水中的可溶污染物进行吸收和降解，既起到净化雨水的作用，又充分补给包气带中土壤水，促进水循环。

5.5.3　小区雨水生态处理与利用技术的工艺

（1）工艺组成

雨水收集处理系统包括：屋面雨水收集处理系统，由初期径流弃流井、渗滤管、渗滤沟等组成；路面雨水收集处理系统，由初沉井、封闭式过滤沟等组成（彩图5-9）。

雨水喷灌处理系统包括：沉淀/贮水双井，水泵、绿地喷灌系统等（彩图5-10）。

屋面雨水经过雨水管流到初期径流弃流井内，满足初期弃流要求后的雨水旁路进入渗滤管，再流到渗滤沟中，经过沉淀过滤后流入沉淀/贮水双井。

路面雨水通过窨井连接的初沉井、封闭式过滤沟沉淀过滤后进入沉淀/贮水双井。

收集处理系统过滤后的雨水先进入沉淀/贮水双井中的沉淀井，再次沉淀处理后通过井中部的透水墙进入贮水井，此时开启贮水井中的潜水泵，经过喷灌系统把雨水喷在绿地上，利用绿地易渗滤构造层含水，同时利用植物根系的吸收和土壤中微生物的分解作用去除污染物，雨水经处理后补充包气带中土壤水。工艺流程图5-6。

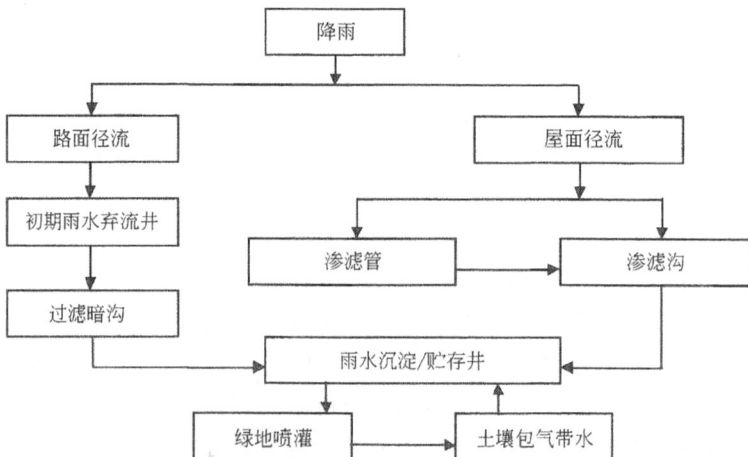

图 5-6　小区雨水生态处理与利用技术工艺流程图

国外和我国其他地方发展了雨水下渗沟技术(彩图 5-11),雨水贮存桶(彩图 5-12)和绿色屋顶技术(彩图 5-13),适合于分散住户,它们都可以在源头削减面源污染。根据因地制宜的原则,我们在汉阳主要开发和应用了双井式雨水处理与利用技术。

(2)工艺参数

1)雨水贮存井

贮存井连接在过滤暗沟尾部,为双井结构,由沉淀井和集水井组成。井内净内空长×宽×深为 3m×2m×2.5m。溢水口高度距井底 1m,尺寸长×宽=2.0m×0.5m,穿孔砖构造。整体井体构筑为砌体结构。集水井内安装潜污泵,口径 80mm,功率 3kW。井上加混凝土盖,厚度 200mm。井盖上部覆盖 0.3m 表土,恢复植被。

2)渗滤管系统

渗滤管系统由初期雨水弃流井和渗滤管组成。

初期雨水弃流井:井挖深 1.5m,净深 1.2m,下部井壁 DN600,上部加盖覆土,恢复植被。设置在每个雨水管前端。

渗滤管系统:渗滤构造深度 0.5m。渗滤管埋于下部碎石中,中部 0.05m 粗砂,上部 0.25m 覆盖表土,恢复植被。渗滤管为 DN100,穿孔处理,尾端接入渗滤沟。

3)渗滤沟系统

渗滤沟系统由初期雨水弃流井和渗滤沟组成。渗滤沟系统尾端与贮水井连接。

(3)运行管理

小区雨水生态处理利用技术是由两个系统相互连接完成的,一个系统为雨水收集处理系统,另一个为雨水喷灌处理系统。下雨时,路面汇水通过与窨井连接的过滤暗沟进入沉淀/贮水双井,屋面雨水通过渗滤管、渗滤沟进入沉淀/贮水双井。开启潜水泵,通过喷灌系统抽取雨水进入绿地,利用易渗滤构造层含水,同时利用植物根系的吸收和土壤中微生物的分解作用去除污染物,直到进入贮水井的雨水全部被处理,洁净后的雨水通过渗滤补充包气带中土壤水。晴天时,利用贮水井连接的喷灌系统,抽取包气带中土壤水对绿地进行养护或其他方式回用。

(4)技术特点

本技术吸收了以往城市面源污染各类雨水处理方法的优点,同时也弥补了方法中的不足。利用井—喷灌循环系统,克服了简易雨水促渗技术雨水承受容量有限的缺点。雨量或雨强大时,蓄满产流的雨水通过收集系统仍会回到井中,并重新布洒于绿地中。利用绿地中植物根系的吸收和土壤中微生物的作用构成一个二级生态处理系统,使雨水在净化处理后通过土壤毛细管的渗滤作用补充包气带中土壤水,既简化了回灌地下水所需的复杂处理工艺,也避免了雨水径流直接回灌地下水所面对的问题。由于沉淀/贮水双井与包气带中土壤水相通,与其配套的含水绿地构成了一个天然的地下存贮调蓄系统。不仅节省了以往雨水回用中必不可少的大型贮水池的构建费用,同时也省去了雨水存贮中必须的处理工艺和费用,大大地提高了雨水回用的实用性。系统在武汉地区的运行表明,该处理系统只要利用生活小区内 20% 的绿地,即可处理整个小区重现期为一年的大雨(52mm),主要污染物的去除率可达到 95% 以上,同等面积整个工程只需十多万元,每吨处理水运行费用只需0.09 元左右。

5.5.4 小区雨水生态处理与利用技术的效果分析

（1）系统初步运行结果分析

在 2004 年 6 月～10 月暴雨期对源控制工程各系统运行监测结果表明，屋面暴雨初期径流和地表径流经过处理后，其污染物浓度都达到和接近纯雨水的浓度值，主要污染物 SS 的去除率大于 80%，COD_{Mn} 的去除率一般大于 70%，COD_{Cr} 的去除率约 50%～80%，总磷、总氮的去除率约 40%～60%，说明该系统的处理效果良好。系统处理前后污染物浓度比较见表 5-5。

小区雨水生态处理利用系统处理前后污染物浓度变化比较表（mg/L）　　　表 5-5

水质指标 负荷来源	SS	COD_{Cr}	COD_{Mn}	TP	TN
纯雨水	7.9～21.0	29.6～31.9	2.70～5.60	0.09～0.18	1.89～2.50
屋面径流（处理前）	58～101	49～60	9.50～15.60	0.23～0.25	4.0～6.0
屋面径流（处理后）	11～16	20～30	2.50～4.60	0.15～0.20	1.24～1.77
初期地面径流（处理前）	600～750	110～250	15.3～29.8	1.50～2.50	4.9～6.3
地面径流（处理后）	10～20	29～30	3.3～4.4	0.20～0.40	0.66～1.00

雨水循环处理后的监测结果见表 5-6。由表 5-6 可知，当系统循环运行四次以后水质基本趋于稳定，SS、TP、TN、COD 分别维持在 10.5mg/L、0.40mg/L、0.60mg/L 和 14.50mg/L 左右。SS、TP、TN、COD 等指标处理效果良好，达到预期目标。

小区雨水生态处理利用经系统循环运行处理后的监测结果表（mg/L）　　　表 5-6

水质指标 运行次数	SS	TP	TN	COD_{Mn}	COD_{Cr}
初期雨水	600～750	1.50～2.50	4.9～6.3	17.5～29.8	110～250
第一次循环	16.0	0.46	1.05	3.29	27.22
第二次循环	14.8	0.40	0.91	2.98	19.89
第三次循环	12.0	0.43	0.84	2.80	14.82
第四次循环	10.2	0.34	0.54	2.50	14.46
第五次循环	10.5	0.44	0.67	2.73	14.82
第六次循环	11.0	0.41	0.71	2.61	16.27

注：每次循环运行间隔 48h，循环运行期间没有降雨。

（2）雨水喷灌对土壤包气带水的影响分析

雨水在喷灌处理系统的运作下，旺达花园示范区范围土壤包气带水的水质呈向好趋势。其中悬浮物、总氮和生化需氧量指标的下降最为明显。经分析：一方面雨水收集处理系统使得屋面雨水和路面雨水经过渗透、过滤后才入渗地下，没有对土壤包气带水造成污染，并起到了补充土壤包气带水的作用；另一方面是雨水喷灌处理系统的运作促进水循环，使得草地和花园植物等的生物净化作用得以充分的发挥，旺达花园示范区土壤包气带水水质各指标的监测结果见表 5-7。

系统示范区土壤包气带水水质各指标的监测表(mg/L)　　　表 5-7

水质指标 采样时间	SS	TP	TN	COD$_{Mn}$	COD$_{Cr}$
本底值	14.5	0.30	0.51	3.31	30.3
8.18	11.5	0.29	0.68	2.24	16.27
8.20	9.2	0.28	0.8	2.84	23.5
8.30	12.5	0.25	0.77	2.05	16.27
9.04	6	0.24	0.36	2.44	19.44
9.07	4	0.29	0.54	2.56	11.66

小区雨水生态处理利用系统不但能够能控制水污染，还能够促进水循环，改善地下水环境，充分利用雨水资源，具有良好的社会效益和生态效益。

（3）经济简要分析

1）基建投资

根据雨水生态处理利用示范工程实际投入费用分析，实际总投入为 16.29 万元。其中用于地下工程构筑物的实际投入费用为 8.62 万元，约占实际总投入费用的 53%；用于地上绿化及景观建设与维护的实际投入费用为 7.67 万元，约占实际总投入费用的 47%。在推广运用上，用于地上部分的投入，可列入小区绿地建设费中。

2）运行成本

雨水生态处理利用系统工程建成后，该小区平均每年处置的总水量为 5000m³（未计损失）工程造价为 16.29 万元，假定折旧期为 30a，每年折旧费为 16.29/30＝0.543 万元。按静态分析每单位水量分摊费用为 5430/5000＝1.08 元。

在工程运行上，与小区物业管理结合起来，所增加的费用主要是小型抽水泵的运行电费，每年 3000m³ 水用于浇灌花草需 330 度电，折合 180 元；另外，每年需清淤 1 次费用100 元左右。由此计算，本系统运行成本为 0.09 元/m³。

用相同的计算方法，将旺达小区的示范工程与国内其他地区的雨水利用工程进行经济比较，本示范工程的经济指标较优，详见表 5-8。

不同城市小区雨水利用工程经济效益比较表　　　表 5-8

	工程造价（万元）	年均可利用水量（m³）	每 1m³ 水的工程造价（元）	运行维护费用（元/m³ 水）
北京某小区	42	5000	2.80	0.21
武汉某小区	191	56008	1.30	0.20
本系统示范小区	16.29	5000	1.08	0.09

同时，经源控制工程处理后的雨水可用于浇灌花草，1m³ 水的运行费用为 0.09 元。按照武汉市自来水水价 1.55 元/m³，每 1m³ 水可节约成本 1.46 元。按照每 2～3d 浇灌一次花草，仅旺达花园的绿地用水，每年就可节约费用约 2000～3000 元，运行管理费用低廉，对减轻小区物业管理费用的压力起到了很大的作用。

3）效益分析

① 节水可增加的国家财政收入

据了解，目前全国 600 多个城市日平均缺水 1000 万 m^3，造成国家财政收入年减少 200 亿元，相当于每缺水 $1m^3$，要损失 5.48 元，即节约 $1m^3$ 水意味着创造了 5.48 元的收益。雨水回用方案较传统排放方案每年节水 $3000m^3$，可产生收益 $3000 \times 5.48 = 16440$ 元。

② 消除污染而减少的社会损失

据分析，为消除污染每投入 1 元可减少的环境资源损失是 3 元，即投入产出比为 1:3。由于在本方案减少了因雨水的污染而带来的河流水体环境污染。雨水回用方案较传统排放方案减少排放雨水 $3000m^3$，以武汉市排污费 0.8 元/m^3 作为消除污染需投入的费用，则每年因消除污染而减少的社会损失为 $3 \times 0.8 \times 3000 = 7200$ 元。

③ 节省城市排水设施的运行费用

雨水渗透与利用后，每年减少向市政管网排放雨水 $3000m^2$。这样会减轻市政管网的压力，也减少市政管网的维护费用。每立方米水的管网运行费用为 0.08 元，则雨水回灌方案较传统方案每年可节省城市排水设施的运行费用为 $3000 \times 0.08 = 240$ 元。

四项合计，雨水回用方案每年较传统雨水排放方案多收益 $3000 + 16440 + 7200 + 240 = 26880$ 元。

从以上分析可以看出，本示范工程源头控制净化系统在控制水污染、调节径流、促进水循环、改善土壤包气带水环境、雨水资源化利用等方面，具有良好的社会效益、经济效益和生态效益。

5.5.5 小区雨水生态处理与利用技术的推广应用前景分析

根据小区雨水生态处理与利用系统的示范工程效果分析，经过该系统处理后，雨水的污染物浓度已接近纯雨水的浓度值，污染物的去除率极高，能够大大减少污染物对环境的污染。同时，该系统还能够补充地下水，改善城市生态环境。目前许多城市由于水资源缺乏，城市居民用水已受到威胁，城市绿化用水缺乏，绿地和花园得不到灌溉，街道洒水受限。该系统一方面可使径流充分入渗，补充地下水；另一方面可利用处理后的雨水来进行城市绿化，改善城市生态环境。另外，该系统还能够调节洪峰流量，防止洪涝灾害。

本课题研究的小区雨水生态处理与利用系统具有造价低廉、效率高、运行成本低的特点。同时，经系统处理后的雨水可用于浇灌花草，可大量节省绿化费用，大大地减轻小区物业管理费用的压力。另外，雨水渗透与利用后，可大量减少市政管网排放负荷，也减少市政管网的维护费用。由于该系统大大减少了污染雨水排入河流水体，也减少了治理雨水污染的花费。所以如果在实际的城市规划中，考虑使用该系统，那么，就可以省去绿地建设的费用，投资大大减少。

源头控制净化系统在控制水污染、调节径流、促进水循环、改善土壤包气带水环境、雨水资源化利用等方面，具有良好的社会效益、经济效益和生态效益。同时，该系统占用面积小，并且位于绿地下面，工艺和运行简单，效益明显，适合于地下包气带中土壤水丰富、常年水位埋深在 1～3m 范围的城市绿化广场、道路绿地花坛、城市居民小区、企事业单位办公区、学校及医院等有一定的绿化面积，并且绿地与建筑面积比接近或超过 30%，径流系数相对较小，排水系统为雨污分流；封闭式管理，人为因素对面源污染的贡献相对较小的小区。可见，该项技术具有广阔的应用前景。

整体来看，由于该源头处理系统的先进性，无论在南方和北方，都具有良好的应用前景和可推广性。

5.6　城市分散点源的治理技术

5.6.1　面源中分散型点源的类型和危害

城市的边缘及旅游区建设了新的建筑小区以及配套设施，有些由于种种原因在短期内也不能建设完整的市政系统，污水不能排入市政污水厂，致使这些小区的污水就近排入地面水体，污染了周围环境。特别是有些旅游景点，水质恶化与旅游区环境极不协调。在城市内，还有一些常年排放小点源，由于离城市市政管网较远或地势较低等原因没有接入市政管网。这类污水排放量很小，如果接入市政管网，管道或提升设备的投资相当大。上述小点源单个表现出点源的特点；在宏观区域内离散分布，表现出面源污染的特点。特别是雨季，累积在这些小点源的污染物随雨水流入河流，是城市面源的重要污染源之一。

5.6.2　分散型污水特点

分散型污水具有以下特点：

1）污水水量日变化系数大

由于分散型点源污水的来源面积小，排水规律相近，导致污水的排放量早晚比白天大，夜间排水量小，并且季节性变化明显。污水的类型对日变化系数的影响较大。旅游区其污水水量受季节性影响，在旅游旺季污水量远远大于旅游淡季；污水一般白天水量大，晚上水量少，有可能断流。

2）一般以生活污水为主要来源，污水的可生化性好

排水管网不健全，污水排放采用明渠较多，致使大量的雨水流入和地下水渗入，会降低有机物的浓度。一般以生活污水为主要来源的分散污水的水质相差不大。分散型污水的 BOD_5 为 100～150mg/L 左右、COD 为 250～300mg/L 左右、SS 为 200mg/L 左右、色度小于 100（稀释法），污水的 pH 在中性左右，污水的可生化性好，适宜采用生物法处理。

3）分散污水治理的权责不明

工业废水的治理按照"谁污染，谁治理"的原则由企业负责，城市污水的治理属于市政项目由政府负责；而分散型点源污水治理目前主要走自力更生、自谋发展的道路。

4）土地紧缺，污水处理工艺的应用受到限制

分散点源处理为了节省管道费用，污水处理设施大多建在污染源附近，而这些污染源一般在居民区或接近居民区。土地紧缺使处理工艺的选择受到限制。其中建筑小区的土地更为紧缺，一般要求处理工艺在高程布置上应尽量采用立体布局，充分利用地下空间，平面布置上要紧凑，以节省用地。小区污水处理的土地紧缺还由于污水处理设施必须与小区

的环境相协调；处理设施必须位于小区的下风向，与其他建筑物有一定的距离。这些要求使得分散污水处理工艺所选择的余地较少。

5）分散污水处理管理人员的专业知识较弱，运行管理经验严重缺乏，检测仪器缺乏。

6）污水处理由于规模小而造成工程建设费用和运行费用偏高。

5.6.3 分散型污水处理技术

分散型小点源污水未经处理直接排放，对环境造成了严重的影响，污水必须经过处理后排放或回用。

污水处理方式可分为集中式和分散式。城市污水一般采用集中式处理。一般认为污水集中处理的优点较多，最重要的是处理厂能够可靠高效地管理和控制污水厂的运行，并且基建和运行费用低。

但对于分散点源，则适于适宜采用分散型污水处理方式。采用分散处理的优点是就近处理后排放或回用，可以节省大量的管道投资，而且运行方式灵活。

根据分散污水的特点，分散小点源污水的处理工艺应具有以下特点：

1）由于分散污水的水质水量变化大，处理工艺应具有较强的耐冲击负荷的能力。

2）资金是制约污水处理的重要因素，要求所用处理工艺占地面积少、基建投资和运行费用低、能耗低；减少污水处理的附属设备，不需要投加药剂或投加药剂量少。

3）由于从业人员的经验欠缺以及检测设备的缺乏，处理工艺应简便易行、运行稳定、维护管理方便。

4）由于分散处理多建在居民区内，要求处理污水时同时处理二次污染。分散处理一般不设污泥消化装置，多采用延时曝气以减少剩余污泥的产量；臭味气体必须处理后排放；对旅游区的污水处理设施，还要求污水处理设施与周围景观协调。

分散污水处理工艺的预处理或一级处理有粗细格栅、沉沙池和初沉池。目的是去除较大的悬浮物和呈悬浮状态的有机物，保证后续处理设施的正常运行。分散污水处理工艺中一个重要的处理单元是化粪池。

采用调节池方法可以均衡水量，其理由是分散污水水量和水质变化系数大，按变化系数设计污水处理单元，不但增加投资，由于污水变动范围大，也给运行管理和达标排放带来困难。

将分散污水作为中水回用，一般用于喷洒绿地、冲洗汽车、清洁道路、冲洗厕所等，不同的用途水质的要求不一样。所以分散处理要根据不同情况选择相应的工艺。根据文献报道，目前用于分散污水二级处理的技术有以下类型：①好氧技术：AB法、A^2/O法、SBR系列、蚯蚓生态滤池、膜生物反应器、其他好氧技术；②厌氧生物处理技术：目前处理用于小点源的厌氧技术主要是在上流式厌氧污泥床反应器（UASB）的基础上，发展了一些新型反应器或组合工艺；③物化技术；④集成技术：由于分散点源污水的特点，故处理系统投资省、占地少、操作维护简单、运行稳定可靠是需特别关注的一个问题。发展集一体的小型污水净化装置，已经成为国内外污水分散处理发展的一种趋势。现有技术包括日本研制的净化槽技术。挪威研发的系列适合污水分散处理的工艺设备：微型污水处理设备

（少于 35 人）、小型污水处理设备（35~2000 人），这些污水处理设备均具备化学除磷的能力，可以有效地控制水体的富营养化。

5.6.4 工程实例

武汉动物园除了面源污染外，还一些分散型点源污水，包括厕所污水、动物园内动物圈舍冲洗污水等，由于整个动物园场馆坐落在湖中的岛上，远离城市排水管网，这些污水未经处理就直接排入附近的土地或墨水湖中，从而对周边体环境造成了严重的危害。针对此类分散点源污水的水量、水质特点和处理现状，同时从节约水资源方面考虑，这类分散点源污水的适宜处理方法是就地处理后达标排放或回用（彩图 5-14）。

本示范工程包括动物场馆冲洗污水处理工程和厕所污水处理工程。

示范工程：动物场馆冲洗污水处理工程

（1）工程概况

根据对武汉动物园示范工程中河马馆的水质水量调查，河马馆换水量为夏季：$150m^3/$次，冬季：$70~80m^3/$次；换水频率为夏季 10d/次；冬季 3d/次。依据换水频率计算，河马馆设计处理水量为 $30m^3/d$。河马馆的水质条件是 $SS=139mg/L$，$COD=123mg/L$。本方案的污水处理设计执行《污水综合排放标准》GB 8978—1996、回用标准执行《城市污水再生利用景观环境用水水质标准》GB/T 18921—2002（其中 $BOD=6mg/L$）。将现有的排水井改造为取水井，沉淀调节池与生物滤池及清水池合建，处理达标后的水经消毒后一部分回用至河马馆区用于冲洗场馆，另一部分回用于绿地浇灌。

（2）污水处理工艺

采用生物滤池与臭氧消毒的组合工艺处理动物场馆污水，其工艺流程示意图见图 5-7，现场布置见彩图 5-5。污水处理设施紧邻动物场馆并根据地形进行布置。污水生物处理单元（生物滤池）采用跌水方式进行充氧。这可以消除曝气噪声对动物的影响，又能极大地降低污水处理能耗。

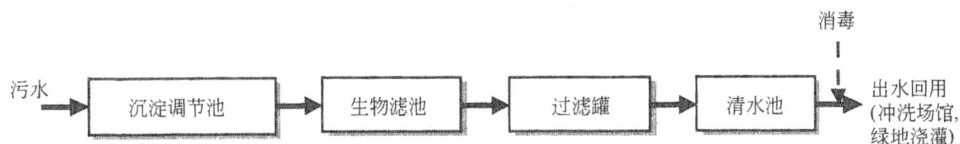

图 5-7 动物场馆冲洗污水处理工艺流程

（3）主要处理构筑物设计参数

沉淀调节池：按贮存 1d 的水量进行设计。规格（长×宽×高）：5.0m×3.0m×2.0m。砌体结构，置于进水管渠上，半地下式。

生物滤池：生物滤池设计负荷 $N_w=2kgCOD/(m^3$ 滤料·d）。设置四个（长×宽×高）为 2m×0.91m×2.5m 的生物滤池，其中滤料层高 1.0m，配水室高 0.3m，承托层高 0.2m，清水区高 0.7m，超高 0.3m。

污水泵：流量 $7m^3/h$；扬程 7m；2 台（1 用 1 备）。

反冲洗泵：流量 $30m^3/h$；扬程 8m；2 台（1 用 1 备）。

清水泵：流量 $7m^3/h$；扬程 10m；2 台（1 用 1 备）。

臭氧发生器：选用仪器的臭氧发生量为 5g/h，根据处理流量调节发生量。

（4）系统处理效果

图 5-8 和图 5-9 是系统处理效果图，从图中可以看出，系统出水达到了设计的水质要求。

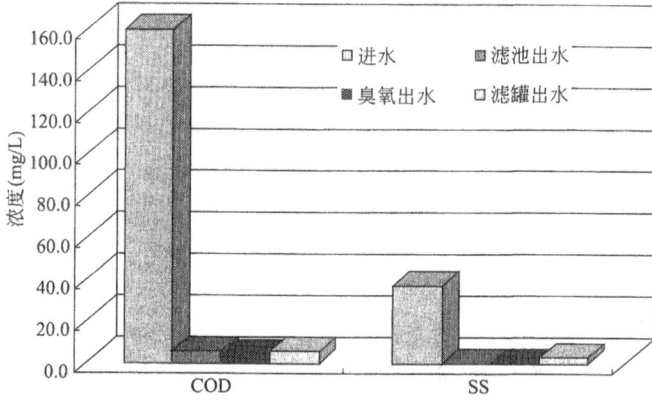

图 5-8　系统处理效果(一)

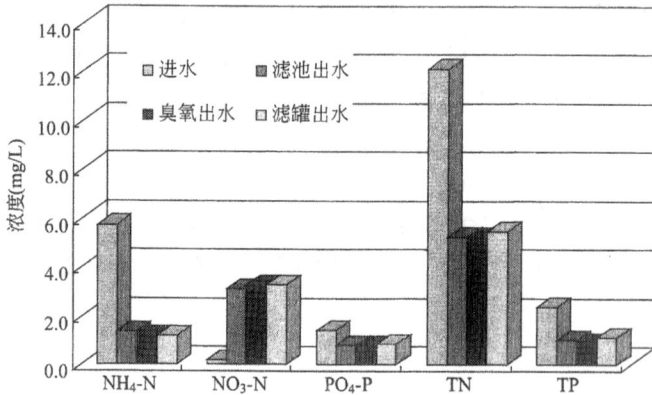

图 5-9　系统处理效果(二)

5.7　以减少面源污染为目的的土壤污染控制与磷固定化技术

磷素是作物必需的重要营养元素之一，也是农业生产中最重要的养分限制因子。在磷未被作为肥料应用于农业之前，土壤中可被植物吸收利用的磷基本上来源于地壳表层的风化、释放以及成土过程中磷在土壤表层的生物富集。从世界范围来看，土壤全磷量大约在 0.2～5.0g/kg。中国土壤的磷含量大致在 0.2～1.0g/kg。农业中磷肥的应用在很大程度上增加了土壤磷素肥力，为农业生产带来了巨大的效益。但是，持续的高施用量磷肥将导致土壤磷含量过剩的问题。据报道，欧洲土壤中磷素的积累量在过去 40a 间高达 800～1500kg/hm²。在美国其土壤磷平均含量也逐年上升。自 20 世纪 80 年代以来，在中国许多地方都已经有了关于土壤中磷含量过剩的报道。在一些地方，磷肥用量已高达995kg/hm²，超过作物实际需求量的数倍。磷过剩的耕地占我国总耕地面积的比重，从1991年的31%增加到1994年的85%。通过对太湖地区的研究表明，在作物生长季节里，不施磷肥时通过地表径流损失的总磷仅为102～150g/hm²，而当每公顷施300kg磷肥时，通过地表径流损失的总磷可达270～670g/hm²。土壤磷素的持续投入导致土壤磷含量不断增加，不仅造成肥料资源的大量浪费，还会通过土壤流失等途径造成水体富营养化，对水体生态环境安全构成威胁。

由于经济的迅猛发展以及人口的不断增加导致城市化过程加快，大量自然和农业土壤除了被城市扩展而占用外，还有一部分土壤被改为绿地和菜地土壤，另一些土壤被工业废弃物、生活垃圾等污染。由于蔬菜经济效益较高，全国范围内播种面积也在逐年迅速扩大，施肥量大大超过蔬菜生长发育需要的磷量，致使菜地土壤磷素大量积累。绿地是现代化城市结构不可缺少的组成部分，它能美化环境、净化空气、保持水土，同时也是户外活动和体育活动的场地。为了保证绿地中的植物正常生长，施肥是不可缺少的主要措施之一，国内外均有报道在绿地中尤其在草坪中进行施肥管理的情况。在美国等发达国家，城市污泥和有机粪肥常常被当作肥料施入绿地或高尔夫场草坪中。据报道，在三种草地上施用不同用量的粪肥后，除了一部分磷被草吸收以外，大部分磷还是积累在土壤中，土壤中的磷含量分别比植物中的磷含量高达2～10倍。在草地中进行粪肥和化肥的应用比较，发现化肥比粪肥导致更多的磷径流损失，当用量为50kgP/hm²时，化肥导致的磷径流损失是粪肥的5倍以上。因此，在绿地中不合理施肥也是导致面源污染的来源之一。

城市土壤由于受到强烈的人为活动影响，在性质上与自然土壤有明显差别。一般来说，城市土壤中的全磷和有效磷含量数倍甚至数十倍于自然土壤和农业土壤。谢春生等对广东省25个市水稻田、菜地和果园土壤的速效磷含量进行调查，发现不同土壤速效磷含量差异较大，表现为：菜地土壤＞水稻田＞果园土壤。城市土壤的磷素富集现象最近在莫斯科和德国的康斯坦斯也有报道。高磷的城市土壤也是潜在的地下水磷污染源，不适当的处置或管理将带来严重的环境污染威胁。

许多研究表明，磷随地表径流的流失是水体的主要污染源之一，包括溶解态磷和颗粒态磷。大部分溶解态磷可被藻类直接吸收利用，而颗粒态磷是湖泊水库浮游生物长期的潜在可利用磷源。据晏维金等人报道，在72mm/h的大暴雨条件下，径流中80%以上的磷以颗粒态形式流失，而颗粒态磷的60%～90%随0.1mm以下的团聚体流失。单保庆等人也报道，在降雨过程中，磷随地表径流流失有两种模式：表面径流和土壤内部壤中流。相同雨强下，作物覆盖可促进磷随壤中流流失，减缓其表面流流失。在中到大雨条件下，壤中累积输出的径流量均低于表面流，表面径流中的磷迁移量是壤中流的3～4倍。

鉴于磷素对环境污染的越来越严重，如何控制农业磷素流失已经成为许多国家和地区优先考虑的环境问题之一，并提出了许多有效的控制磷流失的方法。目前比较常用的措施有：控制磷肥用量、减少土壤侵蚀、提高肥料利用率等。最近有报道，在土壤中加入明矾、氯化铁、碳酸钙、水处理过程的残渣、糖用甜菜的灰渣等添加物均可降低经过废水浇灌的土壤磷素的淋溶损失，尤其是明矾可分别降低土壤淋溶液中总磷浓度27%和可溶性磷浓度 25%。

本课题分别选择赤泥和包括聚合铝在内的铝化合物作为材料,研究其对高营养化土壤磷素的固定,降低土壤磷对水体环境的污染风险。赤泥是制铝工业从铝土矿中提炼氧化铝后残留的一种红色泥状固体废物,又称红泥,一般生产 1t 氧化铝可产生 $1.0 \sim 1.4t$ 赤泥。随着科学技术的发展,原铝的需求量越来越大,这意味着产生的赤泥量将不断增加。目前,全世界每年产生约 5000 万 t 赤泥,我国的赤泥排放量每年大约也有 400 万 t 以上,而国内外对赤泥处置通用的方法是堆存,这将长期占有大量耕地,从而浪费土地资源。对赤泥的综合利用也有较多报道,赤泥一般可以作为水泥生产材料、塑料填料、其他充填料、硅肥等来应用,赤泥还可以对水体和土壤中重金属离子、有毒非金属离子、有机氯、染料颜料等污染进行修复。赤泥对磷具有吸附作用,因此它可以清除废水中的磷酸盐。聚合氯化铝(简称 PAC)是一种新型高效无机高分子絮凝剂,是铝盐水解羟基聚合反应过程动力学的中间产物。PAC 常常被用来去除废水中的磷,去除机理为:当 PAC 投到水中后,由于水解作用形成多核聚羟阳离子,它能与磷酸氢根、磷酸二氢根结合而发生配位反应,形成结构复杂的大分子配合物,并降低其水溶性,使其聚集程度加大而被混凝沉降下来。同时,混凝过程中形成的大量氢氧化物絮体沉淀有很强的吸附能力,它们可以吸附部分磷。PAC 去除废水中的磷主要是通过配位沉降和絮体吸附,同时通过网捕和机械卷扫相互凝聚,最终沉降下来,从而达到混凝除磷的目的。因此,近几十年来 PAC 在水处理混凝领域中得到较为广泛的应用,但是还未见到应用 PAC 来降低土壤磷流失的报道。

5.7.1 技术原理

土壤中磷的固定机理主要是磷化合物的沉淀作用和吸附作用。一般磷的浓度较高,土壤中有大量可溶态阳离子存在和土壤 pH 较高或较低时,沉淀作用是主要的。相反,在土壤磷浓度较低时,土壤溶液中阳离子浓度也较低的情况下,吸附作用是主要的。土壤中的磷和其他阳离子形成固体而沉淀,在不同的土壤中,由不同的体系所控制。

在石灰性土壤和中性土壤中,由钙镁体系控制,土壤溶液中磷酸离子以 HPO_4^{2-} 为主要形态,它与土壤胶体上交换性 Ca^{2+} 经化学作用产生 Ca-P 化合物。在酸性土壤中,磷的固定由铁铝体系控制。酸性土壤中的磷酸离子主要以 $H_2PO_4^-$ 形态与活性铁、铝或交换性铁、铝以及赤铁矿、针铁矿等化合物作用,形成一系列溶解度较低的 Fe(Al)-P 化合物,如磷酸铁铝、盐基性磷酸铁铝等。根据热力学的理论,磷和土壤反应的最终产物在碱性土壤和石灰性土壤中,是羟基和氟基磷灰石,而在中性和酸性土壤中是磷铝石和粉红磷铁矿。

由于土壤固相性质不同,吸附固定过程又可分为专性吸附和非专性吸附。在酸性条件下,土壤中的铁铝氧化物,能从介质中获得质子而使本身带正电荷,由于静电引力吸附阴离子,这是非专性吸附。除上述自由正电荷引起的吸附固定外,磷酸根离子置代土壤胶体(黏土矿物或铁铝氧化物)表面金属原子配位壳中的—OH 或—OH₂ 配位基,同时发生电子转移并共享电子对,而被吸附在胶体表面上即为专性吸附。专性吸附不管黏粒带正电荷还是带负电荷均能发生,其吸附过程较慢。随着时间的推移,由单键吸附逐渐过渡到双键吸附,从而出现磷的"老化",最后形成晶体状态,使磷的活性降低。

　　本技术主要利用赤泥和铝化合物对土壤磷的吸附性能对磷进行固定以及生态肥料的缓释作用，减少土壤磷向水体淋溶损失。赤泥中含有 Ca^{2+}、Al^{3+}、Fe^{3+} 等离子，它们对土壤有效磷有较好的吸附性，与土壤磷素发生化学沉淀反应，形成难溶性化合物，使土壤磷素固定并积累在土壤中。铝化合物含有的 Al^{3+} 离子对土壤有效磷有较好的吸附性，并与磷素发生化学沉淀反应形成难溶性化合物，从而固定土壤磷素。

5.7.2　技术框架、处理工艺和运行方式

　　（1）赤泥对高营养化土壤磷素的固定

　　赤泥对高营养化土壤磷素固定的处理过程及运行方式见文献。

　　（2）铝化合物对高营养化土壤磷素的固定

　　不同铝化合物：$Al_2(SO_4)_3$（SOAL）、纯聚合铝（PAL）、含 Ca 聚合铝（CAL）、含 SO_4^{2-} 聚合铝（SAL），对高营养化土壤磷素固定的处理过程及运行方式见文献。

5.7.3　设计参数

　　（1）赤泥对高营养化土壤磷素的固定

　　1）赤泥应用前需过 100 目筛，且分别经马弗炉 0～900℃焙烧 2h；

　　2）土壤磷素含量足够高，有效磷含量在 200mg/kg 左右；

　　3）土壤水分保持田间持水量 60%左右；

　　4）在 25(±2)℃温度条件下培养。

　　（2）铝化合物对高营养化土壤磷素的固定

　　1）土壤磷素含量足够高，有效磷含量在 200mg/kg 左右；

　　2）土壤水分保持田间持水量 60%左右；

　　3）在 25(±2)℃温度条件下培养。

5.7.4　控制效果

　　（1）赤泥

　　经过试验，我们发现赤泥对土壤有效磷的固定作用很明显。不同温度焙烧处理的赤泥对土壤有效磷含量的影响效果差异较大（$p<0.001$）。如图 5-10 和表 5-9 所示，培养一段时间后不同焙烧处理的赤泥均可固定土壤有效磷，且马弗炉焙烧 300℃、500℃、700℃三种处理的赤泥对土壤有效磷的固定效果大于马弗炉焙烧 0℃和 900℃处理的赤泥。赤泥培养时间不同可影响土壤有效磷含量，基本趋势是：随着培养时间的延长，有效磷含量逐渐减少。马弗炉焙烧 300℃时，土壤有效磷含量由培养 1 个月时的 182.82mg/kg 下降到培养 2 个月时的 178.03mg/kg，磷减少 2.6%；马弗炉焙烧 500℃时，土壤有效磷含量由 180.90mg/kg 下降到 175.80mg/kg，磷减少 2.8%；马弗炉焙烧 700℃时，土壤有效磷含量由 177.60mg/kg 下降到 174.28mg/kg，磷减少仅为 1.9%。但培养 3 个月后，300℃、500℃和 700℃处理的赤泥对土壤有效磷的固定作用明显增强，赤泥可分别固定 29.1%、42.7%和 30.7%土壤有效磷，尤其 500℃焙烧的赤泥培养 3 个月后土壤有效磷含量仅为 100.87mg/kg，仅相当于土壤培养前有效磷（236.12mg/kg）的一半左右。可能是因为经焙

烧处理的赤泥中含有的某些阳离子对土壤有效磷进行吸附作用，在土壤中发生化学沉淀反应，形成难溶性化合物并积累在土壤中。

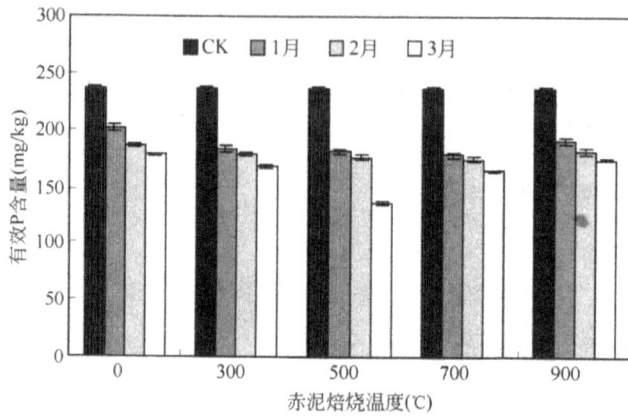

图 5-10 不同温度焙烧处理的赤泥对土壤有效磷含量的影响

不同温度焙烧处理的赤泥对土壤有效磷的固定效果（mg/kg） 表 5-9

焙烧温度（℃）	培养 1 月	培养 2 月	培养 3 月
0	35.04 (1.80)	50.46 (0.81)	58.58 (0.87)
300	53.30 (1.23)	58.09 (0.88)	68.96 (1.41)
500	55.22 (1.15)	60.32 (0.96)	100.87 (1.21)
700	58.52 (1.36)	61.84 (1.36)	72.38 (1.30)
900	45.58 (1.45)	55.06 (1.47)	61.77 (1.34)
	方 差 分 析		
显著水平	$p < 0.001$	$p < 0.001$	$p < 0.001$
$LSD_{0.05}$	4.28	3.40	3.74

注：括号内数字表示误差限。

不同施用量的赤泥对土壤有效磷的固定效果影响达到极显著水平（$p < 0.001$）（表 5-10）。无论是 0℃ 还是 500℃ 焙烧赤泥，土壤有效磷的固定量均随着赤泥用量的提高而增加。0℃ 焙烧赤泥加入量由 135mgAl/kg 土增加到 405mgAl/kg 土时，培养 1 个月后土壤磷的固定量由 20.56mg/kg 增加到 35.04mg/kg，固定率由 8.7% 增加到 14.8%；培养 3 个月后固定量由 42.15mg/kg 增加到 58.58mg/kg，固定率由 17.9% 增加到 24.8%。500℃ 焙烧赤泥加入量由 135mgAl/kg 土增加到 405mgAl/kg 土时，培养 1 个月后土壤磷的固定量由 23.03mg/kg 增加到 55.22mg/kg，固定率由 9.8% 增加到 23.4%；培养 3 个月后固定量由 46.99mg/kg 增加到 100.87mg/kg，固定率由 19.9% 增加到 42.7%。且随着培养时间的延长，赤泥对土壤有效磷的固定量不断增加，用量均为 135mgAl/kg 土的 0℃ 和 500℃ 焙烧赤泥，分别导致土壤有效磷的固定量由培养 1 个月时的 20.56mg/kg 和 23.03mg/kg 增加到培养 3 个月时的 42.15mg/kg 和 46.99mg/kg。

不同施用量的赤泥对土壤有效磷的固定效果（mg/kg）　　表 5-10

赤泥(mgAl/kg)	0℃焙烧赤泥培养			500℃焙烧赤泥培养		
	1月	2月	3月	1月	2月	3月
0	20.11 (1.41)	22.50 (0.43)	18.42 (1.23)	20.11 (1.41)	22.50 (0.43)	18.42 (1.23)
135	20.56 (1.27)	37.82 (0.46)	42.15 (1.21)	23.03 (1.28)	39.68 (0.86)	46.99 (0.89)
270	24.44 (1.15)	47.84 (0.77)	54.20 (0.74)	26.80 (1.71)	47.96 (1.11)	58.97 (0.98)
405	35.04 (1.80)	50.46 (0.81)	58.58 (0.87)	55.22 (1.15)	60.32 (0.96)	100.87 (1.21)
	方　差　分　析					
显著水平	$p<0.001$	$p<0.001$	$p<0.001$	$p<0.001$	$p<0.001$	$p<0.001$
$LSD_{0.05}$	4.40	1.97	3.19	4.32	2.70	3.35

注：括号内数字表示误差限。

从图 5-11 可以看出，施用赤泥可导致土壤 pH 值稍微提高，其中 300℃焙烧处理的赤泥培养一个月后，土壤 pH 值升高最多，从培养前的 5.80 升高到培养后的 6.38，这是因为附在赤泥中的液相主要成分为 0.6～0.8g/L 的苛性碱，从而使土壤 pH 值升高。900℃焙烧处理的赤泥导致土壤 pH 值升高相对缓慢，从培养前的 5.80 升高到 6.08。而未加赤泥的处理培养一个月后，土壤 pH 值由培养前的 5.80 下降到培养后的 5.59。培养时间的长短对土壤 pH 值变化影响较大。马弗炉焙烧 300℃时，土壤 pH 值由培养 1 个月时的 6.38 下降到培养三个月时的 6.09；马弗炉焙烧 900℃时，土壤 pH 值由 6.08 下降到 5.87，已接近培养前土壤的 pH 值水平。这可能是因为随着时间的延长，赤泥中的碱性物质逐渐被酸性土壤中和，使土壤 pH 值有所降低。总之，土壤施用赤泥后虽然有一段时间 pH 值稍微升高，但是随着时间的延长，土壤的 pH 值会逐渐降低至接近加入赤泥前土壤的 pH 值水平，不会导致土壤酸碱化。

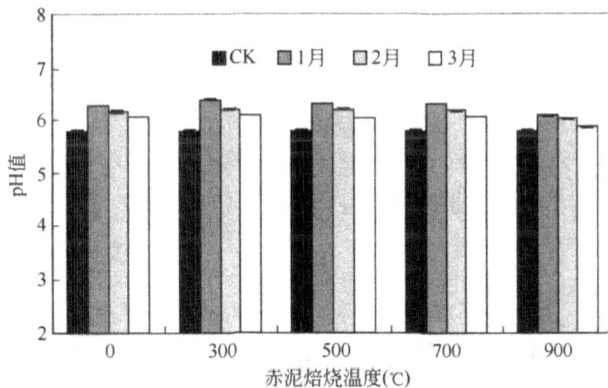

图 5-11　不同温度焙烧处理的赤泥对土壤 pH 值的影响

(2) 铝化合物

由表 5-11 可以看出，本试验采用的四种铝化合物对土壤有效磷均有一定的固定作用，它们的固定效果为：SOAL＞SAL＞CAL＞PAL。三种聚合铝对土壤有效磷的固定效果虽然比 SOAL 稍差，但是与未添加铝化合物的对照相比，培养 1～3 个月后对土壤有效磷的固定效果非常明显。不管是培养 1 个月还是培养两三个月，四种铝化合物抑制土壤有效磷的固定效果均在不同处理间差异极其显著($p<0.001$)。铝化合物添加量越多，固定效果越明显。

表 5-11

不同铝化合物对土壤有效磷的固定率(%)

处理 (mgAl/kg)	培养 1 个月				培养 2 个月				培养 3 个月			
	SAL	SOAL	CAL	PAL	SAL	SOAL	CAL	PAL	SAL	SOAL	CAL	PAL
0	0.2 (0.0)	0.2 (0.0)	0.2 (0.0)	0.2 (0.0)	2.3 (0.1)	2.3 (0.1)	2.3 (0.1)	2.3 (0.1)	4.6 (0.2)	4.6 (0.2)	4.6 (0.2)	4.6 (0.2)
135	8.9 (0.2)	11.5 (0.4)	3.4 (0.5)	2.5 (0.1)	14.7 (0.4)	20.6 (0.5)	11.8 (0.6)	9.1 (0.5)	21.4 (0.5)	24.3 (0.6)	14.7 (0.6)	13.4 (0.6)
270	15.1 (0.5)	16.6 (0.2)	8.4 (0.5)	6.2 (0.5)	25.6 (0.4)	26.3 (0.8)	17.5 (0.4)	12.5 (0.5)	26.3 (0.6)	30.8 (0.5)	23.9 (0.6)	16.4 (0.3)
405	19.8 (0.4)	23.3 (0.5)	16.2 (0.4)	12.8 (0.6)	28.5 (0.4)	32.2 (0.4)	21.9 (0.4)	18.3 (0.5)	32.7 (0.5)	35.0 (0.6)	31.5 (0.4)	22.6 (0.4)
	方 差 分 析											
显著水平	$p<$ 0.001	$p<$ 0.001	$p<$ 0.001	$p<$ 0.001	$p<$ 0.001	$p<$ 0.001	$p<$ 0.001	$p<$ 0.001	$p<$ 0.001	$p<$ 0.001	$p<$ 0.001	$p<$ 0.001
$LSD_{0.05}$	1.1	1.1	1.5	1.0	1.6	1.5	1.2	1.3	1.4	1.2	1.2	1.3

注：括号内数字表示标准误差。

培养时间对铝化合物的作用影响较大，基本趋势为：随着时间的延长，土壤有效磷的固定效果越明显。当铝化合物(SOAL、SAL、CAL 和 PAL)的用量均为 405mgAl/kg 土时，土壤有效磷的固定率在培养 1 个月时分别为 23.3%、19.8%、16.2% 和 12.8%；培养 2 个月时分别增加到 32.2%、28.5%、21.9% 和 18.3%；培养 3 个月时又分别增加到 35.0%、32.7%、31.5% 和 22.6%。

不同铝化合物培养后土壤 pH 值的变化见图 5-12。从图 5-12 中可以看出，土壤经 4 种不同铝化合物培养后 pH 值均略有下降，且随着铝化合物加入量的增加和培养时间的延长 pH 值降低越明显。SOAL 和 SAL 加入量为 135mgAl/kg 土时，培养 1 个月后土壤 pH 值由培养前的 5.80 分别降到 5.54 和 5.45，培养 3 个月后 pH 值均降低到 5.38；当加入量增加到 405mgAl/kg 土时，培养 3 个月后 pH 值由培养前的 5.80 分别下降到 5.29 和 5.02。CAL 和 PAL 的使用导致土壤 pH 值变化的趋势基本与 SOAL、SAL 一致，因此本试验不同铝化合物的用量对土壤 pH 值影响不大，不会对土壤性质产生太大影响。

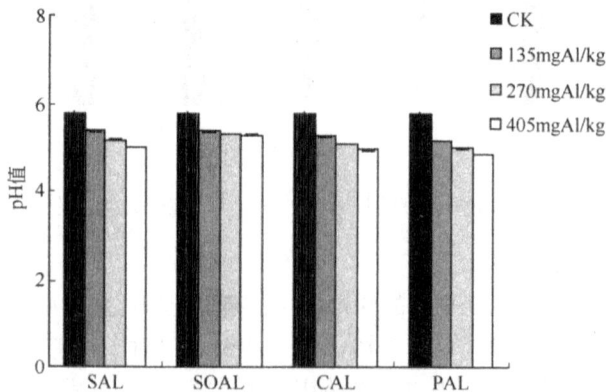

图 5-12　不同铝化合物对土壤 pH 值变化的影响(培养 3 个月)

5.7.5 应用条件和其他

在实验室培养基础上，研究赤泥和包括聚合铝在内的铝化合物对高营养化土壤磷素的固定，为农业面源污染治理提供科学依据及修复方法。当然，本技术结果还需要应用到大田条件下作进一步的实验验证。赤泥和铝化合物材料来源容易、价格较低，而且本技术简单易行，治理效率较高，可望成为治理农田面源磷污染的有效技术。凡是富含磷素的高营养化土壤，如长期、大量施用磷素的农田土壤，集约化经营的菜地土壤均可以应用本技术进行土壤磷素的固定，减少磷素对水体环境的污染危险。但是，使用赤泥和铝化合物也可能导致土壤中铝离子及其他重金属含量增加，以至于产生土壤铝毒或重金属污染等问题。因此，在考虑应用赤泥或铝化合物固定土壤有效磷的同时还要考虑其用量是否对土壤产生二次污染问题。

6 城市面源污染的迁移控制

6.1 亚表层渗滤技术

亚表层渗滤技术是一种新型的土地处理技术，适用于远离城市排水管网地区的面源污染治理。这种技术不仅可以强化土地处理的效果，克服传统土地处理设施的应用局限性，而且投资低、占地少、管理方便，并具有景观美化、与周围自然景观相协调的特点。近年来，随着水资源短缺形势的日益严峻和污水再生回用研究的广泛开展，该技术在国内外的研究和应用中日益受到重视，可用于处理城市停车场、广场、屋顶、居民小区等不透水性地表及其他土地利用类型的地表径流。这种土地处理技术具有很高的可靠性。

6.1.1 技术原理

亚表层渗滤技术主要是利用自然生态系统中土壤—基质—植物—微生物系统的自我调控机制和物质的生物地球化学循环原理，通过在土壤亚表层构建地下贮水层，并在亚表层构建基质材料过滤层（彩图 6-1）。污水和污染径流在地下贮水层中贮存后，在土壤毛管浸润和渗滤作用下向周围运动，基质材料过滤层的生物膜对污染径流进行净化，水质改善后可回用，亚表层渗滤技术具有景观美化功能。该技术对污染物的去除机理主要包括前处理措施对颗粒态污染物和油类物质的沉降、分离作用以及土壤、植物和亚表层介质对水中污染物的吸附、拦截和微生物降解等作用。

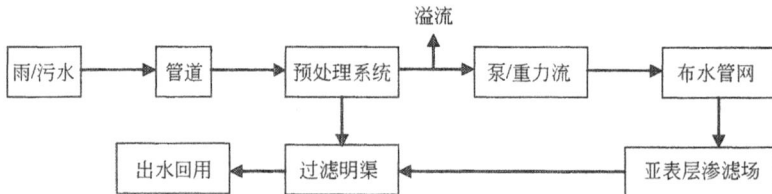

图 6-1 亚表层渗滤技术处理工艺流程示意图

6.1.2 技术概况

亚表层渗滤技术通过在系统的土壤亚表层构建新的过滤层（以卵石、钢渣、沙粒、碎石等为主）来代替原有土壤，以改进系统的渗滤性能和净化能力，处理效率高，成本高于地表漫流系统。该技术通常由预处理系统、导流管网、分流面、渗滤场、集水过滤明渠等部分组成。污水首先经过一个前处理系统（通常是化粪池、沉淀池或沉砂池、过滤池、蓄水池和油砂分离器等），然后由导流管网系统进入渗滤场，最后由集水过滤明渠排放。其中，导流管网一般由多孔的 PVC 管组成，通过动力泵或水的重力作用将经过前处理的水均匀布入到渗滤场。经过净化处理后，雨污水最后汇入到集水渠中，出水可回用。

6.1.3 设计参数

亚表层渗滤技术的预处理系统可以是沉砂池、蓄水池或油砂分离器中的其中一个或者两者的组合，然后流入地下贮水层，贮水池和地下贮水层容积以能存贮汇水区所有的水量为宜。导流管网主要是由干管和支管组成，干管和支管均是多孔的 PVC 管，可以将经过前处理的污水均匀布入到渗滤场。干管和支管呈现网络化分布，分流管数至少 2～4 个，分布长度取决于渗滤场的格局和面积。集水明渠一般设置一定的坡度，可使净化后的出水依重力自流，节省能源。为了防止堵塞，通常用土工布包裹 PVC 管，并在周围用碎石填充。另外，该技术在施工过程中需要开挖土方，并填充基质材料，成本较高，并会对原有土壤和植被有一定的破坏。为了减轻施工对环境的影响，在建设过程中应尽量保留原有表层土壤的性状，采用分层开挖，分层填埋的方式，并在回填完毕后选用去污能力强、景观效果好的本地植物进行绿化。

亚表层渗滤技术中的过滤层主要以一种或几种天然基质材料的组合为主，过滤层的厚度和材料种类由污染控制目标和污水的水质、水量决定。以武汉市动物园的亚表层渗滤场为例（图 6-2），渗滤场的设计坡度为2%，整个介质层从下至上共有五层，分别是：①粗碎石层：φ50mm，厚 100mm；②钢渣层：φ20mm，厚 100mm；③埋集水支管卵石层：φ20～40mm，厚 100mm；④土工布，⑤小碎石层：φ10～20mm，厚 100mm；⑥土壤层，厚 200mm。

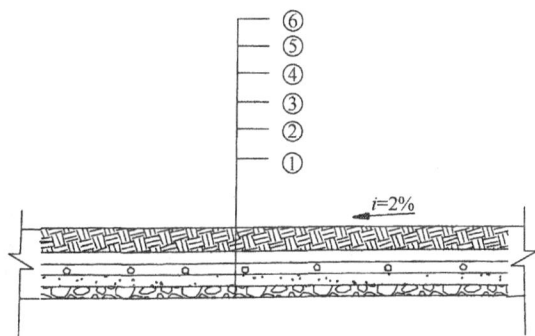

图 6-2 亚表层促渗场剖面示意图

设计标准：渗滤场是整个亚表层促渗处理系统的核心部件，地势应尽量平坦，坡度不超过 5°。渗滤层距离母质层或地下水不低于 1.2m。基质材料通常分层填充（通常不低于三层），每层为不同的基质材料，总厚度不低于 50cm。在满足良好渗透性的同时，选用的基质材料还应对污染物具有良好的过滤与净化性能，常见的介质材料主要包括砾石、卵石、钢渣、碎石和砂粒等。在表层土壤的下部还应铺设土工布，以防止土壤的流失。

操作与维护：定期检查系统装置的运行情况，确保前处理设施的稳定运行；每次布水前，污水应经过充分沉淀以除去大的颗粒物；每次运行时视水质设定水力负荷及污染物负荷；每年 4 次常规检查，检查线路安全性及管道是否畅通；对促渗场的常规检查非常重要，沉砂池每年至少应检查 4 次，每次暴雨后也应加以检查。当淤泥沉积严重时可用人工或真空泵对淤泥加以清理，同时对出入水管进行检查。

另外，根据降雨情况，应调整沉砂池的沉降时间和促渗区的日处理量，尽量增大系统滞留时间提高系统出水水质。亚表层促渗场的监测可有助于系统的良好运行。如果促渗区暴雨三日后还没有排空，说明系统已经堵塞。一旦系统的运行效率得到证实，监测可以每月或每季度进行一次。

6.1.4 控制效果

以亚表层渗滤技术控制武汉动物园的暴雨径流实践为例详细阐述该技术的控制效果。动物园是典型的城市旅游区，游人众多，人员流动性强，动物排泄物在地面积累，在暴雨时容易产生径流污染，初期径流污染严重。武汉动物园的亚表层渗滤技术主要是用于处理露天透水性地表动物场馆(驼羊馆)的暴雨径流及日常洗刷水(图 6-3)。每逢降雨时期，暴雨冲刷泥土地表产生大量的地表径流，径流中携带有大量的动物粪便及致病菌等污染物，这不仅严重影响动物园的视觉美观效果，而且也对游客的健康造成了潜在的威胁。亚表层渗滤系统作为新型的污水地下土地处理系统，不仅可以有效地净化污水，而且可以维护旅游景点的美观，防止污水臭味的散发，克服冬季气温对净化效率的影响。

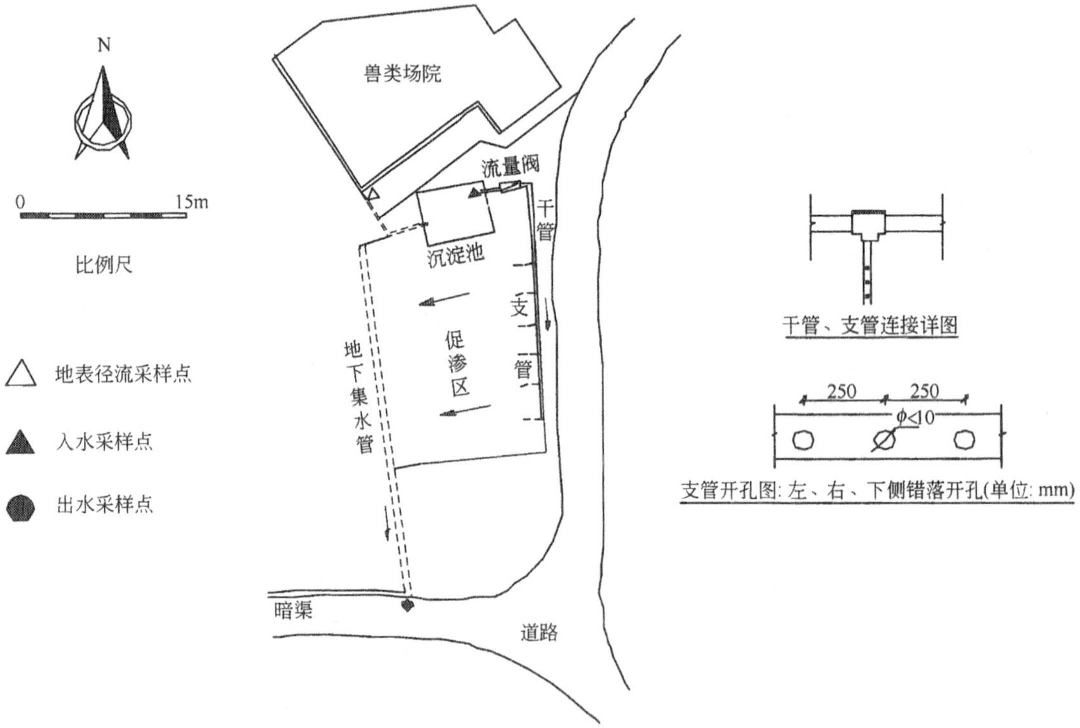

图 6-3 土地渗滤系统及采样点示意图

武汉动物园的亚表层渗滤系统主要由雨污水收集系统、沉淀池、导流管网、促渗场、植草滤渠等部分组成。促渗场面积为 $100m^2$，汇水面积为 $220m^2$，沉淀池最大水容量为 $60m^3$，日处理量与沉淀池的贮水量及暴雨的强度、频次有关。在保证沉淀池不溢流，并能及时处理沉淀池收集的污水的条件下，暴雨季节系统的日处理量相对较高。

（1）系统对暴雨径流中污染物的去除效率

通过对暴雨初期径流、后期径流、沉淀池（预处理设施）、系统出入口的连续监测，可以看出系统中对暴雨径流中的 TSS、COD、TN、TP、DTN、DTP 和 NH_3-N 均具有较好的去除效率，而对 NO_3-N 基本没有去除能力，有时出口处的浓度反而升高（表 6-1）。这可能是因为系统对暴雨径流中的硝态氮基本没有吸附能力，再加上径流中硝态氮的浓度含量较低，土壤中的硝态氮有部分释放到径流中，从而导致出口处硝态氮的浓度有时会出现升高的现象。

系统对暴雨径流中污染物的去除率　　　　　　表 6-1

	TSS	COD$_{Cr}$	TN	TP	DTN	DTP	PO$_4$-P	NH$_3$-N	NO$_3$-N
初期径流(mg/L)	1362.29	360.69	17.88	4.40	5.25	1.39	1.06	2.83	1.05
预处理后(mg/L)	274.00	59.92	2.29	0.31	0.99	0.09	0.10	0.26	0.63
去除率(%)	79.89%	83.39%	87.19%	93.04%	81.20%	93.82%	90.44%	90.83%	39.89%
后期径流(mg/L)	828.50	293.41	11.49	2.93	5.48	1.03	0.78	3.37	0.89
预处理后(mg/L)	140.15	96.75	4.24	0.64	1.88	0.13	0.07	0.73	1.04
去除率(%)	83.08%	67.02%	63.08%	78.23%	65.65%	87.85%	90.70%	78.22%	—
系统进水(mg/L)	104.18	31.65	3.04	0.32	1.92	0.18	0.15	0.55	1.10
系统出水(mg/L)	50.59	15.87	2.91	0.21	1.74	0.12	0.12	0.46	1.20
去除率(%)	51.44%	49.84%	4.43%	34.97%	9.13%	31.93%	20.66%	17.56%	—
总去除率(%)	93.89%	94.59%	74.70%	92.91%	68.24%	88.01%	85.28%	86.48%	—

（2）系统在不同的布水时间对污染物的去除效能

在一定的水力负荷下，设置不同的布水时间（8h、13h、22h、25h、28h、31h、34h、37h、46h、48h），间隔一定的时间进行采样，进出水可以间隔较短的时间采样。经过多次实验平均结果（图 6-4）可以看出，在不同的布水时间系统对污染物的去除受进水浓度影响，进出水污染物浓度具有很好的相关性。

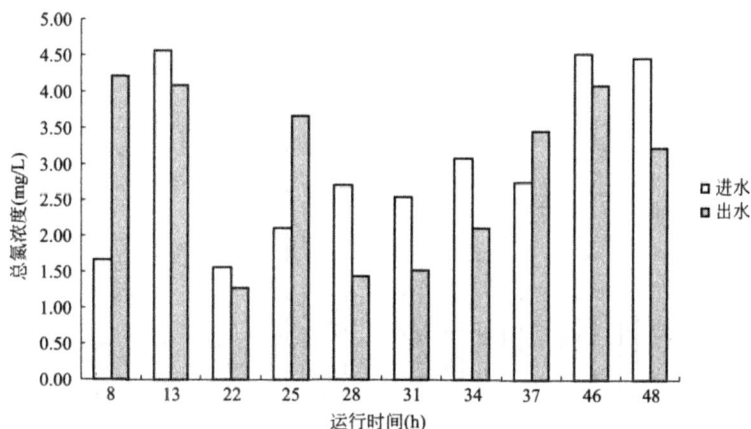

图 6-4　不同的布水时间系统进出口污染物浓度的变化（一）

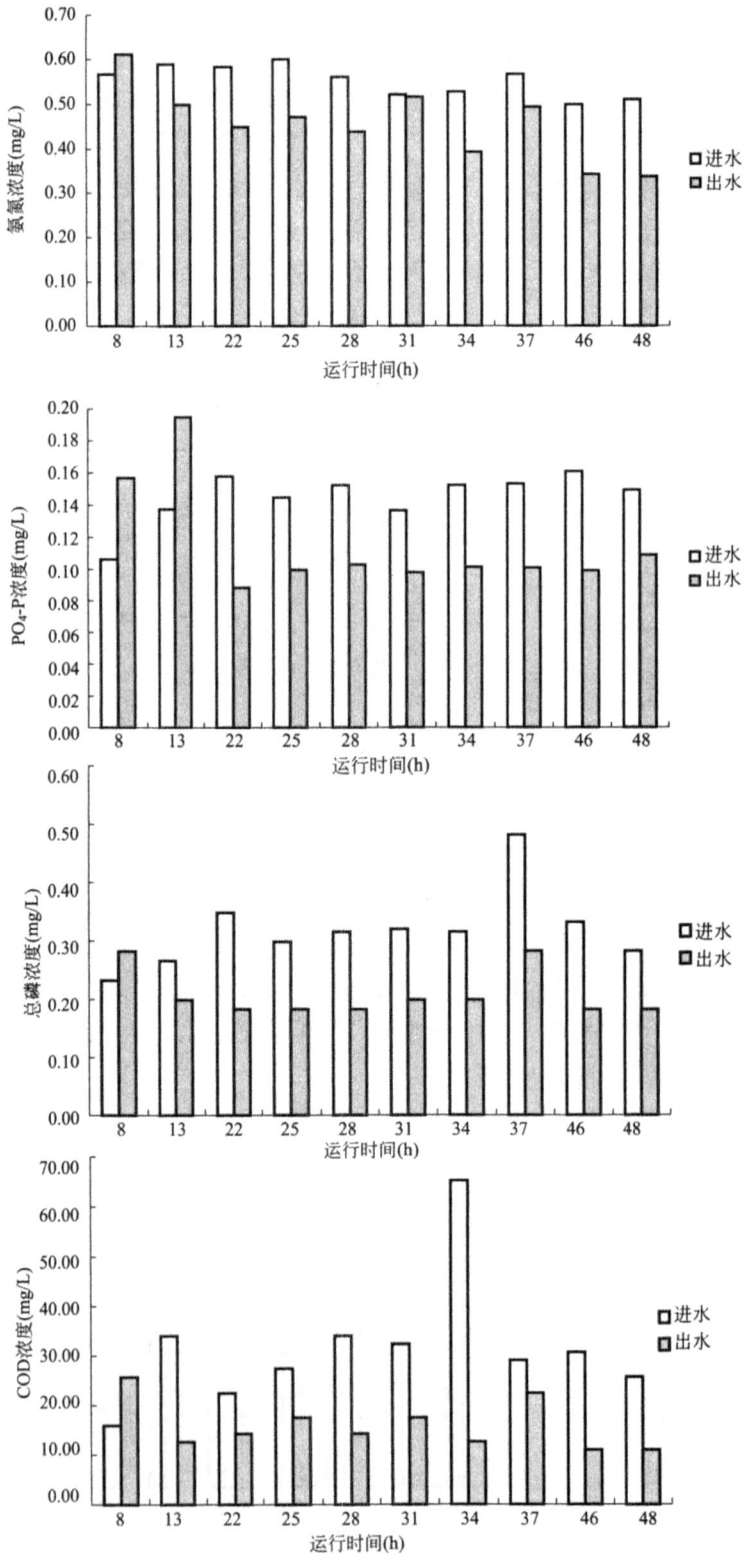

图 6-4　不同的布水时间系统进出口污染物浓度的变化(二)

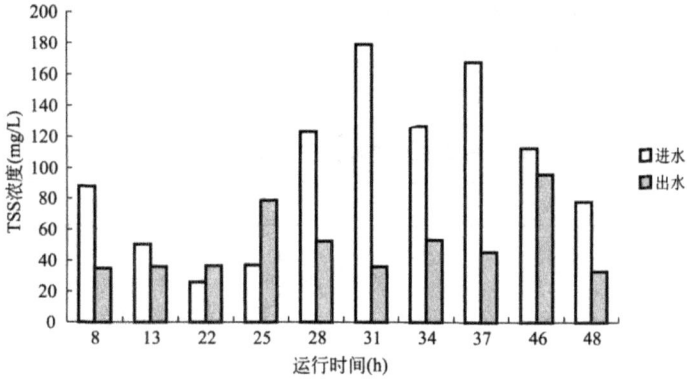

图 6-4 不同的布水时间系统进出口污染物浓度的变化(三)

从图 6-4 还可以看出，系统进水中的总氮在进出水中浓度变化均较大，变化范围在 1.50~4.50mg/L 之间；氨氮浓度比较稳定，在 0.05~0.06mg/L 之间变动，出水氨氮浓度呈现下降趋势；总磷进出水浓度比较稳定，进水浓度在 0.30±0.02mg/L 之间，出水浓度在 0.20mg/L 左右；PO_4-P 进出水浓度稳定，进水浓度基本上在 0.15mg/L 左右，出水浓度大多在 0.10mg/L 左右；COD_{Cr} 出水浓度较进水浓度稳定，进水在 18~65mg/L 之间变动，而出水则在 10~25mg/L 之间变动；进水 TSS 波动较大，20~180mg/L，而出水则较稳定，大多在 40mg/L 左右变动。

总之，雨污水在经过系统处理后，水质比较稳定。除出水中的硝态氮浓度有时有所升高外，出水中的污染物浓度较进水均有所降低。系统对氨氮、总磷、COD_{Cr}、TSS 都有较好的去除效果。

在一定的布水时间(48h)，系统在不同的布水日期对雨污水中污染物的去除效率如表 6-2 所示。从表 6-2 中可以看出，系统对氨氮、总氮、总磷、COD_{Cr} 都具有较高的去除效率。

一定布水时间下系统对污染物量的去除率   表 6-2

去除率 测量指标 \ 布水日期	16/03/05	24/03/05	03/04/05
NH_3-N	73.25%	99.85%	59.30%
NO_3-N	58.01%	80.43%	74.80%
PO_4-P	52.40%	80.76%	59.58%
DTN	59.92%	70.93%	86.00%
DTP	26.58%	82.87%	83.00%
TN	61.67%	78.78%	85.93%
TP	65.02%	74.38%	51.88%
COD_{Cr}	75.16%	84.84%	82.02%

（3）系统在不同的水力负荷条件下对污染物的去除效率

土地亚表层渗滤系统不同水力负荷条件下对污染物的总量去除率如表 6-3 所示，通过土壤、基质和植物的吸附以及入渗削减等途径可大大削减水中污染物的总量，这对于湖泊等水体污染物的总量控制具有重要的意义。从表 6-3 中可以看出，系统对总氮、总磷、

COD$_{Cr}$和 SS 都具有较高的去除效率。在低水力负荷条件下，系统出口没有出水，系统对污染物的去除率为 100%。随着水力负荷的增大，系统对污染物的去除率有所降低，对不同种类污染物的去除率均具有各自相对应的最佳水力负荷。

不同水力负荷条件下促渗区污染物总量去除率 　　　　　　　表 6-3

水力负荷(cm/d)	7.1*	10.2	14.7	22.1
入流量(m³)	14.1	20.3	29.4	44.2
出流量(m³)	0	16.6	22.7	26.3
COD 去除率(%)	100	84.8	82.0	68.7
SS 去除率(%)	100	59.1	54.6	55.8
TN 去除率(%)	100	78.8	85.9	61.7
TP 去除率(%)	100	74.4	51.9	65.0

* 无出流形成。

在低浓度的入水条件下，渗滤区的功能要求更侧重于入渗径流，以减少下游水体的压力。此时渗滤区的出水中污染物浓度并没有大幅度下降，有时反而会升高。这种现象的产生可能有以下两个原因：一是暴雨径流中的污染物主要以颗粒态存在。经过前处理设施的重力沉降等作用，径流中的颗粒物可以得到大幅削减，导致入水中的污染物浓度比较低。当低浓度的入水流经渗滤区时，土壤和基质中自身的污染物存在溶出现象；二是污水在渗滤区的停留时间比较短，反应时间短促，污染物的形态转化，尤其是反硝化反应时间不充足，降低了系统对污染物的去除效率。

在较大的水力负荷(62.04cm/d)下，系统在不同的布水日期对雨污水中污染物的去除效率如表 6-4 所示。从表 6-4 中可以看出，系统对 NH$_3$-N 和 PO$_4$-P 具有较高的去除效率，这与土壤和基质对污染物的吸附特性有关。

一定水力负荷下系统对污染物量的去除率 　　　　　　　表 6-4

测量指标 ＼ 布水日期 去除率	27/12/04	11/01/05	17/01/05
NH$_3$-N	71.16%	74.68%	71.83%
NO$_3$-N	63.22%	61.06%	54.57%
PO$_4$-P	50.72%	48.17%	72.92%
DTN	66.97%	57.73%	14.37%
DTP	50.25%	10.19%	53.13%

6.1.5 应用条件

亚表层渗滤系统并不是一个连续的工作系统。在雨季，系统主要收集和处理地表径流和日常污水，此时水量变大，系统需要及时将其进行处理，运行的频次就会增加，主要集中在春季和夏季，尤其是夏季的暴雨时节；在非雨季，系统主要收集和处理日常的污水，水量较小，此时系统运行频次逐渐减少，时间间隔逐渐延长，主要集中在冬季和秋季；总之，系统主要是在夏季运行，这也克服了土地处理系统的很多缺点，如季节的影响和微生物活性的影响等。

亚表层渗滤系统土壤含水量高，可为植物提供充足的水分，节省表层草皮用水量和维护费用，而且其对面源污染的控制作用可以减少城市污水的处理费用，处理效率高，在地表下处理，景观表现为草地。其不足之处在于：要求有人维护，消耗能源，容易堵塞；需要开挖土方和填充基质材料；需要建设与之相配套的预处理系统。

总之，亚表层渗滤技术作为一种新兴的污水土地处理技术，不仅可以强化土地处理的效果，克服传统土地处理设施的应用局限性，而且投资低、占地少、管理方便，并具有景观美化、与周围自然景观相协调的特点。本技术主要适用于较小的汇水区域，可用于处理城市停车场、广场、屋顶、居民小区等不透水性地表及其他土地利用类型的地表径流和日常污水。

6.2　地表径流排水的植草沟技术

6.2.1　植草沟技术概述

目前暴雨径流造成的城市面源污染已引起国际社会的高度重视。自 20 世纪 80 年代以来，美国、欧洲一些国家开展了较大规模的研究，发现城市面源污染的一些规律。在这些研究的基础上，美国对城市和农村的面源污染控制提出了"最佳管理措施(Best Management Practices，BMPs)"方案，英国完成了"可持续排水系统"(Sustainable Drainage systems，SUSDS)设计，两者都广泛应用于城市排水发展计划，其中多种技术措施根据现场条件分散和集中组合应用，控制和削减进入受纳水体的径流污染负荷。植草沟便是其中的一种技术措施，在许多发达国家，它被广泛地用于城市径流面源污染控制系统。

(1) 植草沟定义

植草沟是指种植植被的景观性地表沟渠排水系统。地表径流以较低流速经植草沟贮存、植物过滤和渗透。雨水径流中的多数悬浮颗粒污染物负荷有效去除。

(2) 植草沟类型

根据地表径流在植草地沟中的传输方式，植草沟分为三种类型：标准传输植草沟 (Standard conveyance swales)[图 6-5(a)]、干植草沟[图 6-5(b)]和湿植草沟[图 6-5(c)]。①标准传输植草沟是指开阔的浅植物型沟渠，它将集水区中的径流引导和传输到 BMP 的其他处理措施(彩图 6-2、彩图 6-3)。②干植草沟是指开阔的、覆盖着植被的水流输送渠道，它在设计中包括了由人工改造土壤所组成的过滤层，以及过滤层底部铺设的地下排水系统，设计强化了雨水的传输、过滤、渗透和持留能力，从而保证雨水在水力停留时间内从沟渠排干。③湿洼地与标准传输沟系统类似，但设计为沟渠型的湿地处理系统，该系统长期保持潮湿状态(彩图 6-4、彩图 6-5)。

三种类型植草沟都可应用于乡村和城市化地区，由于植草沟边坡较小，占用土地面积较大，因此一般不适用于高密度区域。标准传输型植草沟一般应用于高速公路的排水系统，在径流量小及人口密度较低的居住区、工业区或商业区，可以代替路边的排水沟或雨水管道系统。干植草沟最适用于居住区，通过定期割草，可有效保持植草沟干燥。湿植草沟一般用于高速公路的排水系统，也用于过滤来自小型停车场或屋顶的雨水径流，由于其土壤层在较长时间内保持潮湿状态，可能产生异味及蚊蝇等卫生问题，因此不适用于居住区。

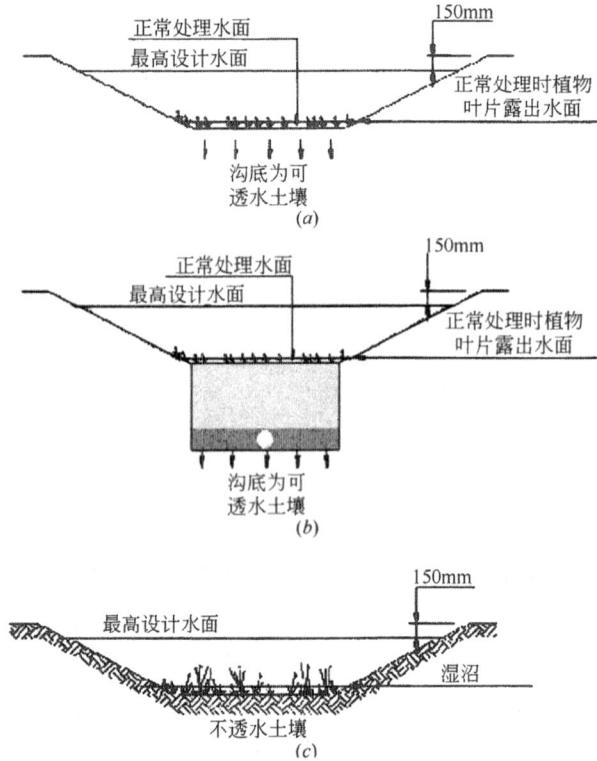

图 6-5　植草沟类型
(a)标准传输植草沟；(b)干植草沟；(c)湿植草沟

（3）植草沟应用优缺点

植草沟可应用在源头、污染物传输途径和就地处理系统，应用区域包括居民区、商业区和工业区。路旁的植草沟可以代替传统的雨水口和排水管网，由于植草沟中的污染物可见，因此植草沟代替传统地下排水系统，通过恰当的管理措施，更宜于控制及处理径流传输过程以及进入受纳水体前的污染物。植草沟和其他措施组合联合运行，在完成输送功能的同时还满足雨水的收集及净化处理的要求。

应用植草沟存在的主要问题是：植草沟收集输送雨水的流量较小，其设计比传统的雨水管道对地形和坡度的要求中，需要更多地与道路景观设计相协调，并且需要相应的维护和管理。如果设计或维护不当，会造成侵蚀，导致水土流失。

6.2.2　植草沟对典型面源污染物的去除

当降雨径流流经植草沟时，经沉淀、过滤、渗透、持留及生物降解等共同作用，径流中的污染物被去除。表 6-5 为不同类型的植草沟对污染物的去除效率，由表 6-5 可知，植草沟可以有效地减少悬浮固体颗粒和有机污染物及金属。Wigington 等人对高速公路植草沟研究表明，初期径流金属污染物浓度很高，经植草沟后，多数金属在植草沟表层 5cm 土壤中沉积。Reeves 等人在对华盛顿州长度为 30m 和 60m 的植草沟实验发现，植草沟对污染物的去除率与植草沟长度有关。30m 的植草沟对 SS 的去除率为 60%，碳氢化合物去除率为 50%，TP 的去除率为 45%，重金属的去除率为 2%～16%，当植草沟长度增加到 60m 时，SS 去除率增加 20%，碳氢化合物去除率增加 25%，TP 的去除率下降为 30%，重金属的去除率增加到 46%～67%。

此外，干植草沟的污染物去除率明显优于标准传输植草沟和湿植草沟(表 6-5)。标准传输植草沟较湿植草沟的重金属去除率高。湿植草沟有溶解性磷释放，但其原因尚未清楚。三种植草沟对细菌输出的原因也有待探索，目前对其解释一种可能是植草沟的环境有利于细菌繁殖；另一种可能是研究未考虑细菌的其他来源，如当地的饲养宠物在植草沟的活动。

在植草沟设计中，加设控制堰或拦截坝可改进污染物的去除效率。由于控制堰或拦截坝等改进措施会增加径流在特定区域的停留时间，因此在控制堰或拦截坝旁侧开设小口排水，从而增加了径流和植草沟的沉淀和渗透过程(彩图 11-12)。其他提高植草沟污染物去除率的改进措施包括恰当的长度、较浅的坡度或阶梯式边坡的设计，改良土壤的渗透性，延长径流与植物的接触时间等。

植草沟对径流污染物的去除效率(%)　　　　　表 6-5

污染物	标准传输植草沟	干植草沟	湿植草沟
TSS	68	93	74
TP	29	83	28
溶解性 P	40	70	−31*
TN	N/D	92	40
NO$_x$(硝酸氮、亚硝酸氮)	−25*	90	31
Cu	42	70	11
Zn	45	86	33
细菌	—	—	—

＊冒号表示此污染物没有去除，反而有所增加。

6.2.3　植草沟设计

在城市面源污染控制系统中，植草沟的设计应尽可能增加持留、渗透、传输、净化雨水能力，因此设计主要涉及水力计算和满足水质净化功能两部分，同时考虑水文、土壤及植物类型等因素。

(1) 植草沟设计步骤

1) 植草沟的布置

植草沟的布置遵循如下原则：①平面规划和高程设计与自然地形充分结合，保证雨水在植草沟中重力流排水通畅，并且避免对坡岸的冲蚀；②植草沟的平面布置和服务汇水面积划分时尽量使植草沟内的降雨径流量均匀分配；③植草沟的高程布置应考虑节省工程造价，并做相应的土方平衡计算；④植草沟的设置需考虑与其他 BMP 措施协同净化雨水及径流量调节，保证各措施的合理衔接；⑤植草沟的布置与周围环境相协调，充分发挥景观效应。

2) 植草沟设计流量确定

进入植草沟系统的降雨径流量：

$$Q_1 = \psi q F \times 10^{-3} \tag{6-1}$$

式中：Q_1——设计降雨径流量，m^3/s；

　　　ψ——综合径流系统，其数值小于 1；

　　　F——汇水面积，$10^4 m^2$；

　　　q——设计暴雨强度，$L/(s \cdot 10^4 m^2)$。

　　3）植草沟水力计算

　　根据工程实际情况和经验数据，选择植草沟形状、确定植草沟坡度、粗糙度及断面尺寸，通过曼宁等式计算植草沟水流深度、流量及植草沟长度，曼宁等式表示为：

$$Q_2 = V \times A = \frac{AR^{\frac{2}{3}} i^{\frac{1}{2}}}{n} \tag{6-2}$$

$$R = \frac{A}{P} \tag{6-3}$$

式中：Q_2——植草沟计算径流量，m^3/s；

　　　V——雨水在植草沟断面的平均流速，m/s；

　　　A——植草沟横断面面积，m^2；

　　　R——横断面的水力半径，m；

　　　i——植草沟纵向坡度，m/m；

　　　n——曼宁系数；

　　　P——湿周，m。

　　植草沟的长度为：

$$L = 60Q_2 t / A = 60Vt$$

式中：L——植草沟设计长度，m；

　　　t——水力停留时间，min。

　　4）植草沟设计要素校核

　　用公式（6-2）和公式（6-1）验算流量和流速，当以 1 年一遇的暴雨强度计算得出的 $Q_2 < Q_1$ 时，或以 30 年一遇的暴雨强度计算得出的 $Q_2 > Q_1$ 时，返回步骤 3），调整相关参数，直到满足条件为止。当以 1 年一遇的暴雨强度计算得出的 $Q_2 > Q_1$ 时，植草沟有足够处理暴雨的能力；且以 30 年一遇的暴雨强度计算得出的 $Q_2 < Q_1$ 时，植草沟中径流流速和深度不会引起侵蚀，此时计算完毕。在设计要素的基础上进一步对植草沟进行平面和高程布置，保证植草地沟的径流水力临界条件和污染物净化效果。

　　（2）植草沟设计参数确定

　　1）曼宁系数 n 值

　　曼宁系数 n 值在水流设计中是很重要的值，依赖于植草沟的许多物理特征，如沟底和沟边坡的粗糙度、植物种植（类型、高度、密度）及植物对雨水在植草沟中的水流方式的影响、植草沟曲折变化程度、植草沟纵向坡度，以及雨水在植草沟中的侵蚀和沉淀等因素，此变量直接影响植草沟中水流的排放、流速的估算。需要指出，决定曼宁系数 n 值的和参数相关性较强，需综合分析确定。根据经验，植草沟排水能力的计算应采用较大的阻力系数，而植草沟的稳定性计算应采用较小的阻力系数。Cowan 提出计算曼宁系数的方法［式（6-4）］，并应用于大量的工程实例。

$$n=(n_0+n_1+n_2+n_3+n_4)\times m_5 \qquad (6\text{-}4)$$

式中：n——植草沟的曼宁粗糙系数；

n_0——与植草沟渗透材料有关的系数；

n_1——反映植草沟不规则程度的系数；

n_2——反映植草沟断面变化的系数；

n_3——与植草沟控制堰或污染物拦截设置有关的系数；

n_4——与植草沟植物种植有关的系数；

m_5——反映植草沟曲折程度的系数。

式中计算植草沟曼宁系数的各系数取值如表 6-6 所示。

植草沟曼宁粗糙系数计算的各系数取值 表 6-6

系 数	设 计 条 件	曼宁系数取值
植草沟材质(n_0)	土 壤	0.020
	细 砂 砾	0.024
	粗 砂 砾	0.028
植草沟不规则程度(n_1)	规 则	0.000
	较 规 则	0.005
	中 等 规 则	0.010
	不 规 则	0.020
植草沟断面变化程度(n_2)	小	0.000
	中	0.005
	大	0.010~0.015
植草沟堰设置(n_3)	无	0.000
	少	0.010~0.015
	中	0.020~0.030
	多	0.040~0.060
植草沟植被(n_4)	低	0.005~0.010
	中	0.010~0.025
	高	0.025~0.050
	很 高	0.050~0.100
植草沟曲折程度(m_5)	直	1.000
	较 曲 折	1.150
	弯 曲	1.300

2）植草沟纵向坡度 i 和断面边坡坡度 i_0

雨水在植草沟中是靠重力流输送，所以其纵向坡度的确定也十分重要。如果 i 值偏小，径流流速慢，植草沟对径流污染物的处理效果就好，但流速慢，雨水在植草沟的输送过程中的渗透量变大；如果 i 值偏大，雨水的径流流速也随之变大，输送过程中雨水的损失量减少，对雨水的处理效果也相应下降，甚至会造成冲蚀，这两种情况都应当避免。标准传输植草沟 i 取值范围通常为 1‰～5‰，当 i 小于 1‰时存在洪涝风险，应设计为干植草沟，通过地下排水渠增加径流渗透和传输。干植草沟和湿植草沟没有最小纵向坡度限制，但干植草沟地下排水渠的最大纵向坡度为 2.5‰。在工程设计中，一般遇到的实际地

· 145 ·

形原始坡度不能和取值吻合，如果刻意追求某一取值，会增加土方工程量。简单易行的方法是，当实际地形原始坡度偏大时，可将植草沟做成阶梯状，使纵向坡度的平均值满足设计要求，也可在植草沟中间设置堰体，减小径流流速，提高对污染物的处理效果。

断面边坡坡度是控制断面尺寸的参数，通常 i_0 的取值范围是 $1/4 \sim 1/3$，这样径流能够以较浅的深度、较低的流速在植草沟流动，此时断面湿周也较大，防止边坡侵蚀并加强污染径流经过边坡时的过滤作用。

3）植草沟草的高度，最大有效水深 d 及断面高度 d'

由于这几个参数相关性较强，需综合分析，确定取值。当草过高时，在水流冲击下稳定性较差，所以草的高度可取 $50 \sim 150$mm，最大有效水深 d 为草高度的一半。

如果按照最大有效水深 d 设计断面高度，植草沟对径流雨水污染物有很好的去除效果，当汇水面较大和设计重现期较高时（可按照雨水管渠设计重现期取值），雨水径流量很大，植草沟的宽度也随之增大，不利于在城区寸土寸金的地方应用；为了同时兼顾植草沟的输水能力，保证暴雨时雨水能够顺利地通过植草沟排出，植草沟的高度应大于最大有效水深，但一般最大不宜大于 0.6m。一旦径流水深超过最大有效水深 d，减小曼宁系数 n，这样的设计参数取值既保证了对重现期较低的降雨径流污染的控制，又满足了重现期较高时，径流时水的顺利排出。

4）水力停留时间 t

水力停留时间又称名义停留时间，其取值范围为 $6 \sim 8$min。由于植被摩擦阻力等因素，实际水力停留时间可能大于理论计算值。t 值越大，植草沟对污染物的去除效果越好。在 Yu 等人的研究中，当 t 分别为 5.5min、7min、10min、18min 时，污染物的去除率分别为 48%、70%、67%、86%。根据项目具体条件，并结合植草沟长度，保证径流雨水在标准传输型植草沟的水力停留时间为 $6 \sim 8$min，干植草沟的水力停留时间为 24h。

5）最大径流流速 V

为了防止雨水径流对植草沟表层土壤以及覆盖植被的冲蚀，特大降雨事件的径流在植草沟中的流速应小于 1.0m/s。

6）植草沟底宽

植草沟底部应设计为水平，宽度为 $0.5 \sim 2$m。当设计底宽大于 2m 时，应在植草沟纵向增设水流分离装置，防止植草沟侵蚀和底部顺流沟渠化。

7）植草沟的长度 L

实际上，植草沟长度 L 应根据具体的平面布置情况取值，但从净化径流雨水的角度考虑宜大于 30m，当区域径流水质较好，也可视具体情况减小。据资料介绍，利用植草沟去除污染物，有 80% 的污染物是在 $60 \sim 75$m 内去除的，为了保证对污染物的去除率，最短长度不宜小于 30m。实际工程中，特别是对已有工程进行改造时，当植草沟长度达不到要求时，可采用增加植被的厚度、减小植草沟的纵向坡度和调整弯曲度等措施，增加径流在植草沟内的水力停留时间，也可与景观水体岸边的净化带结合使用，从而达到较好的污染物去除效果。

6.2.4 植草沟运行和维护

（1）植草沟入口和出口

为了保证植草沟对雨水的处理效果和防止冲蚀，水流能否均匀分散地进入和通过植草沟非常关键。通常道路旁按一定间隔放置路边石，可保证水流侧向分散汇入植草沟。当径流通过雨水口或管道集中汇入植草沟时，植草沟入口处侵蚀和淤塞风险增加，可用卵石等进行消能分流处理。

植草沟的出水侵蚀保护同样重要，应在出口处设置溢流结构或防侵蚀溢流沟渠，保证超出植草沟径流量的雨水安全流至下游排水系统。

（2）植被的养护

植被覆盖得好可以提高植草沟对雨水的处理能力并保证良好的景观效果，但若植被过量生长，会使过水断面减小，植被需定期收割，植被设计高度为 50～150mm，植被最大高度为 75～180mm，切割后的草高为 40～120mm。如植被切割过量，会加大雨水径流流速，降低污染物去除率。植被应施肥适量，维持草健康生长的同时避免引起污染。

（3）及时清除植草沟内的沉积物和杂物

堆积大量的沉积物和杂物，势必会影响植草沟的正常运行，清除后恢复原设计的坡度和高度，特别是沉积物清除后会打乱植物原有的生长状态，严重时需要修补或局部补种植被。

（4）设置滤网及清理

在植草沟的入口（或其他贮存设施入口），可以设置简易的滤网，拦截树叶、杂草等较大的垃圾，并及时清理滤网附近被拦截的杂物。

6.2.5 植草沟应用设计实例

以英国某工业区域雨水利用系统工程为例说明植草沟的设计（图 6-6）。该区域占地面积约 2hm²，不透水面积占 56%，区域内包括仓库（F1 和 F2），办公区域（F3）和停车场（F4）等用地类型。区域为高密度发展区，坡度为由西向东，雨水利用系统排水方式规划为地面排水，土壤渗透率很低，地下水位浅并且易受污染。

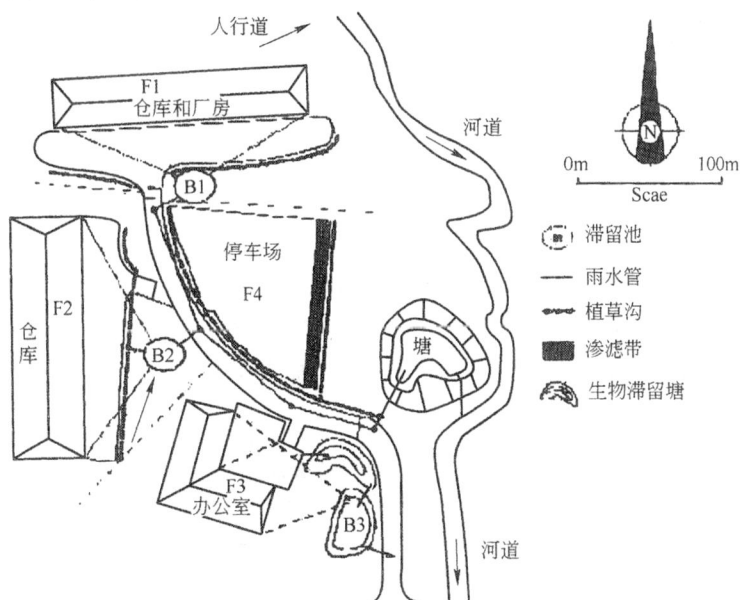

图 6-6 英国某典型工业区排水系统平面布置图

雨水污染控制及利用系统包括：植草沟（设控制堰）设计对仓库邻近道路和停车场的雨水传输和一级净化；滞留池设计缓解 10 年一遇的屋面和道路降雨径流，从而减少雨水就地贮存体积，同时对植草沟传输的雨水径流进行二级净化；过滤带与植草沟连接，净化停车场区域的雨水径流；生物贮水区与滞留池相连，利用种植植被的绿地处理并减少办公区和停车场的雨水径流，也提供了景观和生物多样性的生态效应；滞留塘提供雨水的三级处理，并且削减 100 年一遇的洪峰流量；传统的雨水管道将滞留池的雨水传输至滞留塘。

植草沟的设计必须满足水力条件：①对于 1 年一遇的暴雨事件，植草沟的有效水深小于 100mm，最大流速为 0.3m/s；②对于 30 年一遇的暴雨事件，植草沟应用足够的能力传输径流而不会发生冲蚀，最大流速应小于 1m/s。

植草沟服务区域的坡度变化较大，停车场旁的植草沟纵向坡度为 1：500，服务汇水面积为 0.3hm²；仓库道路旁的植草沟最大纵向坡度为 1：20，服务汇水面积为 0.25hm²。由于停车场旁植草沟纵向坡度较小，应设计足够的深度保证处理 30 年一遇的暴雨径流能力。由于仓库道路旁的植草沟纵向坡度较大，流速和断面深度设计既要考虑植草沟最小处理径流能力（按 1 年一遇的暴雨强度）又要防止边坡侵蚀。

雨水径流在植草沟的最大停留时间为 10min，那么 1 年一遇的暴雨强度为 29mm/h，30 年一遇的暴雨强度为 63mm/h。植草沟断面底宽 1.0m，边坡坡度为 1：4，深度为 0.4m。

（1）停车场旁的植草沟（纵向坡度 1：500）

$$Q_1 = \psi q F \times 10^{-3} = 0.8 \times 63/(1000 \times 60 \times 60) \times 0.3 \times 10^4 = 0.042 \text{m}^3/\text{s}$$

利用曼宁公式计算，其中植草沟断面的最大传输面积为 1.04m²，断面湿周为 4.3m，最大有效水深 0.4m 处的曼宁系数 n 为 0.1，纵向坡度 i 为 0.002，植草沟的传输能力为：

$$Q_2 = V \times A = \frac{AR^{\frac{2}{3}} i^{\frac{1}{2}}}{n} = \frac{1.04 \times (1.04/4.3)^{\frac{2}{3}} \times 0.002^{\frac{1}{2}}}{0.1} = 0.18 \text{m}^3/\text{s}$$

因此，植草沟设计能力大于 30 年一遇的暴雨径流流量。

（2）仓库道路旁的植草沟（纵向坡度 1：20）

对于 1 年一遇降雨事件流量：

$$Q_1 = \psi q F \times 10^{-3} = 0.8 \times 29/(1000 \times 60 \times 60) \times 0.25 \times 10^4 = 0.016 \text{m}^3/\text{s}$$

对于 30 年一遇降雨事件流量：

$$Q_1 = \psi q F \times 10^{-3} = 0.8 \times 63/(1000 \times 60 \times 60) \times 0.25 \times 10^4 = 0.035 \text{m}^3/\text{s}$$

利用曼宁公式计算，假设不同的有效径流深度 d（当 $d < 100$mm 时，$n = 0.25$；当 $d \geqslant 100$mm 时，$n = 0.1$），计算结果如表 6-7。结果表明，对于 1 年一遇的暴雨事件，80mm $< d <$ 90mm，此时径流流速 $V = 0.25$m/s，$V < 0.3$m/s，满足流量和流速临界条件；对于 30 年一遇的暴雨事件，100mm $< d <$ 150mm，此时径流流速 $V < 0.5$m/s，满足流量和流速临界条件，计算完毕。

植草沟曼宁公式计算结果   表 6-7

d(mm)	10	20	30	40	50	60	70	80	90	100	150
Q(m³/s)	0.000	0.001	0.003	0.004	0.007	0.009	0.012	0.015	0.019	0.023	0.051
V(m/s)	0.040	0.063	0.080	0.096	0.109	0.121	0.132	0.143	0.152	0.162	0.510

6.2.6 结语

随着城市径流污染控制和雨水资源的重视，各种相应的技术和配套工程措施也得到发展，植草沟技术便是其中之一。通过合理设计、合格施工，良好的运行维护，植草沟可以高效地收集并处理径流雨水，在条件合适时可代替传统的雨水管道，并具有显著的景观效应，与其他径流污染控制和雨水利用措施组合应用，具有良好的推广应用前景。

6.3 突发性大水量暴雨污染径流贮存净化

传统的暴雨排水系统设计是为了尽快地将暴雨径流排到下游。但是，这种类型的设计可能给下游带来洪水和面源污染问题。为解决城市暴雨径流洪峰消减、延时和径流污染问题，对暴雨径流，尤其是初期污染径流进行贮存、净化是一个城市和农村进行面源污染治理的好方法。本节主要是谈怎样用工程实现。

6.3.1 暴雨径流贮存设施的类型

对暴雨径流临时性的贮存设施大小不一，类型多样，应根据因地制宜的原则进行设计。城市的暴雨贮存设施分滞留池、地下存贮池、雨水花园、透水小石坝、干塘、水塘、地下水回灌区等多种设施。暴雨贮存设施能减缓流速，暂时或长期贮存径流，使雨水在当地利用，或补充地下水(Debo 等，2003)。暴雨贮存设施一般都设立在水流附近，用在线或离线的方法收集和处理径流。洪峰水流通过后，水流流速逐渐下降，调蓄池中贮存的水逐渐流出。这样水流中的洪峰水量达到了消减的目的。表 6-8 分列了这些设施的优缺点、适用情况和建议的维护者。

城市暴雨贮存设施的若干方法及其优缺点　　　　表 6-8

方　法	优　点	缺　点
地下存水池	小区用，可存水再利用，占地血枳小，上层可作他用	建设费用高，容量小，维护严格
滞留塘	小区和大区都可用，存水容量大	建设费用较高，需要较大面积，安全存隐患，有堆积垃圾可能，政府维护
雨水花园	小区用，占地面积小，景观价值高	建设费用一般，容量小，要业主自己维护
透水小石坝	郊区上游用，能控制较大区域，建设费用小，维护简单	景观价值低，社区维护
调蓄干塘	区域控制用，多用途性能，可补充地下水	占地面积大，出口易堵塞，湿沉积物累积后较难去除
水　塘	控制较大区域的能力，美学满足，多用途性能，提供水生生境，提高土地价值	需要较大面积土地，可能富营养化，安全隐患，可能会孳生蚊蝇，需政府维护
地下水回灌区	区域控制用，多用途性能，可补充地下水	需要较大面积土地，容量小，维护简单

使用贮存设施进行水量调控可以产生下列生态效益：阻止或减缓洪峰流速上升，减轻下游排水容量，防止有害洪水；使河流水量平稳；补充区域的地下水资源。使用贮存设施

对暴雨径流水质和区域生态将有下列收益：通过流速控制减少降低下游河道的侵蚀；通过沉淀、化学反应和生物吸收作用减少污染物负荷；改善基流条件；利用雨水资源；显现区域的景观美学价值；改善多种生物的栖息地环境(彩图 6-6、彩图 6-7)。

暴雨贮存设施分为源头控制和下游控制。源头控制由很多较小的设施组成，位于排水系统上游。一般包括局部过滤、渗滤池和在线调蓄。下游控制可以在线，也可离线，面积较大，贮水量高。源头控制的优点是建筑费用低，设计类型多样，可针对具体的区域或具体的污染源建立相应的装置。但是，源头控制分散，如政府出资，其建设、维护和调控较困难，费用较高，控制不太有效。一般应鼓励业主、社区和单位出资建设和维护，政府给以适当补贴。下游控制可用于大尺度多目标应用，但需要和投资及发展规划相协调。因此，欲达到控制效果，需平衡源头控制和下游控制，二者综合使用才是最有效的。

6.3.2 暴雨贮存设施的设计标准

贮存设施应位于大的区域或分布于城市排水系统之中，可以在住宅、小区、停车场、路间空地、高速路交叉口、公园及其他娱乐区，因地制宜的用湖泊、池塘和城市发展产生的塌陷地都可发展分散或在线的贮存设施。设计时要考虑储量、系统选位、运行特征、贮存设施的功效。特大暴雨通过设施时的预案也要考虑到。设计标准应包括排放速率、贮存容量、深度要求、安全考虑、景观美化、环境影响和多目标使用等内容，还须考虑土地适用性、土地价值、现在和未来的土地用途、土壤特征和维护要求。

设计暴雨贮存设施需下列数值：几年一遇的最大洪水量，下游的安全排放容量，暴雨贮存设施上游流域的土地利用类型和可能的污染源。一般来说，设计的排放速率控制在大约为开发前的 2 年到 10 年一遇暴雨的洪峰径流流速，溢流流速能控制 100 年一遇的暴雨。对于其他一些指标，如水质、渠道牢固度、渗透等，需要控制不同的径流流量。目前，大多数设计公司使用 25 年一遇暴雨来设计出口流量控制。建设过程中的建筑垃圾可能会导致调蓄容量的减少，工程完工前需加以清除。滞留池的存水应该在 72h 内排出。

贮存设施的建造一般需要进行挖掘或者建造土制堤岸，以获得足够的储存容量。堤岸要植草，堤岸高度一般应低于 6m，侧面坡度不陡于 3∶1，石制堤岸的坡度不陡于 2∶1。高于贮存设施最高水平面的区域，坡度至少应为 5%，其他地方坡度至少为 2%，以便于排水，防止产生死水。通常情况下，还需要设立沉积物收集前池。对于要收集初期污染雨水的贮存池，如果其上游是雨污合流制系统，其贮存容量应该大于 10mm 径流深，并且后面要跟着净化设置；如果其上游是雨污分流制系统，其贮存容量应该大于 5mm 径流深。贮存设施的最大深度取决于位置条件、设计限制、气候条件和环境需要。保持通风，防止产生厌氧。要求保护水生环境时，须联系野生生物专家，设立该地的具体标准。

贮存设施的出口装置选择一般包括一个基本的泄洪道和一个应急溢流装置，要求必须能够完成设施的设计功能。泄洪道用于传输设计暴雨，防止水流进入应急出口。对于大型贮存设施，选择一个等级的洪水作为确定应急出口的标准，应考虑设施堤岸的溃堤对下游生命和财产的潜在影响。一般用于确定应急出口的最小洪水等级为 100 年一遇洪水。对于较小的池塘，应急出口的设计洪水也较小。

除了要控制出口装置的洪峰排放量，贮存装置还会改变整个流域的水文。如果一个排水区内有多个贮存装置，应了解每个装置对下游的综合影响。通过渠道改造，增大调蓄池容量来合并调蓄池，根据不同地区和流域的需要选择不同的标准，将大大减少投资费用。位于平原的调蓄装置通过调蓄，将上游洪峰与下游洪峰时间错开也能有效控制洪水。

6.3.3 暴雨贮存设施的生态工程设计指导

（1）调蓄干塘

可扩展的调蓄干塘作为一种区域性的大容量突发性径流调蓄池，其径流停留时间比较长，足以将其中污染物去除到一个可以接受的程度。扩展性调蓄塘有两种基本类型：第一种平常是无水的，下雨时存水，雨后会在一定时期内把水排放完全；第二种内含一个永久性水池，其上是扩展性调蓄空间，是一个湿塘和扩展性调蓄的结合体。

相比于湿塘，扩展性干塘的洪水控制设施更经济，因为它不需要在永久池外设置额外的贮存空间。除去污染控制的水量外，还需另外设定洪水贮存容量。水位降低时间通常要求40h，出水口呈阶梯式上升，以控制水流。可扩展的调蓄干塘容易建造。因为其主要作用过程不需渗透，所以对于渗透性很差的土壤也可适用。扩展性塘通常位于处理链的下游，接在其他水质控制措施之后。

扩展性干塘的缺点则包括很难保证出口不堵塞，湿的沉积物快速累积很难去除，如果维护不善的话可能形成松软的沼泽地。每年的维护费估计为建造费的3%~5%。按单位面积的费用来算，扩展性调蓄干塘是较便宜的暴雨雨水处理方法。

图6-7显示了一个典型调蓄干塘的设计示意图。彩图6-8显示了扩展性干塘的实际画面。

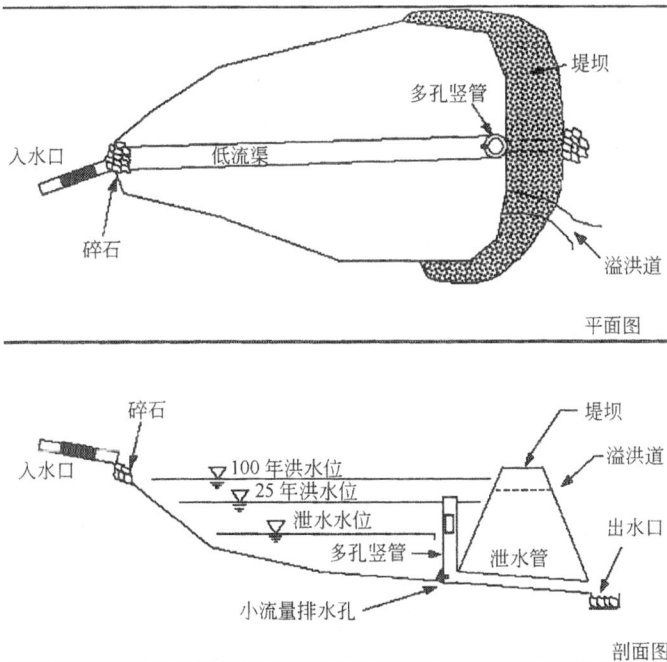

图6-7 典型调蓄干塘的设计示意图

（引自：Debo and Reese，Municipal Stormwater Management，Lewis Publisher，2003）

很多研究显示，大多数暴雨雨水的停留时间达到 24h 后，其中悬浮固体去除率可达80％。然而，如果池塘只针对大型暴雨设置一个出水孔，小型暴雨的雨水停留时间将达不到 24h，富含污染物的小颗粒将无法絮凝沉积，可对不同程度的暴雨设立相应不同的出水孔来解决这个问题。初期冲刷径流的设计标准应停留 24h 以上。

调蓄干塘在半干旱地区可有多种用途，其在无水时可用作娱乐场、非正规足球场、网球场、停车场、露天市场和天然区域等。虽然称之为干塘，但也可种植湿地植物，存在部分小水洼和泥泞地。通常会在底部设置一个低流渠，将底部水及渠道的流水排出（彩图 6-9）。有坡度的地区要预防堤岸和池底的侵蚀，可通过种植植被使水流低速，防止侵蚀发生。城市景观水体要考虑审美要求，这会适当增加费用。在干旱和半干旱地区，需要考虑稀缺水资源的保护和利用，景观美化计划应首先考虑耐旱植物。在寒冷的地区如果用于处理道路径流或贮存冰雪，景观美化时应考虑耐盐species。

扩展性调蓄干塘出口处的控制有很多种，一般是用多孔竖管引向出口。多孔竖管的底部有一个小流量排水孔，用来排出低流渠中的水；降雨产流后，调蓄干塘的水位迅速提高，水位越高，能泄水的孔越多越大，从竖管经泄水管排出的水量越大；多孔竖管的顶部是开放的，当调蓄干塘达到 25 年一遇的洪水时，水从多孔竖管的顶部迅速流出。出水口设立一个小水池，并带有向上的水管，它的设立使水以上流的形式排出，可避免堵塞。

因为整个扩展性调蓄干塘清除沉积物的费用较高，所以一般在扩展性调节塘的入口处设立一个沉淀前池。前池的大小一般为水质控制容量的 5％～10％。一般沉淀前池 2～3 年疏挖一次，沉淀前池的设立可使大塘的疏挖间隔时间延长 2 倍。

调蓄池中的沉积物一般不是危险废弃物。如果是危险废弃物的话，环保部门会要求根据相关程序进行监测和管理。所有沉积物必须依法进行处理和贮存，以免影响地表水和地下水。沉积物中的重金属含量应进行监测，不能超过一定浓度。

要求的规范如下：

1）采用铺设的或混凝土制的引水渠以控制侵蚀，必须保证任何类型的降雨径流都可通过漫流进入水塘；

2）侧面坡度不应大于 3∶1；

3）入口和出口应设在最长水流线上；

4）针对上游完全开发后的控制进行设计；

5）水塘的入口和出口结构设计堆积石块加以保护；

6）应设立应急溢留道应对 50 年一遇的暴雨；

7）维护入口坡度应小于 15％，3m 宽；

8）必须设立垃圾截流装置或过滤带；

9）最大深度不超过 3m；

10）出口处的梯度应仔细设置，以保证坡度，防止积水。

（2）滞留水塘

滞留水塘是永久性水塘。滞留湿塘中水的去向是蒸发、入渗和人类利用，除溢流外，没有向下游排水的专门设置。它在景观、费用和维护费等方面很有优势，在美国东部地区，滞留塘是最有效和普遍的工程性面源污染控制设置。水塘通过颗粒物沉降、入渗、过滤和可溶性污染物的生物吸收等过程，去除雨水中的污染物。

　　在流域中设计水塘要考虑以下五个特性：流域面积，流域和水塘的植被覆盖度，季节效应和变化，土壤侵蚀度和入渗率，暴雨特性。为克服位置限制或提高效果，可设计使用多个水塘的组合。暴雨水塘有多种类型：

　　1）普通湿塘——普通容纳水的塘。

　　2）扩展性调蓄湿塘——扩展性调蓄湿塘将接纳的径流分为两部分，径流首先填满永久性塘，剩余的径流部分贮存在永久性水塘上方的扩展性调蓄空间内。在暴雨事件中，径流在永久性塘上方停留，延迟一段时间后排出。该设计和普通的湿塘对污染物的去除效果相似，但占的空间更小。

　　3）多水塘系统——多水塘系统由多个水塘单元组成，分布在流域的较广地区。增加的水塘能够更有效收集径流，进一步去除污染物，加强水资源的有效利用。

　　湿塘提供了多目标应用的机会，如作为区域的养鱼、娱乐和景观需求。当前，水塘在一些社区已成为一门艺术，合理地安排产生了人与自然相互和谐相处的象征（彩图 6-10）。水塘中水生植物的选择和搭配很重要，要尽可能选择能适应干旱和洪水交替环境的植物。为增加对污染物的去除效果，可以在水中放置约 3m 见方，0.3～0.5m 深的植物浮床。但如果当地蚊虫是一个大问题的话，可采取将植物架缩小、增加陡坡或在水塘中投加小型食蚊鱼等措施。食蚊鱼的投放量一般为每公顷池面 2000 条。出口处设置岩石过滤带可促进污染物的去除。

　　湿塘可能存在的不足包括：水塘的安全性问题，要设置警告栏和围栏避免儿童进入；水面漂浮的垃圾和残渣要定期清除；营养盐负荷增加导致的藻类水华要控制，污染源要治理，否则水要定期更换以防止臭味问题。建设在河道中的水塘会阻挡鱼类通道，改变水流流淌路线，进而破坏水系附近的湿地。为削弱水塘对环境的影响，可采取水流转移、池塘改造、池塘组合利用及其他相关技术措施。

　　每年的维护费用大约为初期投入的 3%～5%。湿塘累积的沉积物位于水下，不需要像干塘那样为了美观而定期清理。水塘的沉积物也有污染物去除能力。

　　湿塘能够有效地去除颗粒态和溶解态的污染物。因为水塘的结构不同，在流域中的位置和水文路线不同，文献中对水塘去除效率的评估差异很大。因为同一个水塘在不同的暴雨事件中工作效率也会不同，所以考查长期的去除效率比关注单次暴雨的去除效率更可行。如水塘平均水深为 1m，上游平均不透水面积为 20%，水塘面积占流域面积 2%，TSS 的去除率可达 80%。

　　对于以沉降为主要去除机制，或者进一步以生物吸收为额外去除机制的滞留塘，已有若干种设计方法。鉴于大多数污染物都对悬浮固体有一定的亲和力，以颗粒物沉降作为去除机制是一个可行的方案。在生物快速生长的季节，2 周的滞留时间能够极大促进污染物的去除效率，因为这段时间足以将溶解态的污染物转化为可生物吸收的状态。在营养盐循环中，磷的吸附和降解速率、水力停留时间及平均水深是重要的影响因子。

　　由于位置、设施、滞留时间的不同，以及降雨的差异，不同水塘的容量要求是不一样的。在干旱和半干旱地区，考虑蒸发和地下水丧失，估计容量应有一定的削减。如果水塘的持水能力存在问题，应执行水量平衡分析，考虑水量的流失。对于入渗可在池底铺设土质防渗层。曾经有人建议增加容量以应对沉积物问题，最多增加 25% 的容量。如果建在流域的上游，该措施会显得非常重要。

湿塘大约占流域面积的 0.5%～2%。池塘容量的计算方法类似于扩展性滞留池。

如果永久性塘上方设置了扩展性调蓄空间，则出口处的计算类似于扩展性调蓄干塘。永久性水塘的好处是因为其特殊结构能够使出口免于堵塞。

常见的要求规范(Typical Required Specifications)如下：

1) 所占空间约为服务区域面积的 2%～3%；

2) 设立垃圾截流装置设施；

3) 多种用途如娱乐和洪水控制；

4) 大型池塘设置沉淀前池；

5) 水池周围最小 8m 的缓冲带；

6) 离私人水井至少 30m；

7) 所有较深的水池的周围应围有护栏：保证安全，保护水生环境；

8) 池内及斜坡上的杂草的割伐至少一年两次；

9) 当沉积物占贮存容量的 20%时需进行清理；

10) 沉积物过滤装置堵塞时需及时清理；

11) 一般水塘中不能有高秆或木本植物；

12) 每次大暴雨后都需进行检查，每年一次的检查需清理垃圾。

表 6-9 总结了湿塘的相关维护要求(ARC，2002)。

湿塘的常见维护工作　　　　　　　　　　　表 6-9

工 作 类 型	时 间 表
清理入口和出口的垃圾；修剪侧面斜坡的杂草	每月一次
检查湿地是否有有害物种入侵	半年一次检查
检查是否有损坏，特别是控制设施	每年一次
检查是否出现富营养化条件	抽查
检查所有控制门、阀，检查有无垃圾堵塞	确保正常运行
修复岸边侵蚀	按需要进行
水生植物收割	每年一次
监测前池的沉积物累积，清理前池中的沉积物	5～7 年一次或水池容量减少了 25%时
监测水池沉积物的累积情况，进行沉积物清理	10～20 年一次或水池容量减少了 25%时

具有较大持水容量的控制面源污染设置还有其他的形式，如流域中大型雨水花园(彩图 6-11)，或设计在河流中的滞洪湿地(彩图 6-12)。

6.4　人工湿地净化技术

6.4.1　湿地的概念

湿地是一个生态术语，一般认为，湿地经常位于深水系统和高地系统之间的边缘，受深水系统和陆地系统的共同影响，是地表长期或季节性积水的景观类型。湿地的基本特性为具有长期、季节性浅层积水或者土壤饱和；常常具有独特的土壤条件，长期处于厌氧环境或厌氧环境和好氧环境交替，积累有机物并且缓慢分解；具有多种多样的适应淹水或土壤饱和条件的动物和植物，缺乏不耐水淹的植物。所以大部分时间处于水饱和状态的基质、适应此环境的生物区系和促使湿地形成的水力学条件是不可少的。

W. J. Mitsch 等人在《湿地》（Wetlands）一书中对湿地概念进行了评述：由于认识上的差异和目的的不同，使得不同的人对湿地定义强调不同的内容，如湿地科学家考虑的是伸缩性大、全面而严密的定义，以便于进行湿地分类、野外调查和研究；湿地经营者则关心管理条例的制定，以阻止或控制湿地的人为改变，因此需要准确而有法律效力的定义。由于人们的各种需要不同，便产生了各种不同的湿地定义。

1971 年 2 月 2 日在伊朗的拉姆萨尔签订并于 1982 年 3 月 12 日修正的《湿地公约》（全称为《关于特别是作为水禽栖息地的国际重要湿地公约》）中湿地的含义为："湿地指不论为天然或人工、长久或暂时的沼泽地、泥炭地或水域地带，带有或静止或流动、或淡水、半咸水或咸水水体者，包括低潮时水深不超过 6m 的水域，同时，还包括邻接湿地的河湖沿岸、沿海区域以及位于湿地范围内的岛屿或低潮时水深不超过 6m 的海水水体"。国内外对湿地的定义有多种，各有侧重，但基本都从水、土、植物 3 个要素出发，湿地具有的特殊性质—积水或淹水土壤、厌氧条件和相应的动植物，在本质特征上是介于陆地系统和水体系统的生态系统。

6.4.2 人工湿地的发展与特点

人工湿地是作为一种污水处理技术在 20 世纪 70 年代被提出并得到发展的，人工湿地是一种人为设计能够实现自然湿地生态过程的污水处理系统，它充分利用湿地植物、土壤及其微生物来去除污水中的污染物，同其他自然处理系统一样，湿地处理系统能够带来额外的效益，是一个投资运行费用低、维护管理方便但占地面积较大的系统。采用人工湿地处理污水可以为人类保存和建设具有很高环境效益的湿地资源，另外由于其特色和优势鲜明，很快被世界各地所接受，正在得到越来越广泛的应用。

应该注意：人工湿地既可建立野生动物的栖息地和良好生境，又可以净化废水；使用湿地要控制系统的渗漏；天然湿地系统以生态系统保护为主，以维护生物多样性和野生动物良好生境为主，净化废水是辅助性的；人工湿地系统是通过人为控制条件，利用湿地的物理、化学和生物综合功能净化污水，并以此为主。

人工湿地的特点主要有：①能保持全年较高的水力负荷；②若设计合理，运行管理严格、认真，其处理废水效果稳定、有效、可靠，出水 BOD、SS 和大肠菌群数明显优于生物处理出水，可与三级处理媲美，其脱磷能力也是很强的，而且脱磷寿命很长，同时具有相当的硝化脱氮能力。但若对出水除氮有更高要求，则尚嫌不足；此外，它对废水中含有的重金属及难降解有机污染物也有较高净化能力；③冬季可以连续运行；④基建投资费用低，一般为生物处理的 1/4～1/3，甚至 1/5；⑤能耗省，运行费用低，为生物处理的 1/6～1/5；⑥运行操作简单，不需复杂的自控系统进行控制；⑦机械、电气、自控设备少，设备的管理工作量也随之较少，人员也可少用；⑧可定期收割植物，如芦苇等是优良的造纸及器具加工原料，芦根及香蒲等还是中药，具有较好的经济价值，可增加收入，抵补运行费用；⑨对于小流量废水及间歇排放的废水处理更为适宜，其耐污及水力负荷强，抗冲击负荷性能好；⑩不仅适合于生活污水的处理，对适合的工业废水、农业废水、矿山废水甚至污水处理厂污泥也具有良好的净化能力；既能净化污染物，又能美化景观，增添绿色观瞻，形成良好生态环境，为野生动植物提供良好生境，可把废水治理与野生动植物建设结合起来，提高环境资源与旅游资源价值。其不足之处在于：需要土地面积较大，对恶劣气候条件抵御能力弱，净化能力受作物生长成熟程度的影响大，需控制蚊蝇孳生等。

6.4.3 人工湿地的分类及构造

人工湿地根据水流特点可分为两种类型：表流人工湿地（自由水面湿地）和潜流人工湿地（也称为淹没植物床），目前存在的其他类型的湿地都是在这两种基本类型的基础上衍生出来的，譬如复合垂直流人工湿地和复合流人工湿地等。

表流人工湿地在外观和功能上类似自然湿地，向湿地表面布水，污水在人工湿地的表层流动，水位较浅，一般 $10 \sim 30 cm$，这时水力负荷可达 $200 m^3/(10^4 m^2 \cdot d)$水流呈推流式前进，整个湿地表面形成一层地表水流，流至终端出流，完成整个净化过程。可以种植挺水植物、浮水植物和沉水植物，而后两者作为优势种占据一定的自由水面。湿地纵向有坡度，底部不封底，土层不扰动，但其表层需经人工平整置坡。废水投入湿地后在流动的过程中，与土壤、植物特别是与植物根茎部生长的生物膜接触，通过物理的、化学的以及生物的反应过程而得到净化。与潜流湿地相比投资少，但有机负荷较低，且冬季高纬度地区表面会结冻，夏季可能会孳生蚊蝇，还会产生臭味。

潜流人工湿地系统一般由湿地主体、防渗层、布水装置和收水装置四部分组成，其中防渗层的设置可以有效地防止湿地中的污染物进入地下水。潜流湿地由种植植物的砾石床构成，床底纵向置坡度，进水端沿床宽构筑有布水沟，内置砾石，废水从布水沟投入床内，沿介质下部潜流呈水平渗滤前进，从另一端出水沟流出，在出水端砾石层底部设置多孔集水管，可与能调节床内水位的出水管连接，以控制、调节床内水位。废水在砾石床中流动过程中通过物理、化学和生物的作用得以净化，潜流湿地保温效果好，处理效果受气候、季节的影响较小，并且运行过程中管理得当可以有效地防止蚊蝇孳生和臭味产生，但投资比表流湿地要大得多，目前国内外多采用潜流人工湿地处理污水。

潜流人工湿地根据主导水流还可分为水平潜流人工湿地和垂直潜流人工湿地。水平潜流系统最初被人们采用，目前也有大量运行的例子，在被用于二级处理时，能够有效地去除污水中的 BOD 和 TSS，由于氧传输量小除氨氮效果比较差，对经过硝化处理的废水能够有效地反硝化除氮，用于三级处理时可以达到良好的硝化效果。总体来说，水平流系统由于其过滤能力可以去除 TSS 和病原菌，BOD 的去除与氧气传输量密切相关，BOD、TSS 和病原菌可以达到较高的去除率，具有反硝化功能；缺点就是氧气传输力差，所以硝化能力差，对氨氮和 TN 的去除率比较低。垂直流系统具有很高的氧气传输能力，不仅可以有效地去除 BOD，而且可以实现有效的硝化，也能够去除病原菌；另外土地占用量（$1 \sim 2 m^2$/人）比水平流少（$5 \sim 10 m^2$/人）。所以最近几年受到很大的关注，得到了较大程度地推广和应用。其缺点是，对 TSS 的去除效果较差，而且容易堵塞。

人工湿地的组成，即湿地的构成包括基质、植物和微生物（细菌、真菌等）及动物，这些部分对废水净化起积极的协同作用。水温、pH 值和溶解氧对湿地功能的发挥与净化效果有重要影响。

（1）湿地基质

土壤和其他类型的基质作为环境介质，可以促进植物和微生物的生长繁殖，通过物理、化学及生物反应净化废水，其除污过程来自离子交换、专性与非专性吸附、螯合作用、沉降沉淀等。对于湿地系统，适用的基质有砂质土壤、黏质土壤、粉砂黏质土壤、砂质黏土、粉砂质黏土、砾石、河沙及废钢渣等。

（2）湿地植物

湿地植物是人工湿地不可缺少的组成部分，其在人工湿地处理污水过程中所起的作用曾一度被怀疑过，我们都知道湿地处理污水的主要过程是物理过程和微生物过程，湿地植物主要起到如稳定床体表面、提高过滤效率、防止垂直流系统堵塞、保温防冬、为微生物的生长提供更多的附着面积等作用。但在长期的研究中发现植物除了起到这些物理作用以外，植物的生长过程中需要吸收大量的水分、无机盐和营养，进而会吸收一定量污水中的污染物和营养物，所以植物对污染物和营养物的吸收作用被许多人认为是人工湿地处理污水中很重要的一个过程，但也有一些人持不同的观点。

（3）湿地微生物

在人工湿地这个特殊环境中，各种微生物生长在不同区域内，诸如好氧区、缺氧区、厌氧区，其种属与传统生物处理工艺及其他土地处理工艺系统的种属没有多大区别，如细菌、真菌、原生动物、后生动物，包括昆虫等，附着于作物根茎部的微生物对废水的净化起主导作用，其次是介质中的微生物。微生物在湿地养分的生物地球化学循环中往往起核心作用，它们是各类污水中最先出现并对污染物起吸收与降解作用的生物群体，而且还能捕获溶解的成分供它们的动物或植物共生体利用。微生物的生物量可以作为湿地生态系统中土壤物理化学特征、养分含量变化以及有机质积累与分解的一个有效反映指标。

6.4.4 人工湿地的净化机制

人工湿地对废水的处理综合了物理、化学和生物的三种作用。湿地系统成熟后，介质表面和植物根系将由于大量微生物的生长而形成生物膜。废水流经生物膜时，大量的 SS 被介质和植物根系阻挡截留，有机污染物则通过生物膜的吸收、同化及异化作用而被去除。湿地床系统中因植物根系对氧的传递释放，使其周围的环境中依次呈现出好氧、缺氧和厌氧状态，保证了废水中的 N、P 不仅能被植物和微生物作为营养成分直接吸收，而且还可以通过硝化、反硝化作用及微生物对磷的过量积累作用将其从废水中去除。人工湿地系统去除废水中各种污染物的机理总结见表 6-10。

人工湿地系统去除污染物的机理　　　　　　　　　　　　表 6-10

反应机理		对污染物的去除与影响
物理的	沉降	可沉降固体在湿地及预处理单元中沉降去除
		可絮凝固体通过絮凝沉降去除
		随之，引起 BOD、N、P、重金属、难降解有机物、细菌和病毒等的去除
	过滤	通过颗粒间相互引力作用及植物根系的阻截作用使可沉降及可絮凝固体被阻截而去除

续表

反应机理		对污染物的去除与影响
化学的	沉淀	磷和重金属通过化学反应形成难溶性化合物或与难溶性化合物一起沉淀去除
	吸附	磷和重金属被吸附在土壤和植物表面,某些难降解有机物也能通过吸附去除
	分解	通过紫外辐射、氧化还原等反应过程,使难降解有机物分解或变成稳定性较差的化合物
生物的	微生物代谢	通过悬浮的、底泥的和寄生于植物上的细菌的代谢作用将悬浮性固体、可溶性固体进行分解; 通过生物硝化—反硝化、厌氧氨氧化和好氧反硝化作用去除氮;微生物也将部分重金属氧化并经阻截或结合而被去除
植物的	植物代谢	通过植物对有机物的吸收而去除,植物根系分泌物对大肠杆菌和病原体有灭活作用
	植物吸收	相当数量的氮、磷、重金属及难降解有机物能被植物吸收而去除
	自然死亡	细菌和病毒处于不适宜环境中会自然腐败和死亡

湿地系统通过物理、化学、生物和植物的综合反应过程可将水中可沉降固体、胶体物质、BOD、N、P、重金属、难降解有机物、细菌和病毒等去除,显示了强大的多功能净化能力。湿地系统中两个主要处理机制是固液分离和成分转化,固液分离包括重力分离、过滤、吸附、吸收、离子交换和渗滤;成分转化包括氧化还原反应、絮凝、酸碱反应、沉淀和在好氧/厌氧条件下发生的一系列化学或生物化学反应。分离和转化作用可以使湿地中污染物最终得以去除,但往往污染物会在湿地中停留一段时间,这期间污染物成分组成将会发生变化,使出水达到处理目标,例如,有机化合物转化为二氧化碳、甲烷等气体。同时生物转化也可能产生有机酸等物质,如果出水中这些物质含量过高将不能实现处理目标。

6.4.5 人工湿地的设计

经过 30 余年的发展,人工湿地的设计也逐渐趋于公式化和规范化,近年来可供参考的文献也越来越多,由于生态工程的区域差异性使得设计公式或者设计参数难以统一化,特别是设计参数的取值范围比较大,给设计者的取值带来一定的困难,这也给湿地工程的建设带来了潜在的问题。目前国内外正在运行湿地有不少存在着或多或少的问题,这就需要在湿地的设计过程中充分考虑可能存在的各种问题,包括:水力和水文条件、污染物的去除效率、植物的选择和管理及建设细节等。以下为潜流人工湿地在设计中需要考虑的问题。

(1) 水力学和水文学

潜流人工湿地处理概念的基本内容是维持水流在湿地介质表面以下流动,然而大量运行的潜流人工湿地都出现不同程度的介质表面溢流问题。既然这些系统被设计为完全的潜流,这种溢流出现的情况说明了潜在的设计缺陷,溢流的出现是由于床体孔隙的堵塞造成的,堵塞主要是植物根系及其附着物或污水中的 SS 的沉降积累造成的。然而,调查研究表明许多系统在运行初期就开始出现溢流。

(2) 床体堵塞

研究表明床体进水端断面的有机负荷和潜流人工湿地的溢流问题存在相关关系。进水区的堵塞造成了表面溢流，当横断面的 BOD 负荷小于 0.5kg/(m² · d)没有溢流出现，溢流系统的 BOD 负荷都大于 0.5kg/(m² · d)。不幸的是，这个表面的关系被发表在许多文章中，还成为许多设计规范中的一部分。大多潜流系统的地表溢流可以解释为不充分的水力设计和忽视了达西定律的要求。有机负荷方法的优点在于较低的横断面有机负荷可以减少堵塞发生的几率，然而目前没有现成的数据支持特定的横断面有机负荷的选择，这种方法的最终结果就是增加横断面的面积从而降低了长宽比，这种结果通过合理的方式适当利用达西定律也可以得到。

堵塞多发生在系统床体前端 25% 的部分，堵塞物质 80% 为无机物，主要由粉砂、黏土矿物和石灰石粉末组成。堵塞一般在第一年的运行中很快形成，随后没有明显的扩散，这种严重的堵塞独立的情况可能是由于第一年的超负荷运行所致，TSS 或植物碎屑的积累与堵塞或溢流的形成没有相关性，造成堵塞的基本原因是建设活动而不是持续的生化反应，建设活动可能在运输过程中将许多无机物(土壤、岩石碎屑粉等)带入系统。

（3）水力设计

潜流人工湿地的潜流遵循达西定律，因为达西定律描述的是多孔介质的水流特征。

达西定律：
$$Q = K_s A S$$

式中：Q——流量，m³/d；

　　K_s——水力传导率，m³/(m² · d)；

　　A——总横断面面积，与水流垂直，m²；

　　S——水力梯度，m/m。

达西定律因为实际系统的物理限制不是严格适用于潜流人工湿地。定律假设层流条件，但基质采用大的碎石或粗糙的砾石，条件会发生变化，当水力设计的水力梯度较高时紊流就可能在粗砾中形成。定律也假设流量一致，但实际上潜流湿地的进水与出水流量因为降水、蒸发、渗漏而变化，短流也可能由于不等的孔隙率或建设质量差而形成。这些因素限制了达西定律的理论应用，但仍作为潜流人工湿地系统设计可接受的模型。如果以下条件能够实现：小到中等砾石(<4cm)作为基质、系统建设质量好把短路减少到最少、系统设计依靠最小的水力梯度、流量采用$(Q_{in} + Q_{out})/2$，那么达西定律能为潜流湿地水力条件提供一个合理的接近模拟。

达西定律的一些限制可通过设计前的实验来减少，采用实际的基质在不同水流和不同水力梯度条件下决定有效的水力传导率，以确保层流为主。大项目或许多小项目都使用的基质都需要这种试验。试验采用一个水槽（长度小于 6m，横断面小于 0.2m²），进口断面可以被提高一定的高度以获得需要的坡度。水槽中的砾石被穿孔板包围，压力计按在适当的位置测定水头差来计算水力梯度。试验中使用清水，调整进水量使水槽前部的砾石层饱和但不溢流，试验中出水流量用秒表和容器测定，测定出水端湿区的深度，通过这些数据可计算有效的水力传导和雷诺数以确保层流。

潜流系统溢流问题的主要原因是系统设计的水力梯度不充分和结构不合理，失败的系统普遍存在相同的问题：长宽比高、底面没坡度、出口端水位无法调节。一些系统出水口设在床体顶端或接近顶端，忽视了床体的水力梯度而使得运行开始就出现表面溢流。运行成功的系统或者底面有坡度或者出水可调。有坡度的底面和降低出水水位能够产生克服基质阻碍水流压力的水头进而维持潜流，可调出口灵活性大，建议采用。

（4）长宽比

湿地床的长宽比是潜流湿地系统水力设计中的一个重要因素，最大潜在水力梯度与水流方向上床体的深度相关，许多早期的系统设计长宽比为 10∶1 或更高和总深度为 0.6m，这样没有充分的水力梯度，所以表面溢流不可避免。系统中水力梯度造成的水头可以克服多孔基质中水平流的阻力。

（5）坡度

有的潜流系统为维持一个可接受的水力梯度其底坡坡度达到 8%。然而，由于采用的介质、建筑技术和长期运行造成堵塞等的易变性，精确地设计和建设潜流系统是不切实际的也是不可行的。此外，建设床底有坡度的床体对将来的调整没有多变性。可调的出水口使整个床体的水位可控。在这种情况下，床体底部可以是平的或缓坡来保证排水。因为水力梯度的要求，长宽比必须要低 [（0.4～3）∶1]，这样可以提高适应性，为将来的运行调整保留余地。

（6）介质类型

国际目前正在运行的潜流湿地所用介质多为中砾和碎石。系统设计前应该确定介质类型及大小、水力传导率和孔隙率。目前的趋势是使用大粒径介质，溢流的形成是因为堵塞，较大的碎石具有较大的空隙和好的水力传导可以克服堵塞的问题。在大多数情况下，由于水力梯度太小堵塞的问题并没克服。使用小粒径基质也具有一些优点如：比表面积大、孔隙率小、植物根及根区的发展相协调、水流条件接近层流。当在大粒径介质中发生紊流后，有效水力传导率将小于理论值。

表 6-11 中的水力传导率数值是用清水试验所得，所以不涉及堵塞的问题。调查显示堵塞所占的空间小于总空间的 6%，并且堵塞的物质 80% 是无机物，其中大部分是建设中携带的，所以积累对水力传导力应该没有影响。但是，充分考虑这些偶然事件的因素是非常必要的。建议如下：有效水力传导率小于 113，且初步设计中不应该大于潜在水力传导率的 70%，再加上可调的出水口就可以保证较安全水力设计了。同时也限制长宽比：60cm 深的床体长宽比小于 3∶1、30cm 深的床体长宽比大约 0.75∶1，这样可以保证接近层流，进一步验证达西定律对系统设计的适用性。这种方法确保了较宽的出水区，也使断面上的有机负荷较低，进而减少堵塞的可能。另外进水设施和出水设施一定要合理，布水均匀，收水快速，防止短流。

介质的分类及物理性质 表 6-11

类　型	有效粒径 $D10$(mm)	n^a 孔隙率(%)	K_b 传导率 [$m^3/(m^2 \cdot d)$]
粗　砂	2	32	1000
沙　砾	8	35	5000
细　砾	16	38	7500
中　砾	32	40	10000
碎　石	128	45	100000

（7）进水结构

运行系统的进水装置包括地表的和地下的多种形式。多用穿孔管，可安装在地上或地下。一种情况是地下形式利用两到三个阀门的出口。一种表面布水形式带有可调出口，让操作者根据管子的不同沉降调节使废水的分布保持一致。有的学者认为地下布水好些，可避免在地表岩石上生成藻类黏膜进而导致系统堵塞。地下布水的缺点是以后难以调整和维护。

地表布水，出水可调，为以后的调整和维护提供最大可能，是多数采用的布水形式，建议使用。出水区用8～15cm的大碎石，应保持床体有充分的水力梯度，以确保快速的渗滤、防止堵塞和藻类孳生。在天气温暖和日光充足的气候条件下，在出水区应采用植物或设施遮阴。在寒冷天气里，对地上布水的形式应采取保温措施防止冻裂。

（8）出水结构

运行的潜流系统使用的出水结构包括地下出水形式和坝箱或坝门结构。地下穿孔管是最常采用的形式，然而在床体内的深度可大有不同。一些情况是放在浅沟里，低于床底，使床里所有水完全排放，保证充分的水力梯度。一些情况是出水装置位于床底上方，还有一些情况是出水口位于床体顶部，但这种形式极容易造成表面溢流。

大多数情况，地下出水口直接与最终的排放管相连，或者与混凝土渠相连，最终还要消毒。可调出口以前被建议使用为保证充分的水力梯度，这种结构具有运行方面的和维护方面的优点。建议穿孔管与可调出口相连，为潜流系统提供可靠性和灵活性。

6.4.6 人工湿地应用局限性及认识误区

目前人工湿地技术在世界各地日益得到推广应用，关于人工湿地的研究报道也非常多，并且召开了许多国际会议交流研究成果，但是由于湿地系统属于生态工程范畴，而生态工程技术的应用是有明显的区域分异特点，因此在应用湿地成果时对其产生的特定背景条件必须予以重视。

（1）湿地设计公式与参数的应用

人工湿地是一个涉及生物学、水力学、水文学和水化学的复杂生态系统，目前从时间和空间上，都缺少关于大规模人工湿地充分详细的高质量数据。由于缺少数据，设计者被迫通过从各种湿地运行数据的集合来获取设计参数，这样不可避免地会导致参数有效性的不确定。数据集合时可能把通过严格质量控制的研究方法获取的数据与随机获取的数据混合并用，也可能把处理一级出水小型湿地数据与处理二级出水的大型湿地上获取数据相混合；另外获取的数据还可能存在如下的问题：缺少成对进出水的水样，缺少可靠的水力停留时间等信息，缺少温度和降水等重要的临时信息。虽然对获取的参数进行了回归处理，纠正可能存在的差别，但是很有可能把一个运行良好的湿地设计运行参数应用于污染较重的污水人工湿地处理设计中，这对设计人员来说是很不可靠的。

（2）一级处理对于人工湿地的重要性

人工湿地的进水必须进行预处理，这样可以使进水中的SS大量降低，含有大量SS的污水直接进入人工湿地容易造成湿地内基质的堵塞，影响湿地的正常运行，如果SS中难降解成分比率较大，SS的长期积累可能会影响人工湿地的寿命。氧化塘和沉淀池都能有效地去除污水中的SS，使湿地进水中SS的值不超过100mg/L；另外湿地的前处理可以使湿地的进水含有更多的溶解氧或使进水得到一定程度的氧化，这样一方面增加了人工湿地的氧气来源，提高好氧微生物的处理效率；使更多的有机污染物在好氧微生物的作用下得以去除，从整体上提高了系统的处理效率；另一方面预处理的好氧氧化反应能使污水中的含氮有机物发生氨化和硝化反应，这样进水中的硝态氮很容易通过湿地中厌氧微生物的反硝化反应被去除，提高了系统的除氮效果。

人工湿地前的一级处理是必须的，它对防止人工湿地基质堵塞、延长人工湿地运行寿命、提高人工湿地除污效率起到重要的作用，在许多国家和地区，人工湿地技术常常建议用于污水三级（深度）处理，对于污染程度较轻的污水在进入湿地前，至少要经过沉淀池或氧化塘等构筑物进行一级处理。

（3）人工湿地对传统污水处理替代的局限性

人工湿地技术能够广泛得以推广应用的一个主要因素是，相对于传统污水处理系统来说，人工湿地的建设、运行和维护费用都比较低。人工湿地作为一种生态处理技术，其对污染物的去除取决于许多因素，如水文学特征、进水水质、湿地植物的种类等。

许多研究表明人工湿地的应用有其自身的局限性，最主要的限制因素是，人工湿地处理单位体积的污水需要较多的土地面积，处理 $1m^3$ 生活污水需要占地面积 $25\sim30m^2$，并且土地的实际需用量根据污水中污染物的浓度和水力停留时间有可能更多，城市的土地价格是非常昂贵的，人工湿地的用地费用在投资中占有相当的比例，从经济角度考虑造价并不低。水分有效性是影响人工湿地应用的另一个限制因素，特别在夏季，湿地很难维持要求的水文状况和污染物、营养物浓度。污水的浓度、有机负荷、营养物负荷和气候都会随季节发生变化，雨季可能使湿地被淹没，从而使其不能正常运行，这样湿地还可能变成地表水和地下水的污染源。温带地区寒冷的冬季气温会影响人工湿地的运行，同样热带亚热带地区持续的降雨或干旱也有可能影响人工湿地的运行。

污水中可能含有大量的无机和有机有毒物质，这些有毒物质会严重影响人工湿地中微生物过程和湿地中的各种生物，虽然会提高湿地中一些生物的耐受力，但会影响湿地系统的生态学效应，所以人工湿地处理污水的范围是有限的。

（4）湿地植物的输氧能力

人们普遍认为湿地植物能够把氧传输至植物根部并释放，使周围的微环境依次呈现出好氧、缺氧和厌氧的状态，并主要通过微生物的作用来去除污水中各种污染物。一些人工湿地文献指出或暗示好氧生物降解是种植植物湿地的主要处理机制，这就使许多人相信生长繁茂植物的湿地也就具有大量的氧源，实际上是好氧系统。然而早期工作表明用于三级或深度处理的湿地并不适用于处理污染较重的污水，低负荷运行的处理机制不适用于污染较重的城市污水，因为按好氧机制处理该污水需要大量的氧气。实践和研究已经表明从植物根部渗透的少量氧气相对于城市污水在实际负荷所需要的氧气来说是微不足道的。人工湿地中由于溶解氧水平很低，基质氧化还原电位较低，多呈还原性，由于土壤中强还原性造成很高的氧气需要量会影响植物根区氧的传输和释放。

湿地植物的主要功能是植物的物理作用，大型水生植物能够稳定床体表面，提供良好的过滤条件，防止垂直流系统的堵塞，冬季可以保温，能够提高微生物的附着面积，吸收一定量的营养物（对低负荷运行系统具有重要作用），能够向根部释放氧气提高有机物的好氧降解反应和硝化反应。其中植物向湿地中传输的氧气量直接影响湿地的运行机制。关于植物的输氧量通过研究得出不同的数据，国外许多科学家以挺水植物芦苇为研究对象，主要得出以下几组数据：$4.3g/(m^2 \cdot d)$、$0.02g/(m^2 \cdot d)$、$1\sim2g/(m^2 \cdot d)$、$5\sim12g/(m^2 \cdot d)$，沉水植物、浮水植物根部氧气的释放量分别为 $0.5\sim5.2g/(m^2\cdot d)$、$0.25\sim9.6g/(m^2\cdot d)$。这些数值的范围较大主要是由于植物种的差别、季节的变化和采用实验测试技术不同，但通过以上数据可以得知湿地植物传输的氧气是有限的，污染负荷、季节的变化和植物的种类都会直接影响湿地的运行机制。

（5）人工湿地脱氮能力

潜流人工湿地作为厌氧固定膜生物反应器，其中的有机氮在微生物作用下发生氨化反应，生成的氨盐可以直接被植物摄取，合成植物蛋白等物质供给植物生长，但与潜流湿地的氮负荷相比，植物对氮的吸收量很低，只有 $0.03\sim0.3g/(m^2\cdot d)$，并且要通过收割植物来最终完成氮从系统中的去除，在衰老和死亡期植物没有除氮效果，人工湿地在中等负荷情况下通过植物收割对氮的去除率小于 20%。这使得生物硝化反硝化作用成为主要的除氮机制，即污水中有机氮在好氧区转化为氨氮和硝氮，然后在厌氧区经过反硝化反应转化为 N_2 或 N_2O，但在这种观念指导下的几个以除氮为主的潜流人工湿地工程相继运行失败。

潜流人工湿地系统的氧气供应量微不足道，但确是非常关键的，除低负荷运行的湿地外，大多数潜流湿地中可能没有充足的氧气来维持足够的硝化作用。硝化反应可能在根区附近发生，也可能在床体表面附近发生，硝化反应需要的氧主要是通过表面复氧和少量的植物传输来供给，如果硝化反应发生，将发生在氧气需要量最低的下游水流中。潜流人工湿地以厌氧环境为主，适于经硝化处理污水的反硝化反应；微生物厌氧降解污染物需要充足的合适碳源，污水中的成分往往不能满足，因此，外界碳源的供给是必需的。人工湿地碳源的供给跟植物的枯枝落叶有关，所以是季节性的，植物衰亡后的供给量最大，但冬季的低温会影响厌氧反应过程。综上所述潜流人工湿地不是可靠、有效的除氮系统，为了提高系统的除氮能力，系统的负荷需要降低或者系统进水方式应该采用间歇式；如果系统进水已经发生好氧硝化反应，系统高效除氮是可能的，但是碳源供给的季节性变化需要充分考虑。

（6）人工湿地除磷能力

潜流人工湿地对磷的去除主要通过物理化学分离、微生物转化和植物吸收作用来完成。物理化学作用主要为基质与可溶性无机磷化合物的化学沉淀反应以及基质对磷的吸附，湿地基质的这种除磷作用是短期的，并且基质对磷短期去除效果取决于基质的特性，有些磷的去除是通过沉积物的累积过程保持在系统内，部分分解的植物组织累积可以增加磷的去除，所以潜流湿地中磷的去除主要取决于腐烂植物的累积磷和进水中难降解磷的沉淀。潜流湿地中微生物可以将溶解性有机磷和不溶性无机、有机磷转化为可溶性无机磷，以供给植物吸收；细菌等微生物吸收磷以后会发生生长、繁殖、死亡、分解、释放磷的循环过程，所以并没有起到根本的去除作用。植物能够吸收可溶性无机磷，通过根系统从沉积物的孔隙水中吸收磷，研究发现大型湿地植物的吸磷量为 $1.8\sim18g/(m^2\cdot a)$，湿地植物在衰老前收割可以起到除磷作用，植物衰老期不再吸收磷，植物如同微生物一样存在吸磷和释磷的循环，只不过这个反应过程可以长达几个月甚至一年。

有两个问题与文献中磷的数据相关：首先一些磷的去除数据以去除率来报道，然而许多人工湿地磷的去除研究中污水的磷浓度很低，故去除少量的磷却表现为较大的去除率而被报道；第二个问题，研究评价新建人工湿地时，磷的去除数据不能代表长期运行后湿地的特点，新建湿地植物的吸磷量大于长时间运行的湿地植物，而且，长时间运行湿地的植物在枯死后将吸收的磷重新释放至湿地，另外新建湿地的基质具有较大的磷吸附容量，而运行2～3年后，湿地的基质几乎已经饱和。

（7）湿地的基质堵塞问题

人工湿地的基质发生堵塞，污水的有效停留时间减少，水流短路，湿地表面溢流，湿地的处理效率很快下降，进而影响湿地的正常运行，出水水质恶化。造成湿地基质堵塞的因素是多方面的，系统的堵塞过程可分为三个阶段：首先是渗透速率呈现逐渐下降趋势，接着是一个实质性的平稳下降阶段，最后是间歇的系统堵塞阶段直至持续堵塞发生（杜中典等，2002）。

人工湿地的进水中如果含有大量难降解的SS，堵塞很容易发生，湿地前的塘系统出水含有大量的藻类，就可以引发湿地的堵塞问题，这种情况可以通过湿地的前处理来控制进水SS维持在一定范围之内，来防止湿地堵塞的发生。如果湿地系统内有机物积累量达到5%以上，过滤功能就会失效，有机物积累到一定程度，附着在基质表面的有机物可形成一层黑色的黏膜，导致基质颗粒之间孔隙的堵塞。Christoph Platzer的研究发现，堵塞一般发生在基质上层0～15cm处，有机负荷过高是堵塞的主要影响因素，堵塞现象发生后，可以通过一定的间歇来恢复湿地的渗透速率，其中间歇期的长短受天气条件的影响。由于污水中连续的营养供应，系统内产生的生物量不断增加也是造成堵塞的一个因素，为了维持湿地的功能，生物量的产生速度和分解速度应该达到一种平衡状态。厌氧条件也加速了系统的堵塞，因而间歇的进水方式和适当的干湿交替对与湿地系统避免堵塞是非常必要的；另外过多的种植植物和不及时的维护也是造成堵塞的原因。

（8）冬季湿地的运行问题

在温带的人工湿地，冬季植物将会枯死，气温的降低可以形成一定的冻土层，这些都会影响人工湿地的正常运行，污染物的去除率降低，出水指标相对较高，湿地运行需要降低水力负荷和污染负荷。Dahab的研究表明，温度是影响人工湿地污水中BOD_5和COD去除率大小的重要因素，气温低时去除率会大大降低，而氮磷的去除受季节、温度影响较小。Trond的研究指出，寒冷季节与温暖季节人工湿地各污染物去除率仅差10%左右，并且认为温度的影响可以通过调整水力停留时间等因素抵消。明尼苏达州和爱荷华州人工湿地的运行说明在少雪的冬季，冰雪覆盖不能有效地防止冰冻和凌汛现象，因此应对湿地进行适当的覆盖隔离。使用不同的覆盖物进行隔离，对系统的处理性能有很大的影响。适当增加人工湿地的构筑深度可以起到保温的效果，湿地进水需要严格的一级处理，并且维持污染负荷在较低水平，这样可以有效防止湿地深处累积堵塞和厌氧失效，但构筑深度的增加会提高湿地的建设投资；沈阳市满堂河生活污水处理人工湿地，一级处理由沉淀池和浮动生物床组成，考虑到冻土层湿地深度大于1m，经过一年的试运行目前该湿地运行良好，出水水质达标稳定。

（9）基质的吸附饱和问题

湿地基质对磷的吸附量是有限的，特别是经常采用的普通湿地基质如沙子、砾石、碎石等，对磷的吸附容量往往不会很高，因为工程用料一般都是就地取材，而没有根据材料的理化特性进行选择。所以许多人工湿地在运行初期都具有很好的除磷能力，但随着时间的延长，除磷能力逐渐下降而达不到设计要求，对美国的人工湿地调查研究表明，新建湿地的基质具有较大的磷吸附容量，而运行几年的湿地的基质几乎达到饱和。所以人工湿地污水处理系统不可避免地要面临基质对磷吸附饱和问题。一些人认为可以采用更换基质的方法来保持湿地的除磷能力，但这样带来的负面影响确实很大的，基质的更换相当于系统的重建，破坏了原来稳定的生态系统，而且投资也是很大的，因而并不可行。基质对磷存在着一定的吸附容量，不同材料由于其理化性质不同吸附容量相差很大，应该选择吸附容量较大的材料作为湿地基质，或者将普通湿地基质与磷吸附活性基质按一定的比例结合使用，增加整体的吸附容量，尽可能地延长人工湿地的持续除磷能力。既然湿地的除磷能力是有限的，在技术推广应用过程中除磷问题就应该给予充分地考虑，控制人工湿地污水处理系统磷负荷，实现人工湿地生态系统的可持续发展。另外也可以在人工湿地系统外建设一个独立的单元，填充一种除磷能力很高的人工活性介质，当该介质的发生吸附饱和后进行更换，如果可能再进行再生重复利用。

（10）植物的收割问题

通过植物收割确实可以从系统中携带走一部分磷，提高系统的除磷总量，特别是在植物成熟期之前提前收割或者在一个生长季内多次收割都能够提高植物吸收在系统除磷总量中的比例，但这样往往会影响植物的生命力，且过早的收割也会影响湿地的生态价值和环境效应，甚至可能会影响整个系统的稳定。在除磷过程中湿地植物的间接作用可能远远大于植物的直接吸收作用，湿地植物可以向系统中释放有机物和向根区传输氧气，这是影响营养物转化和降解的关键因素。对于一个湿地系统来说除非营养物的负荷特别低，否则植物的直接吸磷量在总去除量所占比例一般比较低，植物作为湿地生态系统的工程师通过根区氧释放和有机物的供给来提高系统对营养物的去除能力。另外植物的凋落物还可以与污水中的成分发生吸附、沉淀、络合等一系列反应，累积一部分营养元素和重金属元素，并能释放有机物供给微生物新陈代谢，同时湿地植物能够调节温度对系统的影响。目前在欧洲一些湿地植物经常是不收割的，这样在冬季还可以起到保温的作用。

植物收割是扩大湿地植物吸收除磷的一种选择，Reed发现磷去除与收获次数具有直接的相关性，有规律的植物收获除磷量能够占进水中含磷量的 $20\%\sim30\%$。Richardson和Craft建议在磷负荷不超过 $1g/(m^2 \cdot a)$ 时湿地系统能够彻底地同化污水中的磷，当磷负荷较高时，磷去除的主要机制是贮存在介质中而不是贮存在生物体中（Richardson等，1985）。湿地介质的去除作用可以使湿地系统的长期运行，但现实中大多数污水处理的连续运行要求使湿地处理系统的长期有效变得难以实现，为了维持较高的负荷率，唯一的办法是有规律收割植物去除系统中的磷。植物的季节性收割对系统出水存在一定的影响，植物收割后大约 15d 内出水中磷浓度有所升高，但当植物的吸收量逐渐增加后出水中的浓度又开始下降。Kim等人研究了湿地植物收获对磷去除的影响，发现植物收获能够短期的提高植物组织中磷的浓度，并且介质和植物种类都会对磷的短期大量吸收有影响，从长期效果来看植物收割只对低负荷系统有一定的帮助，对高负荷系统没有实际的意义，因为高负荷系统中磷的最大贮存处是介质而不是湿地植物，并且收割植物对植物的生产力有很大的影响，甚至会使系统的除磷总量低于不收割植物的系统。湿地植物在去除营养物过程中的间接作用是非常重要的，但单纯依靠收获湿地植物除磷对大多数湿地系统来说不合理，因为收割过程会破坏系统的稳定，甚至还可能将一些潜在的磷释放到水体中。

6.5 塘—湿地组合净化技术

目前，塘和湿地联合应用技术是常见的生态工程技术，已经被广泛应用于面源污染的控制和生态系统的修复等领域。塘和湿地技术具有建造和运行成本低、能耗小、污染物去除率高、出水水质好和操作简单等优点，而且还可以改善和修复生态系统、增加生物的多样性、提供生物栖息地和提高流域的景观质量和生态价值。

6.5.1 技术原理

塘和湿地技术是根据自然生态系统的物质循环和净化原理，在充分利用生态系统中的物理、化学和生物的三重协同作用的基础上设计并建造的水污染生态净化技术。这两种技术对污染物的净化机理包括物理作用、化学作用、生物作用以及物理化学作用等。其中塘技术的净化原理主要是物理沉降、存贮、拦截和生物净化等作用。湿地技术的截留和去除污染物的机理主要包括：沉积作用、植物吸收、枯枝落叶的分解以及土壤基质的吸附、截留、过滤、离子交换、络合反应和微生物的作用。

6.5.2 技术组合种类

在具体的应用实践过程中，塘和湿地技术的组合方式灵活多样，主要可以归纳为以下几种组合技术：

（1）多塘组合净化技术

许多国家已在广泛应用塘处理系统控制面源污染，并取得大量的经验，值得我们借鉴。例如，截至 20 世纪 90 年代初，美国已建有 11000 座塘，德国 3000 座，法国 2000 座，加拿大有约 1000 座水处理塘。瑞典从 1987～1994 年开展了大规模的面源污染控制研究，结果表明，人工水塘是单位面积上最有效地截留和去除氮磷的环境；在中国南方的多水地区，塘的应用已经有两千余年的历史。目前在中国的农村和城镇约有数万座污水净化塘、山塘、养鱼塘。我们发现多水塘系统能够有效地截留农业面源污染物。因此，多塘组合技术不仅能够有效控制面源污染，而且可以具有改善周围环境如防洪、灌溉、娱乐，增加生物多样性等功能。

（2）多级湿地组合净化技术

人工湿地按水流方式可分为表流湿地（SF）、潜流湿地（SSF）和表流与潜流的混合湿地（SF＋SSF）（彩图 6-13、彩图 6-14、彩图 6-15）。表流型湿地处理系统的优点是投资及运行费用低，建造、运行和维护简单。缺点是在达到同等处理效果的条件下，其占地面积大于潜流型湿地，冬季表面结冰，夏季繁殖蚊虫，并有臭味。而潜流型湿地的优点在于其充分利用了湿地的空间，发挥了系统间的协同作用，且卫生条件好，但建设费用较高。人工湿地系统因具有建造和运行成本低、能耗小、出水水质好和操作简单等优点，在国内外得到越来越广的应用。湿地也是一个独特的土壤基质—植物—微生物复合系统，对污染物的去除机理国内外研究得比较多，主要包括物理作用、化学作用、生物作用以及物理化学作用等。Gaynor 等人的研究结果表明，湿地的截留和去除污染物的机理主要包括：沉积作用、植物吸收、枯枝落叶的分解以及土壤的吸附、截留、过滤、离子交换、络合反应和微生物的作用(如氮的硝化—反硝化)。据统计,在欧洲共有6000多座处理城市污水的人工湿地,北美有1000多座处理城市污水和多种工业废水的湿地系统。

湿地技术是目前国内外应用最为广泛的生态工程技术,主要应用于城市污水和面源污染的控制。在应用实践过程中,不同类型的湿地技术可以通过串联或并联的方式进行组合,以达到逐级消减污染物负荷的目的。多级湿地组合不仅可以充分发挥各种类型湿地的优点,而且具有较稳定的去除率,抗干扰能力强,受季节影响不大。常见的组合方式有表流与潜流湿地的组合、下行与上行流湿地的组合以及表流与垂直流湿地的组合等。

(3)塘—湿地组合净化技术

塘—湿地组合净化技术是目前国内外应用比较广泛的一种组合生态净化技术,具有投资和运行成本低、去除效率高、操作简单、维护方便、生物适应性强以及景观价值高等优点。在塘—湿地组合净化技术中,塘通常作为预处理装置,主要包括厌氧塘、滞留塘、强化塘和稳定塘等。经过塘系统的净化作用以后,径流中的悬浮物得到大幅度消减,这就为后续的湿地净化系统减轻了压力,减少了湿地堵塞的风险。这两种技术的组合可以充分发挥各技术的优点、延长系统的寿命、提高系统的生物多样性。

6.5.3 应用模式

在面源污染的控制过程中,塘—湿地技术的应用模式可以分为串联式、并联式和混合式三种模式,详细论述如下:

(1)串联式组合模式

在面源污染控制中,塘—湿地技术通常以串联式的组合模式提高系统的去除率和抗干扰能力(图6-8)。暴雨径流经过串联式系统逐级净化后,径流中的污染物得到逐级消减,净化后的径流直接排入到周围的水体。这种串联式组合模式具体表现为多塘串联系统、多级湿地串联系统和塘—湿地串联系统。这种串联系统是塘—湿地中最常见的组合模式,在实践中应用得最为广泛。这种串联式组合模式可以充分发挥各种技术的优势,提高系统的去除效率,对各种类型的污染物也具有较高的去除效率。

图6-8 串联式组合模式示意图
(单元1和单元2表示系统的组成单元,塘或湿地)

(2)并联式组合模式

并联式组合模式主要表现在不同技术种类之间的组合和同一种技术的组合,其中并联湿地组合模式是常见的一种组合方式。这种组合方式可以充分发挥各种类型湿地的优势和比较不同类型湿地的净化效果和特点。如图6-9所示,暴雨径流经过统一布水系统,并行流经到各个系统单元,得到净化后的径流再经过收集系统收集,然后排放到周围的水体。这种并联式组合方式通常采用统一布水,水力负荷基本保持一致,这样有利于比较不同类型湿地的净化特点。

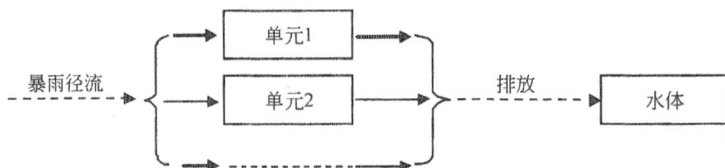

图 6-9　并联式组合模式示意图

（单元 1 和单元 2 表示系统的组成单位：塘或湿地）

（3）混合型组合模式

混合型组合模式通常是指控制系统从整体上采用串联式组合模式，而局部采用并联式组合模式，这两种组合模式同时并存，形式多样。如图 6-10 所示，暴雨径流先经过串联系统处理，然后再经过并联式系统净化，最后排放到周围水体。这个并联式组合系统从整体上又属于串联式系统的一部分。一般来说，塘技术通常作为预处理系统，位于系统的前端。而在系统末端则是湿地系统。

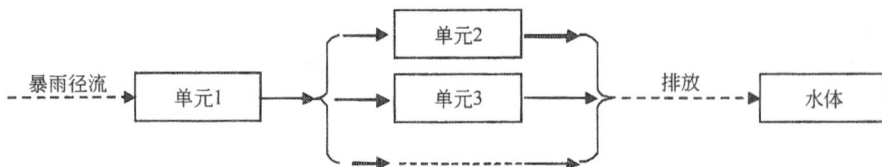

图 6-10　混合型组合模式示意图

6.5.4　应用条件及其他

塘和湿地技术是目前国内外应用最为广泛的生态工程技术，主要应用于城市污水和面源污染的控制。这两种技术的应用区域非常广，不仅可以应用于乡村、小城镇、城市旅游区和城市公园、广场、绿地等土地资源相对丰富的区域，而且可以通过技术改进应用于城市中土地资源相对紧张的工业区、商业区和居民区等地域。在应用过程中，主要需要注意以下几方面条件。

（1）技术种类选择

根据流域的气候、地形、地貌、水污染特点和土地利用等条件选择合适的塘和湿地技术。塘技术的拦截效率高、存贮容量大、占地相对较小，并且具有一定的景观价值，一般用于水污染控制系统的前端。湿地技术的种类多样、对污染物的去除效率高、景观效果好，是应用最为广泛的生态工程技术。

（2）技术组合模式选择

根据流域污染物的控制目标，选择单一的塘和湿地技术或者多级的技术组合模式。单一的塘和湿地技术抗干扰能力差，受季节等因素的影响大，污染物出水水质也不稳定，很难达到流域污染物的控制目标。而多级塘和湿地技术的组合综合了这两种技术的优点，对污染物的去除效率也相对稳定，是最常见的应用模式。

（3）基质材料选择

基质材料的选择是塘和湿地设计和建造过程中需要考虑的关键问题之一。根据流域污

染物的特点，选择对流域特征污染物具有较强去除能力的基质材料是流域污染物控制的重
要步骤。基质材料对径流中的污染物具有较强的吸附能力，是塘和湿地去除污染物的主要
途径。在基质材料选择时，应尽量选择吸收能力强、资源相对丰富的本地或附近区域的
材料。

（4）植物种类选择

植物是塘和湿地的重要组成部分，能够提高流域的景观价值和生物多样性。研究表
明，不同的植物种类对污染物的吸收能力存在差异。根据流域污染物的特点，塘和湿地技
术应尽量选择对特征污染物去除能力强、生物量大的本地优势物种，并兼顾物种的多样
性、景观性和季节性搭配问题。

（5）经济成本分析

塘和湿地技术的整体成本与传统的污水处理技术相比具有明显的价格优势，大约是其
三分之一。这两种技术的经济成本主要包括流域调查成本、设计成本、工程建设成本、日
常维护和运行成本等。其中工程建设成本主要包括工程材料费、土地成本、人工建设费和
能源消耗等方面，这些一次性的建设成本是这两种技术总成本的最主要组成部分。另外，
塘和湿地技术需要占用较多的土地资源，这是其推广应用中的最大限制因素。但是这两种
技术也具有自身独特的优势，主要包括工程施工简单、景观效果好、维护和运行费用低、
基本不需要专业人员管理和操作等方面。

（6）系统堵塞等问题

塘和湿地系统的退化和堵塞问题一直是困扰这两种技术推广的限制因素，其中颗粒物
是其堵塞的主要原因。在流域面源污染控制过程中，颗粒态污染物是流域中污染物的主要
形态。减少面源污染中颗粒物的措施主要包括从源头上削减径流中颗粒物的含量和从迁移
途径的前端修建预处理装置。从源头上削减径流中颗粒物的含量是最有效的措施，常见的
措施主要是一些原位雨水入渗措施，比如透水性路面、土壤改良、植被绿化和植被过滤带
等。从迁移途径前端修建的预处理装置主要包括格栅、沉淀池、持留塘和暴雨池等。

6.6　在线与离线控制技术

根据暴雨径流的路线，面源污染的控制技术可以分为在线控制技术和离线控制技术。
现以城市旅游区——武汉市动物园的面源污染控制为案例，进行详细的论述。

6.6.1　在线控制技术

选取武汉市动物园猩猩馆流域作为试验流域，针对武汉市动物园暴雨径流污染的特
点，进行了塘—湿地组合系统对暴雨径流污染的在线截控作用研究，以期为城市旅游区的
暴雨径流污染控制提供科学依据。

在线控制技术的工程分布在空间上表现为处理链式分布，以流域暴雨产汇流过程和污
染物运移为准，结合流域空间地貌和景观结构设施，通过调控物流（水和 TSS 等）和能流
（径流动能）形成处理技术链，将所有的暴雨径流依次通过由塘、湿地组成的处理链，逐
级削减污染物负荷。在线控制技术需要较大的土地面积，可以为微生物提供栖息地、增

加雨水回用和提供休闲娱乐场所，具有众多的生态效益，适用于土地相对丰富的城市旅游区。

我们在位于武汉市动物园的猩猩馆流域建立了在线的暴雨径流—场馆冲洗水处理设置（图 6-11）。本控制面积 8753m²，其中山坡面积 2874m²，屋顶和场院总面积为 1061m²，道路总面积 754m²，塘和湿地总面积 2139m²。该流域主要以原有的自然丘陵地貌为主，以人工构建调控为辅，最高海拔高度 30.4m，随高度呈现不同的分布特征，由上游往下依次为绿地山坡、水塘、林地和湿地。所用的基质材料主要有土壤、鹅卵石、碎石和沙子等。山坡上的陆生植物主要有麦冬、红花榨浆草和八角金盘等 13 种植物。水生植物主要有芦苇、菖蒲和水花生等。

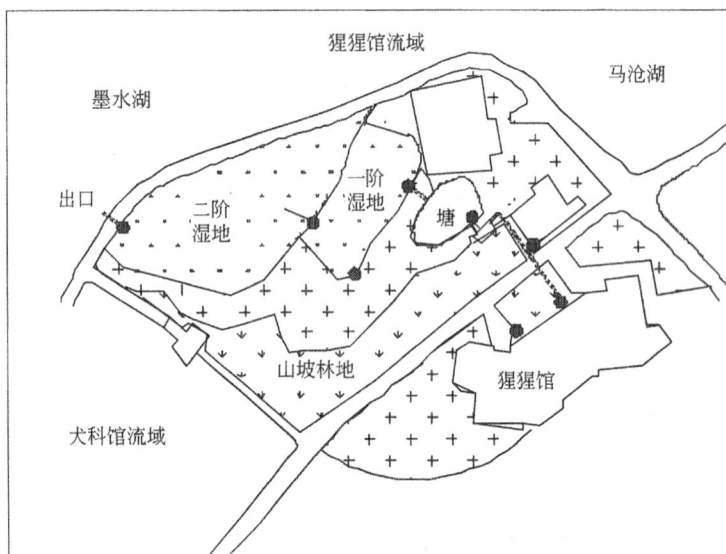

图 6-11　猩猩馆流域的地理位置及监测点分布

试验区的污染源主要有猩猩馆的日常冲洗水和暴雨径流污染，是一种点面结合的混合型污染（表 6-12）。这种类型的污染没有固定的发生周期，污染物在晴天累积，暴雨时瞬间流量大、污染重。

试验区不同污染源污染物 22 场降雨的平均浓度　　　　表 6-12

污染源	TSS(mg/L)	TN(mg/L)	TP(mg/L)	COD(mg/L)
猩猩馆日常冲刷水	131	9.4	0.34	93.5
猩猩馆屋顶水	53	11.0	0.97	51.7
山坡暴雨径流	950	12.7	2.64	274.6
商店屋顶水	110.7	14.1	1.26	46.7

我们在武汉动物园猩猩馆流域沿高度差从上游至下游构建了系列人工塘—湿地组合系统，主要包括植被过滤带（grassed filter strip，GFS）、沉淀池（sediment tank，ST）、景观塘（landscape pond，LP）、一阶湿地（the first wetland，FW）和二阶湿地（the second wetland，SW）等。这些结构的基本特征见表 6-13。

试验流域中塘/湿地组合系统的基本特征   表 6-13

类型	系统结构	高程(m)	深度(m)	面积(m²)	植被种类	邻近土地利用
GFS	植被过滤带	10.5	—	2874	13	道路，草地林地，山坡
ST	沉淀池	8.0	1.5	5	0	草地，场馆
LP	景观塘	2.5	1.5	243	12	屋顶，山坡
FW	一阶湿地	2.0	0.2	510	10	林地，山坡
SW	二阶湿地	1.0	0.5	1194	26	道路

注：高程以附近墨水湖的水面为零点。

根据系统持留污染物的作用机制，可以将以上 5 种系统结构分为滞留型结构和缓冲型结构两种。滞留型结构主要包括沉淀池、景观塘、一阶湿地和二阶湿地，其对污染物的持留作用主要通过物理拦截和形成稳定的水体沉积环境，使暴雨径流中颗粒态污染物质及其吸附的溶解态污染物质在重力作用下逐渐沉积，从而使径流中的污染负荷降低；缓冲型结构主要包括植被缓冲带，这种结构对污染物的持留主要是通过植被的物理拦截作用，生物的吸收作用和土壤的入渗和吸附作用，延长径流中污染物的水力滞留时间。这 5 种结构共同组成塘—湿地组合系统。

猩猩馆日常冲洗污水首先经过格栅，沉淀调节池等前处理技术，然后在经过塘—湿地组合技术进行深度净化(图 6-12)。而对于山坡暴雨径流则直接通过塘—湿地组合技术进行逐级净化，最后排入墨水湖。无论是场馆冲刷水还是山坡暴雨径流，均要全部通过塘—湿地组合系统，工艺流程如下：

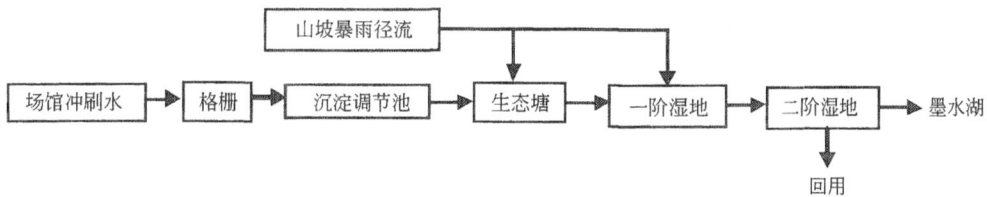

图 6-12 猩猩馆流域面源污染在线控制图

以 2005 年 6 月 26 日和 7 月 10 日的降雨径流事件为例，各监测点和系统结构的径流流速和流量的变化如图 6-13 所示。在 2005 年 6 月 26 日的连续流事件中，整个系统入口流速为 65.5cm/s，出口处则降为 17.7cm/s。当暴雨径流流经沉淀池时，由于沉淀池出口的管径较细，径流流速迅速升高到 98.6cm/s，但汇入塘后，流速迅速降低为 45.5cm/s。通过一阶湿地时，由于山坡暴雨径流的大量汇入，使得一阶湿地出口的流速又增加到 58.7cm/s。进入二阶湿地后，由于水生植物的拦截和缓冲作用，径流动能迅速降低，在二阶湿地出口流速已经很低，仅为 17.7cm/s。在 2005 年 7 月 10 日间断流事件中，流速变化特征基本一致，但其变幅相对较小，在系统出口没有径流输出。这主要是因为径流的不连续传输和相对流量较小所致。由于系统结构的入渗、截留和贮存，径流量由结构入口到出口得到大幅削减。在 2005 年 6 月 26 日连续流事件中，各汇流单元输入系统的总径流量为 213.4m³，在经过各结构的逐级入渗截留后，系统输出径流量降低为 31.9m³，持留率为 85.1%。特别是二阶湿地对径流的拦截率最大。在这次降雨过程中，系统的各个结构均已贮满，并产生溢流。在 2005 年 7 月 10 日间断流事件中，由于产流量较少，二阶湿地截留了所有上游来水，无地表径流从系统出口输出(图6-13)。因此，在不同的降雨—径流条件下，塘—湿地组合系统均能通过对暴雨径流的产流时间、径流流速和流量的多重水文调控，达到逐级削弱径流动能，增加污染物质在水文路径上的滞留时间，减少污染物输出的目的。塘—湿地组合系统对暴雨径流的水文调控是其最为关键的控制机制，增加系统结构的容量，可以提高污染径流的截留率。

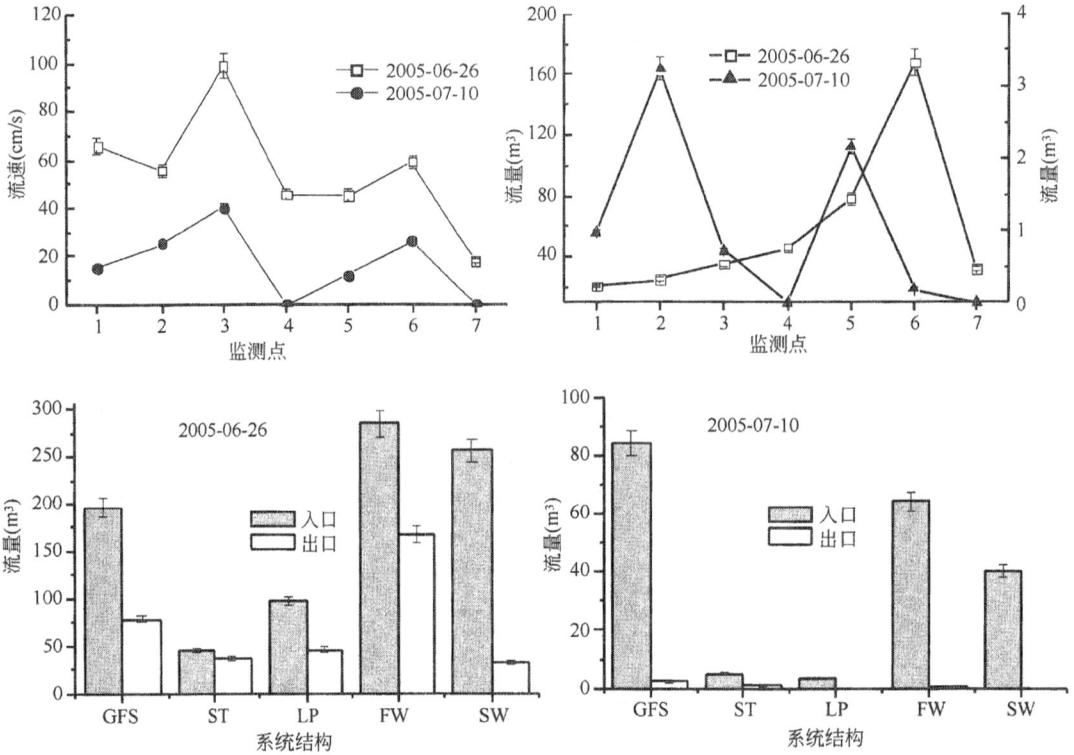

图6-13 降雨径流过程中地表径流流速和水量的变化

在2005年6月26日的连续流事件中，系统入流中TSS、COD_{Cr}、TN和TP的浓度分别为161mg/L、226.9mg/L、17.0mg/L和0.99mg/L，其中颗粒物的体积平均粒径为312μm，但当山坡暴雨径流汇入时，TSS、COD_{Cr}、TN和TP的浓度迅速升高为485、478.8、8.9、0.73mg/L，其中颗粒物的体积平均粒径变为131μm(图6-14)。可见，山坡暴雨径流中的颗粒物含量较大，但大颗粒物含量不高，这主要是因为植被过滤带对暴雨径流的截流作用造成的。当径流进入二阶湿地后，颗粒物和污染物的浓度明显降低，这主要是因为二阶湿地的容量大，植被的吸收和过滤作用、土壤基质的吸附和入渗作用、湿地微生物的分解作用比较强，对颗粒物的削减非常明显。在系统的出口，TSS、COD_{Cr}、TN和TP的浓度分别降低为98.8mg/L、52.8mg/L、4.16mg/L和0.412mg/L，其中颗粒物的体积平均粒径降低到23.9μm。在间断流事件中，污染物的传输是不连续的，上游的场馆日常冲洗水和屋顶的暴雨径流均汇集于景观塘中，而山坡暴雨径流通过一阶湿地，最后汇集于二阶湿地中，整个系统无径流输出。但与连续流相比，各监测点污染物的浓度均有所升高，这可能是因为连续流的流量较大，对污染物具有稀释作用造成的。因此，无论是在连续流还是间断流条件下，塘—湿地组合系统均能通过持留和净化机制，有效地降低了暴雨径流中的污染物的浓度。

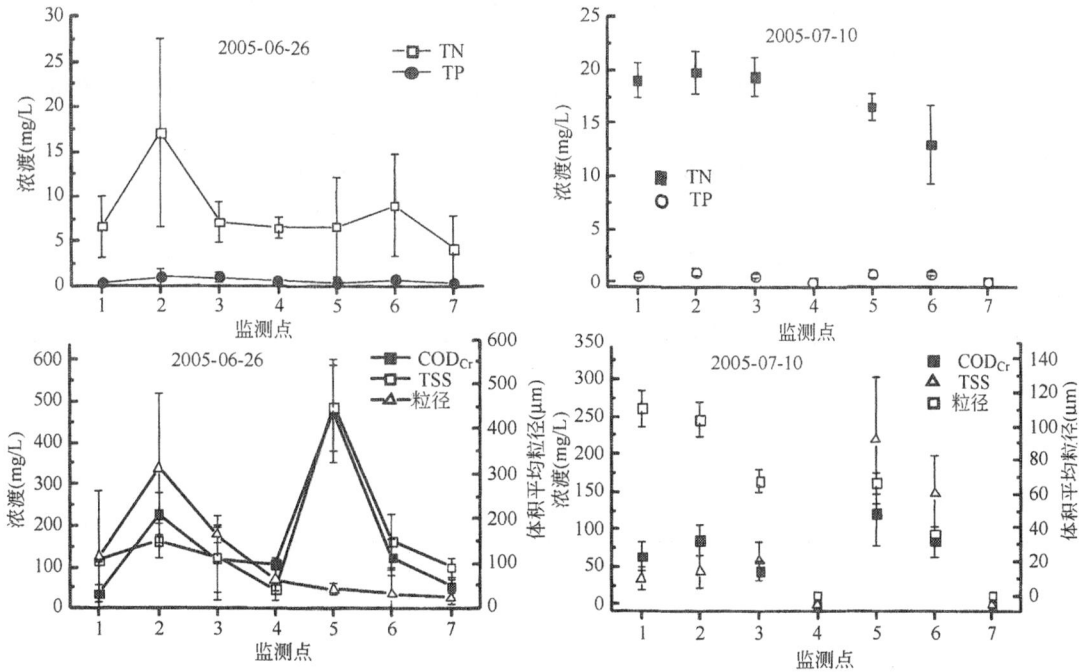

图 6-14 降雨径流过程中颗粒物及污染物浓度的空间变化

由系统输入的污染物负荷来源可以看出(表 6-14),山坡暴雨径流是系统污染物负荷的最大来源,动物场馆是系统磷素的主要来源。在经过塘—湿地组合系统的逐级控制作用后,径流中的污染物负荷得到大幅削减,整个系统对污染物具有较高的持留率。2005 年 6 月 26 日和 7 月 10 日的两次降雨径流事件,塘—湿地组合系统在连续流事件中对 TSS、COD、TN 和 TP 的持留率分别为 92.9%、96.0%、85.7% 和 80.9%。而在间断流事件中,由于流域出口无地表径流输出,系统对暴雨径流污染物的持留率均为 100%。由此可知,在不同的降雨条件下塘—湿地组合系统对污染物质均有较高的持留率,降雨量越小,持留率就越高。

塘—湿地组合系统在不同降雨径流条件下对污染物的持留率　　　表 6-14

指标	系统输入负荷(kg)				系统输出负荷(kg)	持留率
	场馆冲洗水	屋顶	山坡	总和		
连续流事件(2005 年 6 月 26 日)						
TSS	4.3	2.3	38	44.6	3.2	92.9%
COD_{Cr}	4.2	0.7	37.5	42.4	1.7	96.0%
TN	0.25	0.14	0.52	0.91	0.13	85.7%
TP	0.032	0.0057	0.03	0.068	0.013	80.9%
间断流事件(2005 年 7 月 10 日)						
TSS	0.18	0.042	0.47	0.692	0	100%
COD_{Cr}	0.34	0.032	0.26	0.632	0	100%
TN	0.08	0.014	0.036	0.13	0	100%
TP	0.0037	0.0004	0.0016	0.0057	0	100%

　　由表 6-15 可以看出，在两种径流类型下不同的系统结构对污染物的持留效率存在明显的差异。这主要是由这些系统结构的诸多差异造成的，主要包括土壤基质特征、植被特征、地形和地貌等。其中，沉淀池（ST）和景观塘（LP）对颗粒态污染物的持留效率较高，尤其是在降雨量较小的情况下，具有很好的持留效率，这主要是因为它们处于系统的前端，水力停留时间较长，具有较好的物理沉淀环境。而对于暴雨径流动能、水量和污染物负荷，湿地（FW、SW）持留效率最高，这主要是因为湿地的容量大，水力停留时间长，微生物活动比较剧烈，发生了各种物理、化学和生化作用，有利于降解各种污染物。另外，植被过滤带由于具有一定的植被覆盖度和入渗量，对于颗粒物也具有一定的持留能力（Vought 等人，1994）。在城市旅游区中，塘—湿地组合系统对污染物质的持留行为存在自身的特点，在其应用过程中应遵循因地制宜的原则，根据该流域的污染特征选择不同的组合结构。

塘—湿地组合系统中的系统结构在不同降雨径流条件下对污染物的持留率　　表 6-15

指标	系统结构输入负荷（kg）				系统结构输出负荷（kg）				持留率			
	ST	LP	FW	SW	ST	LP	FW	SW	ST	LP	FW	SW
	连续流事件（2005 年 6 月 26 日）											
TN	0.56	0.71	3.2	1.51	0.25	0.3	1.51	0.13	55.3%	82.5%	52.8%	91.4%
TP	0.062	0.06	0.26	0.12	0.032	0.029	0.12	0.013	48.4%	75.8%	53.8%	89.2%
COD	8.3	10.4	48.9	20.7	4.2	4.9	20.7	1.69	49.4%	68.1%	57.7%	91.8%
TSS	8.36	13.4	84	27.2	4.29	2.07	27.2	3.15	48.7%	84.5%	67.6%	88.4%
	间断流事件（2005 年 7 月 10 日）											
TN	0.085	0.01	0.036	0.003	0.014	0	0.003	0	83.5%	100%	91.7%	100%
TP	0.036	0.004	0.002	0.0001	0.0004	0	0.0001	0	88.9%	100%	93.8%	100%
COD	0.35	0.03	0.26	0.016	0.032	0	0.016	0	99.1%	100%	93.8%	100%
TSS	0.18	0.04	0.47	0.028	0.042	0	0.028	0	97.7%	100%	94.1%	100%

　　在线控制主要需要较大的土地面积，可以为微生物提供栖息地、增加雨水回用和提供休闲娱乐场所，具有众多的生态效益，适用于土地相对丰富的城市旅游区（公园、动物园、植物园和广场等）、小城镇和农业流域的面源污染控制。

6.6.2　离线控制技术

　　离线控制主要是针对前期污染较重的暴雨径流，通过采用分流措施，将前后期暴雨径流分开处理。对于前期污染较重的暴雨径流，通过分流措施转移到径流路线之外进行集中离线处理，然后再排放到径流路线上，而对于后期污染较轻的暴雨径流则在线直接排放。在空间上，所有的生态工程措施均远离暴雨径流路线分布。与在线控制相比，离线控制对流域的地貌和土地面积要求较小、技术更加灵活多样、经济高效、针对性更强，可以用于土地面积相对紧张的地区。

　　离线控制设立在武汉动物园的犬科馆流域（图 6-15），流域总面积为 8417m²，地貌主要以山坡和绿地为主，占 61.4%；其次为动物场馆和道路，占 18.7%，生态塘占 1.28%，其中不透水性地表的比例为 27.9%，随高度呈现不同的分布特征。由上游往下依次为绿地山坡、场馆、条形滤渠和生态塘。土壤类型主要为黄棕壤，质地较为黏重。

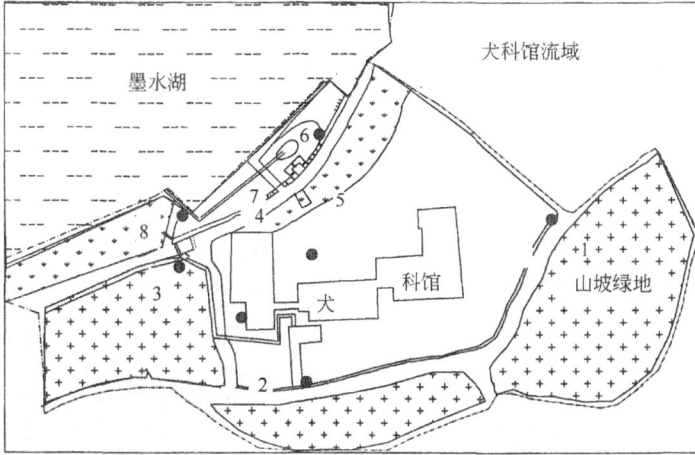

图 6-15 犬科馆流域的地理位置及及监测点分布
1—暴雨径流传输渠道；2—地下渠道；3—暴雨径流采样点；4—条形滤渠；
5—沉淀池；6—生态塘；7—地下排水管道；8—分流管道

该汇水区的污染源主要是犬科馆的日常冲洗水和暴雨污染径流，是一种点面结合的混合型污染。在晴天，场馆的日常冲刷水被暂时存贮在沉淀池(ST)中，当降雨事件发生时，冲刷水和日常累积在场馆地表的动物粪便一起随降雨径流传输到滤渠—塘组合系统。另外，暴雨污染径流的来源主要有山坡暴雨径流(S1)、动物场馆冲刷水(S2)和屋顶暴雨冲刷水(S3)，暴雨径流经过暴雨径流传输渠道(T)、滤渠(FD)和生态塘(P)，最后流入墨水湖。植被主要是麦冬和红花榨浆草，其中山坡上的陆生植物主要有麦冬、红花榨浆草、红继木、杜鹃和八角金盘等；生态塘的水生植物主要有菖蒲和水花生等。

(1)离线控制系统介绍

滤渠—塘离线组合系统于 2004 年 4 月建设完成，设计总容量为 115m³。其中滤渠是由原有的废弃暖气沟改造而成的，长 83m、宽 0.5m、深 1.2m，依次分为沉淀区、过滤区和存贮区，长度分别为 22m、26m 和 35m。在沉淀区，暴雨污染径流经过沉淀后大颗粒污染物被拦截；在过滤区，滤渠中分段依次填充的基质材料分别是碎石、白矾石、粗沙、鹅卵石、陶粒、细沙、鹅卵石、泥炭、钢渣和蛭石，各种材料之间均用隔栅和土工布隔开，每段长度均为 2.6m。经过沉淀后的暴雨径流再经过各种基质材料的逐级吸附过滤和生物膜的净化作用，径流中的颗粒物被进一步拦截、吸附和净化；在存贮区，净化后的暴雨径流经过再沉淀后溢流到生态塘中进行深度净化，然后再排入墨水湖中。

(2)离线控制流程图

犬科馆流域中由于犬科馆紧靠墨水湖，在径流路线上可利用的土地面积有限，一般的环境工程措施和在线控制措施由于受到土地面积的限制都很难发挥作用。通过采用了条形滤渠—塘组合系统对暴雨径流污染进行离线控制(图 6-16)，从而减少了犬科馆流域向墨水湖排放的污染负荷。犬科馆的日常冲刷水通过在线收集管道输移到沉淀池中，经过沉淀后溢流到条形滤渠—塘组合系统中集中处理；通过将前期污染较重的暴雨径流进行合理分流到径流路线之外的条形滤渠—塘组合系统中集中强化处理，处理后直接排放到墨水湖，而对于后期污染较轻的暴雨径流则在线直接排放到墨水湖。工艺流程如图 6-16 所示：

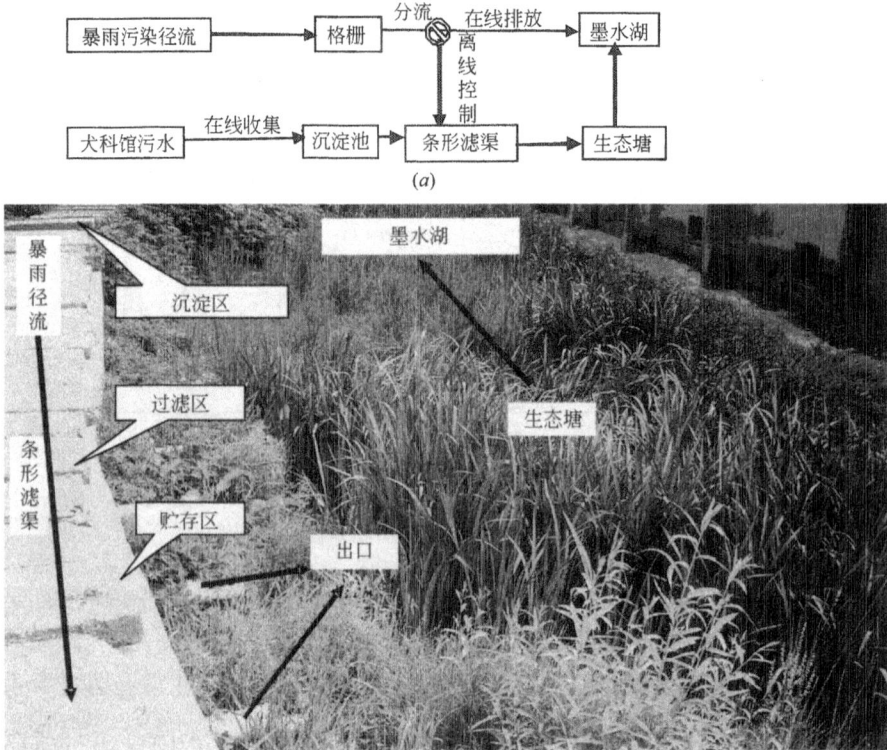

图 6-16　犬科馆流域面源污染离线控制图
(a)流程图；(b)实景图

以 2005 年 6 月 26 日的暴雨径流事件为例，整个汇水区共产生了大约 242.8m³ 的径流量，从源经过迁移到汇，系统出口处径流量削减为 78m³，削减率为 67.9%(图 6-17)。在各种污染源中，山坡暴雨径流(S1)中 TSS 和 COD 的平均浓度以及颗粒物的体积平均粒径可以分别是 310mg/L、120mg/L 和 250μm；场馆冲刷水(S2)中总氮和总磷的平均浓度分别达到了 28mg/L 和 2.5mg/L。在 S1、S2 和 S3 中 TN、DN、NH_4^+-N 和 NO_3^--N 的 EMC 平均值分别为 12.33mg/L、3.05mg/L、0.91mg/L 和 2.02mg/L，经过迁移(T，ST，FD)和汇(P)等景观结构以后，在系统出口处的生态塘中 TN、DN、NH_4^+-N 和 NO_3^--N 的浓度分别降为 1.93、0.37、0.098 和 0.16mg/L，削减率分别达到 84.4%、87.7%、89.2% 和 92.1%；TP、DP 和 PO_4^{3-} 的 EMC 平均值分别由入口处的 1.52mg/L、0.06mg/L 和 0.04mg/L，降低到出口处的 0.181、0.035 和 0.023mg/L，削减率分别达到 88.1%、46.5% 和 43.9%；TSS 和 COD 的 EMC 平均值分别由入口处的 199.2mg/L 和 89.6mg/L，降低到出口处的 18.4 和 30mg/L，削减率分别达到 90.8% 和 66.5%；污染物中颗粒物的体积平均粒径由入口处的 183.8μm，降低到出口处的 22.3μm，削减率达到了 87.9%。因此，滤渠—塘离线组合系统不仅可以大幅降低暴雨径流中污染物的浓度和颗粒物的体积平均粒径，并且对污染物中各种形态氮的去除效率要高于对磷的去除效率。

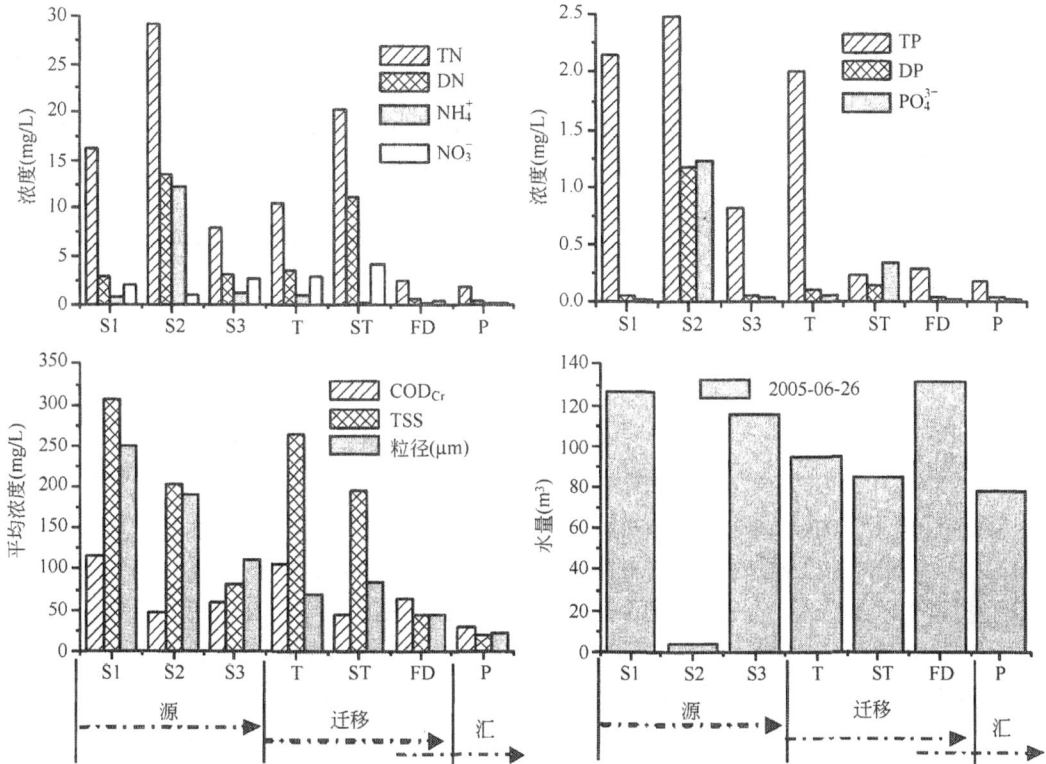

图 6-17 滤渠—塘组合系统中污染物浓度和水量的变化
（S1：山坡暴雨径流；S2：动物场馆冲刷水；S3：屋顶暴雨冲刷水）

由表 6-17 可知，在 2005 年 6 月 26 日的次降雨事件中，屋顶和山坡是犬科馆汇水区暴雨径流污染负荷的主要贡献区。场馆冲洗水虽然污染物浓度高（图 6-18），但由于水量较小，所以其产生的污染负荷对暴雨径流的贡献率也较小。另外，由于滤渠—塘组合系统主要是针对前期污染较重的暴雨污染径流，可以拦截初期大约 13.7mm 的降雨径流，所以对犬科馆汇水区暴雨污染径流中 TSS、COD、TN 和 TP 的污染负荷的持留率分别可以达到 97.0%、89.2%、94.2% 和 96.2%（表 6-16）。

2005-6-26 次降雨条件下滤渠—塘组合系统对污染物的持留率 表 6-16

污染物	系统输入负荷（kg）				系统输出	持留率
	场馆冲洗水	屋顶	山坡	总和		
TSS	0.101	9.5	38.7	48.2	1.43	97.0%
COD	0.024	6.9	14.8	21.7	2.34	89.2%
TN	0.015	0.92	2.06	2.99	0.15	94.9%
TP	0.0013	0.096	0.27	0.37	0.014	96.2%

2003 年，犬科馆汇水区的暴雨污染径流还未进行控制，此时整个汇水区全年产生的污染负荷大约是 10639kg TSS/(hm² · a)、2788.5kg COD/(hm² · a)、385.1 kg TN/(hm² · a) 和 28.79kg TP/(hm² · a)（表 6-17）；2004 年 4 月，滤渠—塘组合系统建设完成后，整个

汇水区全年产生的 TSS、COD、TN 和 TP 的污染物负荷分别削减了 67.8%、32.0%、27.9%和 14.8%。2005 年，整个汇水区的生态系统逐渐恢复，滤渠—塘组合系统对暴雨污染径流中 TSS、COD、TN 和 TP 负荷的年持留率分别为 86.4%、85.5%、83.9%和82.9%。经过 3 年的连续监测表明，滤渠—塘离线组合系统对于暴雨径流中污染物的截留和净化作用显著，且对各种污染物的持留率逐年稳定升高。

系统对污染物年度污染负荷的持留率　　　　表 6-17

指标	系统输入 [kg/(hm²·a)]			系统输出 [kg/(hm²·a)]			年持留率(%)		
	2003	2004	2005	2003	2004	2005	2003	2004	2005
TSS	10639	3423	1669	—	464	226	—	86.4	86.4
COD	2788.5	1895.8	1520.9	—	559.4	221.1	—	70.5	85.5
TN	385.1	277.8	181.7	—	44.6	29.3	—	83.9	83.9
TP	28.79	24.54	18.05	—	4.99	3.08	—	79.6	82.9

暴雨污染径流中的颗粒物经过组合系统以后，体积平均粒径降低到 $20\mu m$ 左右（图 6-18），径流中的大颗粒物均被有效拦截，污染物主要以可溶态污染物为主，浓度较低。经过预处理装置后，滤渠中的可溶态氮主要以硝态氮为主，可溶态磷主要是以磷酸盐为主。当暴雨径流依次经过滤渠中不同的基质材料后，各种污染物的浓度均有不同程度的降低，其中浊度由入口处的 62.18 NTU 降低到出口处的 1.40NTU；DN、NH_4^+-N 和 NO_3^--N 的浓度分别由入口处的 7.05mg/L、0.49mg/L 和 3.05mg/L，降低到出口处的 2.67mg/L、0.29mg/L 和 0.62mg/L；DP 和 DRP 的浓度分别由入口处的 0.22mg/L 和 0.19mg/L，降低到出口处的 0.057 和 0.053mg/L。

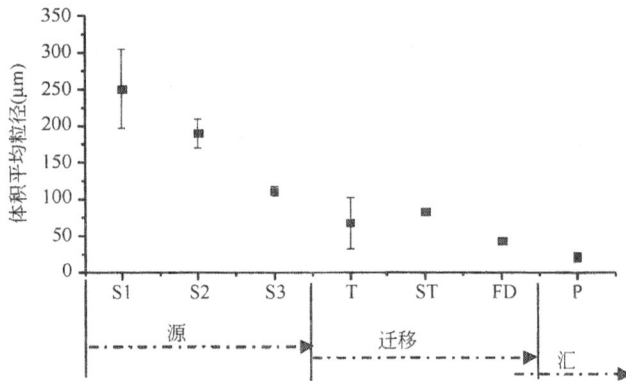

图 6-18　系统中颗粒物的体积平均粒径的变化

由图 6-19 可知，S1、S3 和 S2 中污染物的形态组成不同，S1 和 S3 中污染物主要以颗粒态形式存在，其中颗粒态氮的百分比（PN%）分别达到了 80%和 60%左右，颗粒态磷的百分比（PP%）则分别达到了 98%和 91%。而 S2 中颗粒态氮磷和可溶态氮磷的比例基本相当，比例均在 55%左右，可溶态氮主要以铵态氮为主，可溶态磷以磷酸盐为主，经过沉淀池沉淀后，颗粒态氮磷的百分含量减少到 40%左右，可溶态有机氮和磷酸盐比例升高，这主要是由于冲刷水中的大颗粒态污染物不断沉降，部分颗粒态氮磷转化成了有机态的氮磷造成的。经过迁移和汇等景观结构以后，颗粒态污染物的百分含量均降低到 60%左右。滤渠—塘组合系统通过对前期暴雨污染径流进行离线控制有效地降低了暴雨径流中颗粒态污染物的百分含量，拦截了暴雨径流中的大部分颗粒物。

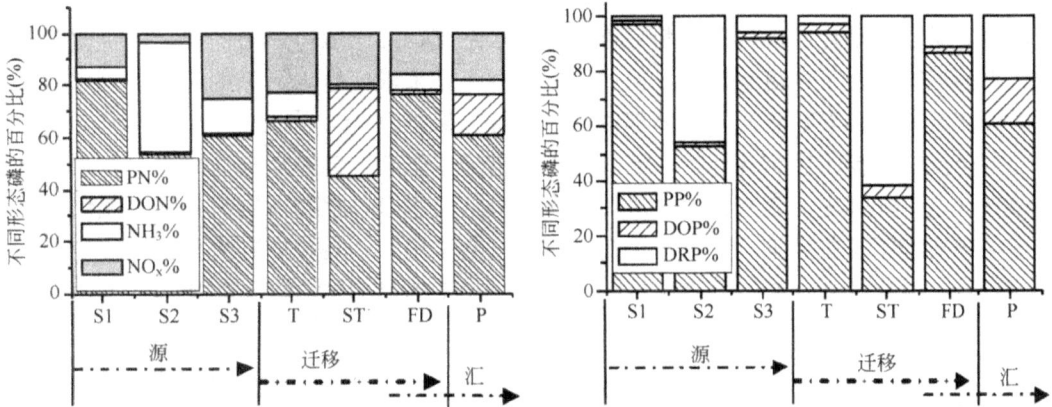

图 6-19　滤渠—塘系统中氮磷百分比的变化

（3）应用条件和其他

离线控制对流域的地貌和土地面积要求较小、技术更加灵活多样、经济高效、针对性更强，可以用于土地面积相对紧张的地区（城市工业区、商业区和居民区等）。

6.7　合流制溢流污水污染控制技术

我国新建城区采用雨污分流制，老城区仍然是雨污合流制排水系统。合流制部分雨、污混合水未经处理溢流进入河流和湖泊，造成水体严重污染。目前，我国多数城区以实现分流制为规划指导原则，依赖传统的分流制排水体制来控制污染。但是将合流制改为分流制，受现状条件限制大，许多老城区建成年代较长，地下管线基本成型，地面建筑拥挤，路面狭窄，旧合流制改分流制难度较大。武汉是一个老城，城中大多为雨污合流制，合流制系统的水质污染严重，这方面我们已经在第 2 章中作了详细的叙述。

德国、荷兰等发达国家对合流制和分流制的污染问题的研究和实践表明，合流制溢流（Combined Sewer Overflows，CSOs）如处置得当，其污染效应甚至更低一些。因此，发达国家并没有完全采用分流制，而是对已有的合流制进行截流以控制雨天溢流污水，同时采取措施控制雨水排放量和排放速率，以控制径流雨水中污染物的排放。

我国对合流制溢流控制的研究和具体实施刚起步，缺乏相关的控制法规和技术体系。合流制溢流的污染问题在欧美等发达国家引起了广泛重视，德国、美国、日本等国自 20 世纪 60 年代起就开展合流制排水系统雨天溢流对受纳水体污染的研究，各国政府制定了关于合流制溢流污染控制技术的设计规定和标准。合流制溢流控制措施可分为源头控制、管路控制、存贮调蓄以及末端处理四类。

6.7.1　合流制溢流污染的源头控制

源头控制是从水质、水量两个方面来减少进入合流管道系统的径流量，由于源头控制措施减少进入管道系统的径流总量、峰流量、污染负荷，可减少溢流次数和溢流污水量，因此，减小下游处理构筑物所需规模。

欧、美、日等国家因地制宜地通过雨水资源合理利用与管理从源头来加强雨水径流及合流管系溢流污染控制，从而不断完善城市排水系统，并已取得显著的成果。英国和法国的大部分城市保留了合流制体系，通过控制面源污染来求证排入河流的污水处理率，使其主要河流莱茵河和泰晤士河的水体都得到了很好的保护。

对合流制溢流的控制有利的径流源头控制措施主要有：铺装渗透性地面，增加雨水就地渗透设施，加强固体废物管理，清扫街道，清洁雨水口，控制土壤流失等。我们在武汉水专项中实施了这些措施，并且在桃花岛和万家巷采用塘—湿地的方法对合流制初期污染径流进行了净化处理，然后排入墨水湖，详细请见本书第 10 章（彩图 6-16）。

6.7.2 合流制溢流污染的管道系统控制

径流进入管道系统后，管道系统的运行管理直接决定了合流制溢流的负荷，管路上的控制措施主要包括：

（1）选取合适的截流倍数

在降雨量/降雨强度一定情况下，合流制系统溢流水质、水量与旱流污水基础流量、管道系统的调蓄容量有关。表示系统截流能力的一个重要参数即是截流倍数，截流倍数指合流制系统中，被截流的部分雨水量与晴天污水量的比值。

截流倍数的大小直接关系到合流制排水系统雨天溢流水量和水质，以及工程投资。若截流倍数偏小，在地表径流高峰期混合污水将直接排入水体而造成污染，若截流倍数过大，则截流干管和污水厂的规模就要加大，基本投资和运行费用也将增加。图 6-20 为汉阳地区不同降雨强度和降雨量条件下，选取截流倍数（取 1、2、3、4 和 5）对降雨径流中 TSS 和 COD 的截流效果。由图 6-20 可知截流倍数越高，对污染负荷的截污效果越显著。

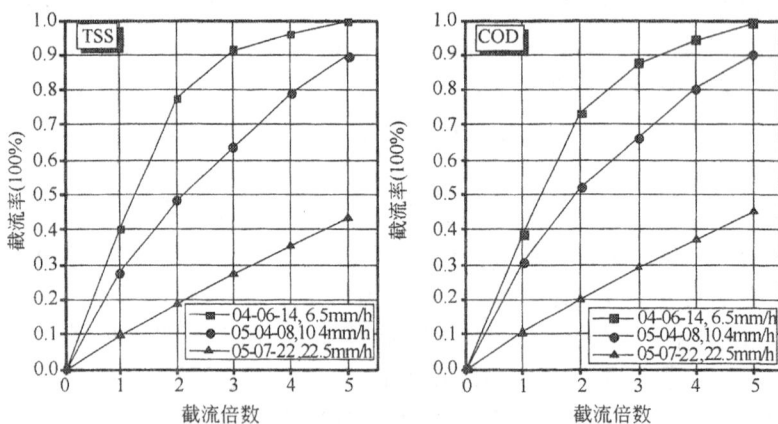

图 6-20 以汉阳地区三场降雨计算不同截流倍数对 TSS 和 COD 的截流率

目前国外采用的截流倍数多为 2～5 之间，我国的设计规范中规定截流倍数为 1～5，实际工程中为节省投资一般用 0.5～1.0。大体而言，我国的截流倍数值选用偏小，使得合流制排水系统雨天溢流水量极大，汉阳地区初期雨水含污染物量非常高（图 2-1～图 2-3），使受纳水体遭到严重污染的危险性增大。

（2）管道的冲洗

合流制管道内旱季沉积的污染物是合流制溢流污染物的重要来源。我们在汉阳地区测定，暴雨时管道内所沉积的污染物再泛起，占初期雨水 SS 和 COD 负荷的 60% 左右。在旱季周期性的冲洗管道，将沉积的污染物输送到污水处理厂，改善雨季溢流污水水质，可以减小溢流污染物排放量。冲洗可采用水力、机械或手动方式，使沉积物在水流的冲刷作用下排出管道系统，尤其适用于坡度较小、污染物易沉积的管线。

（3）渗漏和渗入控制

由于管道的破损，管道内的污水会渗入地下，污染地下水；同时地表水位较高时，地下水会渗入管系统，增大雨季溢流量。因此应对管道进行必要的监测、维护，避免出现渗漏和渗入流量。

（4）管线的原位修复

在破损管道内壁衬有机壁面，修复管道的缺陷，减小管道粗糙度，增大过流能力，减少超载、回水现象的发生，减少污染物的沉淀积累。

6.7.3 合流制溢流污水的贮存调蓄

（1）溢流截流池

德国从 20 世纪 80 年代到 90 年代基本实现了对城市雨水溢流的污染控制，最典型的措施是修建大量的雨水池截流处理合流制管系的污染雨水，较快地实现了城市排水系统的改造和合流制溢流污染的有效控制。

在降雨初期，小流量的雨污水进入污水处理厂，当雨水流量增大时，部分雨污混合水溢流进入贮存池，被贮存的这部分流量在管道排水能力恢复后返回污水处理厂，这样污水处理厂的在线流量减小，处理能力满足要求，避免含有大量污染物的溢流雨水直接排入水体。我国上海市成功利用贮存池控制苏州河沿岸雨天溢流污水量。

图 6-21 是一种典型的溢流截留池，在国外应用较多。工作过程如下：当流量较小时，合流水直接由下游合流制管道输送至污水厂，流量增大到一定量超过下游管道的输送能力时，合流水由溢流口中的分流装置进入截留池贮存。如果流量继续增大直至截留池装满，多余的合流水经由溢流口溢流，直接排放。

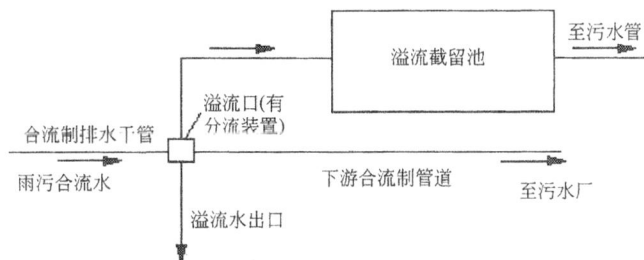

图 6-21　典型溢流截留池

截留池的基本原理如上所述，但其应用形式较多，例如图 6-22 是德国排入莱茵河支流 Lippe 河的合流制排水干管溢流系统（Petruck，1998）。排放干管与溢流截留装置的进水管串联，雨污合流水由排放干管进入溢流截留装置的进水管，当流量较小时，合流水直接由出水管输送至污水处理厂，流量增大到一定量超过出水管的负荷时，合流水由分流装置进入贮存池贮存。如果降雨继续进行，流量继续增大时，截留池已装满，多余的合流水经由溢流装置溢流，由溢流管排放。截留池同时起到沉淀的作用，雨污水在池中停留的同时进行沉淀，沉淀后上层较清洁水由溢流管直接排放（彩图6-17）。图6-22中的分流装置与溢流装置实际上都是溢流堰。该装置的自动化程度较高，出水管和截留池中均装有流量测定仪。出水管中流量超过其输送能力时，分流装置自动开启；截留池中流量超过其容积时，溢流装置自动开启。

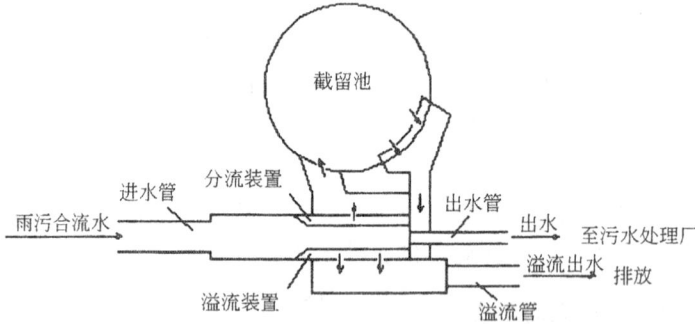

图6-22 德国的一种溢流截留装置

除上述截留池外，还有一种截留装置，即排水干管与贮存系统串联的"在线"截留装置，其结构简单，不需要分流装置，详见图6-23(a)、(b)。该装置一般建在合流排放干管的下游。截留池底部仍有渠道通过。降雨时，初期流量较小时，雨污水由渠道输送至污水厂，流量足够大时，多余的雨污水溢出渠道贮存在截留装置中，当截留池装满后，后面流过来雨污水会把装置中原有的雨污水推流出去，直接排放。

这种"在线"截留装置在国外应用较多，例如美国Milwaukee市修建"隧道"式贮存系统就是一种"在线"截留池，可以容纳400万m^3雨污水（彩图6-18）。

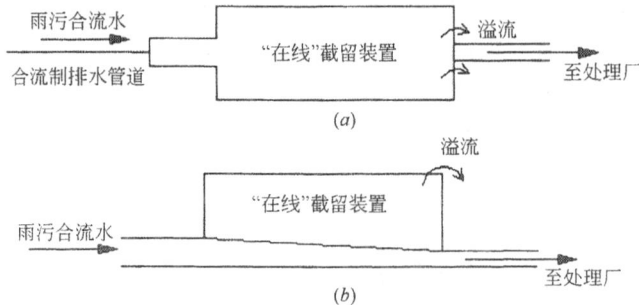

图6-23 合流制雨水的"在线"截留系统
（引自：车伍，李俊奇. 城市雨水利用技术与管理，2006）
(a)平面图；(b)剖面图

（2）分流装置

分流装置在溢流截留贮存调蓄设施中非常重要，它对控制溢流的截留量起着决定性的作用。如图6-24所示中的分流装置，控制着进入截留池的溢流量。将置设有两个溢流堰，当流量超过下游排水管道的输送能力时，雨污水溢流过较低的溢流堰，进入截留池。流量继续增大，雨污水溢流过较高的溢流堰，直接排放。

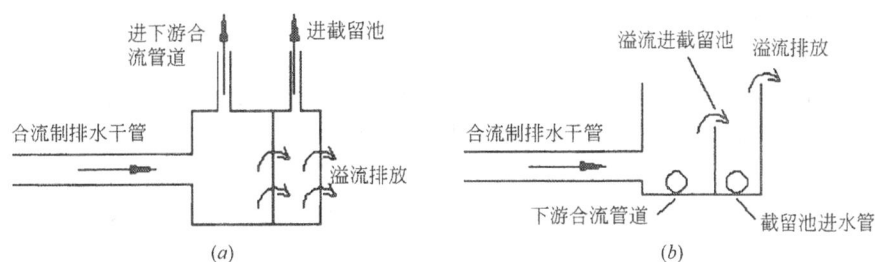

图 6-24 合流制雨水的分流装置

(a)平面图；(b)剖面图

两个溢流堰的高度至关重要，较低溢流堰的高度根据下游合流管道的输送能力而定，较高溢流堰的高度则由截留池的截留体积来定。溢流堰也可设计成可调式，可调式溢流堰可根据实际情况随时调节溢流堰的高度，可以减少溢流历时和次数，从而减少对受纳水体的影响。

此外，为了有效管理，西方发达国家许多大城市的排水系统，都利用计算机技术对排水系统在不同程度上进行实时控制。它将系统中的各种调节、控制设施及管道的富裕容量进行综合调度，以达到减少溢流次数、水量，减少溢流的污染负荷，减少管道超载和地面淹水，均衡污水厂的入厂水量、水质等多重目标。为此，对系统内各控制点的降雨、流量、水位等信息和堰、闸阀、水泵等设备进行遥测、遥控，并与中心计算机连接，通过预定的程序以最佳方案进行调度。

6.7.4 合流制溢流净化处理

合流制溢流净化处理技术用于减少排入水体的污染物负荷量，去除的物质包括可沉淀固体、漂浮物、细菌等。主要有以下几种设施：

(1) 沉淀池

沉淀池是污水处理厂最常采用的一种设施，在 CSOs 处理中也被广泛使用，1998 年德国约 40000 个合流制溢流处理系统中，有 17000 个建有沉淀池，沉淀池处理 SS 的效率在 $55\%\sim75\%$ 之间(Cock, 1999)。

为了减小沉淀池的体积，增大沉淀池的沉淀效果，混凝沉淀以及各种高效沉淀装置相继被开发出来，已有多种高效处理装置成功商业化，有 Kruger 公司的 ACTIFLO 工艺(Desjardinsa 等，2002)，法国 Infilco Degremont(Delporte 等，1995)的 DENSADEG ＋ BIOFOR 工艺和 Parkson 公司的 Lemalla Plate 工艺(Stevenson, 1999)等。

(2) 旋流分离器

旋流分离器是一种特殊的溢流污染控制装置。其实质是在溢流排放到水体之前的一种预处理装置，类似旋流沉砂池。

进水沿分离器外沿切线进入水力分离器，沿切线进水会在池子里形成旋涡现象，可降低混流程度，造成水固分离，有利于固体颗粒的沉降，减小池子容积。沉积下来的污泥聚集在分离器的中央位置，用水泵将沉积污泥及时输送到处理厂。沉淀后的上清液与未处理的合流制溢流相比，水质有所改善，SS 去除率为 36%～90%，COD 去除率为 15%～80%，并从出水口直接排放到水体中。

旋流分离器的设计应考虑的因素包括：降雨量、降雨强度、溢流水量、贮存池容量、处理要求等。在美国、德国、捷克斯洛伐克等国家旋流分离器已经被广泛用于 CSO 和雨水处理，但旋流分离器处理规模较小，只适用于管径较小的管道。

（3）消毒

溢流污水中含有病原性细菌、肠道病毒和蠕虫卵等病原体，是各类城市流行性疾病的潜在感染源。合流制溢流中细菌含量比水上娱乐活动水体的细菌含量高 2～4 个数量级，为了保护水体免受细菌、病原体的污染，应及时对合流制溢流进行消毒处理。欧美等发达国家针对 CSOs 的消毒技术进行了大量研究且已广泛采用于众多城市。合流制溢流消毒方式有氯消毒、臭氧消毒、紫外线消毒、电子束辐射消毒等。

7　城市面源污染的汇控制

城市面源污染的汇控制是在接受水体附近建立能净化污染的设置，它是区域里对暴雨径流进行控制的最后一道关口，一般是在源控制、迁移控制的基础上进行。

7.1　区域性的暴雨径流污染汇控制

区域性暴雨径流污染汇控制是在区域下游建立大型的塘湿地、沼泽湿地、河口湿地或岸边带湿地等（彩图 7-1）。区域性暴雨径流污染汇控制占地面积较大，在欧美国家一般由政府或带有行政色彩的区域管理单位通过社区授权接收来自区域内多个企业和社团的暴雨径流。根据规划，所有单位都要进行设备投资，并减少各自的水量和污染输出。区域性暴雨径流污染汇控制具有贮存、过滤功能，并具有区域调节洪水并维护生物多样性作用。区域性的暴雨径流污染汇控制大多利用原有的湿地、洼地进行水系改造形成，或者利用区域恢复湿地形成。

区域性暴雨控制的优势是：因为用一个大型湿地来控制区域的面源污染负荷，比多个分散的设置能降低建设费用，降低运行和维护费用，可为未来的开发提供暴雨处理保证，还有审美和娱乐方面其他收益。区域性暴雨控制也有一些缺点。一是这种设置位于区域下游，因为设置较大，而且是区域性公用，建设时的地方政府必须筹措足够的资金。特别是对于新的开发区，开发者较少时需要每个开发者很多的投入。政府也要在个体和全局中进行利益和责任的平衡。因为它们一般较大，容易受关注，且是政府责任，区域性暴雨装置比单个地点的控制设备更容易维护，且安全性更高。

7.2　岸边净化的生态混凝土技术

岸边净化的生态混凝土技术是指运用生态混凝土对水体堤岸进行加固，利用其护堤的同时，又可以对内、外源污染进行有效消除。生态混凝土是近年从日本传入我国，并经过国内工程技术人员改进和开发的适用于边坡防护与绿化的新材料。生态混凝土（Eco-Concrete），也即大孔混凝土（Porus Concrete），是通过材料选择、采用特殊工艺制造出来的具有特殊结构与表面特性的混凝土，可分为环境友好型和生物相容型两类。环境友好型是指在生产和使用过程中可降低对环境负荷的混凝土；生物相容型是指能与动物、植物等生物和谐共存的混凝土。用于岸边净化的生态混凝土一般为生物相容性生态混凝土,通过由生物相容性生态混凝土坡岸营造出的植被缓冲带可以对面源输入污染物进行有效拦滤(图7-1)。同时,大量的微生物在其凹凸不平的表面或连续空隙内生息,又对污染物起到生物消除的作用。

图 7-1　岸边净化的生态混凝土预制块

7.2.1　技术原理

　　生态混凝土岸坡的通用模式见图 7-2,它从结构上可分为水上生态混凝土和水下生态混凝土。水上生态混凝土是在掌握植被生物学特性、生长发育规律的基础上,在无沙大孔混凝土的"萨其玛"结构骨架中掺加充填腐殖土、种子、缓释肥料、酸性聚合物及保水剂等混合材料,有效地提高了混凝土的抗压强度;同时在砌块孔隙中充填腐殖土、种子、缓释肥料、保水剂等混合材料,并在混凝土表层采用植物纤维覆盖,创造适宜植物生长的环境,使水体岸边兼具防护、绿化及对面源污染拦滤、净化的功能。

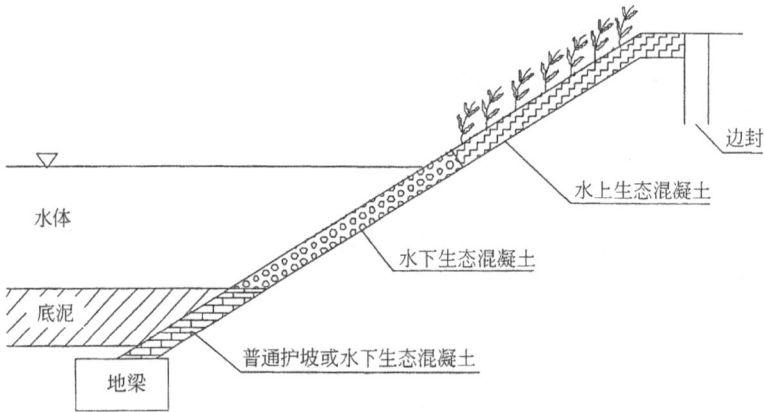

图 7-2　生态混凝土岸坡通用模式

(引自:陈志山等,2004. 太湖高级论坛)

　　水下生态混凝土以其特殊的结构形式(多孔混凝土的连通孔或是普通混凝土制件的预留孔),在靠近岸边的局部地区形成水流的滞缓、回流区,为水生动物、水生微生物提供较为良好的生存环境;并促进水体中污染物质的生物降解作用。

　　而水下的生态混凝土本身具有的物理、化学性能及其上聚居的生物群落都可以对水质进行净化。在混凝土内具有大量的连通孔,在具有良好的透水性的同时,也对径流/水中的污染物质有很好的吸附能力。混凝土组成材料中的水泥在水化过程中,以及混凝土浸泡在水中会不断地释放 $Ca(OH)_2$,可以对水体起到净化作用。生态混凝土外壁面和中心部的内壁面均有大量的好氧和厌氧细菌栖息,形成了大量的生物膜。这些形成的生物膜和生态混凝土内部聚生的其他生物种群,如细菌、藻类、原生动物等可以有效去除水中的 N、COD 及其他有机污染物(陈志山等,2002)。

7.2.2　技术框架、处理工艺和运行方式

岸边净化的生态混凝土可以采用混凝土砌块铺设以及现场浇筑的方式进行。

现场浇筑一般采用钢筋混凝土框格进行加固，具体措施是先在开挖坡面上挂网、现浇钢筋混凝土框格梁，然后在框格内喷射无砂大孔混凝土。坡面挂网及钢筋混凝土框格梁主要是为了边坡的支挡加固，使其达到深层和浅层稳定，为植物的生长提供安定环境。对于完整性差的高陡岩石边坡，钢筋混凝土框格喷射生态混凝土技术特别适用（袁国栋，2005）。

运用预制生态混凝土砌块进行湖岸边坡的铺设时，用通常的设备和方法处理地基，准备铺面并振实，铺设适当的土工布。在土工布上即可进行水上多孔混凝土砌块的铺设。由于铺设在漫水线以上，可以用一般土壤填充，种植草木。

7.2.3　设计参数

目前，生态混凝土的基本配方见表 7-1。对某一具体工程，在进行实验室试验时，可以参照表 7-1 给出配方范围内选取几组配方。

多孔混凝土配方 表 7-1

材料名称	用　　量	作　　用	备　　注
水泥	5%～12%	胶凝材料	含 CaO、MgO 少
骨料	50%～80%	连通孔支撑材料	强度高、单一级配
酸性聚合物		降 pH，增强	
有机质	10%～20%（体积比）	改善土壤结构，增加养分	酒槽、稻壳、锯末
保水剂	0.08%～0.1%	吸水保墒	一般性吸水树脂
肥料	0.6%～1.0%	改善营养状况	一般复合肥
草种	30g/m²	植绿	暖/冷季型混合草种

（引自：郭声波，叶建军，国外建材科技，2006，27：53-56）

无砂大孔生态混凝土主要技术指标中，首先是强度，通常其抗压强度应大于 5MPa。再次，不能出现明显的沉浆。沉浆，就是混凝土拌合物中富余的水泥浆在施工过程中从骨料表面滑落、沉积到混凝土底部的水泥浆层。沉浆硬化后，会阻断根系与土壤的连通性，严重影响植物的生长。所以，强度、连通孔隙率、沉浆面积率以及植绿种子是无砂大孔生态混凝土应用的重要技术指标，并受到以下设计参数的控制：

（1）水泥用量及水灰比

生态混凝土粗骨料间以点接触连接，虽然因此创造出利于动、植物生长的大孔隙，但也使得生态混凝土强度降低。所以，改善骨料间的胶结强度是提高大孔隙混凝土强度的关键，而胶凝材料水泥和水的用量及水灰比就成为决定混凝土强度及孔隙分布的重要因素（甄侦等，2006）。

研究发现，水泥用量增加 50kg/m³，混凝土的强度平均增加 2MPa；但水泥用量过大会使浆体增多，孔隙率减小，沉浆面积增大（邢振贤等，2007）。而如果使用再生骨料进行生态混凝土的配制时，还须考虑再生骨料的孔隙率大的特点而增加水的用量，而在水灰比不变的情况下必然增加水泥的用量，可以通过添加非碱性减水剂来减少水的用量从而降低

水泥用量。在降低了水泥水化产生的碱含量同时提高混凝土的强度。骨料品种和水灰比相同的条件下，水泥用量越大，沉浆面积率越大。

水灰比既关系到混凝土强度、pH 环境，又可以显著影响生态混凝土的沉浆面积率。在水泥用量和骨料品种相同的条件下，水灰比越大，沉浆面积率越大，连通孔隙率越小。当水灰比取 0.4 以下时，不仅能保证混凝土有比较大的连通孔隙率，又不会出现明显的沉浆(邢振贤等，2007)。

(2) 外加剂

由于水泥的水化及混凝土中各组成材料的碱骨料反应，使得多孔生态混凝土内部孔隙处于高碱环境(pH≈13)，不利于植物生长。因此必须在生态混凝土材料中添加非碱性外加剂，在提高强度的同时降低碱度，维持植物生长。这些外加剂可以是粉煤灰、酸性聚合物以、镁(铝)盐及高效减水剂等。

掺加粉煤灰来降低水泥用量同时中和水化产生的氢氧化钙。当粉煤灰掺量为水泥用量的 30%～50% 时，多孔生态混凝土的 pH 值可降至 12 以下(蒋晓峰等，2006)。

适当的酸性聚合物也可以在提高混凝土强度的同时改善混凝土孔隙内的碱性环境。

镁、铝离子可延缓生态混凝土结构中钙离子的溶出，不仅延迟了生态混凝土强度由于钙离子溶出而导致强度的降低，有效地改善混凝土的耐久性，它们还可以起到净水的作用(陈志山等，2003)。

非碱性减水剂，在减少水的用量的同时可以降低水泥用量，在降低了水泥水化产生的碱含量同时提高混凝土的强度。

(3) 骨料

骨料的甄选不仅影响到生态混凝土结构的强度、沉浆面积，还决定了生态混凝土结构中的孔隙率及孔径分布。所以，骨料级配和最大粒径也是决定无砂大孔生态混凝土应用性能的重要因素。

为使根系在混凝土中生长茂盛，连通孔隙率应在 18%～35%。粗骨料粒径越大，孔隙率越高，平均孔径也相应较大些，越有利于植物的生长(胡勇有等，2006)。试验资料显示 5～10mm 骨料试样的大孔隙率和连通孔隙在 28% 左右；10～20mm 骨料试样的孔隙率在 26% 左右；20～30mm 的试样的孔隙率在 30% 左右(甄侦等，2006)。而在水灰比和水泥用量相同的条件下，卵石混凝土与碎石混凝土相比，连通孔隙率增大，沉浆面积变小，更有利于植物的生长。

所以，采用单一级配的卵石粗骨料拌制的无砂大孔生态混凝土，对植被的生长更有利。

(4) 植物配方

植被混凝土偏碱性，坡面水分易流失，这就要求喷射混凝土中的先锋植物除具耐碱性外还要耐贫瘠、耐干旱。在耐碱性方面，暖季型草对土壤碱性的忍耐能力强弱依次为野牛草、狗牙根、结缕草、钝叶草、斑点雀稗、地毯草、假俭草，冷季型草对土壤碱性的忍耐能力强弱依次为匍匐剪股颖、苇状羊茅、多年生黑麦草、细叶羊茅、细弱剪股颖。在耐贫瘠方面，暖季型草耐瘠薄能力的高低依次为狗牙根、结缕草、假俭草、地毯草、钝叶草，冷季型草耐瘠薄能力的高低依次为细叶羊茅、苇状羊茅、多年生黑麦草、六月禾、细弱剪股颖、匍匐剪股颖。在耐旱性方面，暖季型草耐旱性的强弱依次为野牛草、狗牙根、结缕草、雀稗、钝叶草、假俭草、地毯草，冷季型草耐旱性的强弱依次为异穗苔草、细叶羊茅、苇状羊茅、冰草、草地熟禾、匍匐剪股颖、多年生黑麦草(许文年等，2005)。

为了避免边坡上同一生态位植物种之间的竞争，充分利用各种植物的特殊适应性，一般采用草种混配。采用灌草混植、冷暖型搭配的方法进行植物配方甄选，可以充分发挥各种植物的优势，形成生态稳定性高、植被良好的植被覆面。禾本科植物具有出苗快、生长迅速等特点，能迅速覆盖裸土，初期便能很好地拦蓄坡面地表径流，减免侵蚀作用。而要建成生态稳定性较高的植物群落，则必须有一定比例的灌木、豆科、藤本和矮生树参与。灌木类植物如紫穗槐，初期生长缓慢，覆盖地表能力较差，但其持久护坡能力好，地下部分有根瘤，可利用空气中的游离氮，其根系发达，遇干旱时可深入地下吸收水分，非常有利于植草的生长(梁双宝，2003)。物种混播组合确定以后，还需要根据物种的竞争力确定混播组合中的各自比例，避免优胜劣汰的组合而失去混播的意义，以力求达到：①最大限度增加护坡绿地的抗逆性和适应性，防止其退化；②最大限度增加护坡绿地的景观效果，提高观赏价值；③尽可能使护坡绿地在较短的时间内与周边生态环境达到协同一致。

综合考虑以上各种因素，植被混凝土边坡绿化技术一般采用狗牙根、多年生黑麦草和羊茅属草等几种冷暖季相结合的草种；在暖季，冷季草的枯叶腐烂后进入土壤为暖季草提供一定的养分，而在冷季，暖季草的枯叶腐烂后进入土壤又为冷季草提供一定的养分，从而形成了营养循环。这样既能保证草种在这些相对严酷环境下正常生长而起到先锋植物应有的功能，又能保证生态工程完成后坡面四季常青。播种时期应避开寒冷低温与多雨高温季节，最适宜播种的时间为4~5月份和8~9月份。养护期内，应做好浇水、追肥、防治病虫害、补植等管护工作。植生护坡施工完毕后，应在其上铺一层无纺布($14g/m^2$)(梁双宝，2003)。

7.2.4 控制效果

我国大多数城市段河流的自我净化及自我恢复能力降低、河流水体污染严重。河道护岸工程在很大程度上仍然采用传统的规划设计思想和技术，即便是中小河流，河道护岸仍然只是考虑河道的安全性问题，以混凝土护岸为主，而没有考虑工程建筑对河流环境和生态系统及其动植物及微生物生存环境的影响。对于起主要排洪功能的河流，护岸工程是河道生态治理的一项重要措施，对保护堤防免受冲刷、防止水土流失具有重要作用。同时，河道护岸工程应考虑生物的多样性，为水生、两栖动物创造栖息繁衍环境，这样设计既有利于保护河道的水生态环境，又有利于提高水体的自净能力。同时也能构筑具有亲水理念的景观河道，实现人与自然和谐共处的水利建设理念。在确保河岸工程具有抗洪防止河岸侵蚀结构的功能前提条件下，以恢复重建河岸生态系统及其景观为目的，改变传统水利工程设计，将生态学原理纳入水利工程中，通过对河流护岸工程的生态设计与调控，采用生态系统自我修复能力和人工辅助相结合的技术手段，使受损的河岸生态系统恢复到受干扰前的自然状态及其景观格局，恢复河岸生态系统合理的内部结构、高效的系统功能和协调的内在关系。通过设计和构建生态型湖岸、陆生植被带和水生植被带，兼顾净化城市径流和美化湖滨功能，使控制城市地表径流污染的生态工程与滨湖景观达到和谐统一。

我们使用生态混凝土进行了控制坡面暴雨径流污染的实验。多孔生态混凝土改变了雨水在坡面上的水文过程，阻延径流的产生，降低径流量的输出；其上的植物缓冲带又能对径流中的颗粒态污染物进行拦滤；还兼具植生、改善环境等效果。研究发现裸地与生态混凝土试验小区和改良土壤小区相比，径流量分别削减了48%和24%，TN年度污染负荷分别减少了53%和45%，溶解态氮(DN)减少了26%和28%，TP减少了57%和30%，溶解态磷(DP)降低了80%和33%，COD降低了62%和40%，TSS降低了56%和43%。同植被覆盖良好的小区相比，生态混凝土对各种污染指标的控制效果没有明显差异，但其抗冲刷能力较强，更能适应城市护坡和护岸的需要(陈庆锋等，2006)。

7.2.5 应用条件

传统的城市河道、湖泊的护岸以及高速公路两旁的护坡，多采用硬化护坡材料，这些材料抗侵蚀、抗浪冲击，但阻断了自然的陆地—水体水流通，破坏了生态系统生物栖息和迁移的廊道，景观可视性差，工程造价高。而保存土壤，植草或种植灌木，由于缺乏防护强度，有时也不能满足城市河道防洪的需要。而岸边净化的生态混凝土护堤技术可作为固沙、固土、固堤护岸材料，及各种类型的水体滨岸。与普通混凝土浇筑相比，生态混凝土坡岸在透水性、稳定性、抗冲刷与流失性能、景观性以及改善自然环境能力等方面都具有一定的优越性(刘荣桂等，2005)。

高陡岩质边坡应用生态混凝土作为护岸材料时，由于其保水功能差，含有的活化养分少，土壤颗粒难以留存，而且坡面径流冲刷严重，首先要做好边坡的支挡加固措施，如设置钢筋混凝土框格梁、锚杆等使其达到深层和浅层稳定。其次，植被混凝土的厚度应满足边坡防护强度、抗雨水冲刷能力和适应植物长期生长要求(袁国栋，2005)。

生态混凝土不仅具有一定的强度，可以满足坡面工程需要，而且具有植物生长适应性，促进自然水循环，满足城市景观生态化的需求。生态混凝土的开发和应用在我国还刚刚起步，随着人们对生活要求的提高和对生态环境的重视，混凝土结构的美化、绿化、人造景观与自然景观的协调将成为建筑材料学科的又一个重要课题(史美东，2005)。

7.3 控污型岸边带系统

控污型岸边带系统因其对面源污染控制特有的效率和多重功能而被国内外广泛采用。在城市水环境保护实践中，通过合理设计和建设城市水体岸边带系统，并利用该系统进行城市面源污染控制是十分必要和有意义的。

7.3.1 技术原理

控污型岸边带系统属于一种岸边缓冲带系统，是指邻近受纳水体，有一定宽度，在陆相边界具有岸边植被绿化缓冲带，在水相边界具有岸边湿地系统，在管理上与其他生态系统分割的地带(图7-3)。该系统的首要功能是能够减少污染源和河流、湖泊之间的直接连接，具备过滤截留地表径流和陆源污染物的功能。同时，还具有提高生物多样性，防浪固堤，为市民提供娱乐休憩场所等多重功能。控污型岸边带系统独特的物理和生物地球化学特性决定着陆地与水体间的水量、养分的流动。污染物在从陆地向水体迁移的途径中，以地表径流、潜层渗流的方式通过缓冲带进入水体。

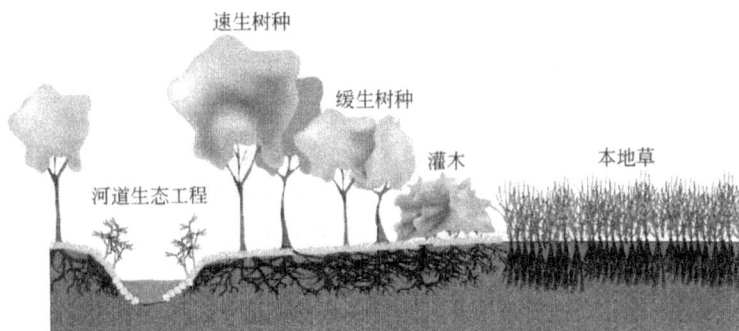

图 7-3　控污型岸边带系统断面示意图

(引自：Department of Natural Resource Ecology and Management(NREM)at Iowa

State University，绘图者：Tom Schultz)

控污型岸边带系统对城市面源污染的净化机理主要包括对颗粒物等的截获作用，对陆地径流的削减(促渗和贮存)，硝化反硝化除氮，磷的沉降和固定，有机污染物的去除等。下面分别加以阐述。

研究认为，悬浮颗粒物在岸边过滤带中的沉降和滤除主要是因为过滤带特有的设计结构，如有一定宽度的植被绿化带、湿地高矮不同的植物镶嵌组合以及高低起伏的地形地貌造成了岸边地带糙率增加，从而引起地表径流流经于此其流速显著降低，延长了水流的流动过程，也促使沿程的径流入渗量增加，降低了水流的携沙能力，使悬浮物等在岸边带中沉降。

在控污型岸边带系统中，进行有效的植被控制是十分必要和关键的。所谓植被控制(vegetation control)是一种利用地表密植的植物对地表径流中的污染物进行截留的方法，它能够在径流输送过程中将污染物从径流中分离出来，使到达受纳水体的径流水质获得明显的改善，从而达到保护受纳水体的目的(赵剑强，2002)。地表的植被不但有助于减小径流的流速，提高沉淀效率，过滤悬浮固体，提高土壤的渗透性，而且能够减轻径流对土壤的侵蚀，常常是一种有效的径流污染控制方法。

地表径流中的悬浮物的去除主要是在岸边带的最初一段距离内完成，通常这个距离数约为几米至 10m 左右。这与岸边带土壤基质发育情况、植物的根系和茎、腐殖层的过滤和阻截作用都有关。一般来讲，悬浮物去除率的高低，决定于地表径流与植物及基质表层的接触程度。在植被绿化缓冲带中水流沿地表面均匀和缓慢的流动是悬浮物沉降，也是其去除机理之一；岸边湿地中的物理、化学和生物吸附作用都能够去除细小的悬浮颗粒物。

但是当岸边带的泥沙颗粒物截留量超过其截留容量后，底部的泥沙在紊动作用下可重新悬浮，随水流出岸边带系统。这时会出现沟蚀现象，岸边带的作用就会大大下降。此外，进入岸边带径流中悬浮物的去除并不代表着流出岸边带的径流中就没有悬浮物。随着岸边带的长期运行，被截留的悬浮物在其中存在着累积现象，有机物的不断累积会逐渐向岸边带出口移动，最终影响出水水质。因此，在进行岸边湿地设计和实施时必须要考虑后期的维护和定期管理，防止沟蚀、绕流等不利情况出现。

国际上的研究实践证明对降雨径流最为有效的控制途径是增加入渗和进行就地贮存。在岸边带区域造就高低起伏的地形，可以对暴雨径流实现有效的促渗和贮存，其效率与岸边带系统中的植物类型、覆盖度、"洼陷"结构的比例和组合形式、土壤基质发育情况等有关。

氮在岸边带内的截留机理主要有：随泥沙沉降、反硝化作用、植物吸收。由于硝酸盐具有易溶性，能通过地下水进入水体，运用岸边带时要注意影响反硝化作用的因素：温度、氧化还原能力、可利用的碳源量、氮源量。磷在岸边带内的截留机理主要是磷随泥沙的沉降及溶解态磷在土壤和植物残留物之间的交换。实验表明，磷的最大截留量出现在岸边带的起始部位。当岸边带中的磷饱和时，就会观测到磷酸根离子的淋溶现象。最近研究表明，岸边带土壤中植物根孔的形成有利于过滤作用的增强和吸附容量的扩大。岸边带在控制面源污染的同时，还可以改善区域环境，增加生物多样性，增加植被覆盖率，提高抗灾能力等。

7.3.2 技术框架、处理工艺和运行方式

控污型岸边带系统是城市水体的屏障，对于阻止来自陆地的污染物（泥沙和营养物质）的迁移有很好的作用。一个健康、较完整的控污型岸边带系统由岸边植被绿化带、岸边湿地系统组成，二者在空间上是前后串联的关系。该系统一般由具有透水性的基质、适于在变动水文条件下生长的植物、水体、无脊椎或脊椎动物以及好氧或厌氧微生物种群等部分组成。岸边带系统在设计和构造上常常具有一定的地形起伏度，有洼地、塘、植草滤渠、过滤小沟等洼陷结构，亦有小山坡、矮土丘等地势相对较高的高地结构。系统中种植具有去污性能好、成活率高、抗水性强、生长周期长、管理维护简单、美观及具有经济价值的水生—湿生—陆生植物，在垂直空间上组成具有梯度的镶嵌体，从而形成一个独特的动、植物生态系统，对降雨径流进行收集处理。

在进行能够控制城市面源污染的控污型岸边带的生态工程设计时需遵循以下基本原则：①系统维护最小。系统中的植物、动物、微生物、基质、水流等应该是自我维护（self-maintenance）和自我设计（self-design）。②系统能够利用自然能，例如上游陆地和季节性河流的潜在能量（营养物质的输入），作为系统的自然补偿。③系统与景观相融合。植物疾病爆发、外来种入侵常常是其他压力的症状，表明了系统设计错误而不是生态系统本身的失败。④系统具有多种目标，但至少应区分一项主要目标和几项次要目标。⑤该系统是一个交错带，其本身成为陆地高地和水生生态系统之间的缓冲带（buffer strip）。⑥要给系统一定的时间。岸边带系统不会立即见效，在营养物质持留和野生动植物生物多样性增加达到最优化之前可能需要花费很长时间。试图寻找生态演替的捷径或者过分管理注定要失败。⑦注重系统的功能，而不是形态。如果最初的植物绿化和动物引入失败了但是基于初始目标所构建的岸边带系统的总体功能没有收到损伤的话，那么这个岸边带系统就没有失败，可以期望会出现意想不到的结果。⑧在进行岸边带生态工程设计时不要过多使用矩形区域、硬质结构和渠道以及规则地貌。生态工程认为自然系统应该尽可能模拟和适应生物系统。

总体的技术框架图如图7-4所示。

城市面源污染的控制和处理过程需要采取多种综合措施才会奏效。首先政府职能部门和广大民众需要配合自地表径流产生、传输到汇的全过程管理措施（也称为非工程措施）在污染源控制上下工夫，只有在污染源控制上切实削减面源污染负荷，面源污染控制才会有根本转机。在源控的基础上进行径流传输过程和汇终端的控制，也就是经过控污型岸边带系统的过程，是城市面源污染控制的辅助和从属手段，但必不可少。在进入控污型岸边带系统之前，最好是先采取在线（on-line）或离线（off-line）方式、促渗或贮存手段削减暴雨径流的产生量，特别是污染严重的初期暴雨径流。这些措施还可以滤去径流中大量的颗粒和

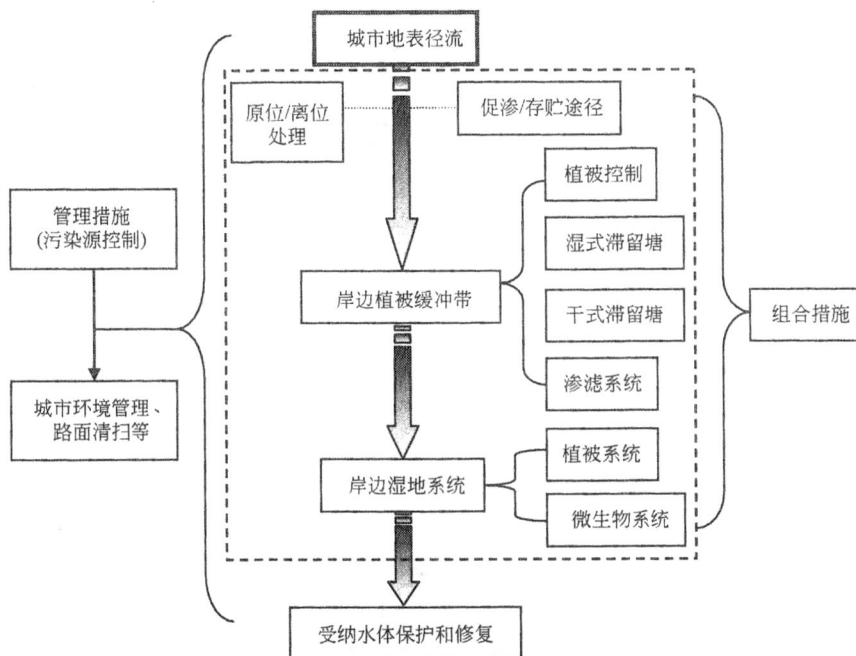

图 7-4　控污型岸边带系统的技术框架图

有机悬浮物，但是对于细小的物质，包括有机质可能效果甚微。溢流的地表径流进入岸边植被缓冲带得到过滤和净化。通过岸边植被缓冲带以地表径流或地下潜流流出缓冲带的径流进一步在岸边湿地系统中得到净化。岸边湿地系统中的核心过程是植被、微生物控制。从岸边湿地系统出来的得到净化的径流直接排放进入受纳水体。岸边带系统中的各项措施不是一成不变的，可以根据具体情况组合使用或进行适当的空间优化。

控污型岸边带系统的运行能量主要来自自然势能，应设计为基本不消耗额外能量，运行维护简便、易操作。在系统设计和实施上，人工诱导、改良措施是辅助手段，主要的净化、恢复、维护要靠生态系统自身来调节和发挥自适应的功能。

7.3.3　设计参数

岸边带的适宜宽度和构筑面积一直是岸边带技术中争论的焦点和实践操作中需要重点考虑的内容。目前，国内外针对岸边带的适宜宽度尚无完全统一的意见。概括来说，这需要根据流域地形地貌、水文特征、汇水区面积、污染来源及其特点、人为活动形式及其强度、岸边坡度坡向、受纳水体水环境容量等进行综合考虑和设计。由于城市岸边带系统在城市中的特殊定位，还需考虑其经济有效性、运行维护成本、景观适宜度等。

表 7-2 列出了岸边缓冲带适宜宽度的一般性原则，这些数字是 Fischer 和 Allen(2000)根据许多研究的结果总结出来的。从中可看出，针对岸边带不同的功能和目的，其适宜的有效宽度并不一样。如果从为生物提供栖息地和削减洪峰出发，其所需宽度较大，从 20m直到近 500m；若为了满足水质保护、水体岸边稳定和减少碎屑进入水体等目标，则宽度为 3～30m 即可。需要指出的是，不同地区、不同研究者所得出的控污型岸边带的最佳宽

度值均有一定差异。在实际实施选择时，必须根据具体情况具体分析。

岸边缓冲带适宜宽度的一般导则　　　　　表 7-2

推荐功能	宽度（m）	推荐功能	宽度（m）
水质保护	5～30	洪水削减	20～150
岸边生境缓冲带	30～500	泥沙截留	3～10
水体岸边稳定	10～20		

（引自：Fischenich, J.C. and H. Allen. 2000. Stream Management. ERDC/EL SR-W-00-1. U.S. Army Corps of Engineers，Waterways Experiment Station.）

　　岸边带宽度/覆盖度与暴雨径流产生量之间具有密切关系。图 7-5 对这种关系进行了直观展示，在岸边带系统中，从具有较大宽度和较高覆盖度的植被缓冲带到窄植被缓冲带再到没有缓冲带，岸边带对降雨径流的截留量明显减少，其中的溶解态物质随着径流过程输出量急剧增加，从而对受纳水体产生不良影响。

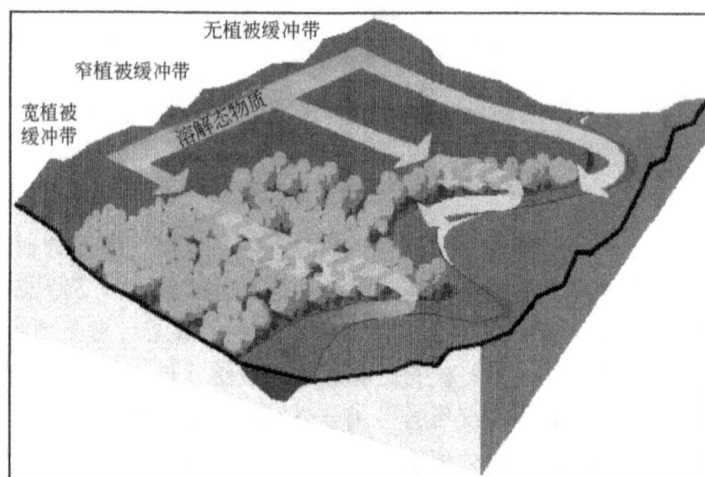

图 7-5　岸边带宽度/覆盖度与暴雨径流产生量之间的关系
（引自：Ecology of Greenways：Design and Function of Linear Conservation Areas.
Edited by Smith and Hellmund. University of Minnesota Press 1993.）

　　对控污型岸边带系统控制暴雨径流的综合效果评价不是一个简单的线性计算。此项任务的复杂性根源于自然系统本质的多变性和不确定性，此外，人类活动的影响、管理措施的实效等都会对这种综合效果产生影响。目前，许多资料所表明的控制效果都是在较为理想的控制条件的情况下得出的效果评估，在实际应用时需要根据具体情况进行评判和选择使用。

7.3.4　应用条件和其他

　　控污型岸边带系统作为城市土地利用和受纳水体之间的缓冲带，是城市景观中有机部分。该系统主要建设在城市地表径流潜在产生量较大、流域土壤侵蚀较严重的区域。控污型岸边带系统显得尤为重要，在这些地方应该将岸边带修筑得较宽。在城市受纳水体两侧较浅水域有富余的情况下，应该维持其完善的岸边湿地系统；而在受纳水体两侧空间较为有限的情况下，至少应该维持一定宽度的岸边植被过滤带，以保持其对陆地径流的截留净化功能。在设计形态上要尽可能减少方方正正的规则形状，最好设计成多自然形态。

在应用控污型岸边带系统时，其中具体径流污染控制措施的选用常要考虑的因素有：地形坡度、土壤、空间、气候水文、周边土地利用、土壤侵蚀、面积、造价、环境影响等。渗渠、渗坑、植草渠道等就不适用于坡度较大的地形，而像滞留池、过滤措施则需要一定的土地面积。渗渠、渗坑等渗滤措施要求土壤及下层土壤有一定的空隙。渗滤系统措施不仅对地形、气候等有严格的要求，对地下水有污染的威胁，而且在结冰季节去除效果不是很好。应用此种措施应该根据当地的情况，考虑各种影响因素，合理利用。植被措施需要好的土壤条件，以利生长，而湿式滞留池则适宜不透水的土壤。植被措施还需要进一步考虑的问题是被截留污染物的去除和稳定以及草皮的种植和维护。植被控制的去除效率是比较高的，另外草的种类、密度、形状、结构等均影响到污染物的去除效率。岸边湿地是一项复杂的系统，不同的地理位置、气候、水流等均影响污染物的去除效率，这些因素在建设湿地过程中应当考虑的。环境因素要考虑地下水的污染问题、视觉景观影响、蚊蝇繁殖、安全、水生生物及野生动物的影响等。

7.4 景观水体水净化与循环

7.4.1 面临的问题

近年来，人们对生活环境质量要求逐步提高，对环境美化的要求也越来越高，为满足人类美化生活环境，创造优美景观的心理需求，景观水体已经逐步引进居民生活，在城市绿地、公园建设和居住小区的建设中，人工湖泊、景观池塘及景观水池不断涌现。为了创造居住小区幽雅的自然环境，房地产开发中水景住宅也成为一大热点。在各种公园、动物园等旅游区中，景观水体也是不可缺少的重要部分。

虽然景观水体在城市人们生活中的重要地位日益突出，但是景观水体面临着严峻的现状：水体污染日益严重、水质明显恶化、景观功能降低，对人们的身心健康造成了一定的危害。由于城市景观水（池水、跌水、喷水和涌水）多为静止或自循环的封闭缓流水体，具有水域面积小、易污染、水环境容量小、水体自净能力低等特点，若管理不好，很容易成为污染物聚集体。景观水体中氮、磷等营养物质丰富，藻类易大量繁殖产生"水华"，造成水体透明度下降，溶解氧降低，水质严重恶化。景观水体的富营养化，严重影响周围的自然环境，这已成为城市生态环境建设的难题。近年以来，一些城市公园景观水体水质大部分水体为Ⅴ类或劣Ⅴ类水质，夏季均有不同程度的富营养化现象发生，部分景观水体湖泊水面有蓝藻漂浮，对公园湖泊的景观效果造成了不良影响，与周围的文化氛围很不协调。

7.4.2 适用技术

目前对景观水体的污染防治已经有了一定的研究，城市景观水体的处理方法主要有：①曝气充氧法，是指对水体进行人工曝气复氧以提高水中的溶解氧含量，使其保持好氧状态，防止水体黑臭现象的发生；②物化法，包括混凝沉淀法、过滤法、加药气浮法；③生化处理法；④杀菌消毒，为了抑制水中菌类或藻类的生长，可加入一定量抑制剂；

⑤水生态法，以生态学原理为指导，人工养殖抗污染和强净化功能的水生动物、植物，形成水生态系统，对水质进行净化。目前，住宅小区的景观水体净化、植物园、动物园景观水体的净化都有相应的研究。

城市景观水质量控制包括重污染时的高效快速治理和微污染期的低成本控制技术，就水污染其共性而言，景观水污染控制可采用多种城市污水治理技术，但由于景观水多为微污染，发生期短、流动性差、且美学要求高等特点，使其不能直接使用城市污水处理技术来治理。研究开发适合景观水污染控制技术对提高城市环境质量和减少城市生态用水具有重要的现实意义。对汉阳动物园水禽栖息区水质净化的研究可以为该类景观水体的污染治理提供一种技术借鉴和治理模式。

7.4.3 应用示范

（1）工程概况

鹤岛是武汉动物园的重要的景观之一，放养了许多珍贵的观赏鸟类，如黑天鹅、灰鹤、丹顶鹤、白嘴鹭、黑鹳、鹈鹕等。由于饲料的投加和鸟类的搅动，及暴雨径流的输入，塘水浑浊，水塘的水质和感观较差。为了改善水质，动物园定期向鹤岛补充自来水。

水禽栖息区总面积约为 2844m²，水深为 0.9～2.0m，平均水深约为 1.3～1.4m。水体内部有一供鹤栖息的岛屿，水塘中间有一座假山，二者面积约为 1107m²，北部及东、西部为环形水道，南部为黑天鹅栖息的水塘，其水面面积为 1737m²。环形水道总长度约为 123m，用水泥墙将其分割为 1 区、2 区、3 区。如图 7-6 所示：

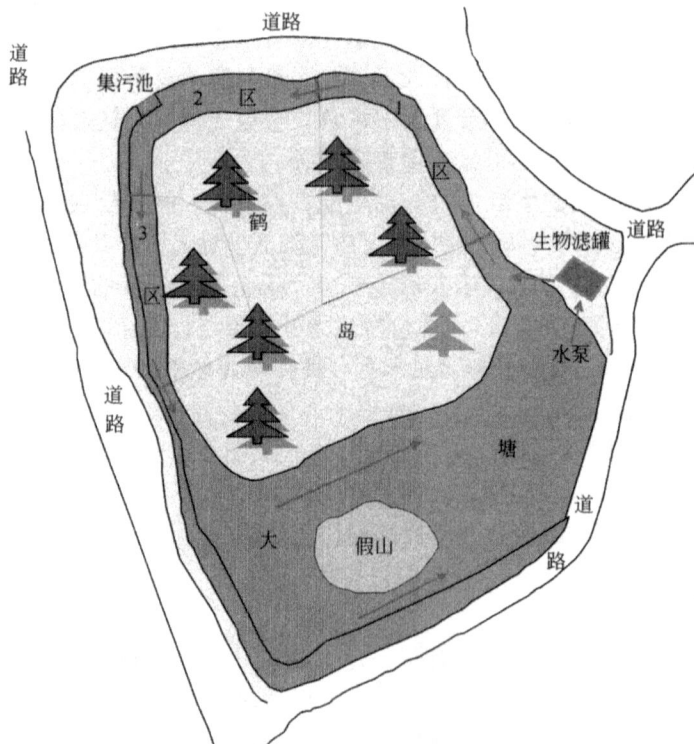

图 7-6　鹤岛整体状况图

该景观水体是典型的封闭性景观水体，其污染源具有代表性：①面源污染：主要是暴雨径流；②内源污染：鹤岛上的食物剩余物和水禽排泄物。

（2）设计水量和水质

设计水量：本工程的设计处理量为 $432 \sim 720 m^3/d$，景观水体的循环处理周期为 $5 \sim 7 d$。

设计原水水质：COD 为 $60 \sim 80 mg/L$、TN 为 $6 \sim 10 mg/L$、TP 为 $0.5 \sim 2 mg/L$、水中生长着大量水藻和悬浮物，水的能见度为 $0.15 \sim 0.30 m$。

设计出水水质：整个鹤岛的水质达到《国家地面水环境质量标准》GB 3838—2002 的Ⅲ类标准。

（3）处理工艺

根据鹤栖息区水塘污染的特点和生态景观建设，采用生物滤罐与岸边带人工湿地组合的方法对水塘的内源污染水禽污染和外源污染进行治理。生物滤罐的运行使得原本静止的水体流动起来，形成一内循环。夏季暴雨径流先汇集于集污池，经布水渠流入岸边带进行初步净化，然后进入水塘。鹤岛水过滤净化和循环流程示意图如图 7-6 和图 7-7 所示。现场滤罐见彩图 7-4 所示。

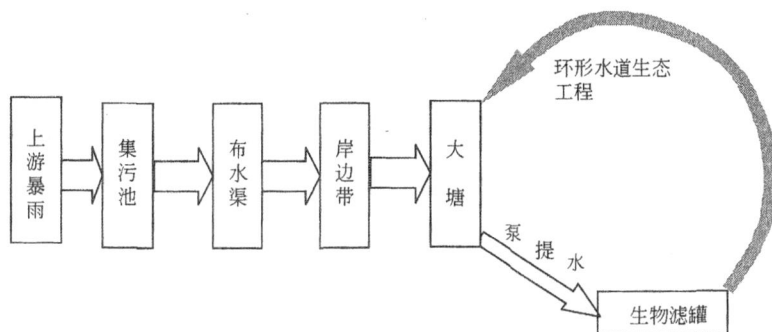

图 7-7　净化系统工艺流程图

反冲洗污水先在一贮水池存贮沉淀，沉淀后底部污泥定期清掏外运。

（4）工艺特点

该系统将环境工程、生态工程与景观设计相结合，采用生物滤罐和岸边带人工湿地的组合技术对武汉动物园鹤岛水塘的内源污染（水禽排泄物和饲料残余物）和外源污染（暴雨径流）进行治理，并且环形水道的设置使得原本静止的水体流动起来，形成内循环，从而既改善了水塘水质，又将净化后的雨水作为水塘的补充水，节约了水资源。该系统也可应用于城市中其他不同类型景观水体的水质净化和循环处理。其特点如下：

1）处理效果显著。本景观水体属于微污染水体，采用本工艺使水循环流动，通过环境工程单元和生态工程单元处理，整个鹤岛水质达到国家地面水环境质量标准（GB 3838—2002）的Ⅲ类标准。

2）岸边带人工湿地几乎无需维护，而生物滤罐只需定期反冲洗，所以整个系统是一种运行可靠、操作简单的工艺。

3）整个处理系统初期投资费用低；只有生物滤罐采用了进水泵和反冲洗泵，整个系统的运行能耗低。

4）整个系统运行期间对周边环境无不良影响。处理设施与景观协调，降低了处理设施对水禽的影响，具有显著的环境友好特点。

（5）污水处理部分构筑物设计

1）底泥清淤和底部介质铺设

在污水处理工程实施前，首先对淤积的底泥进行清淤。清淤的污泥运至附近平地，在污泥上种植观赏花卉和种植草坪。清淤后，鹤岛底部铺设 20～30cm 厚的碎石和鹅卵石。

2）污水泵

可提升式污水泵：2 台（1 用 1 备）。

设备参数：单台流量 30m³/h，设计扬程 6m，单台功率 0.75kW。

控制方式：进水水泵顺序轮换运行，设手动控制；同时由鹤岛最低水位控制水泵停运。

3）生物滤罐

生物滤罐尺寸（长×宽×高）：2.0m×1.5m×2.65m，滤罐分为 4 个独立单元，处理能力：432～720m³/d，滤速为 6～10m。处理流量根据污水确定，流量由阀门调节。利用跌水充氧。

反冲洗泵：流量 40m³/h，扬程 8m。

4）岸边生态带

岸边带是在 2003 年冬季鹤岛水塘清淤时构建的，由基质和水生植物组成。基质层由下向上依次为：碎石、鹅卵石和钢渣，各层基质深度均为 30cm。基质上种植的挺水植物主要有芦苇、香蒲、菖蒲和睡莲，此外，在岸边带的一段上还人工种植了藻类——伊乐藻。

（6）系统运行效果

示范工程实施后，系统正常运行近两年左右，定期取样测试，水质变化如表 7-3 所示：

鹤岛污水处理设施运行期间大塘水质变化范围 表 7-3

指标	浊度（NTU）	溶解氧（mg/L）	透明度（m）	TN（mg/L）	TP（mg/L）	COD$_{Cr}$（mg/L）
水质范围	10 以下	3.0～6.22	1.0～1.3	0.4～1.0	0.1 以下	5～15

生物滤罐对整体水质的改善较为明显，研究表明：经生物滤罐处理后水的透明度增加 5.3cm，总氮的浓度降低 0.42mg/L，下降率为 15.8%，总磷下降率为 16.3%，COD 的浓度降低 6.9mg/L，下降率为 25.11%。对于溶解态指标的净化效果是：溶解态氮浓度降低 0.23mg/L，下降率为 16.4%；溶解态磷浓度降低 0.04mg/L，下降率为 11.3%；将由此可见，生物滤罐对有机物、氮、磷的去除效果非常好。

（7）运行管理

全年运行期间，生物滤罐需要定期反冲洗。采用水反冲洗方式，反冲洗频率是 2～3 天一次，反冲洗历时 5～8min，反冲洗强度 $q=12～15L/(s \cdot m^2)$。岸边带人工湿地栽种水生植物初期，需沿岸边带建设防护栏以防止水禽啄食水生植物。

8 城市面源污染控制的规划模型实例与管理

8.1 从城市区划考虑面源污染控制

城市面源污染控制区划是控制和管理面源污染、实现城市可持续发展的重要前提。目前，我国城市面源污染控制区划的相关研究并不多见。在武汉水专项面源污染课题中我们尝试了基于长期水文影响评价模型(Long-Term Hydrologic Impacts Assessment of land use changes，L-THIA)，以城市面源污染敏感性评价为核心的定量区划方法。L-THIA模型是由美国环保局和普渡大学联合建立的，能够根据研究区长期气候、土壤和土地利用数据，进行面源污染年负荷的模拟。

8.1.1 技术原理

基于 SCS CN(Curve Number)法发展而来的 L-THIA 模型，能够利用某区域长时期的气候、土壤和土地利用数据，计算该区域的年均径流量和面源污染负荷。标准曲线法水文模型已经在本书 1.2 节中详细叙述。

得到径流深后，再与该区域的面积相乘就可以得到某次降雨能够产生的径流量。L-THIA 模型的组成和研究中的一般步骤见图 8-1。本研究着重研究土地利用格局对面源污染的影响。

8.1.2 L-THIA GIS 的数据输入

L-THIA 模型需要输入的数据有研究区土地利用类型图、长期日降雨深数据以及土壤水文类型图(图 8-2)。L-THIA 模型按此规则将研究区的土壤水文条件归类，并在 Arcview 中生成相应的土壤水文 Shapefile 图。土地利用类型图由遥感解译的影像转化而来。L-THIA 模型要求输入文本格式的长期(≥30 年)日降雨深数据。

以汉阳区为例，汉阳区三个时期的土地利用类型图由研究区 2003 年 1 月 23 日的 QUICKBIRD 影像目视解译而来，本影像的分辨率为 0.6m，为高分辨率影像。鉴于研究区范围较小且高分辨率影像的计算机自动解译存在太大误差，因此本研究在 ERDAS 软件中对影像进行几何校正后，在 Arcinfo 中采用先目视解译再实地踏查校正的方法获得汉阳区的土地利用类型图，并转化为 Shapefile 图，以便 L-THIA 模型的输入。在 Excel 中将汉阳区 1970～2002 年的日降雨量数据输入为 366 行 33 列的矩阵，并将其保存为扩展名为 *.txt 的文本文件；而土壤水文类型(HSG's)矢量图主要是根据华中农业大学提供的土壤

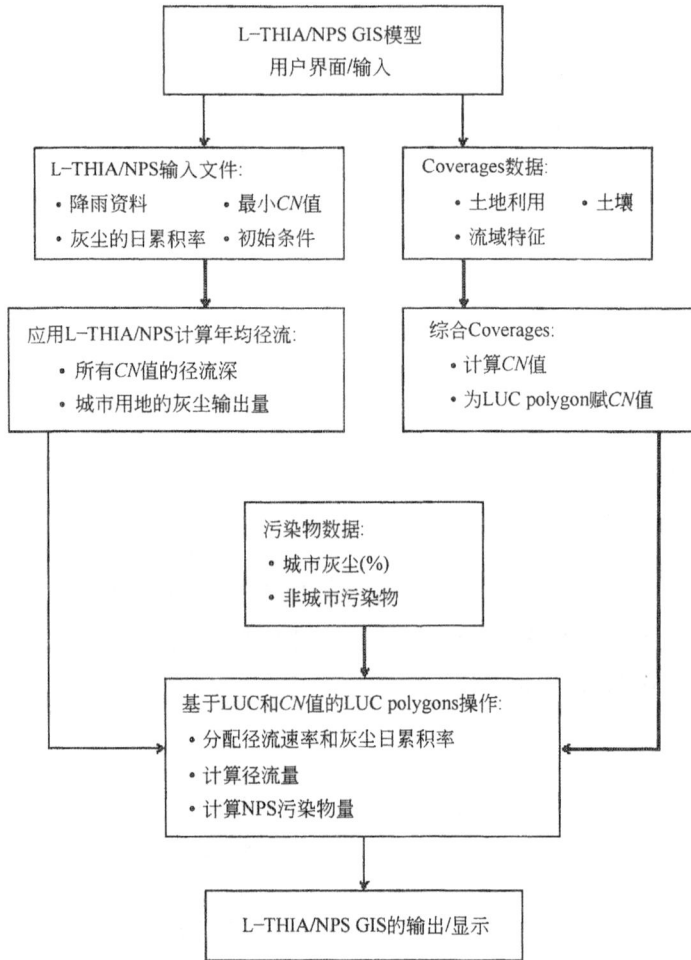

图 8-1　L-THIA 模型的组成和研究中的一般步骤

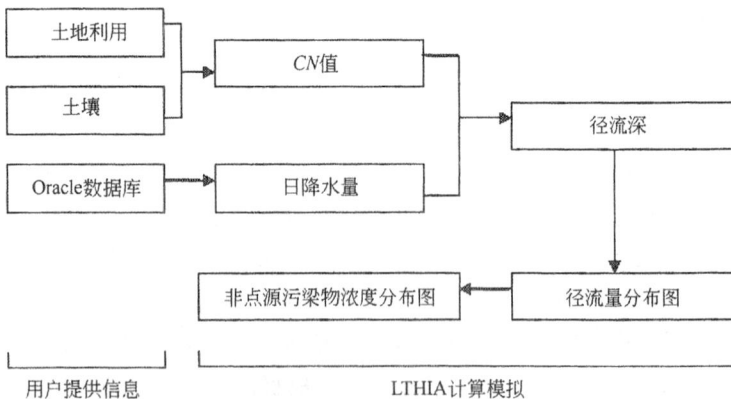

图 8-2　L-THIA 模型分析所需数据及其组成

类型图，经过 ArcGIS8.1 的数字化和重新定义属性所得到的。土壤水文类型的划分参考了美国土壤保持局定义的土壤水文类型，汉阳区土壤水文类型据此划分为 B、C 类(图 8-3)。

由于本研究中高密度居民区和商业区合并为一类土地利用类型,因此其相应的 CN 值也作出了修改(表 8-1)。之后将城市面源污染负荷模拟所需的研究区气候、土壤水文及土地利用数据与修正后的 CN 值文件共同存放在同一文件夹中,进行 L-THIA 模型模拟。

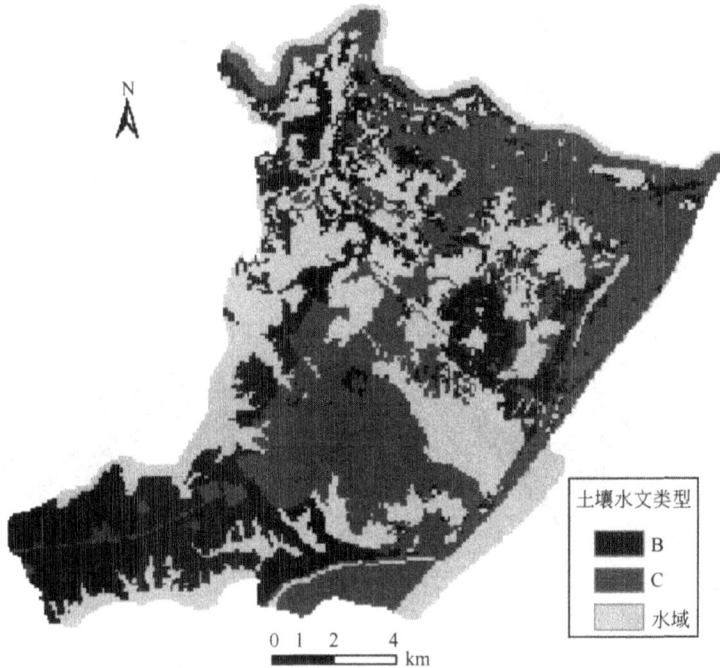

图 8-3　汉阳区土壤水文类型图

汉阳区土地利用类型及其 CN 值　　　　　　　　　　　　表 8-1

土地利用类型	不同土壤水文类型的 CN 值	
	B	C
农业用地	80	86
林地	55	70
草地	69	79
居民地/商业用地	94	95
工业用地	94	95
水(湖泊、河流)	98	98

8.1.3　基于 L-THIA 模型的城市面源污染负荷模拟

在 Arcview 中载入 L-THIA 扩展模块并按其步骤进行城市面源污染负荷的模拟。基于 L-THIA 模型模拟城市面源污染物浓度分布,主要能够模拟 15 种污染物,根据研究需要主要选择 TN、TP、COD、镉、锌、铜六种污染物进行负荷模拟,得到 6 种面源污染物敏感性分类图(图 8-4),即面源污染不敏感区、轻度敏感区、中度敏感区和高度敏感区。

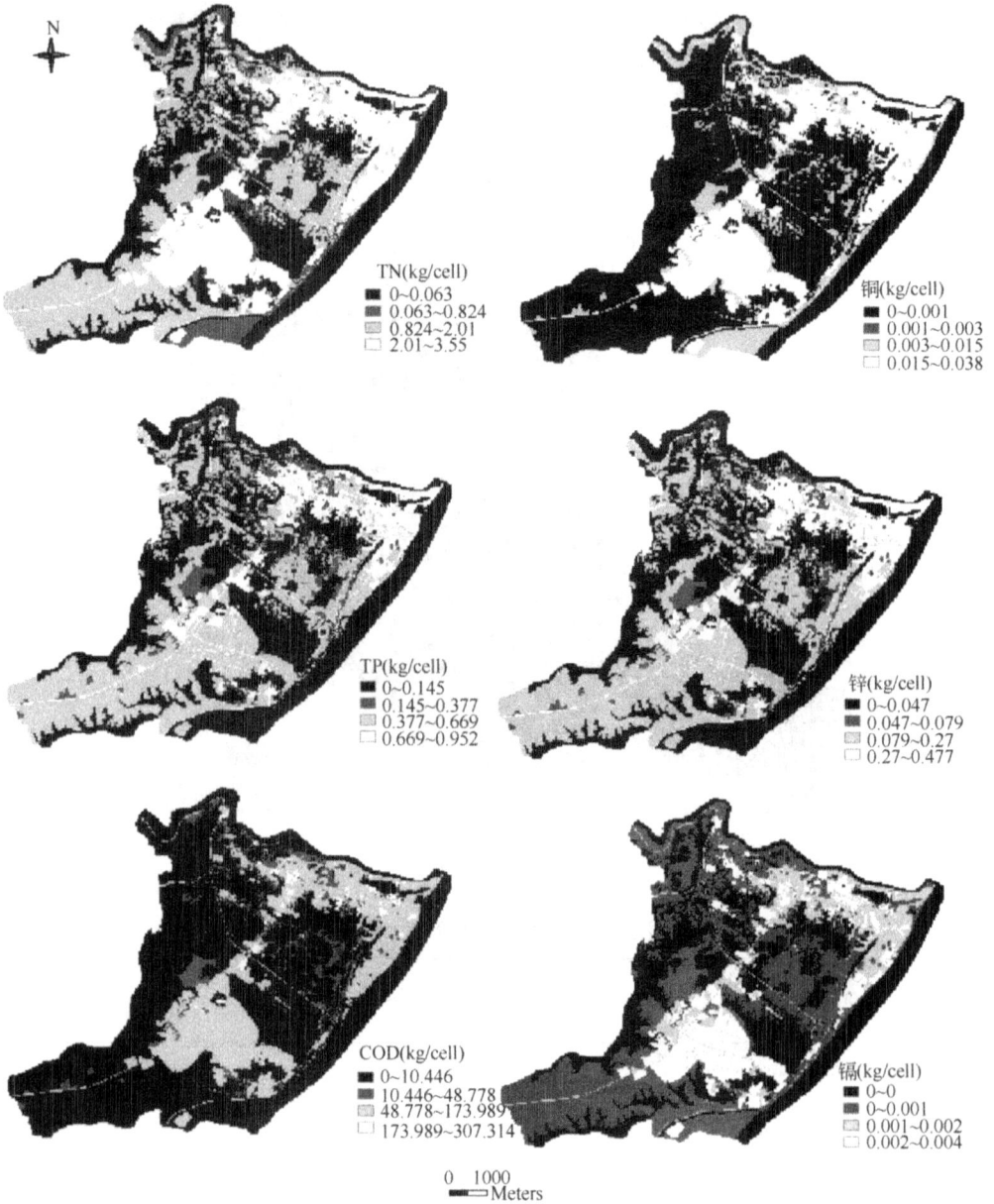

图 8-4　TN、TP、COD、镉、锌、铜浓度分布图

8.1.4　基于 ArcGIS 的面源污染敏感性分区

在 ArcGIS 9.0 中调入该 6 种污染物浓度分布栅格图，进行叠加，这样该污染物的浓度分布叠加图属性表中具有每个像元的污染物浓度信息。在制定各控制区的面源污染管理措施时需要考虑不同敏感区各个像元相对应的土地利用方式，因此需要在 Arcinfo 的 Workstation 中进行该污染物浓度分布栅格文件与研究区土地利用文件的融合，形成最终既具有每个像元的污染物浓度属性又具有相应土地利用信息的汉阳区城市面源污染敏感性评价图（图 8-5）。

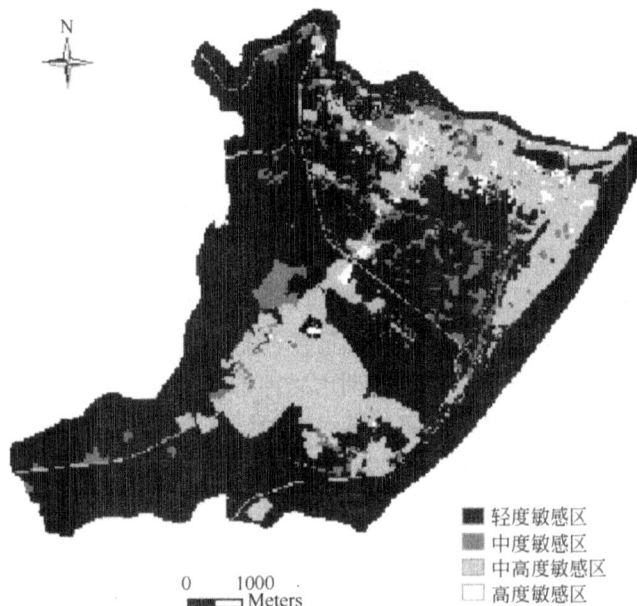

轻度敏感区
中度敏感区
中高度敏感区
高度敏感区

0 1000
Meters

图 8-5　汉阳区城市面源污染敏感性评价图

8.1.5　分区控制措施

通过基于 L-THIA 和 ArcGIS 的汉阳区城市面源污染敏感性评价，得到研究区城市面源污染发生的不敏感区、轻度敏感区、中度敏感区和高度敏感区。在此基础上，结合各区的土地利用类型及面源污染的来源和控制方向，提出各区的污染控制措施，进行有针对性的治理。各控制类型区的面积、区域土地利用类型、城市面源污染特征及控制措施见表 8-2。

汉阳区城市面源污染控制类型区特征概况　　　　表 8-2

控制区类型	面积(km²)	区域土地利用类型概述	城市面源污染特征	控制措施
不敏感区	153.28	该区为汉阳区城市面源污染发生的不敏感区，土地利用主要以湖泊、鱼塘、藕塘、林地、草地为主	该区大部分为水体及少量林地草地等透水性下垫面，基本不产生面源污染	采取环境工程和生态工程措施保护水体；减少污染物的排入
轻度敏感区	14.47	该区为汉阳区城市面源污染发生的轻度敏感区，土地利用主要以农村居民地、农业用地，还包括少量的城市居民地和工业用地	该区下垫面主要是较易透水的农业用地，农村居民地等下垫面，以及少量不透水的城市居民地工业用地，主要有产生农药径流污染的倾向	采取渗透、过滤措施，在居民地增加植被覆盖度；减少除草剂、农药和化肥的施用量
中度敏感区	49.82	该区为汉阳区城市面源污染发生的中度敏感区，土地利用主要以工业用地和城市居民地为主	该区下垫面主要是透水性较差的工业用地和城市居民地，较易产生铅、铜、锌等重金属以及大肠杆菌等病菌径流污染	减缓径流流速，吸收径流流量；建立沉积塘、人工湿地、渗透地面等
高度敏感区	2.52	该区为汉阳区城市面源污染发生的高度敏感区，土地利用主要以商业用地为主	该区下垫面主要是强不透水的商业用地，极易产生暴雨径流，产生高浓度的固体悬浮物，营养物质，重金属径流污染	主要采取渗透措施；应用多孔路面渗透雨水和吸附、沉积污染物

8.2　城市面源污染控制的规划方法

基于景观格局和生态过程相互作用的原理，本节提出景观规划和管理有机结合的控制城市面源污染规划方案。规划首先对研究区域进行景观分析和评价，确定城市景观空间格局与城市面源污染之间的关系，明确造成城市面源污染的主要用地类型，明确污染源、迁移过程和汇阶段，确定面源污染治理的重点；以此为基础，针对"源—过程—汇"具体地段采用合适的管理措施，小区域尺度上主要是在径流迁移过程中采用较成熟的既经济又简便的 BMPs 等方法；当管理措施效果达不到水质评价指标要求时，对"源"、"汇"景观格局进行调整，结合原有布局对城市不同区域在不同尺度上调整城市景观格局或引入新的景观要素，切断面源污染物迁移途径，缩小污染影响范围，降低或去除污染物，达到面源污染控制的目的（图 8-6）。

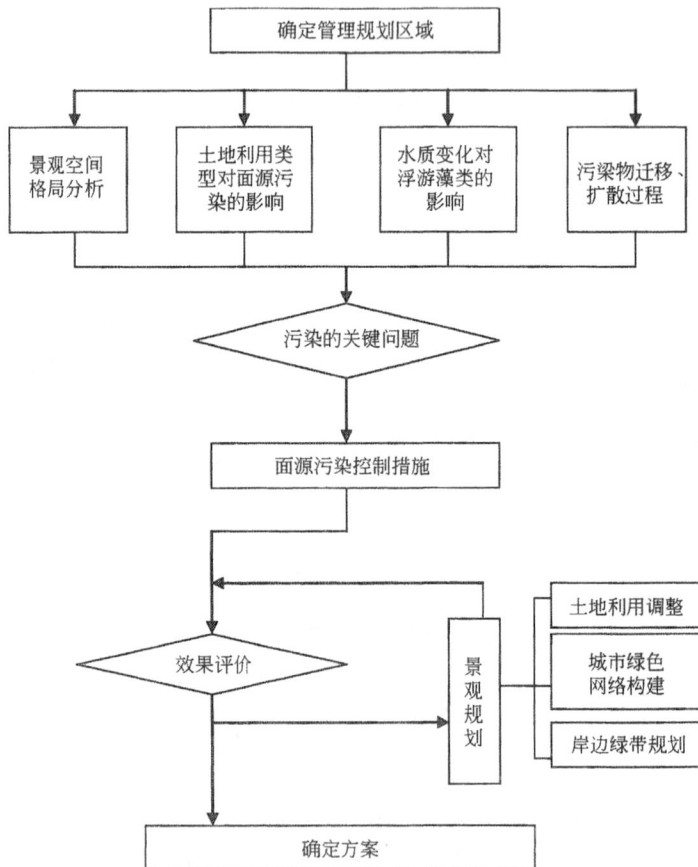

图 8-6　面源污染控制的景观生态规划和管理流程

8.2.1　景观格局分析

使用 FRAGSTATS 空间分析软件计算多种景观指数，包括非空间的组分、斑块数、斑块密度、最大斑块指数、多样性指数和空间的配置。此外，景观优势度、均匀度指数和描述景观破碎化程度的景观斑块数破碎化指数、景观斑块形状破碎化指数可衡量各汇水单元的景观结构特征。

8.2.2 土地利用类型与水体水质

土地利用方式改变了城市的水文结构，改变了地表污染物的负荷状况，城区地面已成为面源污染的一个巨大潜在污染源。Basnyat 等人的研究结果表明在美国阿拉巴马州的Fish 河流域不仅流域内的土地利用类型面积大小与河流水质存在相关性，而且流域内的土地利用类型面积比例也与河流水质存在相关性。Tong 等人在俄亥俄州的所有流域运用统计学、GIS 和水文模型进行了土地利用类型与河流多种水质指标的相关研究，进一步证实了两者之间的显著相关。Ren 等人在上海黄浦江流域的研究结果也显示了城市土地利用变化与黄浦江水质下降之间存在正相关。可见伴随着土地利用类型的改变，水质也会相应地发生变化。土地利用方式的变化是影响受纳水体水质的主要因素之一，因此通过恰当的土地利用管理措施可以提高流域水环境质量。

8.2.3 污染物迁移过程

城市面源污染控制是一个系统工程，光靠局部的独立的 BMPs 不能从整体上实现治理目标。在面源污染控制规划设计过程中，将各种最佳管理措施进行空间配置，以减小暴雨径流速率，拦截、贮存径流所携带的沉积污染物。景观规划分析了污染物产生、迁移过程，对整个区域进行规划，减小开阔地的裸露程度，对污染物迁移过程进行多功能景观设计。建设生态庭院、生态沟渠、生态道路、透水路面，在面源污染物迁移过程中除去污染物。将景观生态规划与最佳管理措施相结合发展了一种"系列化最佳管理措施"。系列化最佳管理措施将几种暴雨污染治理机制整合以强化径流治理，因此也叫"暴雨治理链"，由一系列的 BMPs 结合当地自然结构组成，每一项都有特定的径流污染治理目标。

8.2.4 土地利用调整及规划

城市土地利用不仅是面源污染产生的根源，而且也是污染物迁移的媒介，城市土地利用格局的改变对面源污染的影响十分显著。因此，通过景观生态规划对城市土地利用进行调整，可以实现在区域上对面源污染的有效控制。有机结合局部的 BMPs 控制和区域的景观格局控制，才能在整体上治理城市面源污染。

（1）圈层结构控制模式

从面源污染的"源—过程—汇"角度分析，湖泊为面源污染的汇；以湖泊为中心一定范围内的景观（包括沿湖居民区、农田、公园等）既是径流过程控制的缓冲带，也就是面源污染物产生的过程，也是面源污染的源；此范围之外的流域景观就是面源污染的主要污染源。基于该理论，在湖泊汇水流域层次上，可将湖泊水体为中心的汇水流域划分为不同的圈层从而进行该区域的面源污染控制规划（图 8-7）。岸边绿化带和绿化区称之为面源污染控制的内圈层，滨湖开发建设区称之为面源污染控制的外圈层，而因外围建设区的面源污染控制规划主要是雨污分流排水系统等建设工程，这里只讨论湖泊流域面源污染控制内、外圈层的景观生态规划。

内圈层规划方案如下：

1）岸边绿化带，又称为植被缓冲带，是设立在污染源和受纳水体之间由林、草或湿地植物覆盖的区域，具有一定宽度，一般紧邻河道、湖泊等水体一侧，除去流经缓冲带的营养性物质、污染物和泥沙等。

设立的岸边绿化带是沿墨水湖等四湖水体分布的带状区域，其具体形状则应根据地形、地表径流途径、湖岸景观类型而

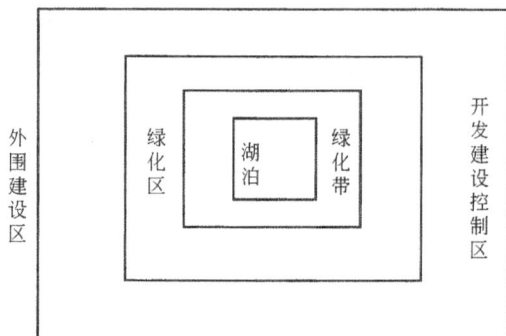

图 8-7　湖泊流域面源控制圈层结构

定，设计新的岸边带时要考虑到以下因素：进入岸边带的径流水质（污染物种类和含量）与流速，沿湖水域的坡度，土壤类型及渗透能力，以及湖泊周边地区的发展强度。其处理效果决定于绿化带的规模、位置、植被、水文条件和土壤类型等因素。总的来说，岸边绿化带的去污效果随着带宽的增加而提高。一般认为用于保护水质的绿化带带宽至少要有30m，个别地段可以设置为 3～5m，而 100m 宽的岸边带可作为当地野生动物的歇息地。当带宽大于 10m 时，对流经的泥沙总体拦截率可达到 80％以上，对总磷的拦截率一般可达 50％。

至于岸边带的植物选择，由于四湖周边原始植被已不复存在，以农田、池塘、居民区、公园为主要景观，因此需要重建岸边绿化带，植被的重建需要考虑到以下因素：草本植物能够形成浓密的地表覆盖，有利于降低地表径流流速和过滤其中的颗粒态污染物。应选择林冠较稀的树种，以有利于林下植被层的生长。

2）湿地。武汉地区的湖泊湖体平均水深小于 2.0m，属于城区浅水湖泊。在墨水湖等湖泊周边适当地带建立人工或完善天然湿地，并将其纳入沿湖岸边绿带，不仅去除入湖污染物，还能美化沿湖景观。

（2）土地利用格局调整与污染物去除效果评价

MS1 为建成区（彩图 8-1），汇水单元内的优势景观为高密度居民地（64.3％），无法对其进行较大调整，也就是说邻近湖泊的居民地无法强制迁移，只能在现有景观格局基础上引入绿色屋顶、多孔路面、植被过滤带、渗透池等新的景观要素。为简化最佳土地利用格局的模拟研究，避免繁琐的土地利用调整模拟、面源污染负荷计算的模拟过程，针对城市面源污染控制，在 MS1 土地利用格局调整设计时，首先在湖岸建设 100～200m 的非连续的缓冲带，其次在各种土地利用类型上（草地、林地除外）都进行相应调整，主要依据增加绿地并使其尽量相互连接，构成网络的原则，然后评价土地利用格局调整对去除面源污染负荷的最佳效果，确定 MS1 面源污染控制的最佳土地利用格局。

土地利用调整对面源污染去除效果的评价，首先将 MS1 土地利用现状矢量图输入 L-THIA 模型，进行面源污染负荷本底值的计算；然后根据各种土地利用类型上的调整措施，利用 ArcGIS 生成调整后的土地利用矢量图（彩图 8-2），再用 L-THIA 模型计算土地利用调整后的污染物负荷（主要是计算增加绿地后的去除量，此时绿地的面积为整个汇水单元的 31.43％），然而湿塘、渗透池/渠、过滤池等措施无法在土地利用矢量图中体现，因此，对于这些调整措施在 MS1 上的污染物去除量的计算，只能以美国 EPA 中报道的经

验值来计算(表 8-3),综合所有调整措施的去除效果,对土地利用调整的去除效果进行量化评价。最后计算出调整后的土地利用格局下,MS1 汇水单元内面源污染物 TN、TP、TSS、COD 和重金属铅的去除率分别为 78.9%、77.8%、94.4% 和 66.7%,均达到了规划目标的要求,即 TN、TP、TSS、COD 的去除率分别大于 50%、70%、80% 和 50%。研究表明,在 MS1 汇水单元进行的土地利用调整,能够有效降低面源污染负荷,因此,调整后的土地利用格局可以作为 MS1 面源污染控制的最佳土地利用格局。

各种面源污染控制措施的污染物去除率　　　　　　　表 8-3

措　施	作　用	去除效果
湿塘	1. 减弱洪峰径流; 2. 聚集、积淀颗粒污染物	TSS:80%, TP:51%, TN:33%, COD:43%, Pb:66%
渗透池/渠	1. 减弱径流量和流速; 2. 对颗粒物污染物除去较高;	TSS:100%, TP:42%, TN:42%, COD:82%
多孔路面	1. 减弱径流量和流速; 2. 无需额外土地耗费	TSS:95%, TP:65%, TN:83%, Pb:99%
草地湿地	1. 作为径流去污的预处理; 2. 替代灌丛、排水管道,在房屋和道路旁控制径流	TSS:76%, TP:49%, TN:30%, COD:67%, Pb:44%
植被过滤带	1. 一种预处理; 2. 减缓径流速率,去除颗粒污染物; 3. 提供较理想的野生生境	TSS:81, TP:34%, TN:84%, COD:31%, Pb:71%

注:来源于美国环境保护总局报告(US EPA,2005)。

8.3　城市面源污染控制的管理措施

管理措施从三个方面展开,即从提高政府部门、群众的水环境意识和约束、引导市民、企事业单位行为,改善、修正已有面源污染问题并防止类似问题的再次出现。

8.3.1　提高政府部门、群众的水环境意识

1) 建立一个福利性质的专门机构,或者在现有部门中增加为居民提供污染防护知识和服务的职能;为学生(大、中、小学生)、市民和相关政府部门提供有关城市面源污染和城市湖泊水质的信息和指导其行为。每年安排一些学校组织学生参加社会教育实践,可在春、秋游时间开展徒步环湖行动。开展社区(或全民)清洁活动。对中小学生进行环境教育,组织学生参加清洁活动,通过他们来促进公众的保护环境意识。

2) 设立一年一度的城市环境聚会(或环境改善展览会),环保部门每年设立一个主题,展出近几年的治理效果吸引市民来参加。设立的主题(可供参考):庭院危害物,水的保护,肥料,流域管理,水循环和废水治理。

3) 提高政府机关、企业管理人员和决策者的生态环境、尤其是水环境意识。采取观看媒体专题、举办培训讲座等各种方式提高水环境意识,尤其要注重现有污染严重的纺

织、皇宫、采矿等企业的管理者的培训；为企业家和决策者编写生态教育教材，将生态文化(水文化)设为干部任期目标和业绩考核指标，提高政府机关、企业管理人员和决策者的生态环境综合决策能力。

8.3.2 约束、引导市民、企事业单位行为

根据城区不同汇水单元污染指标监测数据，制定监测规范、各功能区层次上的城市面源污染控制管理措施；与模型预测和控制技术相结合建立城市面源污染管理体系。

1) 制定相关的地方性法规和政府规章。运用法律法规规范有关影响水环境、面源污染的活动，使保护水环境，控制面源污染逐步成为人们的自觉活动。

2) 加强宣传教育，影响政府决策，鼓励公众参与。建立公众参与和监督机制，积极鼓励民间团体参与水环境保护。

3) 加强城市小点源排污口管理规范化，根据"一明显，二合理，三方便"(即环保标志明显，排污口设置合理，排污去抽合理，便于采样、监测、公众参与监督管理)原则，进行排污单位的排污口确认、标志设置、建立排污口档案等工作。

4) 修改或制订城市新发展和恢复发展的管理条例、规定，保护或保持湖泊及滨湖缓冲带，条例包括居民垃圾定点堆放、(露天)餐饮业所在地点清扫责任制、湖滨缓冲带水土流失和沉积物控制条例等。

5) 家养动物排泄物处理。对这类人群应通过适当方式(小册子、传单等)使其明白动物粪便对环境的污染及其该类人群的责任；并指导他们清理粪便和适当的后期处理。

6) 依照国家相关法律法规，约束并禁止个人和企业的污染行为，可参照《中华人民共和国水污染防治法》和《中华人民共和国水污染防治法实施细则》。

9 城市面源污染的综合解决和系统控制

9.1 城市面源污染的综合控制方法与途径

城市面源污染产生的过程十分复杂，涉及的因素非常多，因此一个良好的城市面源污染控制与治理方案必然是一个总体的基于流域尺度上的整体系统方案。方案首先应建立框架和明确目标，然后对欲治理的城市现有情况进行流域尺度上的评估，根据土地利用及城市长远发展和建设目标，以中小尺度($1\sim3km^2$，基本上由 1~3 个居民区组成)为单位，确定需重点治理的子流域或集水单元区；在此基础上，规划较大区域($15km^2$ 以上)的面源污染控制，同时评估流域内河流、湖泊水质基准线，以便于治理或控制后的效果评估；城市面源污染控制要根据城市下垫面及土地利用方式，分建设阶段区别对待。

面源污染控制技术体系应以管理为主、工程为辅的原则为主导，将多样化技术，实施合理组合，在流域尺度上从源—迁移—汇形成 STS(Source-transport-sink)处理链模式，根据受纳水体标准，确定相关的控制指标和效果评价体系。强化和建立城市各个职能部门之间的联系，促进信息共享和合作，在统一管理的前提下确保暴雨管理计划的长期实施。图 9-1 概略地展示了一个城市区域面源污染控制方案及实施过程的基本途径和方法体系，下面将对该流程进行详细的描述和讨论。

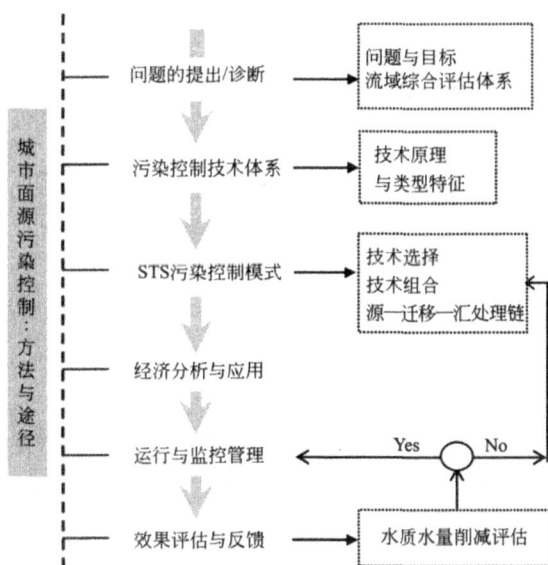

图 9-1　城市面源污染控制方法与基本途径

9.1.1　城市面源问题调查与诊断：流域综合评估体系

城市面源污染的流域评估过程首先是收集流域和子流域的基本背景信息，围绕城市不透水面和 TSS 产生与分布规律，结合流域水质管理标准和城市可持续发展要求，完成城市面源污染特征的调查与分析，在此基础上给出面源污染控制目标与总体方案。这是城市面源综合控制的首要基础。

流域综合评估体系包括：

1）历史资料和数据的分析评估。一般城市职能部门都会对流域内气象和水资源进行长期性监测，主要包括降雨、各项水质指标及生物多样性等，这些数据可以很好地被利用起来，为城市面源及暴雨控制提供很好的参照和决策支撑。

2）城市流域格局分析。根据城市所在区域的地形地貌、气候及经济发展等方面的资料（这些资料可以从政府相关职能部门来获得），确定流域和子流域单元的边界。重视利用现有地图资料，地图分析可以提供：流域边界、溪流廊道、土壤地质特征、过去现在和将来的土地利用、交通线路分布、缓冲区、湿地、滞留塘、排水体系和径流流向。地图资源可以提供许多有用的帮助，尤其是在流域角度上控制暴雨径流方面，其次可以节约工作量提高效率。

3）通过地理信息系统及相关手段，结合已有资料，分析各个汇水单元中下垫面特点，明确土地利用类型及其在流域中分布，调查各个土地利用类型透水强度和分布，比较历史资料，量化开发建设后城市现有土地利用方式对城市水体生态系统的冲击影响。

4）量化不透水面特征。城市流域内不透水面量值特征是一个很关键的属性指标，在土地利用效应评估中，必须以目前的不透水面分布作为流域基线分析。子流域中不透水面比率可以通过航片、人口、道路密度来分析，也可以结合城市地图直接调查统计。

5）建立不透水面模型。一般说来不透水面模型直接同子流域尺度上水资源质量相关联。城市职能部门管理者应该根据现有城市不透水面比例与水体质量功能定位标准，分析流域不透水面变化趋势及对该区域暴雨径流量产生和输出时间进行理论比较（如果开发建设前资料缺失可以参照有关相似或相近流域资料）。通过流域内土地利用和流域暴雨径流总量关联分析，确定流域内暴雨冲刷敏感区域，建立不透水面统计模型。

6）确定水质控制的区域指标。调查 TSS 累积规律，分析其他污染物（氮、磷、COD、重金属、油类、有机污染物、病菌类等）同 TSS 之间的统计规律，通过不透水面模型和 GIS 分析，完成 TSS 流域管理和工程措施控制评估指数，明确优先控制的重要区域。

7）确定水量控制目标。以不透水面模型来确定子流域暴雨径流过程，选择出子流域中最佳暴雨径流过程线和最佳不透水面比例以及不透水最佳空间构型及分布，根据上述不透水面数据要求，确定流域源区暴雨径流控制原则和相关的管理及技术控制措施。

8）效果评估与反馈调控。在污染控制措施实施后，监控和评估水体质量反馈，重点分析流域不透水面潜在的变化趋势，根据这种变化优化不透水面模型与流域暴雨径流过程动态变化及水体效应。进而调整城市暴雨径流污染控制方案，完善城市面源污染控制体系。

9.1.2　STS 途径控制与空间处理链

传统的城市面源污染治理多采取在流域的末端，即在进入河流或湖泊前对污染径流进行拦截处理，由于处理水量大、滞留时间短、污染物种类多，汇端治理往往很难达到污染净化目标和地表水体水质标准。由于城市暴雨径流过程涉及整个集水区，围绕暴雨径流污染控制的最佳途径是实施全流域综合控制，空间上从源—迁移—汇（Source-Transport-Sink，STS）进行逐级控制，形成空间处理链结构（Treatment line）。

STS 模式的基本特点在于：围绕水量和 TSS 两个核心削减目标，结合流域空间地貌和景观结构设施，选择相应的技术类型，以径流自然流动过程为主线将各种技术串起来，实施空间链式布局，调控物流（水和 TSS 等）和能流（径流动能），形成处理技术链，逐级消减，达到污染控制要求。

STS 模式重点在源，即将污染物尽量控制在源区，限制其进入迁移和输出。在流域评估的基础上，首先确定暴雨径流控制标准，提出源区不透水面最佳比例和透水面水量入渗指数，降低不透水面的水力联导性。其次，确定减少污染物累积，通过量化单位时间内污染负荷累积量，提出区域污染负荷累积指数，确立警戒域值。融合污染物累积指数和径流产生指数，提出源区污染总量控制标准。

源区单位入渗量改变可以通过径流入渗措施来完成，如土壤改良、入渗、绿化等，来减少有效不透水面来控制暴雨径流产流量；污染物累积可以通过管理完成如规范人类行为、改进改善人类活动、加强非雨期污染物清理与处理、综合教育等。

STS 模式中迁移控制的重点在于径流输出滞缓、下渗、部分存贮，增加径流的输出的空间路线长度，来达到减少延缓污染物输出的时间和负荷量。污染物主要通过拦滤、沉淀、吸附、沉降作用来存贮在迁移系统中（周期性去除污染物累积）。根据径流路线，可以分为在线控制（online control）和离线控制（offline control）（彩图 9-1）。

汇控制，也就是流域末端控制，是整个 STS 模式中最后的处理环节，其重点在于径流的存贮滞留，即利用传统的塘系统、湿地和河岸湖边带等生态过程来净化污染物。

9.1.3　技术选择与组合

城市面源污染的发生是多因素综合形成的，具有复杂的水文学机制，污染物种类繁多，组分多变，时空变化效应明显。就面源污染物来讲不仅在流域空间上分布迥异，同时随着降雨雨次的差异，时间动态过程也十分显著。城市面源控制必须考虑污染成分复杂与效应的复合性特征，针对处理指标多元性实施目标多靶性控制，这些特点，使得目前任何一种单元技术都难以达到污染控制目标。单一技术往往难以保证污染净化效率，可持续性低，无法提供或满足城市人文/自然景观多样化需求，多元技术组合控制是城市面源污染治理的必然途径。

生态工程技术由于其具有污染物去除率高、运行成本和管理强度低、与自然的协和性，以及促升城市景观质量和生态价值等特点，目前在面源污染治理中普遍应用。那么，在众多的技术类型当中，如何选择和有效组合这些技术也是一个非常关键的问题。图 9-2 提供了一种城市面源污染控制技术的选择标准思路。从污染治理的技术类型来看，由物化与生物处理、人工湿地到那些自然生态过程为主导的生态技术，其应用差异主要决定于人类干扰强度，即管理和能量投入的程度。一个区域可以根据污染物目标的治理目标（污染净化要求）和区域条件选择应用不同的技术类型。

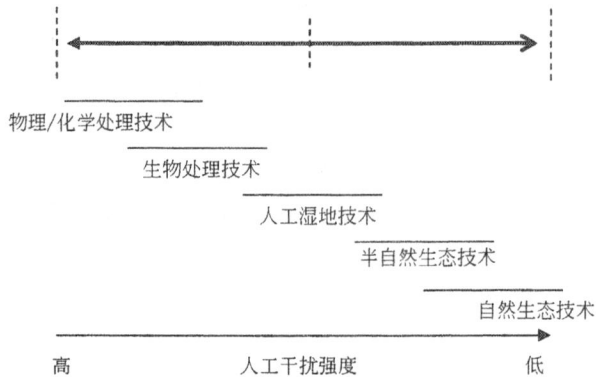

图 9-2　城市面源污染控制技术的选择思路

城市面源污染控制技术的组合方式：以城市暴雨径流的水文学过程为主线，通过水量分配原则和污染物总量控制分配原则，利用自然排水体系作为设计元素，整合管理措施分散在整个区域内，分配径流量，截流自然水文功能通过渗滤、存贮和拦截。通过多元技术选择与组合，在控制暴雨径流污染的同时，创造多功能性景观。具体而言，在源区应以减少不透水面的下渗技术为主，迁移途径上则重视 TSS 过滤技术，而在汇端，应选择存贮塘、湿地、生态岸边带等水存贮技术。

9.2　城市面源污染控制的系统解决方案

我国目前正处在城市化快速发展的阶段，城市化水平的高速发展给环境带来了巨大的压力。资料表明，在我国 90％以上城市水体污染严重，50％的重点城镇水源地不符合饮用水标准。很多城市内河道、城市湖泊有黑臭现象或出现水华，严重影响了我国城市的整体形象及社会经济的可持续发展。随着点源污染控制的不断完善和城市化进程的快速发展，城市面源污染的所占比例日益提高，对城市水系构成严重的威胁。根据我们在武汉市汉阳城区十里铺和五里墩雨污合流制集水区三年的监测，发现由于由降雨径流造成的面源污染负荷占对水体污染总负荷的贡献是：SS 占 63％～69％，COD_{Cr} 占 29％～30％，TN 占 6％～9％，TP 占 11％。考虑到地表径流污染物排放的非连续性和突发性特征，其污染负荷所占比例在雨季的短时段内会成倍升高，超过点源污染，对城市水体的污染作用极具冲击性。因此，为了改善水环境质量，必须在点源污染治理的同时，控制面源污染。

城市面源污染是暴雨在城市下垫面形成污染径流所造成的环境问题。城市面源污染控制就是对城市暴雨径流和污染负荷的产生与输出进行调控。科学认识和有效控制城市雨水径流所带来的面源污染，是目前城市水环境质量改善和水生态保护的重要任务之一。城市面源污染的特点是：它随大雨和径流产生，由于城市土地不透水的比例高，因此径流来势猛，水量大，面源污染具有突发性。我国城市由于排水系统多采取合流制下水道，突发性径流常冲刷排水道中的积累污泥，使污染更加严重。城区径流污染过程，随降雨历时的延续，具有明显的规律和特征。径流污染特征曲线表明，径流中污染物 COD_{Cr}、SS、TN 和 TP 浓度的峰值都提前于径流的峰值，这些污染物多以悬浮颗粒态存在。因此，控制初期雨水径流、控制径流中的颗粒态污染物是城市面源污染控制的关键。

城市面源污染过程复杂，污染源种类繁多，区域分异特点明显，单一技术很难达到控制目的。因此，对于城市面源污染的控制应根据污染特点和模式以及现场条件，因地制宜地选择控制措施进行组合集成，建立高效的城市面源污染控制综合集成技术系统，达到城市面源污染的控制目标。

通过本次研究我们提出了统筹兼顾的控制城市面源污染系统解决方案，具体原理和技术请参考本报告的前面各个章节：

（1）城市面源污染控制要规划先行，预防为主、防治结合。

1）在制定城市新区建设和旧城改造规划时，要充分考虑城市面源污染控制的需要。可以通过合理布局城市功能，规划和使用生态型排水系统，增加雨水下渗量，保持一定量的城市湿地，减少城市面源污染的产生。

2）保证城区有适当比例的透水性地面面积。具体措施有扩大绿地面积，人行道、停车场、广场等尽可能使用透水性材料等，加大源区雨水入渗量。

3）城市的新建区和规模的旧城改造区一般应该采取雨污分流制下水道。对老城区雨污合流制下水道应该严格按建设规范进行改造，增加沉泥井的数量和容积。

4）分区控制。由于城区功能布局不同，土地利用不同，人类活动的干扰程度不同，对于不同的地区应采取因地制宜的措施。

（2）城市政府应该因地制宜制定一套城市面源污染控制管理措施，落实监督管理机制。因此，从管理上入手，从面源污染物产生的源头进行控制，可以大大降低暴雨径流的污染负荷。

1）城市面源污染物的来源主要是地表的街土、垃圾等，在卫生管理不善的旧城区这一问题特别突出。增加城市地表的清扫频次和有效性，减少垃圾散落，保持地表清洁。通过减少污染物质与暴雨径流潜在的混合机会，从源区根本上降低面源污染污染负荷。

2）禁止向雨水口倾倒垃圾，定期清理排水系统的沉泥，禁止向雨水口接餐饮、洗衣和其他污水下水管。

3）政府应鼓励在家庭、小区和区域多尺度进行雨水资源化利用，制定相关的优惠政策。

4）城市面源污染的控制涉及政府、开发商和广大群众，涉及政府的许多部门，其管理机制应该是有专人负责，多部门协同，群众参加并监督，解决多方面的利益和关注。

5）加强对居民宣传，教育城市面源污染科普知识，提高居民的水环境保护意识，鼓励积极参与。

（3）城市面源污染的工程控制应以流域为单元，从"源—迁移—汇"三个环节分级削减污染负荷是有效的策略。

1）城市面源污染控制的关键在于控制初期雨水。降雨后最初产生的径流污染物浓度最高，污染负荷和污染冲击力最大。对控制初期 15mm 污染径流的控制是最为有效和经济的。

2）促渗减污是城市面源污染源控制的出发点之一，具体措施有改变城市地表的不透水性、对不透水面分割、构筑雨水和径流的促渗设施等来减少雨水径流的产生量。在对径流调控的过程中，要兼顾考虑减少面源污染和防止城市洪水发生两个方面。

3）在城市集水区修建暴雨径流贮存设置，融合水质、水量、景观的要求贮存初期雨水污染径流，以便进一步处理。工程构筑物存贮容量或处理规模以水质处理量为标准。

4）城市面源污染以径流中悬浮污染物为主要形态，沉淀、过滤等技术可以有效地去除径流中的污染物。

5）区域气候降雨特征主导城市面源污染负荷输出特征，它还影响生态工程的应用及其控制污染功能的有效发挥，因此城市面源污染的控制要有季节性策略，选择工程要适应区域气候特征，充分发挥两者之间的协同作用。

6）城市面源污染的产生与下垫面类型有密切关系，在制定治理措施应充分进行现场调查，尽可能利用现有的设置，一定要因地制宜。

7）城市土地资源紧张，在面源污染控制的工程用地应该尽可能与城市现有景观和设施融合，如利用小区中的草坪、街区的绿化设置和城市生态建设用地。

8）城市面源污染迁移途径工程控制的重点是对径流输出的滞缓、下渗、部分贮存，增加径流输出的空间路线长度，来达到减少延缓污染物输出的时间和负荷。

9）采取生态工程措施使城市水文生态达到良性循环，是面源污染控制的主要措施。对面源混合有少量分散点源的类型，工程技术选择要多样化，以低能耗、低维护和自然化程度高的生态工程技术为主，小型高效的环境工程技术为辅。

10）汇控制是城市面源污染链式系统控制的最后环节，主要是利用自然或半自然的塘、湿地和河岸湖边带等系统来贮存、滞留、净化污染物。

11）城市面源污染成分复杂与效应的复合性特征，使得目前任何一种单元技术都难以达到污染控制目标。城市面源污染控制技术的组合方式是以城市暴雨径流的水文学过程为主线，通过水量分配原则和污染物总量控制分配原则，利用自然排水体系作为设计元素，整合管理措施分散在整个区域内，分配径流量，通过渗滤、贮存、拦截等多元技术选择与组合，在控制暴雨径流污染的同时，创造多功能性景观。

9.3　城市面源污染控制效果的工程后评估

城市面源污染综合治理的有效性，尤其是工程措施效果如何，有没有达到预期目标？对它们的评估是很重要的一环，因为城市面源污染控制是一个相对较新的工作，并且要紧密结合流域的社会、自然实际因地制宜，对它的工程后评估可以对工程的规划、设计、施工、监理进行适当修正，把风险控制在萌芽之中；还可以制定它的维护方案。评价总体方案和实施效果主要通过水量、水质的指标体系来进行，管理和工程设置运行的可持续性，并对本地区群众进行询问调研。

水量指标主要是有三个方面：

1）城市面源污染综合治理实施后，流域径流系数的改变。好的工程能改进城市生态系统水循环模式，持水能力增加，使更多的雨水补充地下水，因此流域排水的量减少，水资源再利用比率提高。

2）流域水管理工程实施后，城市产流的峰值变化。通过几场较强降雨的水量曲线，模型预测 20 年、50 年、100 年一遇洪峰曲线，对城市面源污染控制工程对洪水和内滞情况进行评估，并制定大洪水条件下的防洪和面源污染控制预案。

3）次降雨事件中，城市流域暴雨污染径流初期雨水的截留量。由于城市暴雨径流污染往往是初期污染最重，因此能否截流净化初期污染径流十分关键。水量指标通常以初期降雨量为尺度。不同地区初期径流截留量往往是经验值，由多次降雨监测统计得出。我国城市暴雨径流污染研究仅仅在近几年才开始。本课题对汉阳地区不同集水区经过 2 年多十几场降雨事件监测研究，降雨开始后 15mm 前期径流污染最重。分析认为汉阳地区暴雨径流最佳截留量是初期 15mm 降雨量。

水质指标一般主要是以 TSS 年总削减量来表示的，一般说来，对某一城市地区，如果能将暴雨径流中的 TSS 总量削减掉 70％，就基本达到了控制面源污染的目标。进一步的测定包括城市面源污染负荷的降低情况，初期雨水处理后 EMC 降低状况，各主要污染物的变化，以及对收纳水体的影响。

管理和工程设置运行的可持续性评估包括对小区业主的责任运行，区域设置的有效管理，卫生状况，水塘的安全性，宣传教育等。

对当地群众进行的询问调研包括：群众对城市面源污染控制设置的了解情况，大雨过程的堵塞，设置的多功能利用，群众对卫生情况的反应，以及可能的担心等。

城市面源污染整体性评估应该在工程后一段时间每年进行一次，以水质水量总体削减程度为评价标准，对方案和工程设施有效性作出评估，如有必要可以适当改进方案，增补或调整工程措施。以后在大暴雨年份应进行重点评估。城市面源污染工程后评估可以结合区域防洪、区域排水设置维修一起进行。

10 武汉汉阳城市面源污染控制的案例研究

10.1 武汉汉阳的自然、社会情况和城市水环境

武汉市是长江、汉江交汇点，境内湖泊棋布、河港交织，水面占总面积约25%。汉阳地区由"两江六湖十二渠"，组成纵横交错的湖网水系。武汉市汉阳地区包括汉阳区、武汉经济开发区(沌口)和蔡甸区部分共约120km²的区域。该地区湖泊众多，包括墨水湖、龙阳湖、三角湖、南太子湖、月湖、莲花湖等中小型城市湖泊，具有丰富的水资源和独特的水环境。该地区是发展中的老城区，多年来，区内湖泊一直是该区生活污水、工业污水和地表径流污水的受纳水体。除沌口经济开发区外，现有排水系统大部分是雨污合流制，滨湖区城市建设规划滞后。随着武汉市政府对汉阳地区的工业和生活污水点源污染的控制力度不断加强，面源污染对湖泊水质的影响正日益凸现。阐明该地区湖泊污染现状，以及造成面源污染的土地利用特征和社会经济因素，对于制定有效的面源综合治理方案和恢复湖泊生态平衡具有重要作用。根据科技部的安排，本课题主要在汉阳区的墨水湖北面流域进行。

10.1.1 自然地理状况

汉阳区位于武汉市西南部，东濒长江，北傍汉水，西接蔡甸区，南临沌口经济开发区，呈三角形地带(东经113°40′～114°16′，北纬29°58′～30°33′)。东西最大横距约17km，南北最大纵距14km。

汉阳区东、北两面临水，沿长江、汉江水岸线分别达13km和25km，城区内有月湖和莲花湖，南部的龙阳湖、墨水湖、南太子湖与蔡甸区和沌口经济技术开发区相隔，开发区西北部是三角湖和后官湖，全区水域面积占区域面积39.4%，其中城区占14.1%。

汉阳区属亚热带大陆季风性湿润气候，常年雨量较丰沛，热量充足，雨热同季，四季分明。年平均气温15.8～17.8℃，极端最高气温41.3℃，极端最低气温−18.1℃。年无霜期一般为211～272d，多年平均日照时数为1810～2100h。

汉阳地区属武汉市中心城区，年降水量1150～1450mm，最大年降水量2057.9mm，最小年降水量730.4mm。每年4～9月是本区的主要雨期，降水量占全年降水量的70%左右。降水量年内分配不均匀，大暴雨多集中在6、7月份，个别年份在8月，见图10-1。

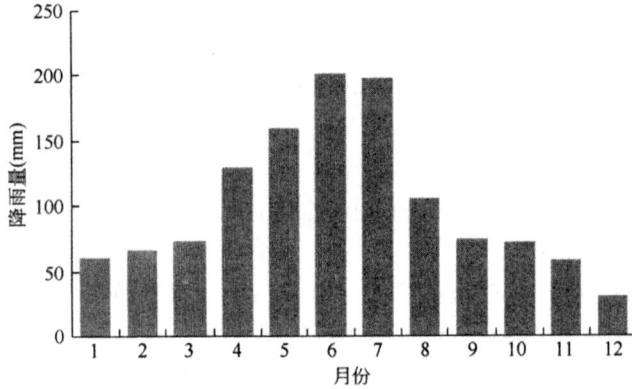

图 10-1 汉阳地区多年(1988~2001)各月降雨分布

根据武汉市中心气象台多年历史资料，汉阳地区降雨情况的统计分析见表 10-1。降水量大于 50mm 的暴雨降水日主要集中在 6、7 月份，占全年暴雨降水日的 47.5%，降水量大于 25mm 且小于 50mm 的大雨降水日主要集中在 4、5、6、7 月份，占全年大雨降水日的 67.1%。因此重点选择 4~7 月份进行地表径流监测。

汉阳地区月降水日数分配表(30 年平均值)　　　　表 10-1

降水量区间	合计降水天数(d)	月份											
		1	2	3	4	5	6	7	8	9	10	11	12
0≤P≤5	72.3	6	6.1	7.9	7.5	7.3	5.7	4.7	4.3	5.3	5.5	6.5	5.6
5<P≤10	18.8	1	2.3	1.8	2.4	1.9	1.7	1.2	1.1	1.1	1.5	1.4	1.3
10<P≤25	21.3	1	1.6	2.6	2.8	2.8	2.2	1.8	1.5	1.5	1.4	1.1	0.9
25<P≤50	8.5	0.1	0.1	0.9	1.3	1.6	1.6	1.2	0.6	0.4	0.4	0.3	0.0
50<P	4.0	0.0	0.1	0.1	0.4	0.5	1.1	0.8	0.6	0.3	0.1	0.0	0.0
合计	124.9	8.1	10.2	13.3	14.4	14.1	12.3	9.7	8.1	8.6	8.9	9.3	7.8

汉阳地区目前主要有六个湖泊，其中较大的是南太子湖和墨水湖。六个湖泊湖体总面积为 13.0km²，湖容 19.0×10⁶m³，调蓄容积 13.0×10⁶m³，汇水面积 63.9km²；湖体平均水深都在 2m 以下，属于浅水湖泊。各湖泊基本水文参数见表 10-2。

汉阳湖泊基本水文参数　　　　表 10-2

和破名称	面积(km²)	周长(km)	湖容(×10⁶m³)	调蓄容积(×10⁶m³)	平均湖深(m)	汇水面积(km²)
墨 水 湖	3.14	30.68	4.74	3.14	1.50	18.00
南太子湖	5.09	23.81	7.64	5.09	1.50	16.32
龙 阳 湖	1.53	18.37	2.14	1.53	1.40	10.93
三 角 湖	2.446	13.95	3.60	2.446	1.47	15.70
月 湖	0.66	7.93	0.792	0.66	1.20	2.62
莲 花 湖	0.0755	—	0.076	0.755	1.00	0.36
合 计	12.96	94.7	18.99	12.96	—	63.93

该地区湖泊众多，历史上这些湖泊相互连通，组成庞大的湖网水系，曾是重要的航运通道，与长江、汉江之水也自然交换；随着湖泊的自然淤积、城市建设的发展，湖泊面积逐渐缩小，湖泊水网萎缩，与长江、汉江的交换基本封闭，完全受人为控制。

10.1.2 社会经济状况

根据 2000 年第五次人口普查数据资料，汉阳区总人口为 50.8 万人，占全市 6.31%，为武汉三镇人口密度最低区。

汉阳地区未来的支柱产业已被定位于旅游、商住和汽车贸易，并将建设成环境优美、人居和谐的文化旅游城、中国武汉汽车城和现代商住城。

2003 年，汉阳区全年完成生产总值 27.52 亿元，按可比口径（下同），比上年增长15.8%。沌口经济技术开发区 2003 年，全年完成全口径工业总产值 303 亿元，其中规模以上工业企业完成总产值 291 亿元。主要产业是汽车及汽车零部件企业，全年完成总产值 191 亿元。沌口现状用地主要集中在"318"国道以东，以工业用地为主，面积约 10km²，占现有用地的 11%，其次为公共设施用地和少量的居住用地，分别占 4.75% 和 0.91%。其中，工业用地主要包括：列入国家重点建设项目的神龙汽车有限公司武汉总装厂、高科技产业园和出口加工区。

10.1.3 城市排水系统

汉阳区建城区约为 30km²。在 2003 年武汉水专项刚开始时没有污水处理厂，建城区现状排水收集系统均采用合流制管渠系统排入河湖系统。2006 年南太子湖污水处理厂建成后，旱污水（非雨天污水）排入污水处理厂。其合流制收集系统的截留系数为 1，暴雨时溢流雨水排入河湖。根据城市建设布局、环境保护要求以及现有排水设施、水质、水量、地形和水体等条件因素划分为 12 个管渠系统，其管渠系统名称和汇水面积详见表 10-3。沌口开发区排水为雨污分流体制，共有雨水排污口 5 个，生活污水及工业污水排污口各 1个，受纳水体为南太子湖。

汉阳建城区合流制管渠系统一览表　　　　　表 10-3

序号	系统名称	汇水面积（km²）	受纳水体
1	月湖系统	4.8	月湖
2	鹦鹉洲系统	9.1	长江
3	琴断口系统	5.5	汉江
4	玫瑰园系统	1.1	龙阳湖
5	十升路系统	1.2	龙阳湖
6	十里铺系统	1.3	墨水湖
7	桃花岛系统	1.3	墨水湖
8	七里庙系统	0.55	墨水湖
9	五里墩系统	0.6	墨水湖
10	马沧湖系统	1.1	墨水湖
11	万家巷系统	3.3	墨水湖
12	夹河系统	0.5	南太子湖
	合计	30.35	

10.1.4 水环境现状

（1）水环境质量现状

根据进水量大小及湖泊本身特性，本次选择墨水湖、南太子湖、龙阳湖、三角湖为主要研究对象。依据受纳水体及城市污水污染物的特点，选择污水量、COD_{Cr}、SS、TN、TP 五项污染物指标作为研究项目。其中，COD_{Cr}、SS 两项反映了以生活污水污染为主的地区特点，也是城市污水处理厂的主要控制水质指标，TN、TP 则是影响湖泊富营养化的重要参数。

纳污负荷以 2003 年监测数据为依据，四湖的纳入污水量及污染物年总量见表 10-4。

2003 年流入四湖的污水量及污染物年总量表　　　表 10-4

湖　　名	污水量（万 t）	COD_{Cr}（t）	SS（t）	TN（t）	TP（t）
墨 水 湖	1412.65	2126.92	826.22	383.46	31.58
龙 阳 湖	2114.81	2851.59	958.37	487.65	46.85
三 角 湖	114.85	8.03	4.08	1.70	0.12
南 太 子 湖	6318.02	12496.92	6223.24	4215.23	104.83
合　　计	9960.33	17483.46	8011.91	5088.04	183.38

由表 10-4 可知，四湖中纳入污水及污染物最多的是南太子湖，纳入污水量占总量的63.43%，COD_{Cr} 占 71.48%，SS 占 77.67%，TN 占 82.84%，TP 占 57.17%，其次是墨水湖和龙阳湖，纳污量最少的是三角湖。

2003 年 1 月～2003 年 10 月对汉阳地区六个湖泊进行了水质监测，并对入湖排污口进行了 12 和 24h 连续监测。结果如下：

1）枯水期六个湖泊的水质相对较好，三角湖达到Ⅳ类水体的要求，月湖达到Ⅴ类水体的要求，其他四个湖都为劣Ⅴ类水体，污染最严重的湖泊为龙阳湖，其次为墨水湖、莲花湖、南太子湖。

2）平水期六湖的水质最差，除月湖能达到Ⅴ类水体的要求外，其余湖泊均为劣Ⅴ类水体，污染最严重的湖泊为南太子湖，其余依次为三角湖、龙阳湖、墨水湖、莲花湖。主要污染物为 TN、TP、NH_3-N、BOD_5，前三项指标占总污染指数的 73% 以上。

3）丰水期六湖水质也较差，除三角湖能满足Ⅴ类水体的要求外，其余湖泊均为劣Ⅴ类水体，污染最重的湖泊为南太子湖，其余依次为墨水湖、月湖、龙阳湖、莲花湖。主要污染物为 TP、TN、NH_3-N、BOD_5，三项指标占污染指数的 77% 以上，仅 TP 一项就占了 43.42%。

长期以来，入湖污水几乎未经处理，墨水湖、龙阳湖、南太子湖水质受到严重污染。表 10-5 列出各湖 2003 年监测结果的平均值。

汉阳六湖 2003 年水质评价　　　表 10-5

湖　泊	pH	COD_{Mn}（mg/L）	BOD_5（mg/L）	TN（mg/L）	TP（mg/L）	DO（mg/L）	评价级别
龙 阳 湖	8.4	10.53	21.2	12.8	0.89	11.1	劣Ⅴ类
墨 水 湖	8.4	8.20	15.2	10.4	0.50	7.9	劣Ⅴ类

续表

湖　　泊	pH	COD$_{Mn}$ (mg/L)	BOD$_5$ (mg/L)	TN (mg/L)	TP (mg/L)	DO (mg/L)	评价级别
三　角　湖	8.4	5.56	4.2	6.15	0.09	10.5	劣Ⅴ类
南太子湖	7.9	8.40	10.4	17.0	0.20	9.0	劣Ⅴ类
北太子湖	—	—	7.44	1.81	0.313	9.40	Ⅴ类
后官湖	7.94	—	—	1.46	0.04	—	Ⅳ类

随着汉阳地区社会经济的快速发展，城区面积迅速扩大，旧城区和湖滨地带环境脏乱，加上独特的雨量丰沛的气象条件，大量污染物排入湖泊水体，水环境严重恶化，城市面源污染引起的水环境问题亟待解决。

（2）汉阳旱污水污染特征

自 2003 年 1 月～2004 年 12 月，连续两年按季度对十里铺、七里庙、汉桥村、五里墩 1 号、五里墩 2 号及万家巷 6 个汇流监测点进行了旱污水监测。

2003～2004 年，各汇流监测点旱污水监测结果见表 10-6。由表 10-6 可知，6 个汇流监测点旱污水的平均日排放量为 0.37 万～10.85 万 t/d。其中，万家巷、十里铺、七里庙和五里墩 1 号日排放量大于 0.5 万 t，汉桥村、五里墩 2 号的日排放量均小于 0.5 万 t。汇流监测点旱污水水质按《污水综合排放标准》GB 8978—1996 一级标准及《地表水环境质量标准》GB 3838—2002 的Ⅳ类标准限值进行评价。

各排污口旱污水水量、水质监测结果　　　　表 10-6

点位	监测指标	2003 年				2004 年				平均
十里铺	流量(t/d)	15667	31121	31600	14966	10080	22963	16413	23440	20782
	SS(mg/L)	40.0	70.8	33.0	19.0	56.2	90.0	13.43	22.37	43.1
	COD(mg/L)	149.2	138.0	109.2	140.2	189.6	186.7	105.27	158.29	147.3
	TP(mg/L)	0.70	1.76	2.80	2.62	3.95	4.16	2.33	3.94	2.79
	TN(mg/L)	29.43	25.84	21.07	32.80	16.09	32.32	19.17	31.32	26.01
七里庙	流量(t/d)	6051	5616	7344	4234	5616	6365	5515	4830	5697
	SS(mg/L)	71.2	39.0	81.0	60.0	201.2	93.5	12.8	148.3	88.4
	COD(mg/L)	273.2	133.2	155.6	382.0	534.2	251.6	155.3	263.2	268.6
	TP(mg/L)	2.92	1.40	3.72	4.72	6.93	5.14	3.57	6.44	4.36
	TN(mg/L)	61.20	25.44	32.11	46.31	23.66	39.58	28.49	53.61	38.81
五里墩1号	流量(t/d)	7959	10678	5047	2419	6394	9158	8629	5860	7018
	SS(mg/L)	35.2	56.5	97.0	17.0	40.2	22.5	12.15	83.13	45.5
	COD(mg/L)	149.2	283.5	102	84.1	108.9	82.3	82.9	172.9	133.3
	TP(mg/L)	1.49	1.65	2.1	1.47	2.5	1.89	1.81	3.42	2.05
	TN(mg/L)	36.97	31.94	24.95	15.09	7.67	20.79	15.81	28.45	22.71
五里墩2号	流量(t/d)	2879	2717	2160	8986	3456	5155	6991	4085	4554
	SS(mg/L)	34.6	34.5	27.5	20.0	112.2	77.5	11.7	44.4	45.4
	COD(mg/L)	141.3	83.5	76.4	112	129.9	126.6	68.3	94.0	104.0
	TP(mg/L)	1.70	0.83	2.31	2.41	3.21	2.52	1.44	2.56	2.12
	TN(mg/L)	33.36	8.12	19.90	24.75	11.48	23.66	13.65	23.45	19.80

点位	监测指标	2003 年				2004 年				平均
汉桥村	流量(t/d)	3345	2398	1906	—	4925	—	—	—	3738
	SS(mg/L)	27.4	68	74.5	—	76.2	130.5	—	—	80.0
	COD(mg/L)	135.4	173.8	139.5	—	207.2	146.4	—	—	163.2
	TP(mg/L)	1.55	1.34	2.89	—	3.88	3.09	—	—	2.71
	TN(mg/L)	31.13	32.53	24.74	—	13.22	21.12	—	—	23.32
万家巷	流量(t/d)	—	—	—	—	—	132745	84272	—	108509
	SS(mg/L)	—	—	—	22.5	85.5	33.0	86.2	—	45.4
	COD(mg/L)	—	—	—	396.0	228.9	138.7	119.13	—	279.1
	TP(mg/L)	—	—	—	4.82	5.00	2.00	2.72	—	4.03
	TN(mg/L)	—	—	—	241.25	25.70	26.76	19.15	—	132.56

从表 10-6 的结果分析发现，七里庙和汉桥村旱污水的 SS 平均浓度超标；各测点旱污水的 COD 平均浓度均超标，超标倍数为 1.04～2.79，超标样品占样品总数的 85%，尤其是十里铺、七里庙和汉桥村全部样品的 COD 浓度均超标；各测点的旱污水 TP、TN 平均浓度均严重超标，超标倍数分别在 20 和 10 以上。超标样品达 100%。

旱污水的污染物负荷量计算公式为：

$$P = \sum 1/2(q_n + q_{n+1}) \times \Delta t \times 1/2(C_n + C_{n+1})$$

式中：P——污染物负荷量，g；

q_n、q_{n+1}——n、$n+1$ 时刻的流量，m³/h；

C_n、C_{n+1}——n、$n+1$ 时刻的污染物浓度，g/m³；

Δt——两次测定间隔时间，h。

按上式计算出的旱污水的污染物负荷量见表 10-7。结果显示，各监测点旱污水污染物中，均以 COD 的污染负荷最大，为 255～9519t/a，其次是 SS，为 67.6～2529t/a。反映了各汇水区旱污水均以生活污水为主的污染特点。

各排污口旱污水污染物负荷量　　　　　表 10-7

监测点	SS		COD_Cr		TN		TP	
	日负荷(kg/d)	年负荷(t/a)	日负荷(kg/d)	年负荷(t/a)	日负荷(kg/d)	年负荷(t/a)	日负荷(kg/d)	年负荷(t/a)
十里铺	942	344	2680	978	547	200	57	21
汉桥村	254	93	700	255	71	26	12	4.3
七里庙	501	183	1487	543	218	80	24	8.9
五里墩 1 号	321	117	1014	370	168	61	14	5.1
五里墩 2 号	185	68	472	172	92	34	10	3.6
万家巷	6928	2529	26080	9519	11387	4156	399	146

旱污水水量及污染物负荷量的时空分布见图 10-2～图 10-4。从图 10-2 可以看出，6 个汇流监测点，万家巷的旱污水年排放量最大，占所有测点旱污水排放总量的 72.1%，旱污水排放量最小的测点是汉桥村，占旱污水排放总量的 2.5%；旱污水排放量居 2～5 位的测点依次是十里铺、五里墩 1 号、七里庙、五里墩 2 号，其排放量分别占所有测点旱污水排

放总量的 13.8%、4.7%、3.9%、3.0%。旱污水污染物负荷量的空间分布特征：万家巷旱污水的 SS、COD、TP、TN 的负荷量均为最高，其次为十里铺、七里庙，五里墩 1 号与汉桥村污染物负荷量较为接近，五里墩 2 号旱污水的污染物负荷量最低。

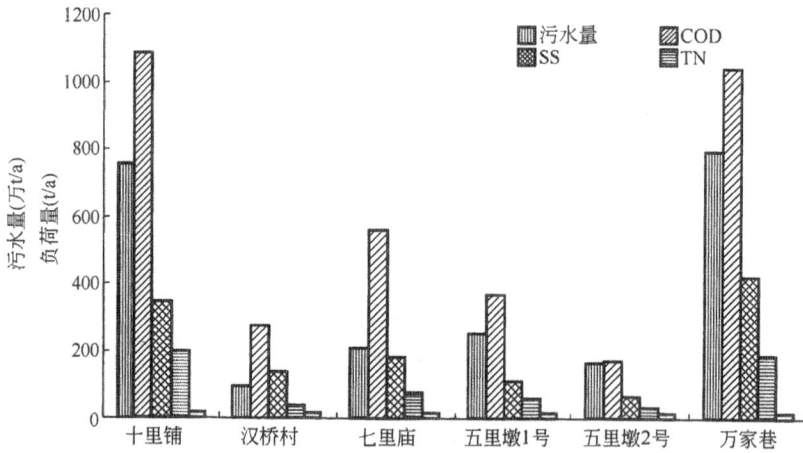

图 10-2　旱污水水量、污染物负荷的空间分布

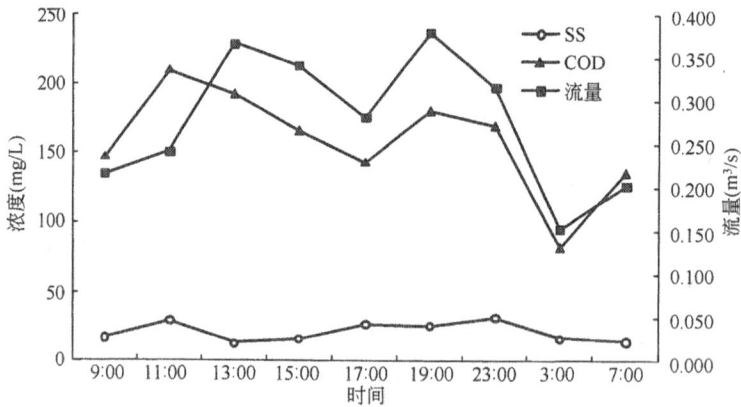

图 10-3　十里铺排污口旱污水 COD、SS 浓度 24h 变化

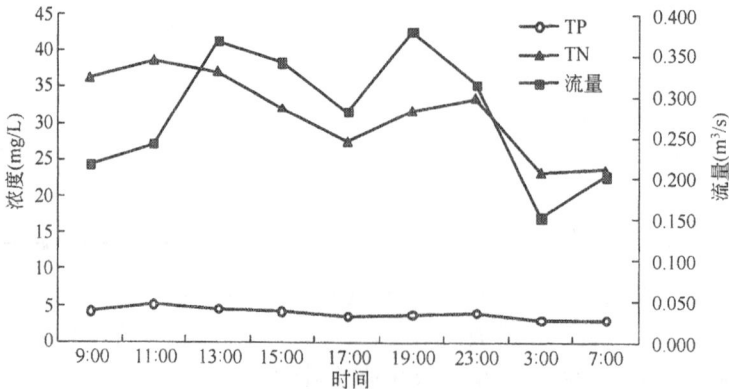

图 10-4　十里铺旱污水水量及 TP、TN 浓度 24h 变化

图 10-3、图 10-4 为十里铺旱污水水量及污染物的 24h 监测结果。可见，旱污水水量及 COD、TN 浓度均在 24h 内出现两个峰值，峰值明显，水量及 COD 浓度的峰值分别出现在 11：00～13：00 和 19：00，基本与生活用水高峰同步。TN 浓度的峰值分别出现在 11：00 和 23：00，夜间峰值滞后于生活用水高峰 4h。SS、TP 浓度 24h 内变化不明显。

7 个汇流监测点主要位于十里铺、桃花岛、七里庙和五里墩 4 个集水区，通过采取现场调查与资料分析相结合的方式，获取的集水区基本特征见表 10-8。在 4 个集水区中，按人口密度的排序为桃花岛＞七里庙＞五里墩＞十里铺。垃圾主要集中在十里铺，占四个汇水区总量的 97%，垃圾类型主要是生活垃圾和建筑垃圾，长期露天堆放，是面源污染的来源之一。4 个集水区均为居民区，城市化程度高，不透水面比例都在 85% 左右。

集水区的基本特征　　　　　　　　　　　　　　　　表 10-8

集水区	面积（km²）	人口密度（人/km²）	不透水面比例（%）	垃圾堆存量(t)	区域功能	排水体制
十里铺	1.3	13165	86.5	150	居民区	合流制
桃花岛	1.3	17149	84.9	1	居民区	合流制
七里庙	0.55	15276	85.3	1	居民区	合流制
五里墩	0.60	14117	84.6	2	居民区	合流制

10.2　武汉桃花岛面源污染控制示范工程

10.2.1　示范区概况

桃花岛地区位于汉阳区中部郭琴路与墨水湖之间，东连汉桥路，南止墨水湖，西抵七里小区与十里铺小区分界线，北临规划的玫瑰园路。高程在 20～26m（黄海高程，下同）之间，地势平坦，面积约 1.33km²。属武汉市汉阳城区居民住宅比较集中的区域，该区域主要以居民住宅的建筑物为主，并分有新居民区、老居民区、小区商业网点、机关、学校、工厂等。据 2003 年卫星遥感图片和实际现场调查可知，区内居民建筑物接近总面积的 40%，小区内以硬化路面和不透水建筑居多，露土面积小。另外为道路、绿地以及沿湖的农田菜地、水塘等复杂的土地利用类型。随着城市新建区建设的不断推进，老居民区将被大规模改造，沿湖的农田、菜地和水塘将被规划为滨湖岸边绿化带，构成开敞式城市公园。

桃花岛地区新建小区一般为近十年建的，有一定的绿化面积，透水性下垫面面积比例较大，可以使雨水就地促渗；新居民小区的排水体制一般采用雨污分流体制；管理措施也比较完善，街道清扫、垃圾清运都比较及时，有效地减少了地表污染物；新建区靠近城乡结合带，具有较多的可利用的土地面积，为贮存塘技术和人工湿地技术等生态工程技术的应用提供空间。

桃花岛地区土壤质地较黏重，渗透性差，一般渗透系数小于 3.5×10^{-7} cm/s。区内绿地种植前，未经土壤改良，渗透性仍很差。

根据多次现场查勘，结合高精度卫星影像解译结果分析，在桃花岛城市新建区

$1.33km^2$ 的范围内，土地利用类型主要有居民区、工厂、城市道路、绿地、学校，以及沿湖的菜地、水塘几类。其中，居民区以新建区为主。区内土地利用状况如表 10-9 所列。

<table>
<tr><td colspan="8" align="center">桃花岛城市新建区土地利用状况</td><td>表 10-9</td></tr>
<tr><td>土地利用类型</td><td>新居民区</td><td>老居民区</td><td>工厂</td><td>道路</td><td>绿地</td><td>学校</td><td>菜地</td><td>水塘</td></tr>
<tr><td>面积（m²）</td><td>293831.2</td><td>200136</td><td>300568</td><td>120432</td><td>9984</td><td>126960</td><td>170328</td><td>107808</td></tr>
<tr><td>占总面积（%）</td><td>22.09</td><td>15.05</td><td>22.60</td><td>9.06</td><td>0.75</td><td>9.55</td><td>12.81</td><td>8.11</td></tr>
</table>

从表 10-9 中所列土地利用状况可知，桃花岛城市新建区下垫面内以硬化不透水路面和建筑物居多，约占区域总面积的 80%，绿地和露土地面积小。

桃花岛城市新建区内排水系统为不完全分流制。区内城市排水主干网按雨污分流制建设，在新建居民区内，排水系统也采用雨污分流制。但由于部分老居民区合流制的存在，新建居民区内外的乱接，以及排污主干网中生活污水暂无至污水处理厂的出路等原因，桃花岛地区雨水排水系统中也混接有生活污水排水管。

10.2.2 新建区面源污染特点

城市地表径流污染是指地表沉积物与大气沉降物等在降雨的淋溶和冲刷作用下，扩散性进入水体，造成城市水环境质量下降的过程，包括污染物的积聚、冲刷、输送三个主要过程。污染物的积聚是城市地表径流污染的首要过程，地表沉积物是径流污染物的主要来源。地表沉积物包含有许多物质，其组成和含量受土地利用状况、大气沉降、交通、人口密度等因素的影响；地表污染物的冲刷过程与污染物性质、地表透水性能等有关。

桃花岛城市新建区的与城市其他区域特征相似，区内不透水地面面积大，使得其区域内的面源具有暴雨产流快、流量大、初期径流中的污染物含量特别高的特点。由于新建区主要是以居民区为主污染物以各种各样的生活垃圾比例较大，对城市面源污染有机物贡献较高；新建区面源的主要污染物为：有机物、SS、石油类和 N、P 等，重金属不是其主要污染物。新建区面源不仅具有城市面源的一般特征，如随机性、晴天累积降雨排放的间歇式排放和污染负荷时空变化幅度大等特征，还具有以下重要特点：

1）新建区的特点使得其产生的地表径流污染程度稍弱于老城区，而且在地表径流的控制上新建区也有一定的优势。

2）新建小区排水体系为雨污分流，但还是存在错接和误接问题；分散小点源、部分生活污水也属于新建区面源污染控制的目标。

3）新建小区面源污染轻于旧城区，小区管理较为完善，垃圾处理较及时。

4）小区内有一定数量的绿地面积，但多数土壤板结，可渗透性较差等（彩图 10-1）。

10.2.3 示范工程处理系统技术设计思路

桃花岛面源污染控制示范工程分源控制和汇控制两个部分。源控制位于旺达居民小区对雨水污染进行源头控制，本书已在 5.5 节中进行了叙述，在这里不再重复。

汇的处理是面源污染控制的终端处理，是决定面源污染处理效果的关键一环。汇处理的意义与作用主要表现在：

1）汇处理系统在其运行的过程中，具有贮存的作用，即可以调节洪峰。

2）削减污染物，减少水体污染。汇处理是面源污染控制的一个重要环节，是总体治理效果的最后实现过程。污水集中控制，削减排入水体的污染负荷，对控制面源污染，减少湖泊外源有机污染负荷，特别是去除入湖地表径流中的 N、P 安全有效。

3）处理成本低廉。它是利用天然水塘和人工水库控制面源污染的一种投资少、见效快、效果好的方法。

4）修复生态、美化景观。

汇处理系统技术方案本着遵循自然的原则，充分利用土地特点，尽量减少暴露的工程构筑物，将径流污水处理系统与自然生态景观融为一体，整个系统集成了生态水处理、景观生态以及科研试验功能。

在桃花岛汇处理系统中将采用以下几种技术进行优化集成：

① 分散点源收集处理技术

针对城市新建区内还存在较多分散小型点污染源的特点，对这些污水将研究一套分散点源收集技术，将未进入下水管网的分散点源收集并引入贮存塘系统，减少对城市水体的压力。分散点源收集系统由窨井、收集沟、收集涵管、集水井等构成。

② 突发性大水量初期污染径流的贮存塘处理技术

针对城市新建区面源污染具有突发性、随机性和初期径流污染浓度高等特点，研究一套突发性大水量初期污染径流的贮存处理技术是非常必要的。前置库处理技术是一种较为成熟的削减洪峰、拦截 SS 和去除 TP、TN 有一定效果。本方案在借鉴前置库技术的基础上，研究一种针对突发性大水量初期污染径流的贮存塘技术，以存贮暴雨初期污染径流、削减洪峰、去除污染物，减少城市水体压力（彩图 10-2）。

③ 多水塘耦合型污染物截控净化技术

根据雨后污染径流的突发性和最初 15mm 径流深污染特别严重的特点，设计能拦截、贮存和净化初期污染径流的生态工程，达到减少污染物随径流输出的目的。结合该地区多水塘的特点，研究一种多水塘耦合型污染物截控净化技术。多水塘系统具有能有效控制面源污染的强大功能。多水塘系统主要滞留污染径流，能够显著地降低径流速度，具有贮存暴雨径流，减少水、悬浮物和磷元素输出；还可以利用塘之间的小沟长满植物，对径流有过滤作用。塘建造成本较低，一方面控制污染负荷，另一方面提高水资源的利用率。

④ 人工湿地处理技术

人工湿地是一种能高效控制城市径流污染的措施。它有效减少径流，有良好的去除污染物的能力。本示范工程根据地形条件创造性地运用垂直流、水平潜流和表流人工湿地处理技术，将多项技术进行优化组合，研究一种新型的复合流人工构造湿地技术，在布水形式上进行创新。湿地的设计和构建也尽量体现自然、降低工程成本，为探讨其在处理城市面源污染中的处理效果与经济价值提供了具有一定工程规模的研究平台（彩图 10-3、彩图 10-4）。

⑤ 景观塘—岸边带生态美化净化技术

水质基本达标的水注入景观塘，塘中的水生植物为小区增添美色（彩图 10-5）。结合该地区地形地貌条件和城市生态功能，进行景观生态建设，充分体现人与自然和谐。湖滨带具有固定湖岸、减少侵蚀、过滤污染物、美化湖滨的功能。湖滨带的水生植物与藻类争夺营养物质和阳光，可抑制藻类生长。湖滨带的植物群落可有效拦截来自库周的泥沙、营养盐及污染物。同时设计生态型湖岸，陆生植被带和水生植被带，使之兼顾净化和美化功能。湖滨示范工程修建了生态型道路，路面铺设的是为城市面源污染控制研制的透水混凝土地面砖(彩图10-6)。

10.2.4 示范工程设计

(1) 汇处理系统示范工程位置

汇处理系统示范区位于墨水湖北面湖滨地带，本地方土地规划性质是生态用地。东临汉阳区永丰乡汉桥村、汤家嘴一村和环湖马路，南与桃花岛生态园进出马路及其北面围墙相接，西滨墨水湖，北以排水走廊南侧为界。

示范区内地形不规则，最大宽约300m，最小宽约20m，最大长度约700m。塘地相间，水塘将陆地分割成大小不一、凸凹不平、形状各异之势，高程在20～24m之间。工程实际可用地面积为：水域面积约35000m²，陆地面积约16000m²，另外，实际工程布置时使用了部分代征地。

(2) 工程组成

工程主要由引水系统、分散点源收集系统、贮存塘系统、景观塘系统、水平潜流人工湿地系统、复合人工湿地系统、动力输水系统(包括泵房、管理用房、输水管道、电力等)及景观一体化等工程组成。其中引水系统、贮存塘系统、景观塘系统工程构成城市面源污染输移末端处理体系，由于这三个系统工程均在汇处理示范区征地红线范围内，故将其设计和施工纳入汇处理工程一并考虑。

汇处理示范工程组成及工艺流程见图10-5。

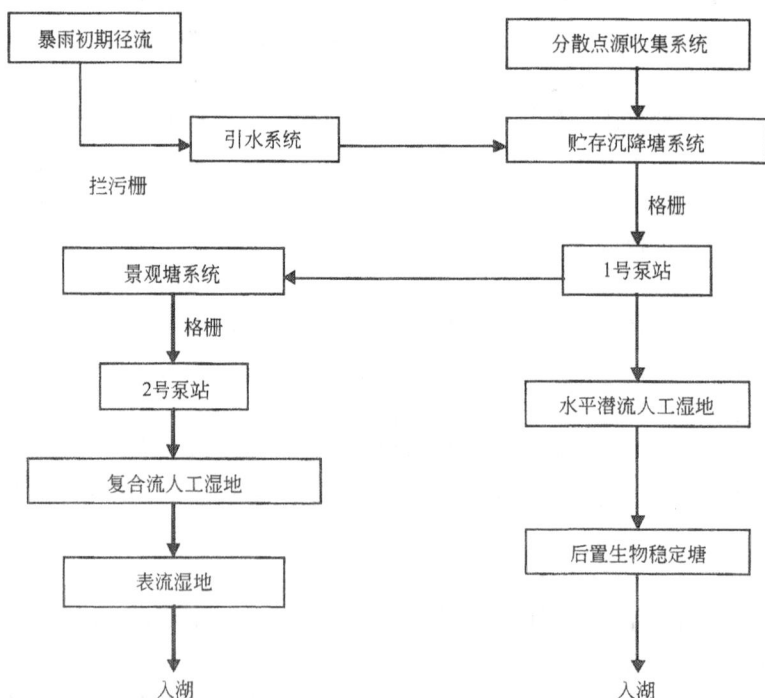

图10-5 桃花岛示范工程汇处理工程组成及工艺流程图

（3）设计参数

设计进水水质：根据武汉市环境保护科学研究院和长江水资源保护科学研究所分别对桃花岛西面排水渠在暴雨期多次所观测的水质资料统计，本示范工程拟处理的面源污染负荷浓度范围为：TN 13.9～43.6mg/L，TP1.47～4.11mg/L，COD_{Cr}43.6～531.1mg/L，SS 121～1781mg/L。

设计处理能力：处理大雨日产初期重污染径流 $12600m^3/d$；在没有降雨时，为充分利用湿地资源，可处理生活污水 $1400m^3/d$。

10.2.5 示范工程运行效果

运行至今降雨多次，但多为中雨和小雨，其截流方式为：中小降雨时，当径流形成后启动截流涵闸将雨污混合污水引入贮存沉降塘系统，至雨后引水管无明显水流为止关闭截流涵闸；大雨时，径流形成时开启截流涵闸，贮存沉降塘系统达到设计最高水位时关闭截流系统。

（1）贮存沉降塘和水平潜流人工湿地组合系统处理效果

水平潜流人工湿地系统自建成起至今调试运行一年多，目前系统逐渐稳定，出水水质良好，在调试运行期内，系统主要经历了初期的墨水湖湖水养护调试、雨期的径流混合污水调试和无雨期的城市污水与湖水混合污水调试。

1）墨水湖湖水养护运行结果

系统建成初期没有降雨，为了保证湿地植物的成活以及促使湿地系统的真正形成，采用了墨水湖湖水对人工湿地系统进行前期的养护和调试运行，由于湖水水质好于设计进水水质，在养护调试期按照设计水力负荷进水，这样一方面可以保证植物生长的水分和营养供给，另外有助于湿地内微生物系统的尽快形成。运行方式为：间歇运行，每天直接抽取湖水 12h，水力负荷为 14cm/d，出水水位每 3 天下降 10cm，到出水水位为 30cm 高为止，当出水水位高度为 30cm 运行 3 天后，放空湿地一天，然后重新抬高出水水位至最高点，如此循环调整出水水位运行，以诱导植物根系纵深生长，约一个半月的湖水养护调试结果见表 10-10。

人工湿地墨水湖水调试运行效果 表 10-10

水质指标		COD_{Cr}	TP	TN	SS
墨水湖水	引水水质(mg/L)	60.3±4.6	0.87±0.06	13.57±0.27	45.9±18.5
芦苇湿地	出水水质(mg/L)	37.65±1.05	0.25±0.03	10.22±0.62	16.53±4.92
	去除率(%)	35.7～39.0	67.8～74.7	19.8～29.0	54.9～75.8
菖蒲湿地	出水水质(mg/L)	37.6±1.4	0.26±0.025	10.0±1.71	13.57±2.55
	去除率(%)	36.0～40.2	66.7～72.4	16.1～40.5	66.0～76.7
美人蕉湿地 1	出水水质(mg/L)	39.5±5.8	0.22±0.035	9.74±1.09	17.07±6.19
	去除率(%)	25.0～44.1	70.1～72.8	20.0～36.1	53.2～78.2
美人蕉湿地 2	出水水质(mg/L)	40.5±5.45	0.20±0.025	12.0±0.23	15.33±5.43
	去除率(%)	25.5～43.0	73.6～79.3	9.7～12.8	55.5～79.1
湿地总出水	出水水质(mg/L)	38.35±3.45	0.24±0.03	10.5±1.23	16.08±5.6
	去除率(%)	30.8～40.7	71.8～72.9	15.4～31.8	56.8～77.2

从表 10-10 中数据可以发现，进水污染物浓度较低，湿地系统的污染负荷较低，水平潜流人工湿地系统对污水中各项指标已具有一定的去除效果，COD_{Cr} 去除率为 30%～40%，TN 的去除率不超过 30%，TP 的去除率为 70% 左右，SS 的去除率为 50%～80%，四个并联运行的单元处理效果无明显差异。COD、TN 的去除率比较低，TP 和 SS 的去除率较高，说明目前废水中污染物去除的主要途径是物理化学过程而非生物化学过程：SS 主要是通过基质过滤得以去除，其中也包含了许多不溶性颗粒有机物，TP 是通过基质的吸附以及在基质表面沉降等过程得以去除，被去除的 COD 和 TN 主要是难溶的或颗粒状的部分，也主要依靠基质的过滤和吸附等过程来去除，被截留的有机物在基质表面逐渐积累，与此同时污水中的土著微生物也被截留在基质颗粒的间隙中，依靠可利用的有机物逐渐形成优势微生物，经过足够长的时间最终形成稳定的微生物区系。废水中有机污染物浓度越低，湿地微生物区系形成越慢，所以当处理低浓度废水时初期的调试运行就可以高水力负荷运行，这样一方面可以增加进入处理系统的有机物总量，另外在高水力负荷条件下形成的微生物区抗冲击负荷的能力较强，有助于系统处理效果的稳定。

2）雨期的径流混合污水运行结果

运行期间降雨多次，但多为中雨和小雨，其截流方式为：中小降雨时，当径流形成后启动截流涵闸将雨污混合污水引入贮存沉降塘系统，至雨后引水管无明显水流为止关闭截流涵闸；大雨时，径流形成时开启截流涵闸，贮存沉降塘系统达到设计最高水位时关闭截流系统。塘系统的进水水质存在一定的波动，这是由于一方面雨型的不同使形成的径流污染程度存在差异，另外雨型的不同使雨污的混合比例也存在一定的差异。不过贮存塘中原来贮存的水量在一定程度上稀释了引入的混合污水，而且贮存沉降塘具有一定的净化处理功能，使得湿地系统的进水水质波动较小。雨污混合污水调试过程仍然采用设计水力负荷、间歇运行的方式，循环调整出水水位高度，诱导植物根系生长，同时也在不同深度驯化不同的优势微生物，雨污混合污水的调试运行效果如表 10-11 所示。

雨污混合污水调试运行效果 　　　　　　　　　　　表 10-11

水质指标	COD_{Cr}	TP	TN	SS
雨污混合污水(mg/L)	161.0±28.4	2.65±0.27	23.21±2.04	531.2±56.2
塘系统出水(mg/L)	98.5±14.6	1.75±0.20	13.80±1.66	81.1±12.6
塘系统去除率(%)	37.3～40.8	31.4～35.9	38.1～42.3	84.2～85.8
湿地系统出水(mg/L)	35.8±3.5	0.45±0.06	7.49±1.27	30.0±5.9
湿地系统去除率(%)	60.7～64.8	73.4～75.6	43.2～48.4	60.3～66.4
总去除率(%)	75.4～79.1	81.8～84.3	64.9～69.8	93.8～94.7

注：按设计水力负荷满负荷 700m³/(5000m²·d) 运行，每天进水约 12h。

表 10-11 中数据表明塘系统对各污染物具有一定的去除效果，特别对 SS 的去除效果明显，去除率达到 85%，对其他污染物的去除也都超过了 30%，贮存沉降塘系统主要通过沉降附着在可沉降颗粒上的污染物来去除 COD、TN 和 TP，另外塘内浮游生物也可以同化吸收一部分可直接利用的有机物和营养物，塘系统的初步净化减轻了湿地的污染负荷，同时防止湿地堵塞的发生。湿地系统出水稳定，除 TN 的去除率低于 50%，其他指标的去除率皆高于 60%，特别是 TP 的去除率达到了 75.6%，出水水质可以达到《污水综合

排放标准》GB 8978—1996 的一级标准。湿地运行初期 TP 的去除效果一般都比较好，这主要是由于初期湿地基质的吸附容量大、效率高，TN 的效率较低主要是由于系统没有完全成熟，植物系统没有发育完全，向湿地内部传输氧量有限，还没有在植物根区形成较好的好氧—厌氧交替的环境，抑制硝化、反硝化细菌菌群的生长与繁殖，进而导致了 TN 的去除效率较低。COD 的去除率超过 60%，湿地系统的污染去除负荷达到 $0.01\text{kgCOD}/(\text{m}^2 \cdot \text{d})$。总之，贮存沉降塘—水平潜流人工湿地生态系统适合处理城市地表径流污水，对污水中的 COD_{Cr}、TP、TN、SS 的去除率分别为 75.4%～79.1%、81.8%～84.3%、64.9%～69.8%、93.8%～94.7%，处理效果较好。

3）无雨期的城市生活污水与湖水混合污水运行结果

在不降雨期间，当收集的径流污水被处理完时，为了维持塘和湿地必须的水供应和系统的稳定，同时从削减污染的角度考虑，便计划截流城市污水调试湿地运行，但为了保持塘生态系统的稳定性，长效发挥其净化功能和景观功能，将墨水湖湖水与城市生活污水按 1:1 的比例混合以降低进水污染物浓度，定期引入贮存沉降塘，进而提升到人工湿地内净化处理，人工湿地的运行方式同雨污混合污水的运行方式，系统的运行效果见表 10-12。

湖水污水混合调试运行效果　　　　　　　　　　　　　　表 10-12

水质指标	COD_{Cr}	TP	TN	SS
湖水污水混合(mg/L)	108.9±12.8	2.09±0.25	28.69±2.63	120.7±12.3
塘系统出水(mg/L)	83.6±7.4	1.59±0.14	20.39±1.82	77.8±6.6
塘系统去除率(%)	19.9～25.1	20.8～26.2	27.8～30.4	33.8～37.7
湿地系统出水(mg/L)	31.5±3.7	0.40±0.06	11.65±0.91	22.8±2.8
湿地系统去除率(%)	61.3～63.8	73.8～76.2	41.4～44.0	69.7～72.1
总去除率(%)	71.1～73.5	79.2～82.4	58.9～60.0	80.4～81.9

注：按设计水力负荷满负荷 $[700\text{m}^3/(5000\text{m}^2 \cdot \text{d})]$ 运行，每天进水约 12h。

由表 10-12 可以发现，混合污水经过贮存沉降塘系统，各污染指标均得到一定的去除，SS 的去除率超过 30%，其他指标的去除率均不超过 30%。湿地系统除对 TN 的去除效果较差外，对其他污染指标的去除效果都比较好，出水水质可以达到《污水综合排放标准》GB 8978—1996 的一级标准，体现出湿地系统的污染处理能力，特别是有效处理低污染污水的潜力。系统的成熟与稳定需要更长的时间，系统的净化效率也有待于进一步提高，系统在有效控制城市地表径流的同时，在无雨期也可以处理一部分城市生活污水，以削减污染物排放总量。

4）两种混合污水的处理效果比较

在调试过程中主要采用了两种混合污水，一种为径流与生活污水的混合污水（简称雨污混合污水），另一种为湖水与生活污水的混合污水（简称湖污混合污水）；雨污混合污水与湖污混合污水虽然有机物浓度相近，但水质仍存在较大差异，污染物的存在形态也存在一定的差异，两种混合污水在塘—人工湿地处理系统中污染物去除过程和去除效率也存在一定的差异。

如图 10-6 所示，雨污混合污水的 COD、TN、TP 与湖污混合污水相差很小，而 SS 远远高于湖污混合污水。在贮存沉降塘净化处理阶段，对雨污混合污水中各污染物的去除率均高于对湖污混合污水污染物的去除率，特别是 SS 的去除，虽然两种污水的 SS 值相差很大，但塘系统出水，两者相差不大，贮存沉降塘具有良好的沉降性能，对雨污混合污水较优的处理效率归结于颗粒的沉降，雨污混合污水中 SS 浓度高，许多吸附在 SS 表面的污染物随着 SS 的沉降在塘底积累，进而通过微生物的降解和浮游生物的同化吸收得以去除，污染物存在形态的差别导致了塘系统对不同污水去除效率的差异。经过塘系统的初步净化，作为湿地的进水，两种污水各污染指标无明显差异，故湿地对两种污水的去除效率相差较小。

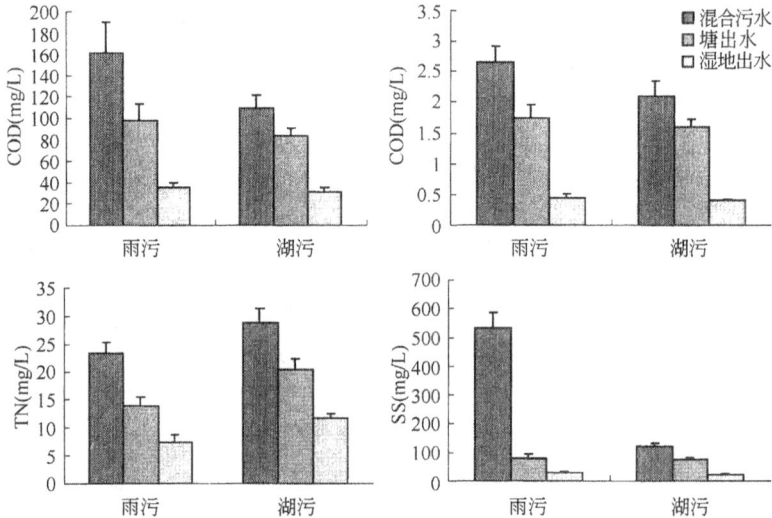

图 10-6　塘—人工湿地系统处理两种混合污水效果比较

在处理城市地表径流污染时，采用塘—人工湿地组合工艺是较优的选择，塘系统作为人工湿地系统的前处理，可以去除径流污水中 80％以上的 SS，进而可以去除 SS 表面附着的各种有机、无机污染物，大大降低人工湿地的污染负荷，人工湿地则避免了堵塞，充分发挥处理低浓度污水的潜力，提高除污效率。对城市生活污水或污染更重的污水进行生态处理，其预处理最好采用效率较高的一级处理代替塘系统，污染物浓度过高会影响塘系统正常的净化功能、破坏塘系统的景观效果，进而影响生态系统的稳定，故建议将城市生活污水引入系统时采用周围地表水体进行稀释，来实现生态系统处理功能和生态功能的长效维持。

（2）景观塘和复合潜流人工湿地组合系统处理效果

运行方式主要由两种，一种是降雨形成径流后，由贮存沉降塘收集初期径流，通过景观塘系统的初步净化，进入到复合潜流人工湿地系统内进行净化处理，即处理城市径流污染；另一种是在无雨期，直接抽取墨水湖水进入湿地处理系统，在保证湿地生态系统长期稳定的同时净化了湖水。湿地系统出水经过生态塘后皆排入养鱼塘，改善养鱼塘水质，促进生态系统的良性发展。

1）雨期运行结果

初期运行期间降雨多次，但多为中雨和小雨，其截流方式为：中小降雨时，当径流形成后启动截流涵闸将雨污混合污水引入贮存沉降塘系统，至雨后引水管无明显水流为止关闭截流涵闸；大雨时，径流形成时开启截流涵闸，贮存沉降塘系统达到设计最高水位时关闭截流系统。塘系统的进水水质存在一定的波动，这是由于一方面雨型的不同导致形成的径流污染程度存在差异，另一方面雨型的不同使雨污的混合比例也存在一定的差异。不过贮存塘中原来贮存的水量在一定程度上稀释了引入的混合污水，而且贮存沉降塘和景观塘系统具有一定的净化处理功能，使得湿地系统的进水水质波动较小。雨期径流污水运行湿地采用设计处理量 $500m^3/d$，每天运行 12h 的间歇运行方式，垂直流湿地单元底部出水自流进入水平潜流湿地单元，水平潜流湿地单元出水水位高度可调，出水水位的循环调整可以诱导植物根系生长，同时也在不同深度驯化不同的优势微生物。塘和复合潜流人工湿地组合系统处理雨期径流污水的初期运行效果如图 10-7 所示。

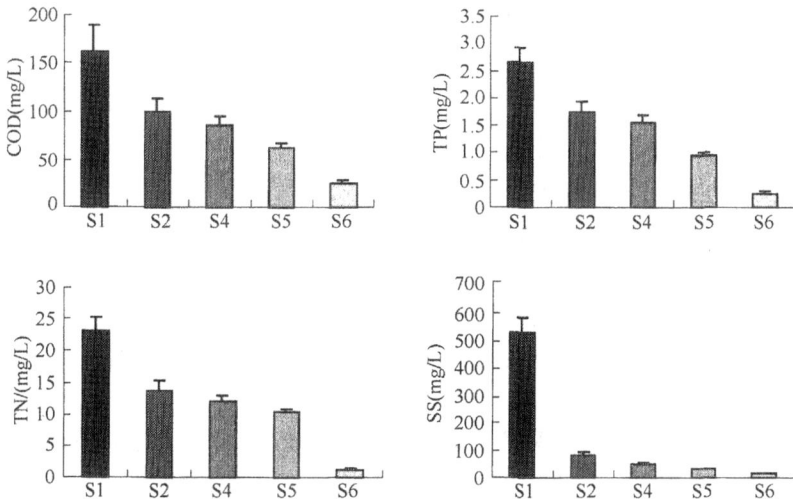

图 10-7 塘和人工湿地组合系统处理径流污染效果

从图 10-7 可以发现塘系统对各污染物具有一定的去除效果，特别对 SS 的去除效果明显，去除率达到 85%，对其他污染物的去除也都超过了 30%，贮存沉降塘系统主要通过沉降附着在可沉降颗粒上的污染物来去除 COD、TN 和 TP，另外塘内浮游生物也可以同化吸收一部分可直接利用的有机物和营养物，景观塘在起到景观美化作用同时也利用相同的原理来进一步净化污水，这样可以减轻了湿地的污染负荷，同时防止湿地堵塞的发生；塘和人工湿地组合系统对径流污水处理效果较好，对其中各污染物的去除率分别达到了 COD_{Cr} 84.0%～85.4%、TP 89.6%～91.8%、TN 92.2%～94.4%、SS 95.8%～97.1%。人工湿地在处理系统中起到非常关键的作用，利用植物—微生物—基质系统有效地净化污水，保证出水水质，防止污染地表水体；复合潜流人工湿地在组合系统中处理效果如表 10-13 所示。

复合潜流人工湿地处理径流污水效果射器　　　　　　　　　　　　　　表 10-13

项　　目	COD_{Mn}(mg/L)	COD_{Cr}(mg/L)	TP(mg/L)	TN(mg/L)	SS(mg/L)
景观塘出水(进水)	—	84.6±9.3	1.57±0.13	12.02±0.95	48.7±3.3
垂直流单元出水	—	62.3±3.9	0.95±0.07	10.35±0.57	30.2±2.3
去除率(%)	—	21.1～29.2	38.0～41.0	12.2～16.1	32.7～42.6
水平潜流单元出水	6.19±0.47	24.4±3.7	0.25±0.05	1.26±0.18	15.8±2.3
去除率(%)	—	56.9～62.0	71.6～78.4	87.0～89.1	43.3～54.3
总去除率(%)	—	69.0～73.1	82.6～86.6	89.0～90.4	64.7～69.2

从表 10-13 中数据可以看到，复合潜流人工湿地系统对景观塘出水进行了有效的处理净化，处理效果很好，对各污染物的去除率分别达到了 COD_{Cr} 69.0%～73.1%、TP 82.6%～86.6%、TN 89.0%～90.4%、SS 64.7%～69.2%，出水水质可以达到《地表水环境质量标准》GB 3838—2002 的Ⅳ类水水质要求，这样湿地出水可以补充鱼塘用水，改善鱼塘水质。在垂直流湿地单元中，污水中的 COD_{Cr}、SS 和 TP 得到一定程度的去除，同时达到较好的硝化、有机物的去除和硝化同步完成，这主要是利用了垂直流系统较高的氧传输能力，另外在垂直流湿地中同时使有机氮转化成氨氮，少量的硝酸盐发生了反硝化作用；垂直流湿地出水进入水平潜流湿地，由于其氧传输能力比较差，系统内环境以厌缺氧环境为主，污水中的污染物在水平潜流系统得到进一步的去除，主要的除污过程是废水中硝酸盐发生内源反硝化反应，使污水中的 TN 得到有效的去除。垂直流湿地提供的好氧环境和水平潜流湿地提供的厌缺氧环境使得复合系统具备了除氮的功能环境，复合潜流湿地系统对 TN 的独特去除效果在本处理工程得以体现，TN 的去除率达到 89.0%～90.4%，实现了实质性的除氮，从根本上减轻了地表水氮污染。

2）非雨期运行结果

在不降雨期间，当收集的径流污水被处理完时，为了维持湿地必需的水供应和系统的稳定，长效发挥其净化功能和生态功能，将墨水湖湖水直接引入复合潜流人工湿地系统进行处理，一方面可以起到净化湖水的作用，另外湿地系统出水可以补给养鱼用水，保证养鱼塘水质。非雨期湖水运行湿地采用设计处理量 500m³/d，每天运行 12h 的间歇运行方式，复合潜流人工湿地组合系统净化湖水的运行效果如表 10-14 所示。

复合潜流人工湿地处理墨水湖水效果 表 10-14

项 目	COD_{Cr}(mg/L)	COD_{Mn}(mg/L)	TP(mg/L)	TN(mg/L)	SS(mg/L)
墨水湖水（进水）	50.7±4.6	11.91±0.39	0.76±0.07	10.62±0.28	55.5±6.2
垂直流单元出水	32.0±2.9	8.78±0.91	0.23±0.04	8.83±0.31	33.9±2.1
去除率（%）	35.9～38.4	20.5～30.1	66.7～71.6	16.0～17.5	35.3～41.4
水平潜流单元出水	17.8±1.7	4.84±0.11	0.07±0.01	0.91±0.11	10.0±1.3
去除率（%）	42.6～45.5	42.0～49.7	66.7～71.4	88.8～90.5	68.1～72.1
总去除率（%）	64.6～65.0	58.5～60.0	90.5～91.5	90.6～92.2	81.3～82.7

复合流人工湿地系统也能够对墨水湖中的污染物进行有效的去除，表现出较强的除污能力，各项污染物指标的去除效率都比较高：COD_{Cr} 64.6%～65.0%、COD_{Mn} 58.5%～60.0%、TP 90.5%～91.5%、TN 90.6%～92.2%、SS 81.3%～82.7%，系统出水水质达到了《地表水环境质量标准》GB 3838—2002 的Ⅲ类水水质要求。从表 10-14 中数据可以看到系统对 TN、TP 的去除效果较其他污染指标更好，TN 良好的去除效果归结于复合潜流人工湿地系统具有除氮的功能环境，污水中的有机氮和氨氮在垂直流湿地中进行了较为充分的硝化，然后在水平潜流单元经过反硝化作用得到了有效的去除，使最终出水中的 TN 的含量比较低。TP 的去除效果好主要是由于系统初成，湿地基质的吸附性能处于最优期，TP 的去除随时间可能会存在一些波动，也可能由于进水中磷浓度较低短时期去除效果稳定或者随着系统的稳定系统内的累积物会补偿基质逐渐损失的吸附能力。系统对污水中的 COD 的去除都能达到 60% 左右，表现出一定的处理能力，由于污染程度比较低会

使系统中的微生物系统形成得比较缓慢，系统逐渐成熟稳定后对有机物的去除效果会不断提高和稳定。

（3）两个湿地处理系统运行效果的比较

如图 10-8 所示，由于景观塘系统的预处理复合潜流人工湿地系统（VF＋HF）的进水浓度比水平潜流人工湿地系统（HF）低，复合潜流人工湿地系统的水力负荷高于水平潜流人工湿地系统，分别为 $0.25m^3/(m^2 \cdot d)$ 和 $0.14m^3/(m^2 \cdot d)$，但是复合潜流人工湿地的出水好于水平潜流人工湿地。水平潜流人工湿地对 COD、TP、TN 和 SS 去除率分别为 $60.7\%\sim64.8\%$、$73.4\%\sim75.6\%$、$43.2\%\sim48.4\%$ 和 $60.3\%\sim66.4\%$；复合潜流人工湿地对各污染物的去除率分别为：COD $69.0\%\sim73.1\%$、TP $82.6\%\sim86.6\%$、TN $89.0\%\sim90.4\%$ 和 SS $64.7\%\sim69.2\%$。复合潜流系统的除氮效率远远高于水平潜流系统，这是由于复合潜流系统具有特殊的功能环境，复合潜流人工湿地系统的处理能力和处理潜力决定了其良好的应用前景。复合潜流系统中垂直流湿地和水平潜流湿地的优缺点可以互相补充，两者的组合促成了复合系统的除氮功能，垂直流良好的传氧性可以使硝化反应在其中进行，硝化的废水在随后的水平潜流系统部分地反硝化。复合系统地占地面积比水平潜流系统少，主要是由于垂直流对有机物和氨氮的去除率高于水平潜流系统，复合系统中水平流部分对硝氮的去除率也得到有效提高。复合系统的反硝化为内源反硝化，其速率小于外源反硝化，不过延长水力停留时间，系统内碳源可以保证反硝化的进行。

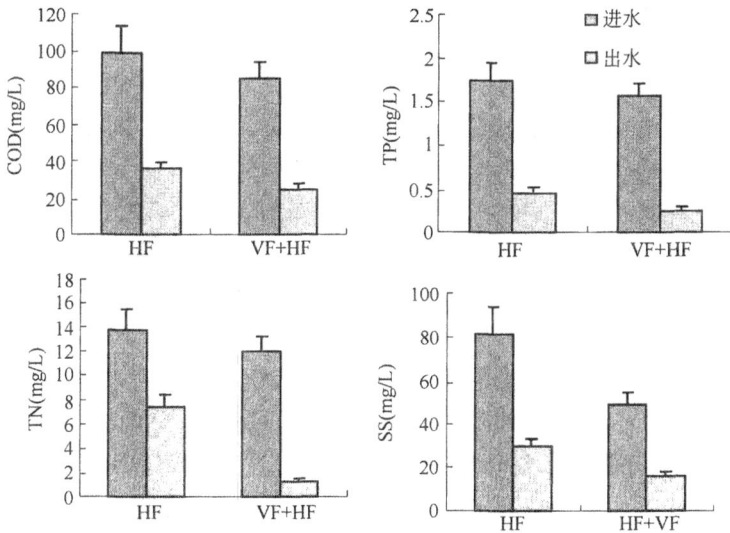

图 10-8　两种湿地处理系统的处理效果比较

（4）植物选择及景观效果

通过三年多的系统调试，湿地植物的生长也接近了两个生长季，通过地上部的生长情况可以发现香蒲和美人蕉的适应能力要好于芦苇，移植成活率高于芦苇，芦苇在第一个生长季长势较差，茎细叶黄；香蒲和美人蕉的生长可以不需要种植土，芦苇在一般情况需要种植土。香蒲的株高和生物量皆高于美人蕉，且在 6、7 月割掉地上部后能较快地发芽并形成健壮的地上部，这对通过收割植物去除吸收的氮磷营养物具有重要的意义；但从美观角度看美人蕉在花期确实可以大大增强周围的景观价值，在不开花时其景观效果也不比香蒲差。前人的研究已经证明芦苇是优秀的湿地植物，但在本工程初期调试中，芦苇没有表现出其优越性，这在一定程度上说明湿地的成熟与稳定运行是一个较长的过程，从植物生长的角度考虑至少需要1～2个生长季。另外香蒲和美人蕉可以在无土条件下生长，并且适应能力较强，景观效果较好，所以在人工湿地污水处理工程中建议采用美人蕉和香蒲。

（5）小结

塘—潜流人工湿地生态工程适合城市地表径流污水的处理，塘系统的沉降作用去除了大量的 SS 及其携带的其他污染物，有效地防止湿地的堵塞和减轻湿地的污染负荷，湿地系统进一步净化处理保证了良好出水水质。储存沉降塘—水平潜流人工湿地系统处理效果为：对各污染物的去除率分别为 COD_{Cr} 75.4%～79.1%、TP 81.8%～84.3%、TN 64.9%～69.8%、SS 93.8%～94.7%；其中人工湿地对其进水中 COD_{Cr}、TP、TN、SS 的去除率分别为 60.75%～64.8%、73.4%～75.6%、43.2%～48.4%、60.3%～66.4%，污染负荷约为 $0.01kgCOD/(m^2 \cdot d)$，出水达到污水综合排放标准的一级标准。景观塘—复合潜流人工湿地系统处理效果为：对各污染物的去除率分别为 COD_{Cr} 84.0%～85.4%、TP 89.6%～91.8%、TN 92.2%～94.4%、SS 95.8%～97.1%，出水可以达到《地表水环境质量标准》GB 3838—2002 的 IV 类标准；其中复合潜流人工湿地对其进水中 COD_{Cr}、TP、TN、SS 的去除率分别为 69.0%～73.1%、82.6%～86.6%、89.0%～90.4%、64.7%～69.2%，对 TN 具有独特的去除效果。

在无雨期，湖水被引入该生态处理系统，既维护了生态处理系统的处理功能和生态功能的长效维持，又改善了湖水水质。特别是复合潜流人工湿地系统能够有效地净化墨水湖湖水，对湖水中各污染指标的去除率分别为：COD_{Mn} 64.6%～65.0%、COD_{Cr} 58.5%～60.0%、TP 90.5%～91.5%、TN 90.6%～92.2%、SS 81.3%～82.7%，出水水质可以达到《地表水环境质量标准》GB 3838—2002 的 III 类标准，出水可以补给养鱼塘用水，保证了生态系统的良性循环。

人工湿地系统的初期调试表明美人蕉和香蒲是优良的湿地植物，适应性强，景观效果好；人工湿地系统达到稳定运行需要1～2年的时间。

复合潜流人工湿地使垂直流湿地和水平潜流湿地的优缺点可以得到互相补充，对污水的处理效果更好，具有独特的除氮功能，确定合理的垂直流湿地与水平潜流湿地的面积比、优化系统的运行参数、综合比较内源反硝化和外源反硝化的效率是进一步研究的重点。

10.2.6　示范工程效益分析

湿地系统是陆地和水体的过渡带。各国的研究表明，与传统的污水处理工艺相比，人工湿地在建造过程中投资低廉，在处理污水的过程中管理简单，且基本不需要运行费用，还可增加绿色面积，起到改善生态环境的作用，并能为某些特定的生物物种提供固定的栖息地。城市污水处理厂投资大、运行费用高，每吨污水的处理价格一般在 0.58～1.0 元之间。如果不包括引进处理设备和引进沼气发电设备，城市污水处理厂每处理 $1m^3$ 污水建设投资宜控制在 1000 元左右，运行费（包括折旧费）宜控制在 0.5 元$/m^3$ 左右。土地费用占建造人工湿地费用的大部分，当土地价格相对便宜时，利用人工湿地处理废水就很经济。

（1）基建投资（总投资、占地面积、征地费用）

根据汇控制工程实际投入费用分析，实际总投入为 200 万元。主要用于塘系统清淤修茸、人工湿地建设引水系统和分散点源收集系统建设地上绿化及景观建设的实际投入，另外还有运行及管理等。在实际考虑系统建设投资费用中，以上有些费用不应计入处理工程的总投资中。实际上主体处理工程的造价在 100 万左右（仅考虑人工湿地建设费用和植物费用）。

依据：水利部、财政部共同制定的"水利工程管理单位财务制度"于 1995 年 1 月 1 日起施行（表 10-15），汇处理工程按照使用年限 25 年计算，工程平均折旧成本为 165 万元/25 年＝6.6 万元/年。

折 旧 率 参 照 表　　　　　　　　　　　　　　表 10-15

资产类别	使用年限	折旧率
房屋建筑物	40 年	2.43%
专用构筑物	25 年	3.88%
管网	25 年	3.96%
专用设备	15 年	6.47%
通用设备	5 年	19.40%

加上年处理费用 7 万元，总计为 13.6 万元/年。

（2）单吨运行成本

按照工程设计大雨日产初期重污染径流 12600m³/d，参考武汉年均大雨为 15 次，可估算出年可处理初期重污染径流为 12600m³×15 次/年＝18.9 万 m³；另外，系统每天处理旱污水（生活污水）1400m³，年处理生活污水 51.1 万 m³；系统总计年处理污水量为 70 万 m³。

单吨运营成本：年处理费用 7.0 万元/年处理污水量 70 万 m³＝0.10 元/m³；

单吨折旧成本：年折旧费用 6.6 万元/年处理污水量 70 万 m³＝0.094 元/m³；

总计单吨运行成本为：0.194 元/m³。

由表 10-16 可以看出，本系统的运行成本远远低于污水处理厂的运行成本，仅为污水处理厂运行成本的 1/5。

本示范工程与污水处理厂处理成本比较（元/m³）　　　　表 10-16

项　目	桃花岛面源示范工程	武汉某生物/生态处理城市污水	山东某污水处理厂	深圳某污水处理厂	华东地区城市污水处理厂（平均）
运营成本	0.100	0.25	0.75	0.548	0.85
折旧成本	0.094		0.25	0.578	0.16
总处理成本	0.194		1.00	1.12	1.01

（3）效益分析（经济效益、环境效益、社会效益）

1）经济效益

① 直接的经济效益

采用本系统每年可节约雨污水处理成本 0.80 元/m³×70 万 m³＝56 万元。

② 消除污染而减少的社会损失

据分析，为消除污染每投入 1 元可减少的环境资源损失是 3 元，即投入产出比为 1∶3。

由于在本处理后基本达到地表水大大减少了污水排入河流水体，也减少了因雨水的污染而带来的河流水体环境污染。

2）社会环境效益

汇处理系统均采用生态工程的方法，建成后兼作公共娱乐区、生态公园，增加了景观的视觉美感和观赏价值，同时给游人和当地的居民提供了良好的休憩场所，改善了城市人文景观，提升了人们的生活质量。

生态环境质量的改善。大面积人工湿地的建设，会形成很多永久性植被，而永久性植被的增加一直被视为生态环境质量改善的标志。人工湿地作为永久性植被无疑对改善环境和提高环境质量有明显的作用，它增加了植被覆盖率，保持了生物多样性，减少了水土流失，改善了生态环境。

人工湿地可作为附近中小学进行环境教育的场所，湿地美好的外观和多样的生物群落吸引了很多人，人们在大自然陶醉下看到了污水的生态处理，认识到处理城市面源污染的重要性，看到了在人工干预下环境恢复的可能性。

10.2.7 示范工程处理技术的应用前景及推广的可行性

汇处理系统是一个综合性的、利用生态系统自身的净化功能处理污水的系统，它对污水中的各类污染物的去除效果明显，对其中某些污染物的去除率极高。如对污水中COD的去除率可达60%以上，TP的去除率也可达到70%～80%之间，对TN的去除率在70%～88%，对SS的去除率达85%以上。它在处理城市污水、防止水体富营养化、出水回用等方面有着极大的发展应用前景。

汇处理系统作为一个综合性的生态净化工程，除了具有净化污水的作用之外，还具有景观作用，由于汇处理系统的建设是根据实际情况，进行该系统的合理布局与优化，不仅考虑其去污作用，还考虑到其景观价值。同时，该系统的运行减少了受纳水体的污染负荷，使水生态环境得到改善，促进人水和谐。

另外，这种小型化、分散化的污水就地处理模式不需要建设大量的污水收集管网，建造人工湿地处理污水的费用可以由开发商、居民和政府共同承担，缓解了水污染日益增多与政府资金短缺之间的矛盾，减轻了政府的财政压力。在运行中可以通过养鱼、种植藕、芦苇和稻、麦等经济植物产生经济效益。

汇处理系统是一种组合式的技术工程系统，它能够实现对水的净化处理，大大减少维持景观运行和护理的费用，这对于水源缺乏的地区的节水造提供了一种新思路，从社会、环境、经济几个方面来讲，都具有很好的应用前景，投资少、运行成本低廉具有很强的推广价值。

10.3 武汉动物园面源污染控制示范工程

10.3.1 示范区域叙述

随着旅游业的发展及城市居民休闲需求的提高，我国城市旅游区或生态型城区近年来发展迅速，已成为一种常见的城市功能区。这些区内有大量绿地供游人休憩，透水地表所占面积比率远高于其他城市功能区。旅游活动带来的污染物在种类和数量上也与工业、商业、社区活动产生的污染物有明显的不同。因而，城市旅游区的面源污染与其他城市功能区差异明显，开展旅游区面源污染研究十分必要(彩图 10-7)。本节以武汉动物园面源污染控制示范工程为例，说明城市旅游区面源污染的一般特征及控制策略。

武汉动物园坐落在武汉市汉阳墨水湖畔，现有陆地面积 42hm²，内湖水面 26.7hm²(马沧湖)。动物园东区为水陆游乐区，北区为动物表演馆和园林野生动物园；西南区为半自然式野生动物展览区。动物园四面环湖，原有排水管网远离市政管网，不能与之相接。

城市旅游区面源污染控制示范工程区位于动物园西南区，也即野生动物展览区。示范区面积 25.31hm²，边界周长 2.4km。其中，陆地面积 20.14hm²，水域(大、小天鹅湖)面积 5.17hm²。示范区西、南濒临墨水湖、东面临马沧湖。示范区下垫面为丘陵地貌，最高海拔高度 30.4m，水域海拔基本在 19m 处波动，地势高差起伏不大。

示范工程区土地利用类型主要有山坡林地，面积约 4.55hm²，占总面积的 17.99％；平地林地，面积 7.59hm²，占总面积比例 30％；草地，面积为 2.21hm²，占 8.74％；动物场馆及其他建筑物，面积为 3.41hm²，占 13.48％；道路，面积为 1.84hm²，占 7.27％；湿地或塘，面积为 0.53hm²，占 2.08％；内陆水域，面积为 5.17hm²，占 20.44％。示范区中不透水面有场馆建筑物屋顶、场馆水泥型场院、道路等组成，不透水面总面积为 4.82hm²，为示范区陆地面积的 23.93％。从下垫面土地利用类型与分布来看，示范区不透水面比例不高，远低于城市区 50％不透水面比例。示范区中绿地面积比例虽高，但受丘陵地貌特征、场馆建筑物的离散分布及旅游区景观化要求的限制，可用性工程土地非常少。

示范区内分布的动物场馆有：猩猩馆、犬科馆、河马馆、大象馆、长颈鹿馆、斑马馆、驼羊馆、鹤岛、鹿苑、袋鼠馆、两栖馆、孔雀园、小熊猫馆、大熊猫馆、狮虎馆、中型猛兽馆、金丝猴馆、品种猴馆、熊山、百鸟乐园共 20 多处，其他建筑物如商店、商亭、饭店、厕所、动物服务类建筑物、游乐场所约 20 处。其中，示范工程涉及的动物场馆有猩猩馆、犬科馆、河马馆、大象馆、长颈鹿馆、斑马馆、驼羊馆、鹿苑、袋鼠馆、两栖馆、孔雀园、小熊猫馆、大熊猫馆、鹤岛共计 14 处，占示范区所有场馆的 70％。

10.3.2 旅游区面源污染类型、特点和模式

动物园属典型旅游区，在现场勘察和暴雨径流监测基础上，经过流域方法综合诊断发现，动物园示范区中面源污染类型为以下 4 种：透水地表暴雨径流，以山坡林地侵蚀为主；不透水地表暴雨径流，以硬化地面动物场院和路面污染径流为代表；离散点源(动物场馆冲洗污水)和固体废弃物。山坡林地侵蚀主要发生于浏览区域的山坡林地内，林地植被类型主要为乔木层，地表植被—草本层非常稀疏，覆盖度低，许多地方地表裸露，土壤表层冲刷严重，是颗粒态悬浮物的主要贡献区。示范区中动物场馆众多，一方面动物馆舍日常清洗(换洗)水是本区最重的污染源；另一方面，有些场馆虽然日常很少冲洗或冲洗水量极低，但其硬化地面动物场院在暴雨时期产生的径流污染较严重。

透水地表暴雨径流和不透水地表暴雨径流是动物园面源污染的主要形式。示范区内透水地表共有 15.32hm²，占陆地面积的 76.07％。区内不透水地表共有 4.82hm²，主要类型

为道路和屋顶。另外混凝土动物场院是动物园特有的不透水地表。由于有动物养殖,地表虽然每天开馆前都进行彻底清扫,一日之中依然有大量动物排泄物和食物残渣遗留在地面,降雨时极易受到冲刷而进入排水管网,其污染特征与其他不透水地表有很大区别。图10-9是这两类暴雨径流污染过程的一个典型例子。

由图10-9可见,动物园透水地表径流流量对降雨强度的响应迅速,一般在最大雨强出现后,径流量很快出现峰值。径流中污染物浓度也波动剧烈,且无明显浓度峰出现。产生这种现象的原因是透水地表被道路和房屋分隔,破碎化严重。旅游区虽然有大量的透水地表,但为了便于游客游览,修建了遍布游览区的大量混凝土道路。硬化路面使透水地表条块分隔,各集水小区面积随之减小。降雨时,碎化地表的径流沿道路两旁修建的排水渠

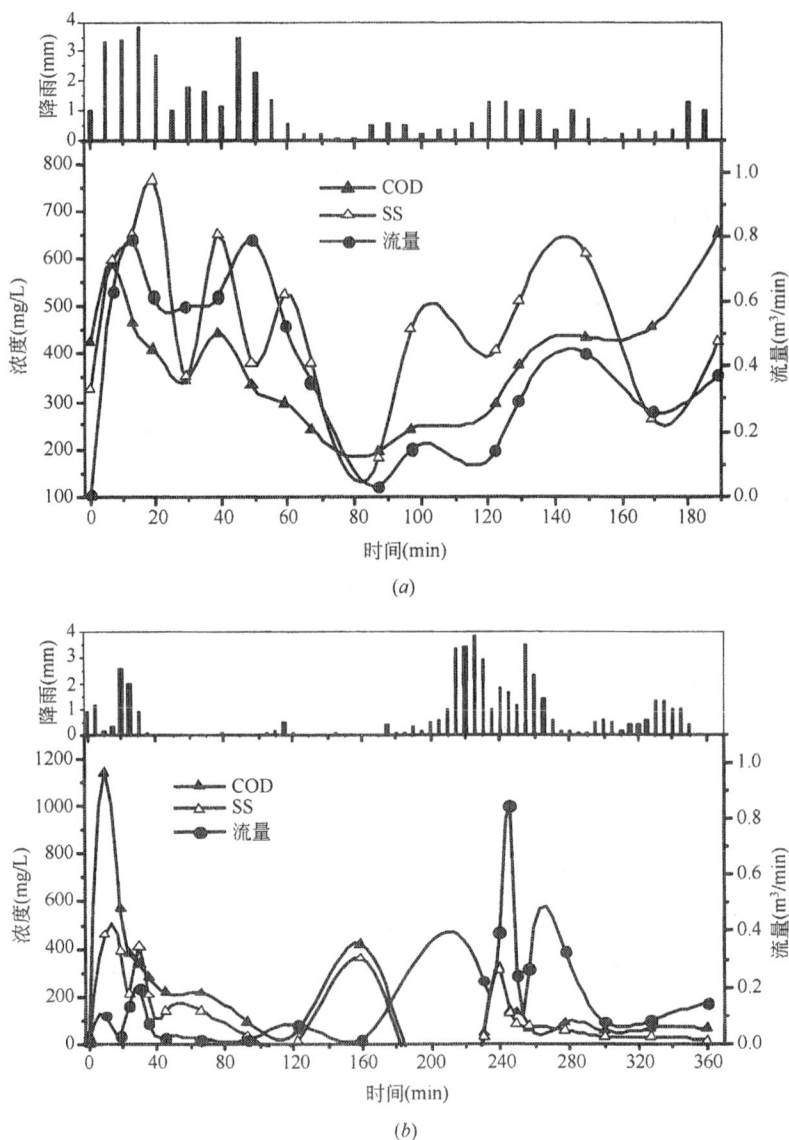

(a)

(b)

图 10-9　武汉动物园典型暴雨径流污染过程图

(a)透水地表暴雨径流(林地,2005.6.26);(b)不透水地表暴雨径流(场院混凝土地面,2005.6.26)

道，快速从产流区输出。由于集水区域面积狭小及地面硬化，不透水地表径流的流量和污染物输出对降雨的响应更加迅速。但硬化地表的污染物易于被快速冲刷殆尽，其污染物浓度一般在强降雨出现后就不断下降。在两类地表径流中，颗粒态物质始终是污染物存在的主要形式。透水地表径流中颗粒态氮和颗粒态磷分别占总氮及总磷的71％、89％。不透水地表的土壤颗粒相对较少，颗粒物的含量有所下降，但颗粒态氮和颗粒态磷也分别有50％、66％。

动物园有大量的固定场馆冲洗水排放，从个体上属于点源污染，但在流域尺度上很分散，属于离散型污染，也是面源污染的一种典型代表。离散点源污染在面上呈多点分布模式，不受降雨影响，水量稳定、污染物浓度较高（与生活污水相近）。根据冲洗水对水体的危害程度，大致可分为轻度污染源、中度污染源和重度污染源三类。轻度污染源日排污量极少，甚至一年仅排放数次，对水体的危害小。此类场馆有大熊猫馆、百鸟乐园等。中度污染源排水量较大，污水水质相对较好，如中型猛兽、猴馆等。重污染源排水量大，水质也很差，如犀牛馆、犬科馆等。

离散点源的详细分布情况见图10-10。由图可见，点源的分布遍布了整个示范区，分布很广泛。由于示范区四面环水，污水不能外排，这些点源都通过地下排污管道直接向周边湖体排放。远离水体的场馆一般其排污管道掩埋的深度比较大，而且距离较长，所以修建的费用比较高。临近水体的场馆，排污管道掩埋比较浅，距离短，造价比较低。但由于距地面近，渗漏的污水易造成环境污染。地下排污管道年久失修，还易造成地下水的污染。密集的点源及其排污设施分布在整个示范区内，分散性强，集中收集和处理技术费用十分昂贵。而且各点源的污染程度不一，集中处理也会造成整体去除效率低下。

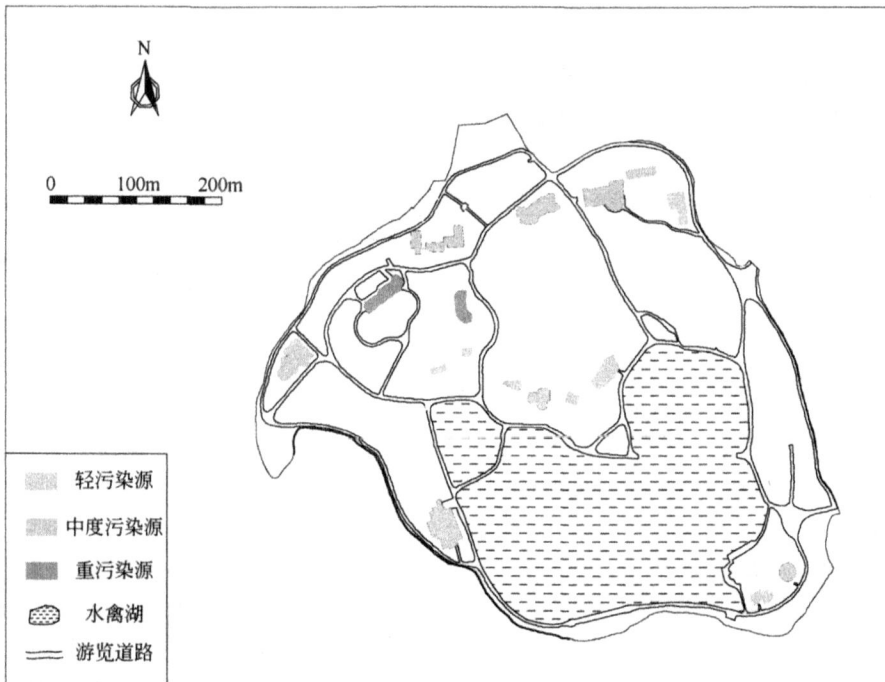

图10-10　离散点源分布概况

旅游区的固体废弃物可分为游客垃圾(以饮料瓶/罐和塑料袋为主)、园林废弃物(枯枝落叶、草坪修剪后的青草)、餐厨废物、动物粪便(对动物园来说)等。相对于城市其他功能区垃圾,旅游区垃圾有其自身的特点:①分布广泛。以零散的形式大量存在,降雨时随着暴雨冲刷而快速移动,成为面源污染的重要贡献源。②可利用率高。游客垃圾中有许多可回收的物质,其余垃圾则含有大量有机质,堆肥后可成为园林绿地肥料。③处理费用高。旅游区垃圾分散且种类多,收集成本高,收集后外运的费用也很高。由此可见,在旅游区采用小型高效的治理设施,就地进行垃圾处理,不仅可以改善旅游环境,节约垃圾处理费用,还可提供园林肥料,创造经济效益。

从污染模式上看,山坡侵蚀和场院污染径流是典型的暴雨径流污染,属于典型面源范畴;场馆冲洗水和有机固废周期性排放,同降雨无关,从个体上看是典型的点源污染。动物园属于旅游区,平时有专业的垃圾清理人员,有机固废管理相对良好。但是污水排放管理相对不好,许多场馆污水管道年久失修,雨期极易雨污合流,造成污染。另外,由于许多场馆动物日常用水量较低,且呈面上多点分布方式,难以集中处理,传统的污水处理技术受到限制。

从产污的空间分布及过程上看,动物园示范区污染模式基本可以归结为以下三种:传统型暴雨侵蚀—地面冲刷面源污染、周期性小点源污染、暴雨冲刷—场院面源污染。后两种是动物园特有的污染模式,具有普遍性。另外,从时间上看,动物园示范区可以分为雨期与非雨期污染两种模式,即雨期表现为面源、小点源混合型污染,非雨期则为小点源污染。面点源混合型污染在我国许多旅游区非常常见,其发生主要由于旅游区域位置空间上相对孤立,污水排放量小、分散难收集或收集成本较高等原因,导致与城市市政排水管网没有连接,缺乏雨污分流设计、雨污并排都加重了旅游区污染程度。

从污染物特点上看,动物园场院面源污染中,透水性地表累积有大量的动物粪便,使得暴雨不易将累积物冲尽,污染物浓度在径流过程中变化小,污染物含量高。不透水性地表径流则类似于城市道路、屋面径流,前期径流含大量污染物,中后期径流中污染物含量急剧下降,初期冲刷效应十分明显。场院面源中主要污染物为地表累积的动物粪便和食物残渣,污水中的污染物含量比农村、城市生活区、城市工业区,甚至城市道路都要高1~2倍。但所含颗粒物粒径比较大,颗粒物易于沉降。废水含有大量可生物降解物质,且重金属和有机有毒物质非常少,所以场院面源易于进行生物处理,很适宜于进行生态工程治理。

10.3.3 技术系统和组合工艺

根据汇水情况,示范区分为8个汇水区(Catchment)单元:CⅠ:猩猩馆区;CⅡ:河马馆区;CⅢ:象馆区;CⅣ:熊猫馆区;CⅤ:狮馆区;CⅥ:熊馆区;CⅦ:禽鸟馆区;CⅧ:滨湖区。

本次工程以猩猩馆区、河马馆区、大象馆区和熊猫馆区为主要治理单元,工程涉及的动物场馆有:猩猩馆、犬科馆、河马馆、大象馆、长颈鹿馆、斑马馆、驼羊馆、鹿苑、袋鼠馆、两栖馆、孔雀园、小熊猫馆、大熊猫馆、鹤岛共计14处,占示范区所有场馆的70%,其他建筑物有2处厕所,代表了所有场馆污染源模式。工程设计依照汇水区污染模式,提出工艺流程,分别进行设计,最后集成为整个示范工程总体设计。

针对旅游区的污染源特点(小型、离散、多点)和污染模式(面源、点源和面点混合型),工程治理与控制的主要原则如下:

1) 从污染源源区(动物场馆、山坡侵蚀区等)产生、污染物运移(空间传输廊道),到汇(塘、湿地、湖泊岸边带及临湖洼地等),逐级控制。从源(Source)—迁移(Transport)—汇(Sink)在空间上实施工程技术集成,形成 STS 控制模式,即表现为处理链分布,以流域暴雨产汇流过程和污染物运移规律为准,进行多链集成,达到系统控制。

2) 工程技术选择多元化,以低能耗、低维护和自然化程度高的生态工程技术为主,小型高效的污水处理技术为辅。

3) 污染源源区治理与污染控制强调原位控制(On-site Control),即离散型场馆污水选择小型地下或半地下式污水处理或前处理,山坡侵蚀污染则以土壤基质改造、绿化和工程促渗,拦截限制污染物的输出,降低径流量和延缓径流过程。

在具体的技术选择及组合中,考虑到动物园示范区工程规模、性质,主要以小型高效且能尺度放延的技术为主,包括环境工程技术和生态工程技术,环境工程技术主要针对动物场馆污水进行处理或前处理后进入生态工程,技术类型有调节沉淀池、生物滤池、厕所污水生物膜处理技术、堆肥技术、生态型促渗剂、土壤养分固定技术等。

生态工程是本次设计中重点应用技术,依据类型与应用标准可分为普适型和限制型两类。普适型控制技术的应用较广,限制因素少,处理水量大,效率高,运行维护要求低,自然化过程相对较高。动物园示范区采用的相关技术有:树下控制土壤侵蚀的多层次绿化—恢复植被,路边水道铺碎石防侵蚀,贮存净化型—暴雨贮存塘—表流湿地组合;过滤型技术—漫流草坪,岸边植被缓冲带;促渗型技术—亚表层促渗场、植草滤渠、干塘等。限制型技术种类只针对某些特殊的区域,运行维护与管理要求高;治理或处理的汇水单元面积较小,处理水量小,周期长,不能调控径流,只能用于水质处理。示范区采用的相关技术有生态滤池、条形滤渠等。这些单项技术和应用有些已经在第5、6、7章介绍过,在这里不再重复。

依据动物园示范区的污染特点和流域状况,在整体控制思想指导下,工程技术设计按照源控制—迁移途径控制—汇控制(STS 模式)来选择和构建,以汇水区为治理单元,确定处理技术链,最后系统集成,形成技术模式,示范工程总体工艺流程见图 10-11。

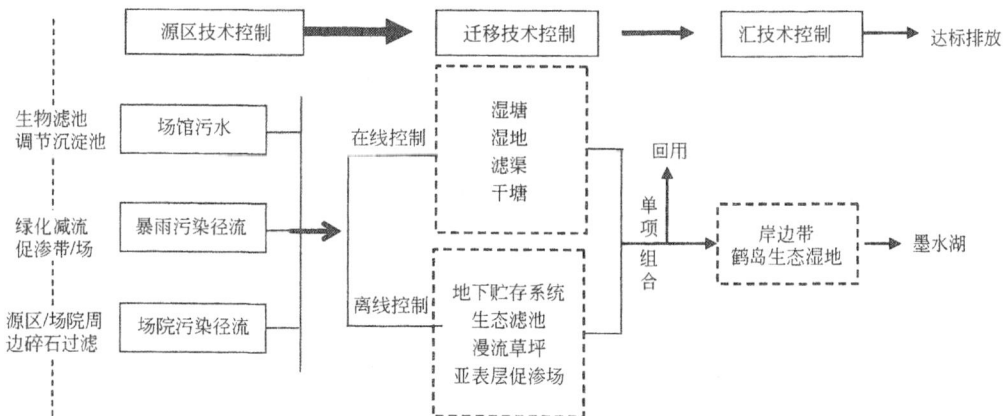

图 10-11 动物园示范工程总体工艺流程

10.3.4 运行维护

面源污染控制从整体上应以管理为主、工程为辅的原则为主导，工程技术服从于整体管理和规划。工程技术根据现场条件尽量采用现场、分散式处理。在动物园示范工程中，主要采用的技术是生态工程措施，同时对于局部重度污染水，辅以环境工程措施。图 10-12 是根据人工干扰强度对面源污染控制技术所作的大致分类。在工程的运行中也根据人工干预强度的差异，采用了不同的操作管理方式。

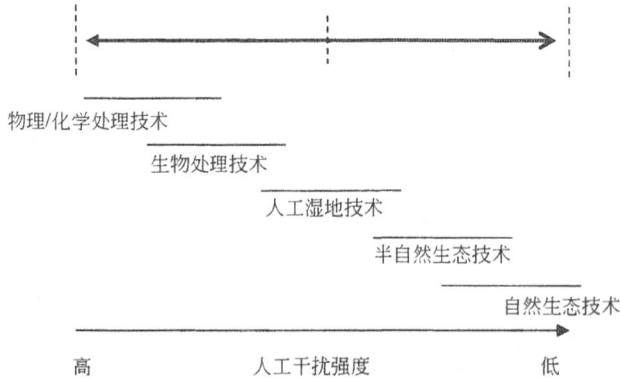

图 10-12　城市面源污染控制技术类型

从具体技术的层面看，工程维护分为环境工程和生态工程两类。固体废物处理和重污染水治理中，多运用环境工程技术进行前期处理。环境工程一般需要修筑固定的处理设施，并辅设专用的动力设备，其运行维护也比较繁琐。因而在示范区内，虽然所采用的环境工程技术一般都趋向小型高效化，但也专门配备了一名环境工程技术人员负责常规的设备运行和维护。

动物园位于旅游区域，管理者多期望工程措施能够景观化，在这一方面，生态工程技术比环境工程就更具有优势，许多生态工程措施本身就是一种人为景观。同时考虑到旅游区有较多的透水地表可供生态工程使用，加之该技术修建、维护费用也相对很低，故在动物园中所采用的大部分技术皆为生态工程措施。生态工程属于人工修建的半自然生态系统，具有较高的自适应性和进化性，维护相对简单。在非暴雨季节，一般由环境工程技术人员兼任即可。但在暴雨季节及植物快速生长期间，生态工程的维护量急增，需要配备一名人员进行管理。生态工程的管理要求较低，一般临时人员经过简单训练就可胜任。

从链式处理的角度着眼，一般在治理的第一环节多运用环境工程进入高浓度污水的处理，该处为治理的重点环节，维护重点在于动力设施、环境工程设备及污水管道。在后续的治理中多为生态工程进行深度处理，工程也多沿高程布设，动力措施较少。此时，维护重点多在于预防基质堵塞和去除杂草。

10.3.5 控制效果

动物园旅游区污染源多而分散，场地条件也各异，根据现场情况、入水水质、景观要求等条件，对各处污染源治理进行了因地制宜的设计（表 10-17）。在实际运行中，这些技术都达到了设计要求，取得了良好的治理效果和社会效益。以下论述中从最具典型性的地表径流污染及治理出发，选取代表性的链式技术，分别对其控制效果作一简述。

动物园旅游区主要工程点及技术种类　　　　　　　　　　　　　　表 10-17

工 程 点	污染类型	技术种类
裸露林地	林地径流	促渗剂、干湿塘
驼羊馆	泥土场院径流	亚表层渗滤
鹿 苑	混凝土场院径流	漫流草坪
厕 所	点源	膜生物反应器
河马馆	点源	生物滤池
草料房	固体垃圾	堆肥
鹤 岛	内源、径流	控污型岸边带、滤箱
猩猩馆	点源、地表	塘、湿地
犬科馆	点源、径流	滤渠、塘
大象馆	点源、径流	滤罐、植物床

（1）不透水地表初期径流治理——鹿苑漫流草坪技术

鹿苑位于示范区南部，地面全为不透水的混凝土组成，饲养的动物主要有骆驼、鹿、马等大型的食草动物，地表污染比较严重。鹿苑暴雨污染是典型的不透水地表径流。在径流的前期，污染物的浓度迅速出现峰值，然后急剧降低。污染物浓度的变化说明大部分污染物在径流的前期就已经随径流输出了，污染物输出存在明显的初期冲刷现象。根据不透水地表径流特点，仅拦截径流的前期重污染部分，后期洁净径流则利用分流阀将其直接排入湖泊。工程设计以水质控制为主，处理后的径流可回用于旅游区或作为湖泊补充水源。不透水动物场院南面临湖，东面有林地，西面修建有建筑物，可供利用的土地有限。但其北面有数千平方米的草地，这可以作为径流处理所用。因而根据径流特点、周边地形、可利用土地等条件，选择了漫流草坪作为不透水地表径流控制的主要技术，其去除效果见表 10-18（彩图 10-8）。

漫流草坪系统对不透水地表径流污染物的去除效果　　　　　　　　表 10-18

污染物	初期径流	草坪入水		草坪出水		总去除率（%）
	浓度（mg/L）	浓度（mg/L）	沉降去除率（%）	浓度（mg/L）	草坪去除率（%）	
TN	17.6	5.3	69.6	4.2	6.7	76.3
TP	3.0	0.7	75.5	0.4	12.3	87.7
COD	211	35.2	83.3	27.5	3.7	87.0
SS	335	29.5	91.2	27.2	0.7	91.9

不透水地表径流产生后，经地下集水渠收集，排入沉淀池。沉淀池可拦截全部初期径流，后期洁净径流在进入沉淀池前，经分流阀改变流向，排入湖泊。沉淀池中拦截的径流经充分沉淀后，用泵将污水提升出地面。通过流量阀控制其流量，从而设定漫流草坪的水力负荷。污水经布水管网均匀布于草坪，经草坪处理后，出水可浇灌草地或排入湖泊。

漫流草坪系统的出入水水质及去除效率见表 10-18，草坪对污染物的总去除率都在 66％以上，最高为 SS：91.9％。草坪出水的 TN、TP 浓度分别为 4.2mg/L 和 0.4mg/L，低于《城镇污水处理厂污染物排放标准》GB 18918—2002 的最严格标准：一级 A 类标准。按照排放标准，可直接排入城镇景观用水和作为一般回用水加以利用。这在城市区域具有十分重要的经济价值。现有的城市景观水体都是接纳周边受污染严重的河流或城镇地表径流作为补充水源。如果将漫流草坪的出水作为补充水源，将大大改善景观水体的水质。草坪出水还可回用于旅游区，代替自来水，用于场馆冲洗、绿地浇灌等，这就在污水治理的同时，创造了经济效益。

（2）点源与初期径流治理——犬科馆滤渠—塘组合系统

犬科馆区的屋顶和山坡是该汇水区暴雨径流污染负荷的主要贡献区。场馆冲洗水虽然污染物浓度高，但由于水量较小，所以其产生的污染负荷对暴雨径流的贡献率也较小。但该区域排水管网密集，暴雨产生时，径流的产生和传输响应时间短，大量的污染物伴随着初期暴雨径流而排放，初期冲刷效应较显著。滤渠—塘离线组合系统通过截流初期暴雨径流，大幅度削减了暴雨径流的污染负荷，既降低了成本，也提高了工程的效率。

在治理过程中，首先经过径流收集和初沉池，将初期严重污染的径流加以拦截和沉降。初沉池出水布入多室条形滤渠中加以净化，其中在各室滤渠中填充了各种的滤料以加强对各形态污染物的吸附。滤渠出水再排入后续的塘中进一步治理，最终出水可补充湖泊用水或者灌溉草地。

2003 年，犬科馆汇水区的暴雨污染径流还未进行控制，此时整个汇水区全年产生的污染负荷大约是 10639kg TSS/(hm² · a)、2788.5kg COD/(hm² · a)、385.1kg TN/(hm² · a) 和 28.79kg TP/(hm² · a)(表 10-19)；2004 年 4 月，滤渠—塘组合系统建设完成后，整个汇水区全年产生的 TSS、COD、TN 和 TP 的污染物负荷分别削减了 67.8％、32.0％、27.9％和 14.8％。2005 年，整个汇水区的生态系统逐渐恢复，滤渠—塘组合系统对暴雨污染径流中 TSS、COD、TN 和 TP 负荷的年持留率分别为 86.4％、85.5％、83.9％和 82.9％。经过三年的连续监测表明，滤渠—塘离线组合系统对于暴雨径流中污染物的截留和净化作用显著，且对各种污染物的持留率逐年稳定升高。这主要是因为系统建成后，持留率一般都会经过一个逐渐升高，然后稳定，最后下降的过程。本系统由于主要用于控制暴雨径流污染，一年中的非暴雨季节相对较长，再加上日常的场馆冲刷水可以为微生物的生长提供养分，这就为系统中的微生物提供了足够的时间去降解污染物，使得系统持留率升高和稳定阶段的时间得到延长。

系统对污染物年度污染负荷的持留率　　　　　　　　　　　　　　表 10-19

污染物	年输入 [kg/(hm² · a)]			年输出 [kg/(hm² · a)]			持留率(%)		
	2003	2004	2005	2003	2004	2005	2003	2004	2005
TSS	10639	3423	1669	——	464	226	——	86.4	86.4
COD	2788.5	1895.8	1520.9	——	559.4	221.1	——	70.5	85.5
TN	385.1	277.8	181.7	——	44.6	29.3	——	83.9	83.9
TP	28.79	24.54	18.05	——	4.99	3.08	——	79.6	82.9

（3）点源与全流量径流治理——猩猩馆塘—湿地组合系统

猩猩馆区的污染源主要是猩猩馆的日常冲洗水和暴雨径流污染，是一种点源与径流结合的混合型污染。这种类型的污染没有固定的发生周期，污染物在晴天累积，暴雨时瞬间流量大、污染重。

在实验区域沿高度差从上游至下游分布着塘—湿地组合系统，主要包括植被过滤带、沉淀池、景观塘、一阶湿地和二阶湿地等设施。这些设施都是依据地形，对原有洼地进行改建而成，在改建中特别注意了保护原有表土以利于植被的重建和恢复。为了提高塘和湿地对污染物的拦截和净化效果，在塘和湿地中也进行了人工种植，引进了芦苇、菖蒲、美人蕉、水蓼、灯芯草、千屈菜等水生植物。最终生长了约 20 多种的引进及原生水生植物，重建了完备的植物群落，保证了塘和湿地的净化和景观效果(彩图 10-9)。

由系统输入的污染物负荷来源(表 10-20)可以看出，山坡暴雨径流是系统污染物负荷的最大来源，动物场馆是系统磷素的主要来源。在经过塘—湿地组合系统的逐级控制作用后，径流中的污染物负荷得到大幅削减，整个系统对污染物具有较高的持留率。2005 年 6 月 26 日和 7 月 10 日的两次降雨径流事件，塘—湿地组合系统在连续流事件中对 TSS、COD_{Cr}、TN 和 TP 的持留率分别为 92.9%、96.0%、85.7% 和 80.9%。而在间断流事件中，由于流域出口无地表径流输出，系统对暴雨径流污染物的持留率均为 100%。由此可知，在不同的降雨条件下塘—湿地组合系统对污染物质均有较高的持留率，降雨量越小，持留率就越高。

塘—湿地组合系统在不同降雨径流条件下对污染物的持留率　　　　表 10-20

指　标	系统输入负荷(kg)				系统输出负荷(kg)	持留率
	场馆冲洗水	屋顶	山坡	总和		
连续流事件(2005 年 6 月 26 日)						
TSS	4.3	2.3	38	44.6	3.2	92.9%
COD_{Cr}	4.2	0.7	37.5	42.4	1.7	96.0%
TN	0.25	0.14	0.52	0.91	0.13	85.7%
TP	0.032	0.0057	0.03	0.068	0.013	80.9%
间断流事件(2005 年 7 月 10 日)						
TSS	0.18	0.042	0.47	0.692	0	100%
COD_{Cr}	0.34	0.032	0.26	0.632	0	100%
TN	0.08	0.014	0.036	0.13	0	100%
TP	0.0037	0.0004	0.0016	0.0057	0	100%

(4) 环境工程与生态工程联合治理——大象馆滤罐—植物床组合技术

大象馆分室内展馆及室外展馆两部分，室内展馆每天进行冲洗，污水的 SS 含量很高，污染物主要为动物粪便。在进行治理时，首先设计了沉降处理，以去除大颗粒的污染物。然后将沉降后的污水泵入一个生物滤罐进行环境工程治理。生物滤罐的出水经重力流进入一个植物床，经植物床处理的出水排入清水池中(彩图 10-10)。消毒后，清水池的水可回用于场馆，进行循环利用。在秋、冬等比较干旱的季节，清水池中的水可直接回用于塘、湿地，作为补充水源，维持水生植物生长。大象馆周围有大量的山坡林地，暴雨时地表径流中有大量的土壤颗粒。对于这部分污水，首先采用暴雨沉淀池进行沉降，沉降后的出水直接泵入植物床处理。后续的处理同点源污水。

图 10-13 为滤罐及植物床组合技术对点源的处理效果。如图所示，组合技术对点源污水的整体去除效果非常好，各种污染物去除效率都在 90% 以上。大象馆冲洗水中，污染物主要为颗粒状的动物粪便。经沉降后，污水中的颗粒物大量沉积，上清液中的污染物浓度大大下降，SS 最高去除效率达 95.4%，TN 去除效率最低，但也达到了 70.4%。沉淀池的上清液泵入生物滤罐，得到了进一步治理，TN、TP、COD、SS 的浓度分别下降了 3.4mg/L、0.3mg/L、9.6mg/L、9.0mg/L。TN 和 TP 的浓度下降比较大，COD 和 SS 由于进水中浓度偏低，其浓度下降比较少。植物床对污染物的去除主要以灭菌和去除氮、磷营养物为主，TN 和 TP 在植物床中浓度分别再下降了 4.9mg/L 和 0.1mg/L。

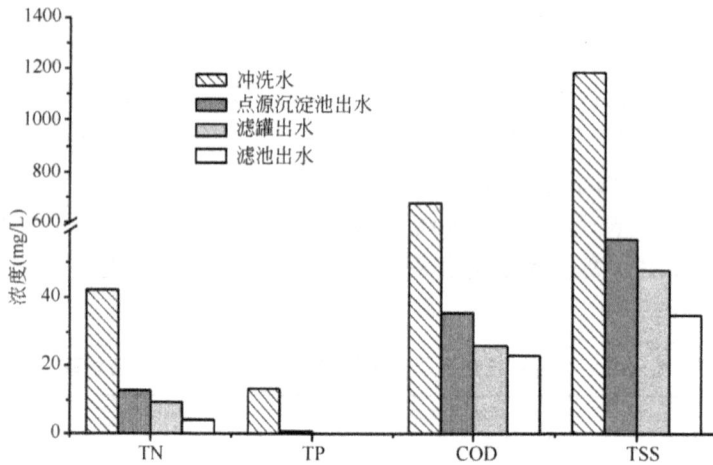

图 10-13　滤罐及植物床组合技术对点源的处理效果

(5) 示范工程总体经济分析

根据旅游区示范工程实际投入费用分析，实际总投入为 200 万元。主要用于工程构筑物修建、下垫面绿化促渗、环境工程材料及设备和场地勘测及造价咨询，费用分别占实际总投入费用的 69.4%、18.5%、11.3%、0.8%。

示范工程建成后的工程造价为 200 万元。设计规模为次处理 11570m³。系统运行成本包括运营费用（包括人员管理费、水电费、系统维护维修费等），每年合计 5.0 万元，运行成本为 0.72 元/m³。

示范工程各馆区的治理径流量见表 10-21，径流的治理率都在 80% 以上。未治理的径流多为大暴雨事件的后期径流，这部分径流污染都较轻，特别是不透水地表径流后期都很

动物园示范工程各馆区地表治理径流量　　　　　　　　　　　　　　表 10-21

	径流总量(m³)	治理率(%)	治理径流量(m³)
猩猩馆区	13671	80	10937
河马馆区	2441	100	2441
象 馆 区	42579	90	38321
熊猫馆区	10735	100	10735
合　　计	69426	—	62434

洁净，可以安全地排入湖泊，作为湖泊用水。其中河马馆区的污水主要为河马池固定点源排放，污染较重，采用了环境工程治理手段，全部污水都进行了净化，治理率为100%。而熊猫馆区主要为地表径流污染，馆区地势平坦，地表植被生长密，径流污染物含量少，在湖边进行岸边带直接进行治理就可以达到排放要求，治理率也达到了100%。

动物园作为旅游区有很多树，但是乔木过多，林、灌、草比例失调，形成单一层同种乔木树冠，林下没有草和凋落物层，部分地段水土流失严重。课题在易发生水土流失的树下种植了大片耐阴草本植物，减少了土壤侵蚀和地表径流(彩图10-11)。

10.4 武汉万家巷面源污染控制示范工程

10.4.1 概况

汉阳地区万家巷示范工程是武汉城市面源污染控制课题的示范工程之一，主要用于研究城市旧城区面源污染控制问题。万家巷是汉阳地区旧城区的典型代表，城区城市景观相对陈旧，建筑物拥挤杂乱，居民区人口密集，区内小工厂、企业众多。该区生活垃圾堆放无序，雨天雨水冲刷，成为最严重的污染源。部分万家巷地区建有污水管网，雨污合流制排水，管网陈旧，渗漏严重。部分地区没有生活污水管道，导致污水四处排溢，形成纵横交叉、大小不一的污水沟网络，严重影响区内环境质量和居民生活质量。项目进行期间，武汉市政府正大力改造旧城区，建设或维修了污水管网，通向污水处理厂。

汉阳万家巷工程示范区处于武汉市汉阳区月湖与墨水湖之间，东临动物园路，南止马鹦路，西抵马沧湖路，北到武汉冷冻机厂南端，占地面积为0.78km²，属汉阳城区规划中旧城改造区范围内。

示范区内地势较为平坦，高程在24.0～30.0m(黄海高程)之间。通过对旧城区万家巷示范区土地利用现状进行调查和根据高精度卫星影像分析结果，按土地透水性状将示范区地表覆盖情况分为三类：①水体比例为8%；②不透水地面(柏油和水泥道路、建筑物水泥楼面、广场、水泥地等下垫面)比例为59%；③透水地面(园林、草地、湿地等下垫面)比例为33%。当暴雨产生时，不透水地面的透水性差，暴雨径流系数大，造成示范区内水面漫溢，道路及生活区渍水，严重影响居民生活和城市景观。

示范区人口分属汉阳区五里墩街的五湖里社区、五龙里社区及江堤乡的三里坡红星社区、江堤村和邓甲村管理。示范区内现有居民人数6350人，企事业单位人数938人，社区商铺营业人数273人，农贸交易市场营业人数60人。各类人数总计7621人。根据垃圾日清运总量和人口总数估算得人均垃圾日产生量为0.787kg。示范区内年产生垃圾量为2190t。由于示范区地处旧城区的城郊结合部，垃圾收集点分布不合理，清运工具的缺少及人员的不到位，致使指定垃圾堆放点内垃圾不能及时清运走，垃圾堆积较多。

示范区内由北向南沿马沧湖路铺设一条市政排污管，管径1100mm，管长约550m；另外五湖里社区和五龙里社区现有污水排放管道7条，管径均为200mm，总长约为800m，社区内污水排放管均汇入马沧湖路的市政排污管，示范区内东南部的三里坡红星社区缺少统一的排污管道设施，生活污水是散点漫流，通过一些街道边沟汇入纳税港，最后，通过明渠排入南太子湖污水处理厂。示范区内无专门的暴雨径流收集排放管。当暴雨径流产生时，径流由现有的排污管收集，通过明渠溢流汇入墨水湖。

万家巷地区是长江Ⅰ级阶地沉积区，地下水类型主要为上层滞水和承压水，上层滞水贮存于上部素填土、壤土层中，承压水贮存于地下较深的粉细砂，中粗砂及砾卵石层中，上层滞水主要受大气降水补给，水量小，承压水则与长江、汉江水有密切的水力联系，枯水期地下水向长江、汉江排泄、汛期江水补给地下水。

万家巷地区地层表层土壤为黏性土类，不管是全新统黏土、壤土、淤泥质黏土，还是更新统的老黏土、碎石土，渗透性都很小，渗透系数平均值 $k=(3.1\sim3.4)\times10^{-7}$ cm/s，粉细砂层渗透系数平均值 $k=9.24\times10^{-3}\sim5.11\times10^{-2}$ cm/s，属中强透水性。此外，本地区有的地方人工填土较厚，根据经验数据分析填土应属弱透水性。

10.4.2　城市旧城区面源污染的特点

旧城区面源污染来源主要是城区城市垃圾、分散餐饮业的无序排放、大气降尘、交通污染和人类活动带来的其他污染。我们关注的主要污染物是 COD_{Cr}、TN、TP、SS。旧城区面源污染特点是：①人口密集、生活废弃物排放量大，主要以有机物和营养盐污染为主；②下垫面固化率达60%，导致径流系数大，每一场降雨发生时，径流对地面冲刷量大；③排水管道合流制，除因堵塞而被迫清理外，平常几乎不清理，排水管内沉积物多。当强降雨发生时，管内沉积物直接被管内径流冲刷进入城市水体。旧城区街道管理水平低下是造成面源污染的主要原因之一。

旧城区路面径流的主要污染源有路面的沉积物、行人和车辆的交通垃圾及路边堆集的城市生活垃圾等。与屋面径流相比，路面径流水质与所承担的交通密度和周边生活垃圾堆放量有关，其变化具有更明显的偶然性和波动性，路面径流发生特点是具有突发性和水量大，初期径流中污染物浓度高，后期径流水质相对清洁。通过对该路面在2004年6月18日降雨事件中径流全过程的监测分析发现，示范区内交通繁忙道路路面的径流水质污染严重，路面径流水质随降雨时间增加而改变，降雨历时25min左右即达到峰值。初期径流的COD和SS浓度的最大值分别达到500mg/L和1500mg/L以上，当路面沉积物冲洗干净后，路面径流的 COD_{Cr} 和SS分别稳定在300mg/L和500mg/L以下（图10-14）。

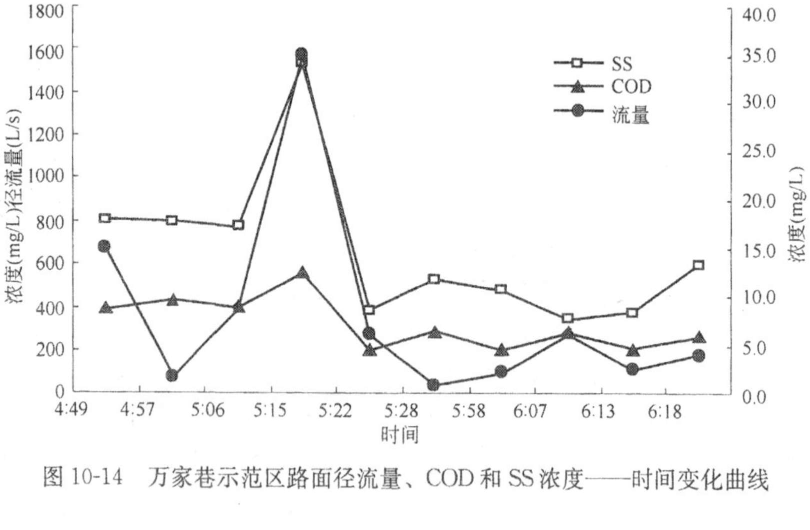

图10-14　万家巷示范区路面径流量、COD和SS浓度——时间变化曲线

　　合流制排水管道径流的主要污染源是管道内的沉积物。影响管道内的径流水质的因素有很多也很复杂，综合起来主要有降雨量、降雨强度、两场降雨之间的时间间隔、管径、水力坡降、排水管断面形式、排水管道清掏频率与生活污水流量等。通过对汉阳地区合流制管道径流过程监测分析，当一场雨的降雨量大于 15mm 时，最初 15mm 降雨形成的径流中包含了此场雨径流的 COD_{Cr} 总量 40%～50%。因此若将这部分径流量较小但污染性很强的初期径流分出，并使用多种技术方法对之进行分散型或集中型处理，那么雨水径流的污染总量能减少 40%左右。

10.4.3　汉阳万家巷的面源污染控制示范工程

　　汉阳万家巷面源污染控制示范工程的指导思想与控制原则是：针对万家巷旧城区面源污染的特点，分析万家巷旧城区面源污染的产生、运移途径、控制削减的全过程及其对城市旧城区社会发展的影响，制定城市旧城区面源污染控制管理措施，实现改善旧城区生态环境，促进旧城区万家巷地区社会进步和经济发展。

　　万家巷示范工程面源污染治理工艺如下：面污染源→面污染收集系统（城市雨水管道及明渠系统）→分水系统→格栅间→绿化带净化系统→水生生物贮存塘→湿地处理系统→水生生物塘→湖泊（墨水湖）。

　　汉阳万家巷的面源污染控制示范工程还有非工程措施，包括：建立万家巷地区垃圾型面源污染特征基本数据库；制定万家巷地区垃圾与污水控制管理方案；编制城市环境卫生宣传材料，进行社区教育；开展清洁运动，实施垃圾的初期清理，分期分批分区将现有垃圾在雨季来临之前清理外运。

　　(1) 工程选址及建设规模

　　万家巷示范工程为面源污染控制工程，汇控制工程的建设目的为贮存大水量暴雨污染径流，实现污染径流的净化，降低污染物外迁率，而汇控制工程作为一种面源截留处理的生态工程需占用一定的陆地面积，其选址同样受到用地的限制，为此，在现场踏勘的基础上，依据水质、地形、地貌等参数，结合工程建设的总体目标和湖泊周边现状地形图及武汉市汉阳地区生态和用地规划，确定汇控制工程的地点选取在墨水湖东南面城市生态用地汉阳渔场内湖滨地带，东边与武汉市食品公司良种场为邻；西边紧靠墨水湖湖边绿化带；北面与南面均为鱼塘。选址的用地条件为东部及南部各有一条规划路，用地形状较为规则，地形图上由三个类似矩形的鱼塘组成，现北向的第一个矩形鱼塘已被建筑垃圾和生活垃圾填埋成为空地，第二个矩形鱼塘正在填埋。

　　武汉市城市规划局已于 2003 年 5 月 6 日批准了汉阳水专项万家巷示范工程规划选址用地，征用土地面积为 87160m² (含代征湖滨绿化带用地 24650m²)，实际工程用地面积约为 62510m²。

　　建设规模：一次处理 10000m³ 污染径流量的面源处理工程。

　　工程建设包括：新建塘处理系统面积 19000m²；新建湿地土地处理系统面积 12000m²；植树绿化面积 16000m²；塘内水生植物种植绿化面积 12000m²，其他为管理和机械用房、道路、绿化用地等。

　　(2) 工程进水

　　万家巷示范工程所接纳的汇水区合流制管网的溢流雨污水。晴天时，万家巷地区与鹦鹉地区的污水一起经工程选址旁的纳污渠流至南太子湖污水处理厂；工程拟将市政排水溢流闸流入墨水湖的雨污水进行处理。

根据武汉市环境保护科学研究院在暴雨期对万家巷选址附近的纳污渠多次监测的水质分析结果显示，该渠道水质在强暴雨期污染负荷浓度范围为：COD_{Cr} 35.1～582.2mg/L；TN 3.2～34.2mg/L；TP 1.0～4.4mg/L；SS 59.8～456mg/L。

（3）工程工艺选择

湿地和生态塘工程技术是从生态学原理出发，模仿自然生态系统，根据水处理的目的加以强化的新型水净化系统。由于湿地和生态塘组合系统具有建造和运行费用低、易于维护，可缓冲较高水力和污染负荷的冲击，同时还可提供多种效益，如水产、造纸原料、建材、绿化、野生动物栖息、旅游、娱乐和教育等优点，近些年来逐渐为人们所认识和重视，并在世界范围内得以迅速发展。

按照湿地中主要植物的形式可分为：①浮水植物系统；②挺水植物系统；③沉水植物系统。沉水植物系统还处于实验室阶段，其主要应用领域在于初级处理和二级处理后的深度处理。浮水植物主要用于氮磷去除和提高传统稳定塘效率。目前一般所指的人工湿地系统都是指挺水植物系统。挺水植物系统根据水流形式又可分成自由表面流、潜流和竖流系统。

万家巷示范工程处理的面源污水含高浓度的悬浮物和总氮总磷，且水质、水量变化幅度大，拟采用的处理工艺不仅要有较强的耐冲击负荷能力，能很好地去除 TSS 和有机污染物，并具有一定的深度处理功能，能去除氮磷等营养物质，保护周边湖泊的水生态环境。结合本地区实际情况，确定万家巷汇控制工程工艺为生态贮存塘、表面流构造湿地、潜流构造湿地、湖泊挺水植物型自然湿地、水生生物塘相组合的方案。汇控制工程处理系统平面布置见图 10-15。

（4）汇控制工程工艺流程

针对万家巷示范工程要处理的面源污水特点，采用绿化带净化系统——生态贮存塘——表面流湿地——潜流湿地——挺水植物型自然湿地——水生生物塘组合，即工程分流系统的来水首先进入生态贮存塘，然后经泵提升，由管道输送至表面流构造湿地、潜流构造湿地、自然湿地，经三级湿地处理后，水流进入水生生物塘，最后出水排入墨水湖。其工艺流程图见图 10-16。

（5）工艺流程说明

1）分水系统

分水系统由引水渠、引水闸、分水池、分水闸、分流管道和格栅间(含巴氏槽)五部分组成。当强暴雨发生时，首先开启引水闸和 1 号分水闸，引水渠内初期雨水进入分水池通过 1 号分水闸和 1 号分流管道引入原有的污水渠排至南太子湖污水处理厂；当中期雨水(15～34.5mm)的径流污水进入分水池时，然后开启 3 号分水闸，同时关闭 1 号分水闸，使得该时段径流污水经格栅间(含巴氏槽)分流引入绿化带净化系统和生态贮存塘；当后期雨水(大于 34.5mm)的径流污水进入分水池时，再开启 2 号分水闸，同时关闭 3 号分水闸，使得该时段径流通过 2 号分流管直接溢流进入墨水湖。降雨停止，最后关闭 2 号分水闸和引水闸。运行方式见表 10-22，分水系统各装置布置详见图 10-17。

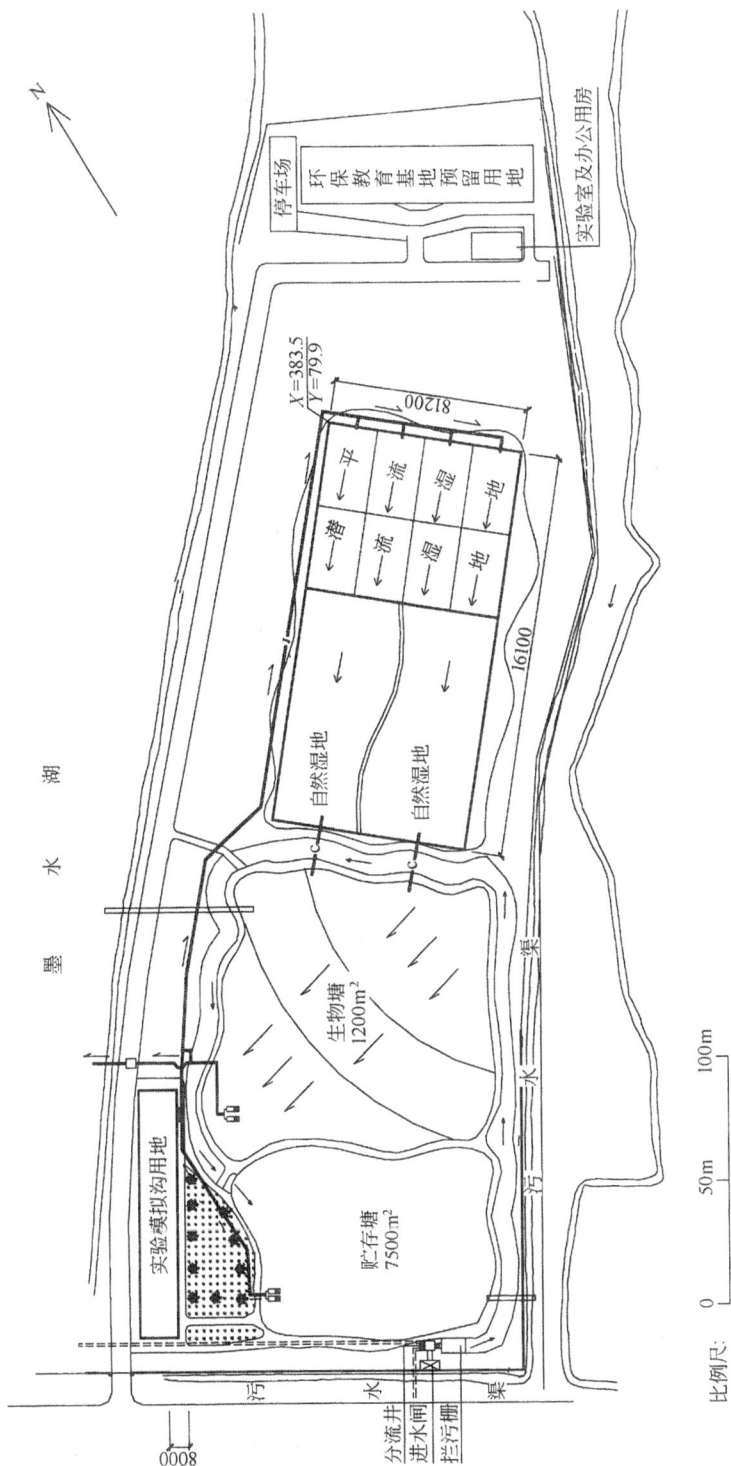

图 10-15 万家巷湿地平面布置图

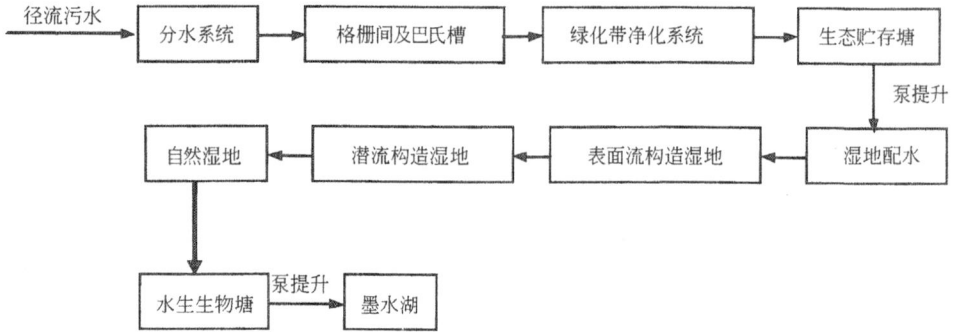

图 10-16　万家巷示范工程工艺流程图

分水系统运行方式列表（暴雨强度）　　　　　　　　　　表 10-22

顺序	径流时段	运行方式	运行装置	备　注
1	初期雨水径流(15mm)	开启引水闸、1 号分水闸	引水闸、分流池、1 号分水闸、1 号分流管道	雨量计测雨量
2	中期雨水径流（15～34.5mm）	开启 3 号分水闸、关闭 1 号分水闸	引水闸、分流池、3 号分水闸、格栅间	雨量计测雨量
3	后期雨水径流（＞34.5mm）	开启 2 号分水闸，关闭 3 号分水闸	引水闸、分流池、2 号分水闸、2 号分流管	雨量计测雨量
4	无径流	关闭引水闸，2 号分水闸		雨量计测雨量

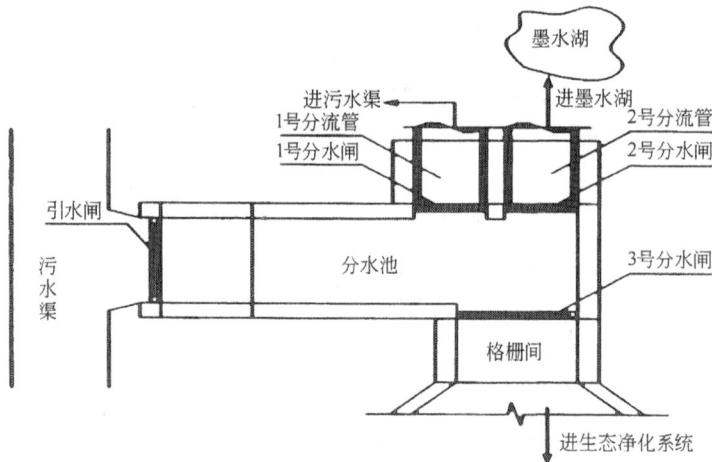

图 10-17　分水系统设备装置布置图

　　通过分水系统对该地区不同时段地表径流的分流，特别是高浓度负荷的初期降水径流的分流，确保示范工程各生态处理单元运行的安全性。

　　2）格栅间及巴氏槽

　　格栅间通过布置两道粗、细格栅截阻径流中大块状浮渣，同时巴氏槽用于进入工程内部的地表径流进行计量。

　　3）绿化带净化系统

绿化带净化系统长约 500m，绿化带宽 5～8m，呈沟状，沿生态贮存塘布置。

绿化带净化系统晴天是绿化景观带，雨天是径流流入生态贮存塘的过水通道，同时还是污水土地漫流处理系统的一种应用，充分利用了"土壤—植物—水"系统的天然净化能力。

4）生态贮存塘

生态贮存塘布置在工程区南片，占地面积约为 7500m²，功能是将一次暴雨的设计径流量进行贮存，通过截阻浮渣，除去砂粒，使固体物质发生自由沉降和絮凝沉淀作用。经过该塘可有效地去除 TSS 和部分 BOD_5，从而非常有利于后续处理单元的负荷，使水质稳定，减少人工湿地的淤塞。另外污水进入生态贮存塘后被稀释，使有毒、有害物质的浓度降低，有利于生物净化作用的正常进行。塘系统净化污水的关键作用是好氧微生物和厌氧微生物的代谢作用。由于万家巷面源水体中有毒有害物质浓度不是特别高，其前处理部分采取塘系统即可满足要求。

5）表面流构造湿地

表面流构造湿地布置在万家巷工程区北片，共分 4 个并联运行小单元，湿地面积共 3000m²，设计处理水量 750m³/d，水力负荷 0.29m³/(m²·d)。此处采用较小的构造深度，湿地植物选根系较浅的湿地植物：芦苇、菖蒲、美人蕉、慈菇等。

表面流构造湿地布水系统由布水廊道、矩形堰和压力管道（DN100UPVC 管）组成，压力管上安装手动闸阀控制流量。

表面流湿地的耐污水生植物，可吸收营养元素氮、磷及其他污染物，同时水体与地下的根和茎可作为微生物栖息的附着面，过滤和吸附水中污染物，水面或水面以上的叶和茎可减少风力对水的影响，遮盖阳光防止浮游藻类的生长。

6）潜流构造湿地

潜流构造湿地布置在表面流构造湿地后面，共分 4 个并联运行的小单元，湿地面积共 3000m²，设计处理水量 750m³/d。水力负荷 0.29m³/(m²·d)。采用较大的构造深度，湿地植物选根系较深的花卉类湿地植物：芦苇、香蒲、美人蕉、鸢尾等。

潜流构造湿地布水系统由 DN100 穿孔塑料管和湿地前段（宽 1000mm）铺设平均粒径 $d=50～70mm$ 的废钢碴及花墙组成，布水支管设于废钢碴上部；湿地收集系统由可移动型 DN100 塑料弯管、花墙和粒径 $d=50～70mm$ 的废钢碴组成。

潜流湿地是通过填料与水生植物，进一步去除 TSS、COD_{Cr} 等污染物，其中不溶性有机物以 SS 形式通过湿地沉淀、过滤从污水中截留下来，被微生物利用；而可溶性有机物通过生物膜的吸附及其新陈代谢作用被去除，污水中大部分有机物作为异养微生物的有机养分，最终被转化为微生物体及 CO_2、H_2O。

7）自然湿地

在构造湿地南面设置两组并联运行的挺水植物型自然湿地，面积共 6000m²，主要种植花卉类植物如芦苇、香蒲、水菖蒲、睡莲等。当污水流过植物根系及叶面时，水中的悬浮物被捕集、积累，最终依靠重力沉降到塘低，其治污功能同构造湿地。

8）水生生物塘

水生生物塘布置在生态贮存塘与自然湿地之间，占地面积约为 12000m²。水生生物塘位于万家巷面源处理系统的末端，水质优良，其功能是保持水面，为水回用提供条件，增加生物多样性，增加景观。种植水生植物：荷花、睡莲、菖蒲等 10 种水生植物。根据生态系统自组织性质，其他的水生生物由其自由繁殖。水生生物塘的水自然排入墨水湖。

（6）万家巷汇控制工程景观建设

控制工程的景观建设，万家巷汇控制工程要兼顾生态修复、水质改善的功能，以及景观、社会效益，使工程融入周围环境，并作为休闲游憩空间的一部分得到充分利用。设计时，必须处理好湿地、生物塘的布局，考虑与整体格局的关系。武汉市的湖滨在城市规划中大多作为城市公园和游憩空间，因此设计道路用曲线、折线等形式，避免方整硬直的形态引起视觉冲突。

构筑物的边界处理：构筑物的边界如果采用混凝土，做成直线、简单地高出或低于地面的形式，往往会丧失地貌上的自然特征。为使构筑物与周围环境协调，我们把构筑物的边界进行柔化处理。采用了如下方法：

1）边界覆盖。用土、草坪覆盖湿地的边界，使之与周围草地间形成自然的过渡。

2）灌木遮掩。用灌木遮掩湿地边界，使之不暴露于游人视野之内。

3）材料美化。用木、砖、石等景观材料对湿地和生物塘边界加以处理。湿地围墙和隔墙选择了不同颜色的石块，铺成曲线、漩涡线、锯齿线等不同图案。上面铺以石板、木板等面积较大的铺地材料，相间排列，使人可以有限制地在上面行走，但不允许车辆进入。但实际情况是水草可能会长得比较高、密，在一定程度上遮盖石块的效果。

湿地处理单元中可以摆放少量不需要基础、设置灵活、可以随时撤换的艺术雕塑等小品设施。基本原则是提倡游人的进入与参与的可能性，但是通过设施的设置限制游人进入的数量，尽量保持自然状态，以最好地保证其生态修复的功能要求。

对于水草的生长，可以在几个湿地池和生物塘中选用不同的水草类型、不同的栽植密度，形成一定的疏密变化。输水管要与景观相配合，后期可考虑采用环状喷水、点状喷水、散点喷水等方式相结合的混合式景观型喷水体系，改善单纯的功能性喷水带来的单调感。

湿地的围堰周边以草坪为主，上面可以栽植灌木、乔木，形成与湿地处理单元内风格迥异、林木葱郁、鸟语花香的景观效果。中间点缀以适量的卵石铺地，卵石之间留以缝隙供花草生长。

为了保证工程的社会效益，应该把该工程作为市民亲水、体验水环境、学习水处理过程的实地课堂。尽量把控制工程的相关设施展示出来，旁边设置各构筑物的功能示意与解说牌。取水口、泵站等都可以采用地上公开化处理方式。如果采用地下埋设的方式，则可以在相关位置设置展示其位置、形态、功能的解说牌，镶嵌在地面上，同时作为铺地景观的一个元素。

（7）主要构筑物设计参数

分水系统：轻钢闸门 4 座，尺寸：$B \times H = 2.0m \times 1.7m$，$1.1m \times 1.5m$ 各两座；闸门驱动类型：电动及手轮互动；正向工作水头 1.7m，反向工作水头 1.7m；使用介质：雨污合流水质；使用温度：$-10 \sim 40 ℃$；分水池为砌体结构，尺寸：$B \times L \times H = 2.5m \times 6.0m \times 1.7m$。

格栅间（含巴氏槽）：尺寸 $B \times L \times H = 4.5m \times 9.5m \times 1.7m$；设置粗细拦污格栅各一个；粗拦污格栅栅条断面为圆形，栅条直径为 20mm，栅条间距 40mm；细拦污格栅栅条断面为锐边矩形，栅条宽 10mm，间距 20mm；粗、细格栅均为人工清渣格栅；内设巴氏槽为砌体结构。

绿化带净化系统：绿化带呈沟状，带宽 5～8m，底宽 0.5～1.5m，带底低于地面 1.9m，长约 550m，带底平整，水力坡度 1%～2%，内坡比 2∶1，底部及沟坡处种植草皮及树木并铺设土工布（二布一膜）防渗。

生态贮存塘：设计规模 15000m²/次，占地面积约 7500m²，停留时间 10～20d，塘深 3.3m，塘内有效水深 2.5m，水力负荷：2.0m³/(m²·d)，平均有机负荷：240gBOD/(m²·d)，连续或间歇式运行，设置 2 台 65m³/h 排水泵（一用一备）。

表面底构造湿地：4 座，采用并联运行方式，由东向西布置为砂、碎石、碎石、废钢碴各一座。每座尺寸为：32.0m×20.0m×1.3m，水力负荷 0.29m³/(m²·d)，平均有机负荷：34.0gBOD/(m²·d)，停留时间：2.0d，平均布水深度：0.6m，湿地内填 200～300mm 厚度介质填料。介质填料：细砂、碎石、废钢碴；湿地种植植物：芦苇、菖浦、美人蕉等。

潜流构造湿地：4 座，采用并联运行方式，由东向西布置碎石湿地 3 座及废钢碴湿地 1 座。每座尺寸为：32.0m×20.0m×1.5m，水力负荷：0.29m³/(m·d)，平均有机负荷：34.0gBOD/(m²·d)，停留时间：0.6d，平均布水深度：0.6m，湿地内填 400～600mm 厚度粒径为 10～80mm 介质填料。介质填料：碎石、废钢碴；湿地种植植物：芦苇、菖蒲、慈菇和美人蕉等。

自然湿地：2 座，采用并联运行方式，每座尺寸为：80.0m×75.0m×0.8m，水力负荷：0.125m³/(m²·d)，平均有机负荷：7.5gBOD/(m²·d)，停留时间：2.4d，平均布水深度 0.3m，湿地种植植物：芦苇、菖蒲、睡莲、水葱等。

水生生物塘：1 座，占地面积约为 12000m²，种植水生植物：荷花、睡莲、菖蒲等 10 种水生植物。水生植物种植情况见表 10-23。

水生植物塘的植物种植设计　　　　　　　　　表 10-23

序号	品种	数量	种植密度（株/m²）	种植面积（m²）
1	荷花	5000	1	5000
2	黄花鸢尾	200	2	100
3	水菖蒲	1000	10	100
4	芦苇	1600	5	320
5	水葱	200	5	40
6	香蒲	1600	10	160
7	睡莲	1500	1.5	1000
8	萍蓬草	40	1	40
9	芡实	100	0.1	1000
10	鱼草	5000	10	500
合计				8260

（8）万家巷汇控制工程的运行管理

万家巷汇控制工程的运行和管理要考虑如何使用较少劳力，保持系统的正常运转，使出水水质达到设计要求。管理包括水力系统、工程措施、植物系统、系统监测等方面。

1）水力系统与设施管理：根据设计的水力负荷建立系统的运行方案和工艺控制要求。

其中包括每一单元的投配率、投配时间，实际运行中根据具体情况进行工艺修正，保持水力负荷和出水水质在设计范围之内。特别要控制季节性暴雨和冬季等水量过大或过小等极端情况出现。水量过大会使湿地系统超负荷运转，出水水质达不到要求，若长期处于淹水缺氧状态，会影响处理效果，还会改变植物的生态结构。极端情况下应适当调整运转方案，多余的水量利用堤堰和控制溢流水位，增加湿地中水流停留时间。要对水位进行合理控制，水位是影响植物和微生物生长并形成所需群落的关键。

2）系统的工程管理：包括对输水管道、设施的定期维护以及处理单元田埂的整修，巡检系统各部分流量，检查泵、阀门、管道、渠道等设施的运行状况，进行定期清淤和维护。

3）湿地和净化绿化带植物系统管理：植物系统建立后必须连续提供水和养分，保持植物全年生长。如果植物发生死亡，必须及时补种以恢复所需处理能力。每年秋季，植物地上部分将逐渐枯死，需对植物进行适当收割。通常一些天然杂草出现在系统中可不必去除，但若其生长过于旺盛以至于影响湿地植物的生长时要将其去除。另外要注意控制病虫害。

4）系统监测控制工程：系统操作和管理在很大程度上要靠完整的监测来提供信息以判断处理系统是否达标。监测的主要目标是对系统各进出水环节进行监测，确定进出水水质是否符合工艺要求，以便调整水量，保证系统的处理能力，指导运行。监测的项目有水位、溶解氧、pH、COD_{Cr}、BOD_5、总氮、总磷、TSS、藻类等，取样频率根据分析项目不同各异，从每周1次至每月1次。对植物的监测主要是为了监测植物对营养元素、毒物及盐分的去除效果。分析项目有：植株生物量、总有机氮、总磷、重金属等，是保证系统长期运行效果的手段之一。分析频率是每年收获一次植物并对上述项目进行测试。

（9）万家巷汇控制工程的处理效果

各处理单元对污染物的去除率等于：本单元的进出水污染物质量之差，除以进水污染物的质量。

1）各处理单元对污染物的去除率：

生态贮存塘对 TN 去除率为 16.0%；对 TP 去除率为 17.6%；对 COD_{Cr} 去除率为 31.9%；对 SS 去除率为 62.0%；

构造湿地系统对 TN 去除率为 40.2%，对 TP 去除率为 55.4%；对 COD_{Cr} 去除率为 20.4%；对 SS 去除率为 72.79%。

自然湿地系统对 TN 去除率为 15.36%；对 TP 去除率为 12.15%；对 COD_{Cr} 去除率为 2.7%；对 SS 去除率为 17.52%。

2）水生生物塘系统处理效果分析

水生生物塘系统处理自然湿地系统来水去除效果为：对 TN 去除率为 17.42%，对 TP 去除率为 13.75%；对 COD_{Cr} 去除率为 25.9%；对 SS 去除率为 8.0%。

3）汇控制工程处理效果

由表 10-24 可知，万家巷汇控制工程处理地表径流污染物去除效果为：对 TN 去除率为 69.1%；对 TP 去除率为 72.4%；对 COD_{Cr} 去除率为 60.9%；对 SS 去除率为 92.2%。

万家巷汇控制工程污染物去除率表   表 10-24

分析项目	TN	TP	COD_{Cr}	SS
进水平均水质(mg/L)	28.0	2.9	83.44	320
出水平均水质(mg/L)	8.7	0.8	32.63	25.1
总去除率(%)	69.1	72.4	60.9	95.2

(10)万家巷汇控制工程技术经济分析

1)工程技术特点分析

万家巷汇控制工程采用湿地和生态塘组合系统技术处理地表径流污水，归纳起来，具有如下优缺点：

① 技术优点

a. 对污染物处理效率高，稳定性好。

b. 对水力或有机污染冲击负荷承受力强。

c. 工程构筑物简单，易于形成构筑物的景观化和自然化。

d. 使用机械设备少，操作简易，维护工作量少。

e. 基建投资及运行费用低。

f. 可以开展综合利用，如旅游、娱乐和科教等。

② 技术缺点

a. 工程占用土地面积较大。建议利用城市生态地确定汇控制工程规模。

b. 孳生蚊虫。可采取定期喷洒石灰等措施杀灭蚊虫。

c. 炎热季节，会因蒸发而损失大量水分不利于植物生长。建议工程设计考虑补水水源。

d. 种植大型水生植物的净化塘，收获作物处置不当会对环境造成二次污染。

总之，针对上述技术特点，在条件适合的城市可以借鉴万家巷汇控制工程技术，必能收到明显的环境和社会效益。

2)经济分析

① 工程基建投资

工程基建投资见表 10-25。按 2004 年物价水平，工程总投资为 250.0 万元。设计规模为每次处理 15000m³ 地表径流，其每次处理每 1m³ 的污水吨水指标为 166.7 元/m³。其工程建设投资约为城市污水处理厂的 1/6。

万家巷汇控制工程基建投资表   表 10-25

序号	项目名称	规格尺寸	数量	单位	价格(万元)
1	分水系统		1	套(座)	25.0
2	格栅间(含巴氏槽)		1	座	3.0
3	绿化带净化系统	$L=550m$, $b=5\sim8m$	1	座	12.0
4	生态贮存塘	$S=7500m^2$	1	座	18.0
5	构造湿地	$S=6000m^2$	1	座	80.0
6	自然湿地	$S=6000m^2$	1	座	18.0
7	水生生物塘	$S=12000m^2$	1	座	18.0
8	实验室及办公室	$S=60m^2$	1	座	8.0

续表

序号	项目名称	规格尺寸	数量	单位	价格(万元)
9	绿化及景观建设				50.0
10	设备及安装费				18.0
11	工程投资				250.0

示范工程工程项目分类投资见表 10-26,其中景观绿化工程占总投资额 24.8%,接近总投资的四分之一,充分显示该工程景观建设的重要性。

万家巷汇控制工程项目投资比重表　　　　　　表 10-26

序号	工程项目	投资额(万元)	占总投资额百分比(%)
1	土建工程	170.0	68.0
2	设备安装工程	18.0	7.2
3	景观绿化工程	62.0	24.8
	合　计	250.0	100.0

② 运行成本

万家巷汇控制工程运行成本包括人工费、动力及维护费和折旧费三部分,按 2005 年物价水平,日常运行成本约为 311.65 元/d,而其中运行费用为 83.34 元/d,具体如下:

人工费:2 人×1000 元/月÷30d/月　　66.67 元/d

动力及维护费:500 元/月÷30d/月　　16.67 元/d

折旧费:250 万元÷30 年÷365d　　228.31 元/d

本工程处理地表径流污水运行成本约为 0.208 元/m³。

③ 效益分析

社会环境影响分析:万家巷汇控制工程建成后将给社会带来巨大的效益。工程的实施将改善环境、减少污染,保障万家巷地区人民身体健康,改善汉阳地区生态环境质量,对整个地区近 1 万居民带来利益;促进汉阳地区旅游事业的发展,为人们提供安全、舒适、和谐的休憩娱乐场所和科普教育基地,改善城市景观,提升城市居民生活质量;改善旧城区的投资环境,随着其他各种配套市政工程的完工,近 10km² 汉阳旧城区土地开发价值大增,能吸引更多的投资,促进汉阳地区经济发展;随着汉阳地区水环境的改善,万家巷地区将成为优质农副产品生产基地,有利于发展绿色食品产业;创造更多的就业机会促进社会安全稳定;化解由于水污染造成的各种矛盾,使该地区居民得以安居乐业。

经济影响分析:可使该地区 1.3km² 土地增值,按每亩增值 10 万元,则该地区土地增值 1.56 亿元。万家巷地区 1 万人口居住环境得到改善,人口发病率降低。每年可减少农副产品、渔牧产品损失 10 万元。

10.4.4　城市垃圾废弃物的高效收集与管理减污措施

武汉市城市垃圾管理落后,立法工作刚刚起步,法规、技术标准和规范不健全。现有城市垃圾管理体制与运行机制不适应市场经济体制的需要,管理手段落后。

对于汉阳地区来讲,由于城市基础建设落后,许多地方的垃圾露天堆放,不能及时清运，雨天污染物随着地表径流进入湖泊，造成的面源污染不容忽视；有些地方垃圾随意向湖中乱扔，直接污染湖泊。目前垃圾存放方式主要有楼道垃圾箱、室外垃圾箱、直接露天堆放。因此垃圾废弃物的高效收集与管理是汉阳地区的面源污染治理的一个重要环节。

路面面源污染物主要是颗粒态污染物，一年使用一次吸尘器可去除地面年尘土冲刷量的 20%，每季度清扫一次可出去 28%，每周清扫一次可达 80%。已有案例表明每年至少用吸尘器清扫 4 次，如有可能次数越多效果越好。在土地利用变化和最佳管理措施实施受限制的城市旧城区，高效的清扫技术是恢复水质的好方法。

汉阳地区现有垃圾多为随意露天堆放，雨天垃圾废液随地势直流入湖，所产生的面源污染对湖泊水体的污染极大。课题在汉阳地区的汉桥村选择了一个垃圾堆放点进行改造，该垃圾堆放点是三边围住敞开式的露天堆放设施，用于收集汉桥村的一个小队的住户的生活垃圾，环卫清运车每两天清运一次，约 3t 垃圾。

关于垃圾的清理，市政管委会的规定是"日产日清"，即小区内当天产出的垃圾必须在当天经过垃圾处理站的处理，转运到垃圾处理场。但是，对小区垃圾清运工的日清理垃圾的频次，没有明确规定，而是由各个小区自己掌握。今后政府还应进一步规范垃圾的收集时间，要求居民用文明的方式来处置垃圾，要把垃圾放在规定的垃圾桶内，而不是扔到垃圾桶周边，同时要养成定时扔垃圾的习惯。垃圾清运的时间每天是较为固定的，居民按要求定时将垃圾放在收集箱内，可以减少垃圾在收集箱中的滞留时间。

10.5 武汉新区城市面源污染控制规划和建设

10.5.1 武汉新区总体规划简介

（1）武汉新区发展的宏观背景

进入 21 世纪，中国的城市体系正在向区域集群方向发展。随着珠江三角洲、长江三角洲、环渤海经济圈和西部成都重庆地区城市集群经济的迅猛发展，国家提出了"中部崛起"的发展战略。武汉是中部地区综合实力最强的特大城市，目前已形成了以钢铁、汽车、机械、高新技术产业为支柱，以服装、食品、医药、化工为增长点的工业体系。从城市发展竞争力和综合实力来看，武汉市已成为了中部地区发展的"领头羊"。武汉新区虽然在城市化进程中与武昌、汉口新区都存在不同程度的差距，但具有悠久的制造业发展历史和坚实的现代制造业基础，能提供广阔的发展空间且开发成本低廉，更显示出极大的后发动力和开发潜力。2003 年 1 月 5 日在李宪生市长所作的《武汉市政府工作报告》中，提出了"加大汉阳地区的开发建设力度，努力实现武汉三镇均衡发展"的战略，正式拉开了武汉新区建设发展的序幕。

（2）武汉新区的规划范围和发展目标

武汉新区规划范围，是由长江、汉水、外环线（京珠高速公路、沪蓉高速公路）围合的扇形区域，包括汉阳区、武汉经济技术开发区、蔡甸区及汉南区的一部分，规划用地面积 368km² 。

武汉新区发展目标为：

1）动力新区

以产业发展为武汉新区发展的动力源，重点发展制造产业、物流产业和旅游产业，构筑华中地区现代制造业基地，打造武汉产业持续发展的动力之源。

2）生态新区

以现有山体湖泊为核心，结合汉江、长江、六个湖泊的连通，建设楔形绿地、生态廊道、水域廊道景观和湿地景观系统，给城市居民营造一个娱乐、休闲、亲水的开敞空间，实现人与自然和谐共生的人居环境。

3）人文新区

利用和发挥武汉新区历史文化资源，逐步塑造浓郁的汉阳老城风貌特色，建设文化旅游中心，配置完善的公交系统和社区公园，营造最富亲和力的邻里交往氛围。

4）现代新区

以适应现代生活需要为基本原则，着力培育国际化时代的城市功能、构建汽车时代的城市交通体系、打造信息时代的城市服务水平、建立休闲时代的城市生活方式，形成独具特色的人居环境。

（3）武汉新区现状土地利用类型和基本环境状况

武汉新区幅员辽阔，拥有月湖、莲花湖、太子湖、龟山、梅子山、米粮山等九山十湖，抱拥龙阳湖、墨水湖、南湖三大风景区，自然资源丰富。汉阳在武汉三镇中建城最早（东晋却月城），悠久的历史给汉阳区留下了众多的名胜古迹，如铁门关、晴川阁、古琴台、归元寺、汉阳铁厂、汉阳兵工厂遗址等，众多名篇及历史传说，如"晴川历历汉阳树，芳草萋萋鹦鹉洲"、"琴台遇知音"、辛亥革命阳夏保卫战，在全国都有很大影响。现存汉阳旧城风貌格局、地名及各类名胜古迹共同烘托了汉阳厚重的文化氛围。

武汉新区虽然具备优越的自然资源条件和厚重的历史人文积淀，在城市化进程中发展却相对滞后。目前，虽然形成了钟家村和王家湾两个商业中心，沿鹦鹉大道、汉阳大道和十升路等城市主干道两侧也形成了一些新型住宅小区，但由于总体发展不平衡，城市腹地内仍以农用地为主，出现大量城中村，四新地区更是处于未开发状态。总而言之，武汉新区现状空间布局散乱、结构不尽合理，城市功能相对弱化，难以充分发挥城市集聚效应，城市人口有被汉口吸纳的趋势。

（4）武汉新区规划用地布局

武汉新区规划范围 368km²，规划人口 100 万人。在规划范围上分为两个区片，即以汉江组团、四新组团、沌口组团为主体的重点发展区片和以后官湖—龙阳湖—什湖一线的生态敏感控制区片。在空间上重点发展汉江、四新和沌口三大组团，形成"六湖连通"的水系生态网络和五纵五横的道路骨架。其中，汉江组团规划面积 59km²，主要对汉阳城区用地进行整合，完善其文化旅游、居住功能，构建文化旅游中心。四新组团规划面积 46km²，为城市新建区，主要培育新的城市功能，形成服务于区域的生产性服务中心和现代居住新城，为武汉新区发展注入新的活力，也是武汉新区新形象、新特色、新功能的集中展示区。沌口组团规划面积 94km²，该组团充分利用现代制造业的良好基础，拓展产业用地空间，形成产业相对集聚、功能互补的工业区，成为武汉新区经济发展的增长点和动力源。武汉新区规划用地平衡表见表 10-27。

武汉新区规划用地平衡表　　　　　　　　　表 10-27

编号	用地代码	用地性质	用地面积（hm²）	百分比（%）
1	R	居住用地	2940.02	7.99
2	C	公共设施用地	1599.98	4.36
3	G	绿地	13212.68	35.91
4	M	工业用地	3407.00	9.26
5	W	仓储用地	110.03	0.30
6	T	对外交通用地	56.26	0.16
7	S	道路广场用地	2580.09	7.01
8	U	市政公用设施用地	130.78	0.36
9	E	水域和其他用地	6943.45	18.87
10		发展备地	3517.71	9.56
11		江面	2302.00	6.26
总计			36800.00	100.00

（5）武汉新区六湖水系规划

武汉新区规划六湖水面面积总计 53.5km²，规划渠道总长 45.8km。各湖泊的水质管理目标和主要功能定位见表 10-28：

六湖水环境功能区划　　　　　　　　　表 10-28

水域名称	范围	现状水体类别	水质管理目标	主要功能定位
墨水湖	全湖	劣V	IV	人体非直接接触的娱乐用水区，一般鱼类养殖水域
龙阳湖	全湖	劣V	IV	人体非直接接触的娱乐用水区
南太子湖	全湖	劣V	III	人体非直接接触的娱乐用水区，一般鱼类养殖水域
三角湖	全湖	劣V	IV	人体非直接接触的娱乐用水区
北太子湖	全湖	V	IV	人体非直接接触的娱乐用水区
后官湖	全湖	IV	III	景观娱乐、生态、调蓄、养殖

结合六湖水系中各湖泊和渠道在水系网络中的地位，规划提出四条水系主轴、四条水系次轴、六个水系节点和一个重点发展区的水系网络结构。

四条水系主轴：琴断口小河—朱家老港、四新总港、连通港三条南北向主轴和朱家新港—四新渠一条东西向主轴。琴断口小河是六湖水系从汉江引水的主渠道，对于激活整个水系网络，改善湖泊水质起着至关重要的作用，朱家老港是琴断口小河向南的延伸，实现了汉江与水质较好的后官湖的直接连通。四新总港和连通港是四新地区重要的排水通道和景观渠道，不仅承担了四新地区的主要排水，也是将来四新地区主要的生态廊道。朱家新港—四新渠作为整个水网东西向的惟一连通渠道，是整个水网的一条大动脉，也是支撑整个水系网络的骨架。

四条水系次轴：指打鼓渡河、汤山渠、明珠河和新民河四条六湖之间连通的主要渠道，对于实现六湖之间的换水和水体流通起着重要作用。

六个水系节点：指龙阳湖、墨水湖、南太子湖、北太子湖、三角湖和后官湖六个湖泊，是水质改善的重点，也是重要的景观节点。

一个重点发展区：指四新地区。四新地区现状水网丰富，是体现地区水环境特色、营适宜人的亲水空间最适宜的地区，所以作为水系网络的重点发展区。

(6) 武汉新区绿地规划

规划区内绿地率达 40％ 以上，人均绿地面积达 20m² 以上。结合"六湖连通"生态水系网络，规划形成满足城市居民远足郊游、中距离游玩和近距离休闲三个层次活动需求的园林绿化框架：

第一层次以后官湖、珠山湖等外围生态绿地为依托，建设具有生态探险、森林体验、野外活动等多种游憩方式的郊野旅游风景区，形成武汉新区生态敏感控制区。规划 65％ 以上为生态绿化区，其他用地可适度建设低密度、低层休闲度假区和运动游览区。

第二层次由龙阳湖、三角湖、墨水湖、南太子湖四大城市公园及其连通绿廊组成，形成三大功能组团间的城市公园体系。规划区内绿地率达 40％ 以上。

第三层次由连通六湖的水渠网络、社区级街头绿地和组团绿地组成，形成带状社区级公园体系，主要满足人们日常娱乐、健身和休闲的需要。

在公共绿地体系中，突出新区的山水特色，均衡布局新区各级公共绿地，形成市级、区级、居住区级和小区级等级完善的公共绿地体系。重点建设月湖文化艺术主题公园、南岸嘴沿江观光公园、龟山公园，以及环墨水湖、龙阳湖、南湖三大风景区；结合文物保护将条件适宜的山体划定为旅游休闲公园，规划控制米粮山、仙女山、锅顶山、扁担山、磨子山、竹山等大小山体，划定山林保护范围，加强绿化，绿化覆盖率达到 80％ 以上；规划建设四新绿廊和入口公园，建设和完善长江一桥头、江汉一桥头、二桥头、莲花湖、沌口等开放性公园。

10.5.2 武汉新区面源污染控制规划目标与思路

(1) 规划目标

1) 将城市面源污染控制新理念指导新区规划建设

充分考虑武汉新区城市化水平低、水系资源丰富的特点，从减少城市化对水生态的影响出发，将城市面源污染控制的思路融入新区规划建设中，在城市规划中充分考虑城市面源污染控制，使得城市开发与环境保护协调发展。

2) 探索生态型雨水排放系统的规划建设模式

城市排水系统作为城市的主要基础设施，承担着城市雨水、污水的排放和处置功能，但是传统排水系统以市政管网为主，没有充分考虑河网水系的调蓄能力，管网工程造价高，雨水资源化利用水平低，已经不能满足现代城市发展和环境保护的要求，城市的可持续发展需要新型雨水排放系统的出现，因此迫切需求探索和开发新型的生态型雨水排放系统。

3) 协调城市面源污染控制与城市规划建设的关系

城市面源污染控制的系统性和策略性涉及城市的多个方面，同城市的建设密切相关。协调好城市面源污染控制与城市规划建设之间的关系，在减少城市向天然水体排放水量的同时，减少城市地表径流污染，使城市范围内的水量平衡、水文地质条件更加接近这片地区的自然状况，实现城市区域内水文的良性循环，保护城市水文生态系统与水环境，从而起到减少径流水涝灾害和保护城市水体免受污染的作用，为城市可持续发展提供条件。

(2) 规划思路

根据降雨径流与面污染物在城市地表中的相互作用和流动过程，在同城市建设和景观绿化融合的基础上，从污染径流产生的源头—运移途径—汇，逐级实施控制，同时要加强相关方面的监督和管理。根据小区、街区和道路的分布和功能，结合径流的汇流特点，以及与新区河道、渠道和湖泊的空间关系，对径流污染进行分区控制。因此，新区径流污染的控制规划建设模式立足于城市雨水排放系统的革新，从污染径流产生的小区、道路等源头，以及污染物的运移途径，一直到污染物的汇—河道和湖泊等采取促渗、过滤和截留等自然生态措施进行控制，逐步形成新区面源污染的源控制、运移途径控制和汇控制模式，见图10-18。

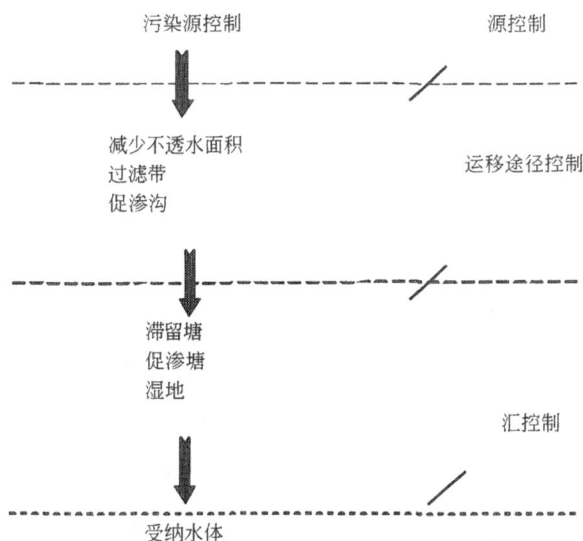

图 10-18　城市面源污染链式控制

10.5.3　武汉新区面源污染控制规划模式

汉阳新区即将进入城市化时期。城市化对降雨径流过程的影响，会极大地改变区域的水文特征和水文过程。在城市化前，土地利用方式基本以自然或农业为主，几乎没有不透水地表和排水系统；而随着城市用地面积的扩大，土地利用方式发生明显的改变，不透水地表在逐渐增加，降低了降雨径流的渗透，增加了径流流量；而且树木的减少、土壤的板结及地表的平整等也促进了城市径流流量的增加。此外，城市排水系统的出现，加速了暴雨径流的形成，大大缩短了降雨径流进入受纳水体的时间，使得城市化不仅增加了地表径流的总量，而且洪峰流量增加，峰值提前。在城市化对区域水文过程改变的同时，由于人类活动密集，各种污染物在地表的累积，所以在降雨径流间歇地冲刷地表污染物的情况下，便形成了城市径流污染。因此，城市径流污染的控制主要包括对污染源的控制、径流的控制以及形成径流污染之后的控制。对于汉阳新区开发过程中径流污染的控制，首先应该控制的是城市径流，在减少城市径流的产生，降低新区城市洪水发生风险的同时控制径流污染。另外还应该强调的是污染源的控制，通过合理规划土地利用和功能分区的基础上，加强城市卫生管理，这是城市径流污染控制的根本。

（1）径流控制

1）增加城市地表的渗透性

在四新地区的城市规划建设中，应严格按照国家生态园林城市建设的要求，保证足够的生态绿地和通廊。小区建设中，还要充分考虑尽可能减少硬质化的不透水地面，而且由于本区土壤质地较为黏重，土壤渗透性差，小区内的绿地在建设过程中应进行土壤改良，采用当地土壤掺沙法或客土法，以增强土壤的渗透性。

2）使用透水材料

对于城市中的人行道、停车场、加油站等不透水地表，在建设中可以使用透水材料，如多孔沥青、生态混凝土砖、嵌草转等透水材料铺砌，使降雨径流渗入地下，减少城市降雨径流的产生。在透水材料的基层铺设砾石层，起到对雨水过滤、贮存和促渗的作用。通过在砾石层一定的高度布设带孔的排水管，排放多余的径流。排水管的设置视当地土壤的渗透性和地下水位的高低而定。如果土壤的渗透性高，地下水位的埋藏又深，可以不设置排水管。但是对于四新开发区大部分地区地下水埋藏较浅，所以在铺装透水材料时一定要充分考虑当地的水文、土壤质地条件。

3）保证城市中洼地或池塘具有一定面积

在城市规划建设中，水面面积的多少直接影响城市的防洪排涝标准。暴雨径流首先由地面向附近的洼地或城市排水系统汇集，再排放到城市河湖之中。四新地区现有的土地利用主要是菜地和池塘，地势平坦，在城市开发建设的过程中，预留一部分洼地和池塘，保证一定的城市水面率(不包括居住区的水面率和区内水系)是保证区域水量平衡的基础。新区原来的土地利用中湿地占一半，根据新区城市用地规划和城市绿地面积比例，初步确定为四新地区的池塘、河道等湿地面积为8%～10%，而且要在新区内根据周围土地利用性质合理配置。预留的池塘、河道一方面可以作为新区的天然湿地，维持城市生物多样性；另一方面所具有的重要功能滞蓄降雨径流，减少城市洪水发生的频率和风险，同时可以起到对径流污染的滞留功能。另外，随着城市的发展，在保证防洪的前提下，可以逐渐开发，而且必定会增值。因此，在四新地区保证一定的面积的池塘和河道对城市的开发和持续发展具有重要的价值。

（2）源控制

1）生态小区的径流污染控制

生态型小区径流污染的控制应强调削减与延缓径流、雨水回用和产生新的水景。小区中地表径流污染的主要来源是屋面径流和小区道路径流。建筑屋面是小区的主要不透水面，是小区中降雨径流的主要产生源，但是建筑屋面污染物的累积受人为活动影响少，径流污染的产生除了受屋面材料本身的影响以外，主要与大气的干湿沉降有关，所以屋面径流相对于路面径流污染轻。对于武汉市，由于降雨频繁，所以屋面污染物累积的周期短，相对于其他降雨量少的城市屋面径流污染较轻。因此小区中径流污染的控制相对较容易，应充分利小区中的草坪绿地系统。根据小区的总体布置、面积的大小、草坪、道路、建筑等，通过提高草坪土壤的入渗能力和贮水能力，结合径流收集系统、补充浅层地下水和雨水回用系统(浇灌草坪、中水和水景)，在对降雨径流污染控制的同时，削减和延缓了城市地表径流的产生，减轻了城市排水系统的压力。另外，在对小区景观美化的同时，使雨水得到了回用。

2）街区广场径流污染的控制

街区广场径流污染的控制主要应与城市绿地景观相结合。通过对城市绿地空间分布的合理配置，一方面利用绿地分割集中连片的不透水面，降低有效不透水面积的比例，延缓径流的形成时间；另一方面利用绿地系统的生态环境效应控制周边不透水面的径流污染。通过将不透水地面的污染径流引入周围城市绿地，增加降雨径流的入渗能力，利用绿地的土壤—植物系统净化和渗滤污染径流。通过对有一定面积的绿地进行局部改造，包括土壤改良或加入适当的高效促渗材料，增加土壤对径流的入渗持留能力。

（3）运移途径的控制

城市道路是城市不透水地表的主要组成，而且由于人类和交通活动频繁，径流污染严重，特别是初期径流污染严重。城市道路径流污染的控制是城市地表径流污染控制的重要组成部分。根据规划道路的等级、功能、所处的位置以及周边土地利用特征采取相应的控制措施。

1）高效截留过滤净化模式

在新区城市道路径流污染控制过程中，对于远离渠道、湖泊岸边植被缓冲带的道路，而且是交通繁忙，人类活动集中频繁的地段，可利用的土地资源紧张。因此充分利用道路绿地，控制径流污染，尤为重要。对道路径流污染控制的策略是控制初期径流污染，对径流污染采取沉淀、过滤、净化、排放相结合的原则进行径流污染控制。

城市雨水排放系统通过在道路红线范围内的绿化分隔带、行道树绿带和路侧绿带下设置砾石过滤层，集中处理初期径流，将得到过滤净化的雨水再排到城市雨水管道或明渠，使地下沙床过滤系统与城市道路排水相结合。

2）植草边沟滞留渗滤模式

在土地利用不太紧张的地段，地下水位相对较深的道路，道路排水可以采用边沟明渠的方式，一方面满足道路的排水要求；另一方面通过在渠道内种植植物以及局部填充渗滤介质，在径流的传输过程中将污染物从径流中分离出来，为道路径流污染提供滞留的空间。地表的植被有助于减少径流的流速，提高沉淀效率，过滤悬浮固体，提高土壤的渗透性，而且能够减轻径流对土壤的侵蚀。植草边沟的应用一方面可以起到对道路雨水采取明渠排水的功能，同时在控制径流污染的基础上，增加了城市绿地景观，是保护城市中生物多样性的重要绿色廊道。

3）道路河渠缓冲带滞留模式

对于靠近新区渠道和湖岸的道路，径流污染的控制应该与渠道和湖岸周边的规划绿地、环湖公园结合，在充分利用岸边植被带过滤的同时，通过对道路径流的分区集中在岸边带进行控制。根据道路径流初期径流污染严重、初期冲刷现象明显的特点，设计能够拦截、贮存和净化初期污染径流的生态工程。根据岸边带的地形、地质、土壤、植被等情况，结合岸边带景观，以调控改造为主，构建为辅。采取促渗塘、滞留塘和湿地等生态工程集中处理初期重污染径流（15mm）。

（4）汇控制

武汉新区即将进入快速城市化地区。新区地处江汉平原，是天然的低洼地带，区内分布有众多河道和湖泊。因此，在新区径流污染的控制过程中，应该充分利用河流和湖泊的水陆交错带功能，在新区城市规划建设中，保护和建设生态型河道降低水涝灾害发生的风险是至关重要的。生态型河道一方面可以起到行洪的作用，另一方面通过岸边的植物可以净化径流中的污染物。另外由于本区湖泊众多，因此在城市面源污染控制过程中，应该充分发挥湖泊岸边带的缓冲功能和水质净化功能，使城市面源污染控制同湖泊水环境保护和水体修复工程有机结合，这是武汉新区面源污染有效控制的保障和特色所在。

在新区的开发建设中，应大力保护和恢复城市水环境的自然生态，大力推进自然生态型河道建设的先进理念，恢复河道的原有形态结构，为生物营造多样的、丰富的环境条件，不断扩大城市水面和绿地，为生物提供更多生存空间，营造简洁自然的城市河流景观。根据新区规划和建设的河流和渠道，在明确河流和渠道景观功能定位的基础上，通过对岸边带的恢复与重建，将城市径流污染的控制与河流渠道的植被带构建和景观美化融为一体。

1）自然生态型

"回归自然"成了河流景观建设发展的主流，先后提出了"多自然河流"、"建设家乡河"等概念。"多自然河流"意味着河流应当具有更多的自然特征。维持河流原有的形态，使用当地材料，采用传统工艺等。在保证河流防洪安全的前提下，多自然河流对维护河流自然生态和自然景观具有良好的效果。河流景观设计包括生物栖息地结构、鱼道设施、河岸植被、混凝土衬砌的植被覆盖、恢复河流基流等方面。

2）生态景观型

生态景观型河岸的设计主要包括桥、河畔公园、小广场等设计。过去在建设中往往只重视桥的交通功能，而忽视其景观作用。桥可以成为从上部眺望水面的视点场，桥本身可以成为地区标志，还可以起到分割河流空间的作用。要充分考虑河流作为开放空间的功能，可设计一些与城市景观相和谐的河畔公园、小广场，使河流两岸周边的空间成为舒适、宜人的休闲娱乐场所。另外，随着人们生活质量的提高，对城市夜景的要求增加，河流空间夜间景色是一个城市最具特色的内容之一。可充分利用水的反光、倒影、波动等特性，营造出五光十色梦幻般的景象，增添城市夜色的迷人魅力。

3）水体修复型

对于新区水质较差的河流，如何将河流景观建设与水质净化相结合，是城市河流景观设计的一项重要内容。体现以水为主体，集水为主题，集水环境、水净化、水教育于一体。通过清洁水、污染水、净化水的各种形态，揭示水、自然和人类互相依存的关系，在改善河流水质、提供城市居民休闲娱乐场所的同时，唤起更多的人，共同来爱护水、保护水。这一方面成功的例子如四川成都府南河公园，它就是一个以水的整治为主题的生态环保公园。韩国和日本也有很多成功的实践。

4）生态护岸型

目前，我国大多数城市段河流的自我净化及自我恢复能力降低，河流水体污染严重。我国河道护岸工程在很大程度上仍然采用传统的规划设计思想和技术，即便是中小河流，河道护岸仍然只是考虑河道的安全性问题，以混凝土护岸为主，而没有考虑工程建筑对河流环境和生态系统及其动植物及微生物生存环境的影响。对于新区起主要排洪功能的河流，护岸工程是河道生态治理的一项重要措施，对保护堤防免受冲刷、防止水土流失具有重要作用。同时，河道护岸工程应考虑生物的多样性，为水生、两栖动物创造栖息繁衍环境，这样设计既有利于保护河道的水生态环境，又有利于提高水体的自净能力。同时也能构筑具有亲水理念的景观河道，实现人与自然和谐共处的水利建设理念。在确保河岸工程具有抗洪防止河岸侵蚀结构的功能前提条件下，以恢复重建河岸生态系统及其景观为目的，改变传统水利工程设计，将生态学原理纳入水利工程中，通过对河流护岸工程的生态设计与调控，采用生态系统自我修复能力和人工辅助相结合的技术手段，使受损的河岸生态系统恢复到受干扰前的自然状态及其景观格局，恢复河岸生态系统合理的内部结构、高效的系统功能和协调的内在关系。

5）滨湖区的生态恢复与景观设计

新区北临墨水湖，南接南太子湖。在控制城市地表径流污染、保护和改善城市湖泊水环境的过程中，一定要重视湖滨带的保护和重建。湖滨带具有固定湖岸、减少侵蚀、过滤污染物和景观美化等功能。湖滨带的水生植物与藻类争夺营养物质和阳光，可抑制藻类生长。湖滨带的植物群落可有效拦截来自湖岸周围径流中携带的泥沙、营养盐及污染物。通过设计和构建生态型湖岸、陆生植被带和水生植被带，兼顾净化城市径流和美化湖滨功能，使控制城市地表径流污染的生态工程与滨湖景观达到和谐统一。

对湖泊实施生态恢复和景观建设应遵循以下4个原则：①综合性、功能和经济原则；②生态稳定、完整和生态安全原则；③整体和连续性；④体现地方特色。在满足城市湖泊生态环境功能的前提下，景观设计要体现新区特色。

新区的湖泊主要是浅水湖，它们的生态修复和景观设计包含以下3个层次的内容：浅水区水生植被（水生生态系统）、湖滨带（水生、陆生生态系统交错带）以及湖岸和进出水通道和沟渠（陆生生态系统）的生态恢复与对应的景观设计。

10.5.4 武汉新区面源污染控制规划方案

（1）规划原则与标准

根据"武汉市主城排水规划（1996~2020）"确定的原则，武汉新区排水体制为雨污分流制。雨水流量计算采用2000年修编的汉口暴雨强度公式：

$$q=\frac{885[1+1.581g(P+0.66)]}{(t+6.37)^{0.604}} \quad [L/(s \cdot hm^2)]$$

采用重现期 $P=1$ 年，径流系数根据不同的地表特征采用 $\psi=0.4~0.7$ 进行计算。

（2）面源污染控制分区

按照地表景观相似性、主导因素控制一致性原则分区治理，结合汉阳地区空间格局划分为老城区、四新地区、沌口开发区三个面源污染控制区。

1）老城区面源污染控制

老城区为汉阳中心城区。东至南岸咀，西至琴断口，北至月湖河街，南至鹦鹉洲新五里，面积约70km²，共有新区92个、事业单位83个、学校及幼儿园53个、新建住宅区33个，总共人口37.2万人。辖区九个街道办事处管辖。

① 面源污染来源及特性

面源污染来源：主要来自城区城市垃圾、个体餐饮无组织排放、大气污染、交通污染及人类活动带来的污染等。

污染特性如下：

a. 人口密集、生活废弃物排放量大，主要以有机物和营养盐污染为主；

b. 下垫面固化率达90%以上，导致径流系数大，冲刷量大；

c. 排水管道除堵塞清理外，平常几乎不清理，排水管内沉积物多。

② 主要污染因子

该区域主要污染因子为：COD_{Cr}、TN、TP、SS。

2）沌口开发区

沌口开发区为武汉市经济开发区，面积 90km²，有机关事业单位 102 个、学校和幼儿园 69 个、新建住宅区 52 个，总人口数量 7.5 万人。

① 面源污染物来源及特性

该区规划布局合理，完成雨、污管道铺设，道路卫生，管理较好，面源污染主要来自交通污染、大气降尘、建筑施工过程中地面开挖产生的泥土流失。

② 主要污染因子：泥沙

3）四新地区

四新地区位于汉阳城区与武汉经济开发区之间，面积约 37km²，目前以农业种植为主导产业，该地区包括一乡一场即汉阳江堤乡、武汉四新农场，农业人口约 4.5 万人。

① 面源污染来源及特性

面源污染物来源：

a. 农村村落生活垃圾、牲畜粪尿、乡镇企业工业废水；

b. 农田区水土流失、农肥、农药的流失；

c. 外来人口收集城市垃圾。

其主要特征：

a. 下垫面固化率低，径流量相对低；

b. 农田颗粒态氮、磷较高；

c. 管理水平低、悬浮性流失量大。

② 主要污染因子

其主要污染因子为：TN、TP、SS。

（3）新区面源污染控制方案

汉阳地区面源污染控制主要包括三个方面："源"；"运移"；"汇"。

对污染量大、源头控制难，如汉阳老城区面源采用"汇"治理措施；对于新建城区如四新地区应重点采用"源"和"运移"的治理措施；而对于沌口开发区应重点采用"源"与"汇"的治理措施，同时加强对"运移"过程的控制。

1）"源"控制措施

对于四新地区与沌口开发区应加强"源"的控制，"源"控制重点针对新建小区的雨水排放要采用新的控制面源污染的雨水排放措施，对新建成的小区应加强雨水排放系统的改造。"源"处置与利用方案有多种。除传统的直接排放方案外，还可以根据当地条件和用水要求设计为渗透、中水利用或几种方式的组合。以下分别以已建成住宅小区与新建小区为例进行方案论述：

① 已建成小区雨水排放系统改造。

a. 方案一 按直接排放

方案一按传统的雨水直接排放方案。采用钢筋混凝土圆管，设计重现期 $P=1a$。根据条件，可设计较多的低绿地，将原来不透水路面改造成渗透地面用来停车或步行道，增加景观水面，绿地与水面率之和不小于 35%。

b. 方案二 生态雨水口

将小区内的传统雨水口位置移入路边的绿地中，改造成生态雨水口，道路中的雨水首先进入路边的浅沟中，经过绿地的下渗、拦截与过滤后进入雨水管道，可有效控制面源污染。也可以增加雨水井深度，在雨水井内设置沉淀区，沉淀区要定期半年清淘一次，保证足够的沉淀空间。将雨水口设计成下沉式雨水口，下沉高度 20～30cm，上部铺满砾石，砾石定期更换或清洗，清洗后废水排入城市污水管道。

c. 方案三　高位花坛控制屋面雨水

屋面雨水面源污染控制思路可以按照新建小区高位花坛的控制方案设计，工程量不大，但是控制效果显著。

② 新建小区雨水排放系统设计

新建小区在规划设计时就应充分考虑面源污染控制的问题，多增加透水路面和采用促渗措施，也可适当在绿地中建有雨水滞留盆地，作为对初期雨水的截留，可以高度与周围的景观融合；在已建成小区采用的改造方案，以及在新建小区中都可以应用。

另外，针对新建小区严格要求的特点，提出以下几种控制方案。

a. 方案一：渗透管渗透加排放

在传统雨水直接排放的基础上，将非渗透雨水管改为渗透管，周围回填砾石(图 10-19)。渗透管沟兼有渗透和排放两种功能。

该方案充分利用中心管和周围砾石的空隙体积作为渗透利用的有效存贮空间，占地面积小，设计简单，方便施工，费用增加不多，安全性和效益均较高，适合旧小区原有管系的改造。除在雨水口上设置截污装置以外，没有其他特殊设备，管理较容易。

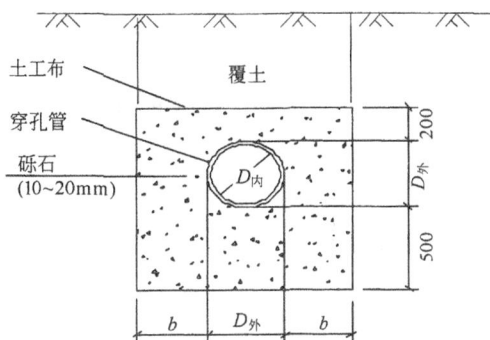

图 10-19　渗透管断面示意

根据路面和雨水水质状况，起始段检查井可设计成截污井。工程实施时还可将雨水口、连接管、检查井均建成渗透装置，以增大渗透储存空间。为提高渗透效率，可在检查井内设置隔板(图 10-20)。

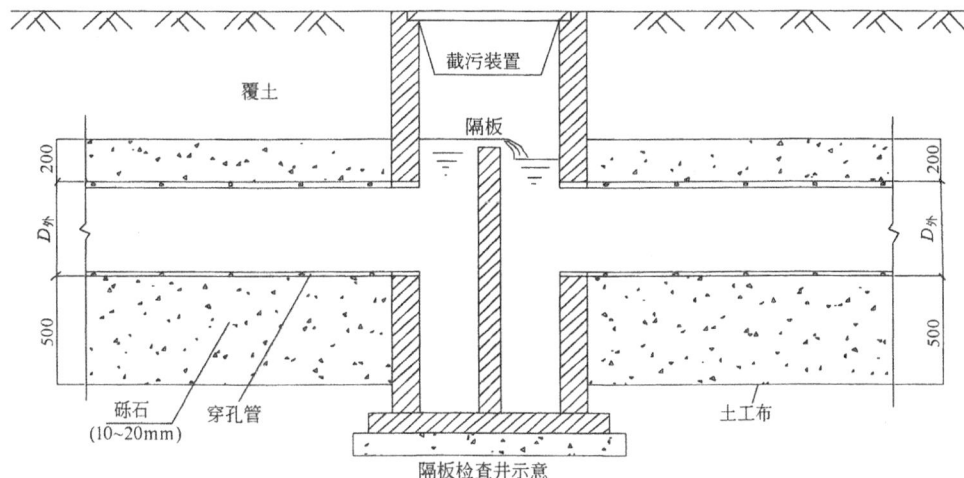

图 10-20　隔板检查井示意图

b. 方案二：高花坛＋低绿地＋浅沟、渗透渠渗透

该方案采用了多种渗透设施，屋面雨水先流经高位花坛进行渗透净化，再与道路雨水一起通过低绿地，通过截污装置后流入渗透浅沟；雨量较大时，雨水沿着浅沟进入渗透渠继续下渗；超过渗透能力的雨水再排入市政管网(图10-21)。

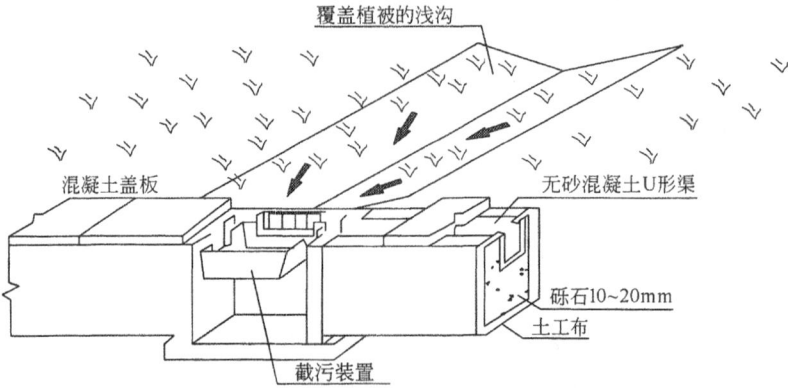

图 10-21　雨水渗透浅沟与渗透渠示意图

人工拌合土较天然土对屋面初期雨水有更好的净化作用。故本方案可在建筑物周围设置高位花坛，花坛中填入渗透性能好、净化能力强的人工拌合土，将屋面雨水接入，作为雨水净化装置，提高系统安全性。高位花坛的尺寸可按建筑物周围条件而定。每条花坛外壁布设 2～4 个穿孔排水管，管径 50mm，排水管与雨落管间距≥5m。为防止雨水冲刷花坛内植被和土壤，在雨落管出口处应设减冲措施或在花坛内铺设卵石(图10-22)。

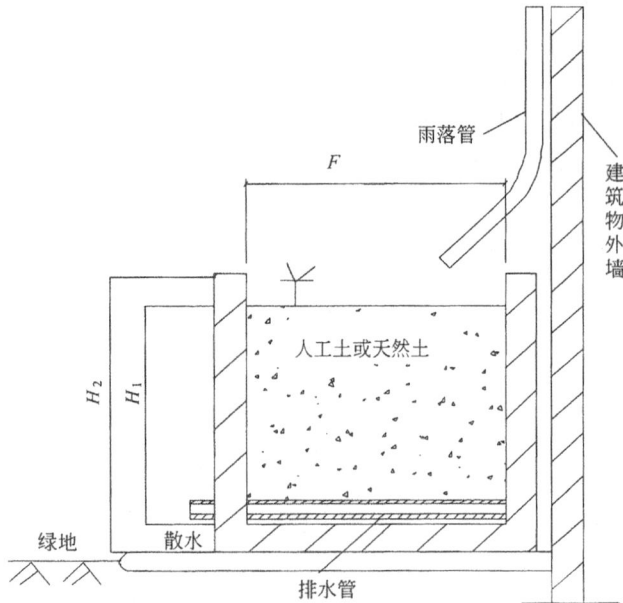

图 10-22　建筑物周围花坛设计示意

小区中所有路面均高于绿地约 60mm，保证道路雨水先进入绿地进行渗透处理。该方案渗透装置埋深较浅，有利于增大渗透贮存空间，方便施工，减少投资。小区雨水水质较

好，直接利用高位花坛对屋面雨水进行净化处理，其余径流雨水进入绿地和浅沟。易于清堵，便于管理。

雨水渗透工程为人工渗透地面，人工渗透地面主要分为两类：一类是多孔沥青及多孔混凝土地面，另一类是草皮砖。其工程可以运用于停车场、交通较少的道路及人行道，特别适用于居民小区。

③"运移"控制方案

"运移"控制的主要区域为新建城区（四新地区），其控制途径主要包括雨水口与收集管路。

根据对武汉新区主要交通大道、商业街、旅游地段、老城居住区、新建小区等进行抽样调查，城区雨水口的主要污染物是垃圾与污水。雨水口垃圾充塞，污水横流现象普遍。调查结果汇于表10-29。

雨水口调查结果　　　　　　　　　　　　　　　表 10-29

垃圾所占体积百分比(%)	0～10	10～20	20～30	30～40	40～50	50～60	60～80	80～100
个数	54	47	36	19	20	8	9	4
百分比	27.4	23.9	18.3	9.6	10.2	4.1	4.6	2.0
垃圾种类	人为扫入或丢入的纸屑、烟头等道路与生活固体垃圾人为倾倒的污水沉积物							

雨水口的污染可分为三种：

a. 人为扫入、丢入的各种生活垃圾（占55%）；

b. 人为倾倒的污水（36%）；

c. 腐烂变质的沉积物（9%）。

根据城区雨水口调查结果分析，在新建城区雨水口的设计建设中，应考虑对面源污染的控制。如将雨水口设计在道路边的绿地花坛内，使进入雨水口的径流经过绿地的下渗与截流；在雨水口上部填充过滤材料，使其经过初步净化后再进入雨水系统。在四新大道与连通港路的示范工程中，全部采用图10-23所示的生态雨水口，四新地区其他面源污染"运移"过程采用路边植草沟模式控制。

城市雨水排放系统也可以通过在道路红线范围内的绿化分隔带、行道树绿带和路侧绿带下设置砾石过滤层，集中处理初期径流，将得到过滤净化的雨水再排入城市雨水管道或明渠，包括绿化分隔带处理模式、行道树穴处理模式和路侧绿化带处理模式。

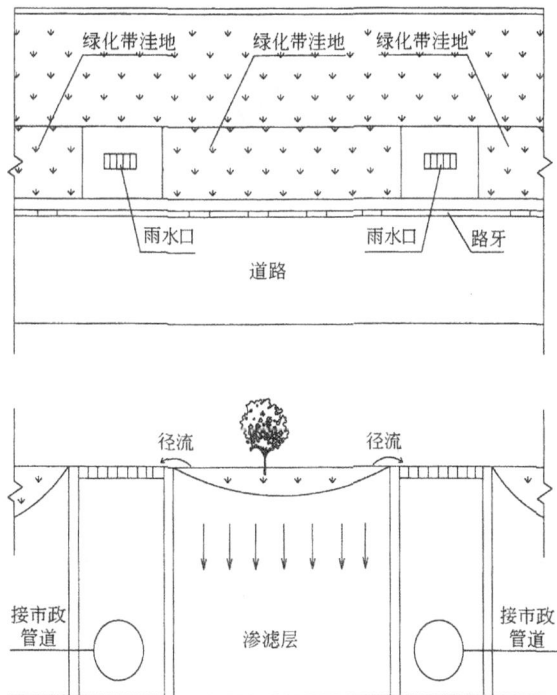

图 10-23　路边滞留塘式生态雨水口

新区湖网水系丰富,雨水管进入湖泊与港渠之前应采取相应的工程措施控制面源污染,此处提出几种入湖与入渠的工程措施,可以在实践中应用。

利用新区港湾湖汊比较多的优势,设置道路径流河渠/湖泊缓冲带滞留模式,将初期污染严重的径流雨水贮存在塘内,后期清洁雨水直接进入水体。贮存的雨水在晴天送入污水处理厂或其他生态处理设施净化后再排入水体。其试点工程为墨水湖的桃花岛、万家巷,三角湖的江汉大学。

2)"汇"控制方案

"汇"控制的主要区域为汉阳老城区与沌口开发区,其控制途径主要包括初期入湖雨水的生态处理工程措施。汉阳地区各湖泊受纳的面源污染物主要来自雨水径流排放管道入湖排污口,因此,面源污染治理工程的重点应放在各湖泊的主要雨水排放口(图 10-24)。其控制措施主要包括初期雨水滞留塘、氧化塘处理系统与人工湿地处理系统。

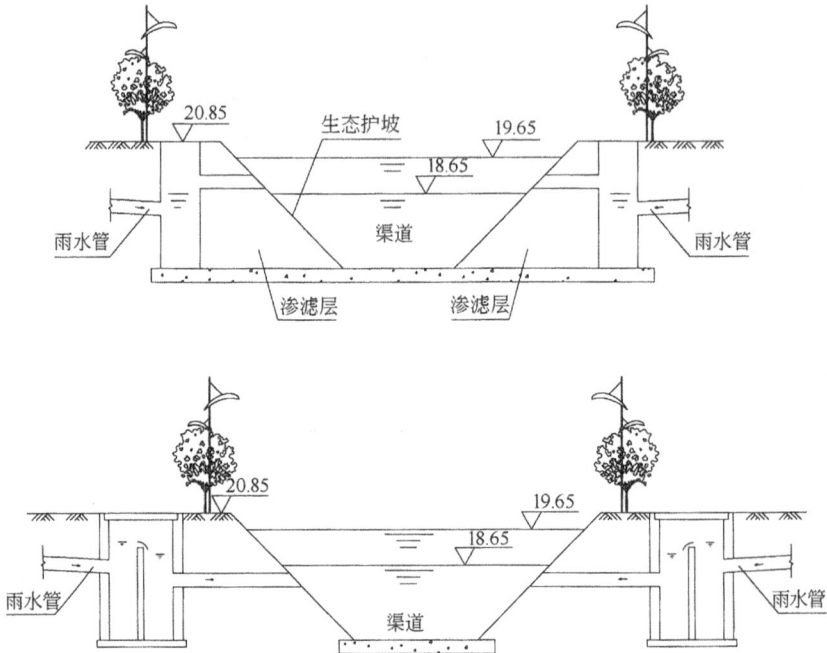

图 10-24　渗渠式与折板式雨水入渠口

汉阳地区入湖口环境生态(面源治理)工程包括:五里新村、七里庙、桃花岛、万家巷、南太子湖、沌口、新江大、龙阳湖、动物园、月湖、莲花湖共 11 个面源污染治理控制工程,其实施工程方案详见表 10-30。

汉阳地区面源污染治理控制工程表　　　　　　　表 10-30

序号	工程名称	治理规模(m³/次)	汇水面积(km²)	工 程 技 术	排向	建设时间(年)
1	五里新村	10000	1.15	前置库和沉砂池工程技术	墨水湖	2010
2	七里庙	10000	1.3	湖汊净化控制技术	墨水湖	2010
3	桃花岛	12600	1.3	过滤沟和多塘系统控制技术	墨水湖	2005
4	万家巷	15000	2.61	前置库和沉砂池工程技术	墨水湖	2005
5	南太子湖	50000	5.0	土地处理(贮存+慢速渗滤)控制技术	南太子湖	2020

序号	工程名称	治理规模(m³/次)	汇水面积(km²)	工 程 技 术	排向	建设时间(年)
6	沌口	50000	5.5	过滤沟控制技术	南太子湖	2020
7	新江大	50000	4.5	自然湿地控制技术	三角湖	2020
8	龙阳湖	50000	5.2	氧化塘控制技术	龙阳湖	2020
9	动物园			分散型就地净化组合技术	墨水湖	2005

（4）四新地区面源污染控制规划

1）总体设想

综合考虑四新地区水环境、水资源、雨水水质、高程、水景等各种有利条件，集成城市面源污染控制与水体修复的成功技术和经验，充分利用成熟的生态技术手段，通过水量平衡、水力计算和技术经济分析来确定一个"源头、运移、汇集"三级控制体系的生态雨水收集排放系统，实现城市排水、景观、生态与经济的统一协调，营造新区水生态特色。

2）雨水工程规划

依托四新地区规划的"三纵三横"水系干渠系统，结合规划区的绿化系统规划，规划在该地区构建一种植草排水明沟、滞留塘、缓坡绿地相结合的雨水收集系统。由于沿城市道路控制的绿化带为10～15m宽，综合考虑城市降雨特征和植草沟的过流能力，为满足地块雨水排放要求，将规划区域分为28个小的排水分区（每个分区面积不大于50hm²），共布置27条植草排水沟和10个滞留塘，将各排水分区的雨水就近汇入雨水干渠系统排放。植草沟与滞留塘所占用地均为城市绿化用地，旱季时为城市绿化景观，雨季时作为排水明沟使用，暴雨初期可以起到削减城市面源污染的作用。

该生态型雨水排放系统构建的污染源、运移、汇集污染控制体系，能够基本削减初期径流污染负荷，同时能够起到削减暴雨径流峰值的作用，其整体排涝能力优于传统的管道排涝系统；根据竖向高程分析和水量计算，可以满足汇水流量的排除要求；该系统主要结合城市绿化用地建设，经济实用、技术可行。

3）小区内部控制

小区建设是城市建设发展的重要组成部分，在城市规划建设占有很重要的位置。如果在城市化过程中注意控制小区的径流系数，城市总径流系数即能保持不变，径流量也能保持稳定，相应的径流污染总量就能得到控制。小区的地表主要由屋面、路面和绿地组成。其中屋面与路面是主要的不透水地表，是径流的产生区。因此小区的径流污染控制要结合绿地，以促渗、过滤和景观回用为主。小区排水系统的建设要充分利用绿地的渗水功能以及通过对绿地基层的改造，构建新型的生态雨水排放系统。该系统包括结合小区绿化设置的洼地、渗渠、水面等组成部分，形成分散的雨水处理系统。通过雨水在低洼草地中的短期贮存、渗透和在渗渠中的过滤，保证尽可能多的雨水得以下渗。

新型小区雨水排放系统的优点在于，不仅可以减少因城市化而增加的降雨径流量和减少地表径流污染；同时由于对地下水的补充，可以使城市水文生态系统得到良性循环。另外通过集水井可以贮存净化后的雨水，贮存的雨水可以用来浇灌小区的绿地和构建小区水景达到利用雨水资源的目的。

4）城市道路控制

城市道路是城市不透水地表的主要组成，而且由于人类和交通活动频繁，径流污染严重，特别是初期径流污染严重。城市道路径流污染的控制是城市地表径流污染控制的重要部分。但是在控制城市道路径流污染的过程中，可利用的土地资源紧张。因此如果能够充分利用道路两边的隔离带，控制径流污染，尤为重要。结合城市道路边控制的绿化带建设植草排水沟，结合城市集中绿地设置滞留塘，两种工程措施相互结合，重点控制初期径流污染，对径流进行促渗、过滤、净化、排放。

5）透水材料的应用

对于城市中的人行道、停车场、加油站等不透水地表，在建设中可以使用透水材料，如多孔沥青、生态混凝土砖、嵌草砖等透水材料铺砌，可以使径流渗入地下。在透水材料的基层铺设砾石层，起到对雨水过滤、贮存和促渗的作用。

6）恢复与重建生态型河道

四新地区即将进入快速城市化地区，该地区是天然的低洼地带，区内分布有众多河道。在城市规划建设中，保护和建设生态型河道降低水涝灾害发生的风险是至关重要的。生态型河道一方面可以起到行洪的作用，另一方面通过岸边的植物可以净化径流中的污染物。因此应大力保护和恢复城市水环境的自然生态，大力推进自然生态型河道建设的先进理念，保护恢复河道的原有结构形态，为生物营造多样的、丰富的环境条件，营造简洁自然的城市河流景观。

10.5.5 规划结论

1）在传统城市规划建设中，大量不透水地表的产生而引发城市流域径流量的增加是城市径流污染的主要原因之一。因此在城市建设规划中纳入城市地表径流污染控制的思想，是协调城市建设发展与水环境治理和保护的重要举措。

2）初步提出了面向城市水文生态良性循环和面源污染控制的城市生态型雨水排放系统。

3）从城市面源污染控制的角度出发，对新区小区、道路、和河道湖泊等进行全面规划，提出城市小区、道路和河道湖泊等径流污染控制模式，初步形成新区城市面源污染的源—运移—汇污染控制的规划建设体系。

4）新区城市面源污染的源—运移—汇污染控制体系，能够基本削减径流污染，而且会降低城市发生水涝的风险，另外可以与城市建设和景观绿化有机结合。

11 国内外其他城市面源污染控制的成功案例

11.1 北京和成都城市住区雨水管理与景观水环境综合设计案例

11.1.1 住宅小区景观用水现状分析

居住区的景观水体以其独特、多样性的表现形式已成为城市住区的亮点。居住区内的水景形式与规模多样，如小型喷泉、叠流、瀑布、涌泉，中大型的溪流、镜池、人工湖等。补水水源的稳定供给是所有景观水体良好运行的重要条件，但目前水资源的短缺已成为限制小区水环境建设的重要因素，尤其在北方城市更为突出，使景观水体的建设主要集中在部分相对高档的小区内。同时，由于缺乏科学的设计而使目前住区景观水体的水质恶化问题严重，限制了景观水体效果的发挥，或由于运行成本高而长期停用。另一方面，住区内有大量的雨水需要处置或外排，而科学合理的雨水管理不仅可以利用相对优质且低成本的雨水资源，还具有减少外排径流量、提高防洪排涝标准、减少径流污染、改善生态环境等综合效益。

因此，科学合理的雨水管理、为景观水体提供经济、可持续的补水水源及水质保障是体现住区景观水体价值的重要条件。

（1）住区景观水体供水水源现状

城市市政自来水、地下水、地表水等传统水源、天然降水和污水再生水等非传统水源都可以作为景观水体的补水水源。

目前我国的大部分城市住区景观水体采用市政自来水进行水体的补水，但对于缺水地区，由于水资源的短缺使自来水的使用受到当地政策方面的限制，并且持续上涨的水价也逐渐成为以自来水为补水水源景观水体的运行及建设的限制性因素；地下水虽具有水质澄清、水温稳定、分布面广等特点，但许多地区已严格限制使用地下水，且日益下降的地下水位使地下水的使用不容乐观；当项目距离河、湖等地表水源较近时可利用其进行水景补水，但由于地表水往往受到不同程度的污染，直接用于景观水的补水会对水环境造成威胁；小区中水可作为景观水补充水源，但由于其处理后出水氮、磷很难达标，因此容易发生景观水体的富营养化问题；对于利用天然降水作为补水水源是一种可行的方式，但一些利用雨水的项目未对径流采取必要的处理，主要依靠水体的自净能力维持水质，因此也存在水质恶化的风险。

（2）住区景观水体现状分析

为更好地掌握住区景观水体现状，选择了北京、上海、南昌、成都、天津及深圳等城市的一些典型住区景观水体进行调研,分析水体补水水源、水体结构、水体生态及景观、运行维护及水质状况等。结果表明,即使在档次较高的住宅小区,其景观水体设计不科学的现象较普遍,主要存在以下问题:

1) 多采用市政自来水、少数辅以天然降水直接进入水体的方式补水,成本较高。

2) 小区水景观多采用硬化做法,水深较浅(一般 0.4～0.6m 左右),池底多采用卵石混凝土做法,堤岸硬化。

3) 未考虑对水体周边的雨水径流采取控制措施,缺乏适当的水体生态防护措施,地面污染物易随径流侵入水体造成危害。

4) 多数小区未合理考虑雨水利用而直接排放,造成补水水源不足和雨水资源的浪费。

5) 水体水质保障多数采用局部机械循环方式,水生植物种植量小,水体自净能力弱。

6) 水体藻类繁殖快,普遍存在富营养化和藻类与青苔滋生严重的现象,除低程度的水体自净外,主要依靠对水体进行定期清洗(平均 20d 左右换水清洗一次),工作量繁重。

7) 水体蓄洪调蓄能力低。

8) 水体人工化痕迹重、景观效果生硬,生态功能与自然化景观效果差。

11.1.2 雨水利用于景观水体的可行性

研究及工程实例表明,结合景观水体利用雨水的成本较低,且除掉初期雨水后的后期雨水水质较好,生态化雨水利用方式与小区内景观设计有机地结合不仅可节约自来水水资源、降低径流中携带的大量污染物排入系统所造成的污染,削减暴雨径流和高峰流量,减轻防洪排涝压力,还可以改善景观效果,是一种多赢的非传统水资源利用方式。

在居住小区内,可汇入景观水体的雨水主要来源于屋面及路面,如能将住宅小区内的径流雨水采用植草沟、植被缓冲带等生态集水与净化方式进行雨水补水利用的话,即使是在降雨量较少的北方城市如北京,当住宅小区的总面积为 10 万 m^2 时,综合径流系数按 0.65 计算,年均可利用雨水量约 3 万 m^3,不仅补偿了蒸发损失,而且还有余量可供回用。在降水量相对较大的南方城市,这种雨水利用方式的效益更为可观。

研究还表明,由于居住小区内的环境污染较轻,对初期雨水进行有效控制并利用植被的净化作用,汇入景观水体的雨水水质可以满足水体的水质要求,再通过对水体结构、水循环方式及生态系统的合理设计可实现景观水体稳定水质条件下的良好运行。

11.1.3 北京住宅区雨水管理与景观水环境综合设计案例

(1) 住区概况

该住宅区位于北京郊区的潮白河西岸。地下水位埋深 3.40～4.80m,场地土层 15m 内主要为潮白河冲积形成的砂层,渗透性能好。

该小区一期工程总占地面积 29hm²,其中:住宅用地 3.9hm²,道路(含广场和停车场)用地 6.0hm²,绿化用地 15.30hm²,人工湖占地 3.8hm²;二、三期工程占地面积约 205hm²,人工湖面积 16hm²,大面积绿地和高尔夫球场 66hm²。彩图 11-1 为该小区部分规划区域鸟瞰，下方湖体及四周建筑区为一期工程范围，上方为二期工程范围。

该小区周围无市政雨、污水管线，生活污水经生物接触氧化、过滤等工艺处理后利用，一期工程原设计方案是雨水通过管系排入人工湖后再外排。

（2）设计方案

项目前期建设过程发现，一期工程原设计方案暴露出一些突出问题：

1）缺乏科学的雨水管理和水环境综合设计方案。

2）雨水收集（排放）系统没有考虑充分利用自然地形、地势，而是采用传统的管道方式，造价高，施工量大；受高程限制，入湖管道末端在水位之下，对排水不利。

3）小区内绿化、高尔夫球场和人工湖蒸发等耗水量很大，但小区内雨水资源没有充分利用，大量的雨水资源流失。

4）小区地势较低，项目开发造成大量径流增大小区排洪防涝压力，对周边环境也造成不利影响。

5）已建成的一期景观湖采用完全硬化的堤岸，缺少水生植物和其他生物，缺少流动和循环，自净能力低、生态功能脆弱，水深不足（0.8m），容易发生富营养化，导致水质恶化。

6）污水处理站出水中的残余污染物和雨水径流带来的污染物不断对湖水水质构成威胁。

经过综合分析，需要对原一期设计方案进行较大的调整和修改，重点解决以下问题：

1）充分利用自然地形、地势设计适当的雨水收集排放系统，处理好与后期工程水系的关系，保证一定的排洪标准，并尽量减少施工量和工程造价。

2）北京是一个严重缺水的城市，应安全有效地充分利用小区内的雨污水资源，改善小区和周边环境，并有效地控制雨污水中的污染物，保护景观湖的水质。

3）解决景观湖完全人工硬化的堤岸设计模式、缺乏水生动植物赖以生存的条件和生态功能脆弱、水质恶化等问题，进行必要的改造。

4）将小区内的雨水管理、再生水、景观水体、绿化和景观等有机的结合，进行综合性的生态设计，保持整个水环境的协调和持续稳定性。

针对上述问题，在控制投资的前提下，经与甲方充分讨论和方案比较，对包括一期范围在内的整个项目提出图 11-1 所示综合性设计方案，即以景观湖为核心，以雨水自然收集调蓄、截污截流、循环、生态修复、自然净化和溢流排放等为关键技术措施进行综合性设计，实现雨污水资源综合利用、径流污染控制、蓄洪排涝、景观湖水质保障和景观效果等目标。彩图 11-1 是该小区雨污水项目的效果图。

（3）水量平衡估算

为了最大限度地减少小区排放水量，有效地利用雨污水资源，降低运行成本并提高防涝能力，需要进行水量平衡分析。以一期工程水量平衡简化估算为例：

1）年均入湖水量

小区再生水量为：$V_1 = 540 \text{m}^3/\text{d} = 1.62$ 万 $\text{m}^3/$月 $= 19.71$ 万 m^3/a

可利用径流雨水量：

年均径流雨水量为 $V_2 = \psi \times H \times A$

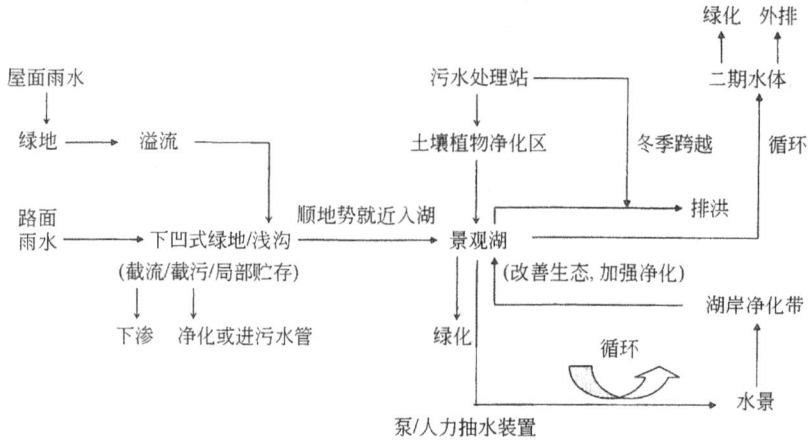

图 11-1 水系统技术措施及总体方案

其中：A——径流面积，m^2；

H——年均降雨量，按 0.61m 计；

ψ——径流系数，$\psi=(3.9\times0.9+6\times0.8+15.3\times0.15+3.8\times1.0)\div(3.9+6+15.3+3.8)=0.5$。

该小区总占地面积 $29\times10^4\mathrm{m}^2$，故该小区年均雨水径流量

$$V_2=0.5\times0.61\times29\times10^4=8.8 \text{ 万 } \mathrm{m}^3$$

年均入湖水量：$V_{[1]}=V_1+V_2=19.71+8.8=28.51$ 万 m^3

2）年均用水量

绿化用水量：$V_3=153000\times0.002\times365=11.17$ 万 m^3/a

喷洒道路用水量：$V_4=60000\times0.0005\times365=1.10$ 万 m^3/a

人工湖蒸发水量：景观水体的平均水深 0.8m，$38000\times0.8=3.04$ 万 m^3。

景观水体面积为 $3.8\mathrm{hm}^2$，蒸发按 1830mm/a 计，则每年水面蒸发量：

$$V_5=38000\times1.83=6.96 \text{ 万 } \mathrm{m}^3/\text{年}$$

年用水总量：其他损失量按 $(V_3+V_4+V_5)$ 的 10% 计，则从湖中年均取水总量为

$$V_{[2]}=1.1\times(V_3+V_4+V_5)=21.15 \text{ 万 } \mathrm{m}^3$$

3）盈亏水量分析

年均外排水量 $V=V_{[1]}-V_{[2]}=28.51-21.15=7.36$ 万 m^3

根据北京市多年月均降雨量统计数据，可计算出每月雨水径流量，各月水量平衡情况见表 11-1。

景观水体月均水量平衡分析 表 11-1

月份	再生水量 (m³/月)	径流雨水量 (m³/月)	蒸发量 (m³/月)	绿地浇灌和喷洒道路用水量(m³/月)	外排水量(m³/月)
	(1)	(2)	(3)	(4)	(5)=(1)+(2)−(3)−(4)
5	16200	5671	11096	14687	−6490.3
6	16200	10596	10412	14687	−812.9

月份	再生水量 （m³/月）	径流雨水量 （m³/月）	蒸发量 （m³/月）	绿地浇灌和喷洒道路 用水量（m³/月）	外排水量（m³/月）
7	16200	28356	7600	14687	20040.3
8	16200	26714	6232	14687	19903.1
9	16200	6861	5890	14687	426.3
10	16200	2836	4750	14687	—2344.7
11	16200	1045	2888	5507	8010.5
12	16200	298	2014	5507	8224.9
1	16200	450	2090	5507	8293.3
2	16200	900	2584	5507	8199.9
3	16200	1492	4940	5507	6200.3
4	16200	3731	9006	5507	3966.7
合计	194400	88950	69502	121164	73617.4

注：绿化用水量 5～10 月按 3L/(m²·d)计，11～次年 4 月按 1L/(m²·d)计，面积按 15.3hm² 计。外排水量负数指无外排，景观水体水位降低。

通过水量平衡估算分析来合理指导雨水利用、水体规模与调蓄能力的设计等，以提高雨水资源利用率、节约自来水、降低投资和运行成本、改善水环境整体效果。在本项目中，合理调蓄利用雨水的同时妥善解决暴雨季节的蓄洪排涝是一个关键问题。

（4）再生水补充净化

污水处理站出水是小区水体稳定的补充水源，但因水体功能脆弱，自净能力低，处理站出水含有的氮、磷污染物对湖水构成潜在威胁。设计 600 多平方米的土壤/植物渗滤净化系统，依靠具有强净化能力的人工混合土壤、植物根系和土壤中丰富的生物种群对再生水作进一步深度处理，保障水质。整个处理系统外观设计自然，生长繁密的芦苇、菖蒲等亲水植物，净化后清澈的水通过绿地上自然而弯曲的水沟流往人工湖，构成一幅自然景观，也可直接用于绿化。

（5）雨水渗透

根据水量平衡分析，小区还有大量的雨水外排，因此考虑采用渗透措施让部分雨水下渗补充地下水资源，减轻湖的调蓄或外排压力。因小区绿化面积较大，土壤渗透性能好，故主要考虑利用低位绿地进行渗透（彩图 5-4）。在雨水径流量相对集中的地方，设计少量的地下渗沟进行调蓄，增加渗透量。

土壤渗透系数根据现场实测数据确定，如图 11-2 所示。从图可见，土壤的

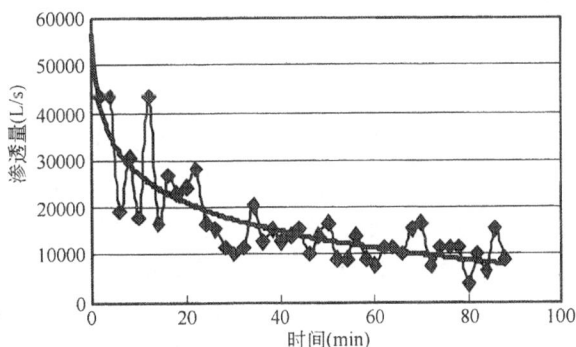

图 11-2 实测小区土壤渗透能力

渗透能力随时间的延续而降低，最后趋于稳定，该稳定值为土壤稳定渗透系数 K，取 0.25cm/min。

如按土壤实测渗透能力近似计算，对重现期为 1 年的一场雨，全部绿地的渗透能力明显大于雨水的径流量(图 11-3)。说明小区绿地具有足够大的渗透容量。但考虑到绿地的实际分布情况，在降雨过程中，只是部分绿地可利用接纳屋面和路面的雨水径流。如这部分绿地面积按 $A=1hm^2$ 计算，则绿地渗透量与重现期 0.5 年的雨水径流量相当(图 11-4)。

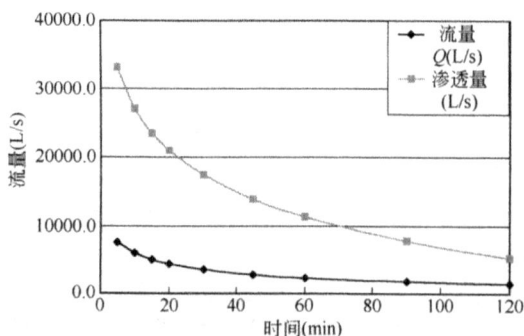

图 11-3 径流量与渗透量关系
($P=1$, $A=15.3hm^2$)

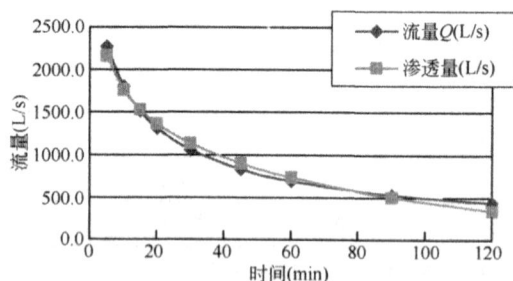

图 11-4 径流量与渗透量的关系
($P=0.5$, $A=1hm^2$)

为安全起见，渗透设施设计中渗透系数 K 一般取稳定渗透系数值，如本例取 $K=0.25cm/min$ 计算，得到图 11-5 所示稳定渗透量与径流量的关系曲线($P=1$, $A=1hm^2$)

对重现期为 0.5 年的降雨，径流量与渗透量的累计差值约为 3550m³。其余 14.3hm² 绿地产生的径流量和湖面直接接纳的降雨量为 4040m³(绿地径流系数按 0.15，设计降雨时间按 120min 计)。

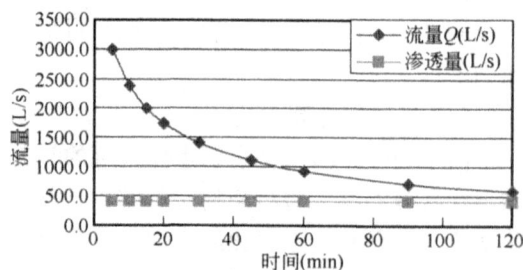

图 11-5 径流量与稳定渗透量关系
($P=1$, $A=1hm^2$)

两者之和为设计标准下需要的人工湖调蓄容积或外排雨水量。如果将接收屋面、路面雨水径流的绿地设计成落差为 10cm 低位绿地，还可以增加 1000m³ 的贮存量。依此计算，对重现期为 0.5 年的降雨，仅利用部分低位绿地就比传统雨水排放方案的外排雨水量减少约 40%。

(6) 雨水收集、输送与污染控制系统

由于该小区建筑和道路环绕人工湖布局，向湖面方向有约 0.3%～1% 的地面坡度，有利于组织地面雨水的收集排放，因此放弃原有雨水管道系统设计方案。

1) 屋面雨水就近汇入建筑附近的低位绿地，低位绿地按低于路面 10cm 控制，达到明显削减雨水径流量、去除初期雨水污染物和节约绿化用水的目的。低位绿地溢流口或自然坡面与输送排放雨水的植草沟沟通，避免局部过量积水。

2) 路面和停车场雨水首先汇入附近低位绿地、带状绿化截污带或路边浅沟，对初期雨水径流进行截流、截污后输送排放。

3) 对污染量较大的集中停车场，在排水沟内设置特制的初期雨水自动弃流装置，将污染的初期雨水分流，通过小区污水管系进入中水处理站。在流量较集中的排水区域，还设置浅沟底部碎石贮存空间和三处雨水贮存池，并设置提水景观设施，增加补充地下水量，改善局部景观效果。

4) 小区汇集的雨水经源头截流截污后，通过绿地中自然弯曲的多条自然排水浅沟就近汇入人工湖。在入湖口前的沟内设置简易格栅，去除杂草、落叶等杂物，同时利用环湖步行道边的低位绿地对集中汇流起到进一步截流、截污和缓冲的作用，保护景观湖并改善绿地生长条件(彩图 11-2)。

(7) 湖体改造与景观水循环

由于一期人工湖已经竣工，为避免增加过多工程量和投资，采取以下措施改善湖体生态状况：

1) 设计多处人力提水装置和潜水泵增加湖水循环流动。人力提水装置兼顾景观和节能，吸引居民参与小区的环境保护。

2) 配合湖水循环系统，利用湖边绿地设计 6 处小的湖岸人工湿地生态净化区，对湖水中的污染物进一步吸收净化，也改善湖岸景观。

3) 增设湖内植物浮岛和水边的水生植物区，改善湖体自身的生态功能，提供一定的自净能力，也为各种水生动物和鸟类提供必要的觅食、栖息的场所，使人工湖更具生机，改善湖体整体景观效果(彩图 11-3)。

4) 增加湖内喷水供氧。

5) 在一期湖的北端，湖水经局部提升后由重力流明渠与二期湖连通，设计流量为小区中水处理站总设计流量 $1700 m^3/d = 19.7 L/s$。

6) 适量养殖鲢鳙等鱼类，抑制蓝藻。

(8) 调蓄能力与排洪安全设计

在雨水截流和充分利用景观湖调蓄能力的基础上设计小区一期工程的排洪渠，可削减排洪渠建设费用，同时满足或提高小区排涝设计标准。

由于一期工程建筑物最低点高程为来访中心楼，控制标高为 25.20m。一期湖设计常水位 24.8m，设计洪水位为 25.15m。即人工湖可利用的调蓄容积约 13000m³，加上绿地渗透及其调蓄量，则对重现期 $P=1$ 的两小时降雨量，可实现小区雨水零排放。

为提高小区的排洪标准，在景观湖东侧设置溢洪口。排洪渠总长 500m，与二期水体相接，再由二期的总排洪口进入外界的排洪系统。

11.1.4 成都雨水管理与景观水体设计案例

成都某住宅小区，紧邻河流的历史最高水位为 491.63m，现状水位为 487.74m，河水水质较差。项目场地平坦，标高在 489.50～490.50m 之间。地下水丰富，常水位 -3.25m，年变幅约 2m。项目建筑净用地面积 26 万 m²，规划道路用地 10.63 万 m²，绿化用地 10.0 万 m²，绿地率 38.2%，水景面积 2.90 万 m²，由中心湖、溪流及小湿地组成。项目分三期建设，其中一期工程汇水面积共计 5.40 万 m²，建筑物占地 1.22 万 m²，道路用地 1.56 万 m²，绿化用地 1.45 万 m²，水景面积 1.72 万 m²，包括整个项目的中心湖及部分溪流、湿地。

调查反映，现场在遭遇100年一遇的洪水时曾经被淹，因此在景观水体设计中要求小区有较高的防洪排涝能力，同时还应满足雨水收集排放的要求，能最大限度地合理利用小区雨水，并使水体具有较强的自净能力以保障水质。

（1）总体设计思路

设计者首先需要对项目雨水管理、景观水环境进行评估和方案的总体设计，主要工作内容包括水量平衡分析、水景补水、雨水收集利用、水景面积调整、汇水面积划分、水深与雨洪调蓄能力、水体及地面控制高程、水体结构、水生动植物选择与布局等生态系统、径流污染控制措施与水体的水质保障措施等。显然，这是一个涉及多学科的复杂系统工程，涉及一些新的设计理念和技术，不仅直接关系到水景观的建设投资、运行费用及效果，对整个小区方面面都有很大影响。因此，需要有一个整体、科学的设计程序或思路，并认真进行方案比选和调整，力争实现优化的设计方案，可参考图11-6所示的总体设计思路。

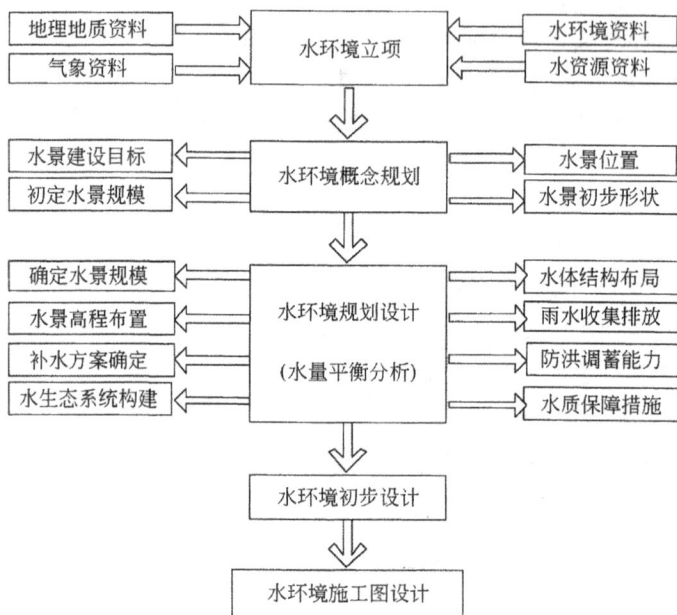

图11-6　水环境设计流程

（2）水量平衡分析及水体补水

在景观水体概念设计的基础上根据小区用水规划进行水量的平衡估算，图11-7给出了水量平衡分析流程。水量平衡分析是指导水景设计和用水规划的重要手段，利用水量平衡分析可清晰地模拟雨水利用效果和水景建成后的运行状况，指导雨水管理、水景方案、水体规模与调蓄能力的合理设计，对节约用水、提高雨水资源利用率、降低投资和运行成本等具有重要意义（表11-2）。

该小区未规划设计中水站，因此通过水体调蓄的雨水可用于绿化、道路喷洒等。由于降雨在一年内分布不均匀，5～9月份小区的径流雨水量很大，除满足绿地浇灌和喷洒道

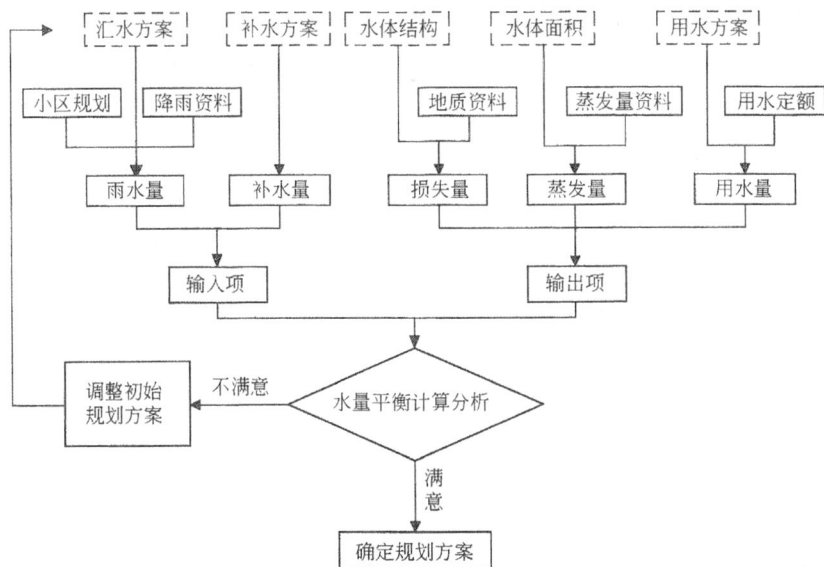

图 11-7　水量平衡分析流程图

水量平衡分析结果(综合径流系数为 0.72)　　　　　　　　　　　　　表 11-2

月　　份	1	2	3	4	5	6	外排量合计 (m³)	补水量合计 (m³)
外排水量(m³/月)	0	0	0	0	2050	7999		
补充水量(m³/月)	—	4192	3709	896	—	—		
月份	7	8	9	10	11	12	70110	18275
外排水量(m³/月)	25235	24262	10238	0	0	0		
补充水量(m³/月)	—	—	—	1062	3479	4937		

路用水、湖面蒸发及损失外,还有不少剩余雨水(约 70000m³)需要外排;而 2～4 月、10～12 月份的用水量不足(需向水体补水约 20000m³)。因此,考虑对雨水进行合理调蓄,减少缺水月份的补水水源,总体上能满足水体的水量收支平衡,拟定的水景面积基本合适。开发商可根据投资和景观设计对水景规模进行适当的调整。

　　该小区水体的补水水源主要考虑地下水、河水及雨水。由于小区分期建设,在规划时应充分考虑到长期、稳定的补水及水景运行。该地区的地下水水质较好,水位较高,便于利用,且政策上准许使用,水价不高,因此优先考虑在一期补水量较小的条件下利用地下水补水。但地下水位年间有 2m 的波动,会给水景观的维持和运行造成困难,且水体井挖越深施工难度和费用也会越大,因此排除降低整个水体高程,直接利用地下水位来维持水体的方案,而是根据地形条件抬高水体高程,而采用水体防渗处理方案。另外,水量平衡分析表明,如能调蓄利用好雨水资源,基本可满足水体的补水要求,因此,规划设计中以雨水利用为主,在项目一期以地下水为补充水源的方案,而将河水作为后期的补充水源,并预留预沉淀、人工湿地等处理设施用地。

　　(3)水景布局与规模分析

　　小区的水景由中心人工湖及溪流组成,规划总面积约 2 万多平方米,水系贯穿于整个小区，便于雨水就近收集、排放，减少雨水管道施工及材料费用；各部分水体间相互连接，可增加水的流动性，防止水质恶化；左侧溪流水源处可设置人工湿地等净化设施，保障水质。综合分析，小区水体布局基本合理，景观效果好。

（4）小区雨水的收集与排放

根据项目条件及雨水管理方案设计，该小区雨水的收集主要采用地面组织排水方式（彩图 11-4），屋面与路面雨水就近汇入附近的植草沟，对雨水进行截流截污及收集输送，局部地方（如跨越道路或地面条件限制）采用暗沟或管道。植草沟是一种生态型亲自然的排水措施，具有施工简单、自然美观、投资少、管理方便、兼顾绿化和景观、净化雨水等多种优点，因而近年来被发达国家广泛采用。植草沟坡度根据地形控制在 2‰左右，并根据地面的具体条件在入湖之前采用植被缓冲带或集中式雨水弃流装置截留雨水中的污染物，最后进入景观水体调蓄利用，这样不仅可节省雨水管道的投资，改善水质，还能改善景观效果。暴雨季节，多余的雨水通过水体的溢流口外排。

（5）景观水体的水深、雨水的调蓄及小区防涝

水体深度直接影响到水体水质和生态功能的构建，一般而言，对于大面积的水域，增加水深可减低水温，有利于水质保障，但同时也应充分考虑到地质层的构造、施工的难度及造价。设计综合考虑了雨水汇集、雨水调蓄、防洪排涝标准、地质条件与施工难度、防渗措施、开挖土方量及水体景观设计要求等因素，确定水体的水面高程为 488.50m，水体平均水深 1.5m，一期工程水景观的组成及水深分布见表 11-3。水体设计 0.3m 的调蓄水深，可在雨季蓄水 5160m³，该调蓄水深一次可调节汇水区域 30.8mm 降雨量，如果不进行额外补水而仅依靠调蓄雨水维持水体运行的话，在对应的月份水体水深将下降至 1.469m、1.372m、1.301m 和 1.259m，仍能基本维持水体的正常运行，可考虑不对人工湖进行人工补水。因此，如果能调蓄利用好小区的雨水资源，可基本满足水体的补水要求，而不需要额外向水体补充自来水。

水景的组成及各部分尺寸 表 11-3

组 成	尺 寸
中心人工湖	面积 0.80 万 m²，最大水深 2.0m
溪 流	面积 0.70 万 m²，宽 3～8m，最大水深 1.2m
湿 地	面积 0.22 万 m²，最大水深 1.2m
总 计	面积 1.72 万 m²

在整个小区雨水不外排的最不利情况下遭遇不同降雨重现期时水面高程的变化及河水的洪水位情况如图 11-8 所示。可以看出，只要不出现特大暴雨和雨水不能外排的极端不利情况，小区内雨水可顺利流入湖中而不会出现水涝，且具有调蓄 50 年一遇暴雨的较高蓄洪排涝能力（小区的排水设计标准一般为 0.5 年或 1.0 年）。考虑到 100 年一遇的河道洪水可能危及小区，因此建议将小区与河流之间滨河路的控制高程设计在 491.63m 之上，可达到 100 年一遇的防洪标准。同时在小区水系出口总控制点设计可调式溢流闸，有利于根据今后水体的实际运行情况和要求灵活调节水体的水位和蓄水量。

（6）雨水径流污染控制方案

为有效减少径流雨水中污染物对水体的污染，设计中对屋面和道路雨水分别采用以下

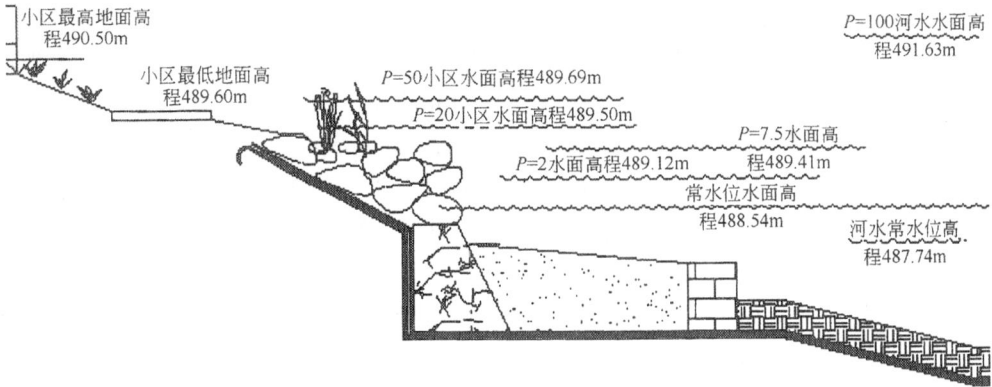

图 11-8　小区不同降雨重现期条件下水面高程及河流洪水位

不同措施进行控制：

1）屋面雨水就近汇入建筑附近的低势绿地。为保证入湖的雨水量，控制低势绿地低于路面不大于 5cm，可达到有效去除初期雨水污染物和节约绿化用水的目的。低势绿地溢流口或自然坡面与输送排放雨水的植草沟连通。

2）路面径流雨水就近汇入附近的植草沟或缓冲带对雨水进行截流、截污。

3）根据多年研究成果，城区屋面径流 1～2mm 的初期雨水和道路径流 6～8mm 的初期雨水污染较大，是需要控制的主要污染对象。在雨水径流污染较重且较集中的地方设计初期弃流装置(图 11-9)、截污挂篮等措施对径流雨水污染进行控制，从而保证入湖水质。

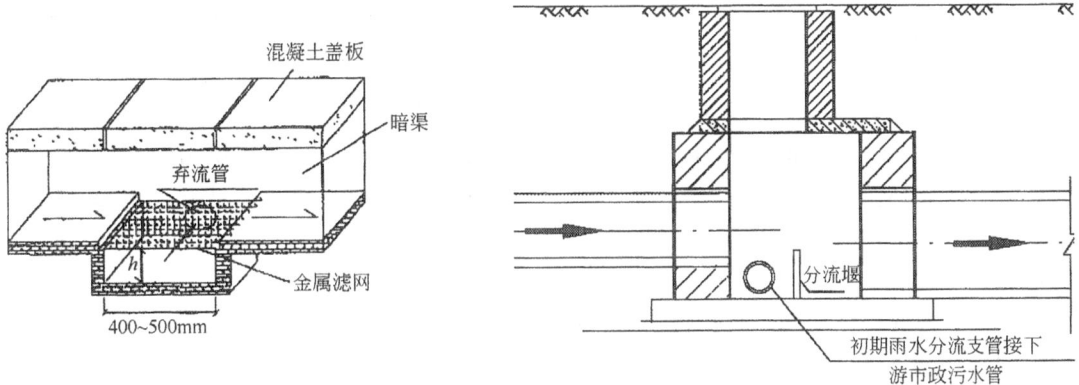

图 11-9　暗渠与管道小管弃流方案设计

由于项目施工时会破坏原地表土壤，水土流失现象将十分严重，施工现场的雨水径流会携带大量的建筑垃圾形成雨水径流污染对人工水体水质造成威胁，采用在人工湖周边设置两排临时围挡，围挡中间设置明沟的方式对施工期间的面源污染进行控制，靠近人工湖一侧采用板材围挡，高 0.5m，外侧采用竹编围挡，高 0.25m，两层围挡中间的明沟宽 2.0m，深 0.5m，坡度约 3‰。

（7）景观水体的水质保障

对小区水体进行合理循环，既利于水体的水质保障，还可以改善水体的景观效果。水体循环设计时兼顾了项目一期、二期整个水体的循环，每天循环 8h，10d 水体全部循环一次，一期水体循环水量 50L/s，整个水体循环水量 70L/s。

根据景观、人工湖水体水质净化及湖周围区域不同功能的要求，将人工湖岸划分为 A、B、C、D、E、F 六个硬化、生态及仿生态湖岸区域；并在湖中设计适宜的水生生态系统，对水体进行持续净化，保障水体水质。根据不同的水深种植适宜的水生植物，构成立体的水生植物群落，植物种类与分布参考表 11-4。根据当地条件选择一些本地水生植物，进行合理搭配，使植物覆盖率（包括湿地中植物）达到 30% 左右。施工图设计时根据景观要求进行适当调整。湖中可适当放养鱼类、蚌类、螺蛳和青蛙等水生动物。形成由水生植物、水生动物、细菌和藻类等组成的水态系统，构成合理的水生生物链，对水体水质进行持续净化，保持良好的水质和水体景观。

不同水深水生植物种类分布 表 11-4

植物类型	种植水深(m)	植 物 名 称
岸边植物	—	水杨、水柳等
湿生植物	0~0.3	鸢尾(水边—水深 0.2m)、千屈菜(水边—水深 0.3m)、菖蒲(水边—水深 0.5m)
挺水植物	0.5~0.8	灯心草(水边)、黑三棱(水边—水深 0.3m)、泽泻(水边—0.3m)、慈菇(水边—水深 0.4m)、小香蒲(水边—水深 0.5m)、水生美人蕉(水边—0.5m)、芦苇(水边—水深 1.0m)、荷花(0.8~1.5m)
浮叶植物	1.0~1.3	睡莲(水深 0.5~1.0m)、菱(水深 0.5~2.0m)、荇菜(水边—1.0m)、莼菜(水深 1.0~2.0m)等
沉水植物	1.5~1.8	黑藻(水深 0.5~1.5m)、苦草(水深 0.5~2.0m)、伊乐藻、金鱼藻等

图 11-10 为人工湖及湖滨带的设计方案之一。近水堤岸可设计成植被堤岸，起到固岸护坡和防止侵蚀作用。在集中的雨水排放口和人工河流岸边堆砌一些石块或卵石，对雨水径流进行消能和分散，防止径流对岸边的冲蚀破坏(彩图 11-5)。在湖中根据景观及不同水深种植适当种类的水生植物，可遮阳降温，也可对雨水和湖水中有机质与营养盐进行吸收、分解转化从而净化水质，在水深小于 0.3m 水域，种植千屈菜、地肤、水蓼、三棱草、慈姑等浅水植物，水深大于 0.3m 小于 0.6m 水域，种植芦苇、菖蒲、水葱等挺水植物，而在水深 0.6~1.0m 左右，可种植睡莲、荷花等沉水植物。湖中还可适当放养蚌类、鱼类、螺蛳和青蛙等动物，延长食物链，形成丰富的生态系统，提高生物净化效果。彩图 11-6 是建成后的实景照片。

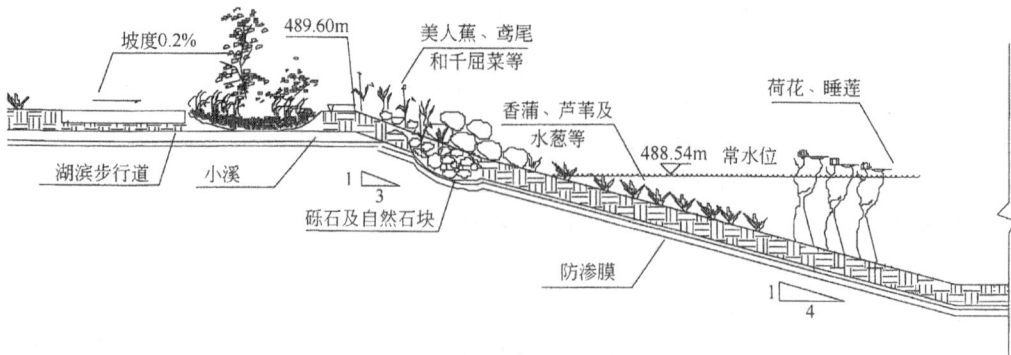

图 11-10 小区湖滨带构建设计方案之一

湖中生物岛可作为水体生态净化措施的补充方案。根据需要及施工要求设计成多处固定岛或浮岛，规模较小。岛上可根据当地特点种植不同植物，通过植物、土壤对湖水中的污染物进行吸收、分解，还可成为鱼类、鸟类、昆虫的栖息、繁殖场所。

11.1.5　北京和成都雨水管理与景观水体的效果小结

住宅小区雨水管理系统与景观水体的合理设计及可持续良好运行是充分体现其景观与生态价值的关键，设计应在水量平衡分析的基础上，本着经济、实用及水体良性运转的目的设计合理的水景规模及结构；充分利用宝贵的雨水资源，采用经济、美观的生态雨水收集与排放系统；同时兼顾景观效果、水质保障、防洪调蓄等因素设计水体水深及调蓄高度；全面考虑项目在施工期间及投入运转后的雨水径流污染控制，同时提倡构建生态方式为主的景观水体水质保障系统，提高水体的自净能力，以保证水景的长期良好水质。

表11-5列出了北京雨水管理与景观水体综合设计项目中所采用的改进设计方案与原排水设计方案的比较结果。需要说明的是，两个方案的投资额为粗略计算，原排水设计方案的投资额只包括雨水管道部分。

方　案　比　较　　　　　　　　　　　　　　　　表11-5

项　　目	原排水设计方案	改进设计方案
设计特点	• 传统雨水管线； • 再生水直接入湖，存在水体富营养化的威胁	• 采用生态设计，改善湖的生态和水质； • 雨水截污、净化、渗透、利用和自然排放综合考虑； • 再生水自然净化后入湖，减少污染源
优点	• 雨水排除较隐蔽 • 施工过程单一	• 水质有保障 • 改善小区水环境，雨水渗透与利用量更多
主要不足	湖体生态功能差，水质无保障	对小区管理要求提高
投资（万元）	150	130
综合评价	差	好

实际运行情况表明：

1）经过土壤渗滤和湿地系统净化的湖水水质明显改善，清澈；但已发生富营养化的湖水容易造成土壤的堵塞，使渗滤系统的渗透能力很快下降。

2）经过雨季降雨检验，低位绿地渗透对消纳雨水径流效果显著，浅沟集水输送系统排水通畅，无积水现象。

3）初期雨水经绿地浅沟截污，入湖雨水径流水质大大改善，有效地控制人工湖的面源污染。

4）土壤净化区、小湿地和湖内的生物浮岛植物长势良好，改善了人工湖景观效果，吸引翠鸟等水鸟的光临。

5）通过部分实施措施（包括上述措施和加大水循环、养鱼等），湖水水质明显改善。

成都雨水管理与景观水体项目一、二期建成后的运行效果充分证实雨水管理和景观水体的设计理念、思路和采用技术的合理性，为改善小区的整体环境、提升小区不动产的价值创造了良好条件，产生很好的经济效益和环境效益。

11.2 英国苏格兰 Dunfermline 城市排水系统的挑战与解决方案

11.2.1 丹佛姆林(Dunfermline)简介

丹佛姆林镇位于英国苏格兰东部，拥有 5.6 万人口，是中世纪苏格兰王室所在地。近几个世纪，在经历了长期的煤矿开采后，丹佛姆林逐步建设成为法夫郡(Fife)的主要城镇之一。丹佛姆林距离苏格兰首府经济中心——爱丁堡市约 30km，因此，它也是爱丁堡市的郊外住宅城镇。丹佛姆林镇的污水主要通过 Lyne 河排入 Forth 湾，镇东部区域的污水流经 Pinkerton 河，在 Forth 湾下游铁路和公路桥的交汇处排入 Forth 湾。

11.2.2 丹佛姆林的排水系统

（1）丹佛姆林的排水系统现状

在丹佛姆林，雨洪问题由来已久。丹佛姆林旧城区采用合流制排水系统，雨污水进入 Forth 河口北岸的处理系统，净化后排入 Forth 湾；新城区从 20 世纪 60 年代起采用分流制排水系统，暴雨径流直接排入临近河流。

丹佛姆林的雨洪问题之一为合流制系统的溢流。一种情况为，大流量暴雨径流堵塞在合流制排水系统的老式管道中，并在检查井处溢流；另一种情况为，由于大量雨水流入，当雨污合流量超过管道输水能力和污水处理厂处理容量时，导致合流制排水系统污水溢流。在 20 世纪 90 年代后期，当地政府投入巨额资金建造了一系列大型蓄水池来贮存暴雨期间的雨污水，然而，即使采取了如此大的投入，仍有部分旧的合流制系统管道发生暴雨溢流问题。

丹佛姆林的另一雨洪问题为分流制系统的暴雨径流污染。一方面是雨、污水管错接引起的污染。分流制排水系统的污水和雨水分别在各自独立的管渠内排除，然而，雨、污管道完全分离在实际中未必能实现，污水管道错接入雨水管道是分流制排水系统普遍的、典型的问题；另一方面是污水管道堵塞引起的雨水管道径流污染，从而影响下游受纳水体的水质。在英国城镇，大量检查井为雨水、污水管渠合用，由于当地居民碎屑、废料等的不合理丢弃行为，导致污水管道中的堵塞经常发生，当污水管被堵塞时，污水产生回流，并流至公用检查井，之后漫过雨、污排水管道的隔离堰，流入雨水管道，直接排入河道。

（2）丹佛姆林的排水系统污染物

污水的污染程度通常以 BOD_5 浓度表示，图 11-11 显示了丹佛姆林 Lyne 河水体间歇性的污染问题。

第二种污染来自城市径流携带的污染物，如油类、悬浮物、营养物等。Lyne 河被纳入苏格兰城市河流调查计划，该调查主要评估河流沉积物中的持久性污染物(有毒金属和 PAHs)和油类。调查发现，因为 Lyne 河接纳了流经货车停车场的污染径流，及其附近道路径流(丹佛姆林东部开发区，Denfermline East Expansion site，DEX 区，下文会具体描述)，Lyne 河污染相当严重。表 11-6 和表 11-7 为 Lyne 河不同采样点的沉积物监测参数的平均浓度，其中采样点 1 为 DEX 区北部的高速公路，采样点 2 为位于丹佛姆林城中心的

Lyne 河段，采样点 3 为 Lyne 河 Liggars 桥，由表 11-6 和表 11-7 可知，采样点 1 的总碳、PAHs、铅、镍和锌的浓度很高。

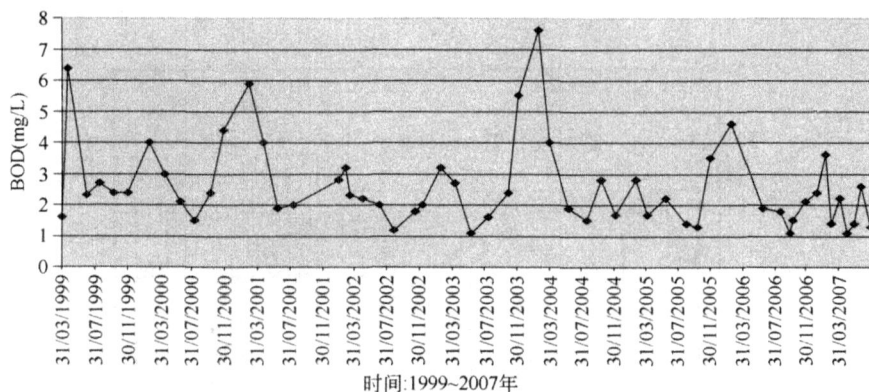

图 11-11　丹佛姆林 Lyne 河的 BOD_5（mg/L）值

河流沉积物中的污染物浓度　　　　　　　　　　　　　　　　　　表 11-6

采样点	碳氢化合物（mg/L）	芳香族化合物（mg/L）	镉（mg/L）	铬（mg/L）	铜（mg/L）	铅（mg/L）	镍（mg/L）	锌（mg/L）	钒（mg/L）	砷（mg/L）	TOC（mg/L）	平均颗粒物（mg）
1	1603.3	110.1	0.3	43.3	52.0	54.2	38.0	411.7	54.8	4.1	8.4	101.78
2	64.0	6.7	0.1	23.4	11.6	16.8	27.9	49.8	27.4	2.8	1.5	279.79
3	65.2	0.2	0.2	20.4	24.4	35.9	32.8	131.8	27.8	3.8	0.5	518.93

水体沉积物中的 PAH（多环芳烃）浓度　　　　　　　　　　　　表 11-7

多环芳烃（µg/kg）	采样点 1	采样点 2	采样点 3
Napthalene	94.4	16.4	28.0
Acenaphthene	27.0	0.0	6.4
Acenaphthylene	0.0	0.0	0.0
Fluorene	110.8	4.6	20.0
Phenanthrene	401.2	56.4	200.3
Anthracene	154.3	12.5	46.6
Fluoranthene	611.3	170.0	167.8
Pyrene	727.7	149.4	164.8
Benzo(a)anthracene	305.0	93.7	178.8
Chrysene	439.7	113.3	219.7
Benzo(b)fluoranthene	886.0	174.8	266.2
Benzo(k)fluoranthene	203.7	52.5	90.1
Benzo(a)pyrene	361.0	190.3	221.4
Dibenzo(ah)anthracene	146.3	27.0	44.7
Benzo(ghi)perylene	594.3	119.0	166.4
Indeno(123cd)pyrene	547.3	161.5	194.1
总多环芳烃量	5610	1341	2015

Lyne 河由于受到不同种类的污染物威胁，其污染程度已相当严重，因此水质保护及水生态恢复面临着重大的挑战。图 11-12 通过三种生物学指标(主要是无脊椎动物)指示了水体质量情况。

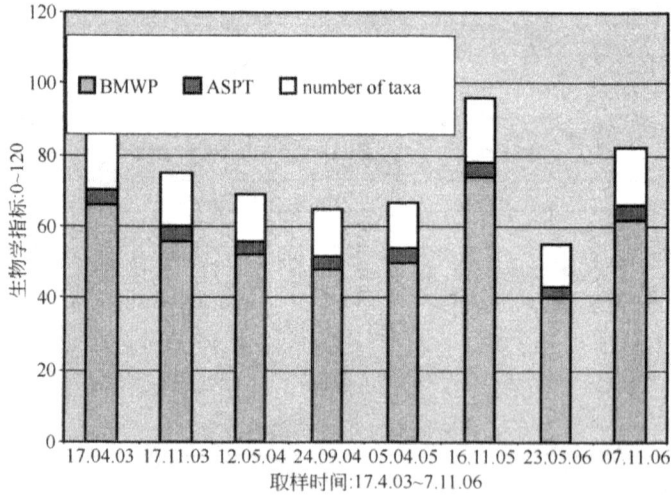

图 11-12　Lyne 河生物学指标

(3) 丹佛姆林排水系统问题

由上所述，丹佛姆林排水系统的问题可概括为：

1) 河流及排水管网的雨洪问题

2) 合流制排水系统的溢流问题

3) 污水管道被错误地接入雨水管道，导致受纳水体污染问题

4) 与污水管道堵塞相关的排水污染问题

5) 与燃烧、交通相关的持久性污染物和油类污染物，及工业区地表径流污染物的排放

2004 年 7 月丹佛姆林城市建设计划公布，在该城镇上游的杂草荒地建造开发区，在丹佛姆林迎接发展机遇的同时也面临着巨大压力和新的挑战：如何在不加剧城镇现有雨洪问题及不增加现存环境污染的前提下，将未开发地区发展过程中的地表径流安全排放呢？

11.2.3　可持续城市排水系统(SUDS)与 DEX 发展规划

(1) DEX 发展规划

20 世纪 90 年代中期，在丹佛姆林东部，东边以 M90 高速公路为界，西边以城镇为界，划出约 5km² 的区域，建设丹佛姆林东区(the Dunfermline East Expansion site，简称 DEX)。开发区规划包括学样、大型电子工厂、住宅社区、商业休闲区等用地。

在 DEX 建设初期，为避免现存的落后排水系统导致雨洪问题的产生，规划师考虑通过增加雨水管道将暴雨径流直接排入 Forth 湾，但工程造价却需数百万美元，同时增加了 Lyne 河水体污染负荷。通过全面评估，决策者认为采用最佳管理方案(BMPs)是预防洪涝和控制暴雨径流污染的解决途径。在 BMP 应用到雨洪管理和改善自然环境过程中，雨水

多功能调蓄利用系统也得以开发，这节省了投资者的费用并提升了人与自然和谐的环境效应。该地区也因此成为可持续性城市排水系统(SUDS)的国家级示范点。

（2）SUDS 设计标准

1）设计总则

在 DEX 工程区域，排水系统规划与设计应遵循如下指导原则：

① 建成区域的洪峰控制应按照小区为 5 年或 10 年一遇洪水，区域以更大的暴雨重现期设计；

② 区域必须实施水质控制措施，因地势太陡而无法建造处理设施的地区除外；

③ 大型工厂区的径流必须通过生物处理(贮水池或湿地)设施净化。

④ 商业区和小型工业区应设置滞留池对径流进行预处理。

2）排水标准

考虑到 DEX 开发区的发展计划、DEX 下游流域的发达程度以及该区域没有率定水文模型的降雨及径流数据等因素，为保护 DEX 区域下游河流的水质，以及社区居民的住宅水环境不受 DEX 区域开展的影响，排水设计应满足如下标准：

① 按暴雨 1 年、2 年、5 年、10 年、25 年及 50 年的重现期计算，DEX 开发区的径流洪峰流量不应超过当地开发前的径流洪峰流量。

② 对于沿自然或人工排水道沿线的所有建筑物，其首层高度必须在 100 年一遇洪水水位之上 300mm。

③ 为削减洪峰流量，应尽可能实施源控制方法，然而，在 1 型或 2 型土壤深度小于1m 或冬季平均地下水位较高的区域不应采用渗透渠或渗透性管渠。

3）暴雨径流处理设施标准

DEX 开发区的暴雨径流必须经净化后才能排放。面积超过 0.5hm² 的工业区或商业区应设置滞留池对径流进行预处理，大型工厂区的径流必须通过生物处理(贮水池或湿地)设施净化。

处理设施的设计标准基础数据来自于 DEX 开发区附近的 Pitreavie 区域连续四年(1991～1994)的降雨监测，通过 STORM 水文模型将降雨数据转化为径流数据，并模拟不同尺寸的滞留设施和不同的径流系数条件下的径流特征。数据显示，要处理 90% 的年降雨径流，需收集透水面积的 2.5mm 的初期径流，不透水面积的 11.5mm 初期径流，并且发现 90% 径流所需的处理设施体积与不透水面的比例成线性变化。因此，处理设施体积 V_t 可表示为：

$$V_t(\mathrm{m^3/h})=25+90I \tag{11-1}$$

式中：I——不透水面积的比例。

处理设施的设计总体积为集水面积(以公顷为单位)乘以 V_t。下面详细说明此公式在不同类型径流控制设施处理容积中的应用。

① 延时贮存系统——延时贮存池体积根据 V_t 计算得出。贮存池出口设计应保证能够在 24h 内将全池的水排空。如果贮存池是用于商业或较小的工业区，并且出水还有后续的区域性处理设施进一步净化，那么贮存池雨水排空时间可以减小为 12h。

② 滞留系统——滞留池的设计容积为 $4×V_t$［其中 V_t 由公式(11-1)计算］。在雨季，雨水在池中的水力停留时间约为 21d，以保证足够的时间完成径流污染物的生物化学净化

效果。雨水滞留层平均水深为 1.3～2.0m。最大水深为 3m。挺水植物占滞留系统表面积的 25%～50%。滞留系统的常水位以下部分也可以用来调节暴雨洪峰流量，但水深不应超过 2m，以免影响挺水植物的生长。如果滞留系统仅用于径流净化，那么系统的出口设计应将 V 形堰改为水平堰，易于将系统中的暴雨径流排出。

③ 湿地——湿地的设计容积为 $4 \times V_t$ ［其中 V_t 由公式(11-1)计算］。在雨季，雨水在池中的水力停留时间约为 14d。湿地的平均水深为 0.5～0.75m。挺水植物占湿地系统表面积的 75%～100%。

④ 植草沟——植草沟设计处理径流量为 V_t。系统内最大径流深为 0.1m，径流流速小于 0.3m/s，沟的边坡最大为 1∶4。当系统为满流时，最大径流流速应小于 1.5m/s。植草沟设置应靠近不透水汇水面，并与之平行，保证不透水地面的径流沿植草沟侧向均匀流入（彩图 6-2）。

⑤ 渗滤系统——渗滤系统的设计容积为 V_t。如果当地土壤为 1 型或 2 型，可考虑选择使用渗滤系统，设计水力停留时间为 12h。

（3）SUDS 在 DEX 开发区的运用

不同类型的 SUDS 系统已成功应用在 DEX 开发区。

1) 源头控制：DEX 开发区超市的停车场，采用了渗透性铺装路面（彩图 5-7），而道路则采用传统的沥青路面。道路的部分径流通过路边石设置的狭槽或小缝流入路旁的沙砾过滤系统净化，之后通过植草沟储存或排放。

2) 贮存池：按照住宅区的设计标准要求，在 DEX 开发区 Duloch 园区北部建造了贮存池，它主要是用来调节暴雨径流洪峰，并对后续进一步处理径流水质的区域性滞留系统起缓冲作用。与贮存池建造前相比，其设计考虑了更宜人的自然景色，丰富的生物和大量的水鸟在这里生活，吸引着附近居民休闲（彩图 11-7 彩图 6-10）。

3) 滞留塘：在 DEX 开发区的 Duloch 园区先后设置了 10 个滞留干塘（彩图 11-8、彩图 11-9、彩图 6-8）。所有滞留塘的周围都种植芦苇带起安全屏障作用，同时增强了景观观赏性，并吸引了更多的野生生物生活和栖息。

4) 暴雨径流湿地：大型暴雨径流湿地的构建成为 DEX 开发区 Duloch 园区的亮点，它与一个现有的半自然森林区域共同构成乡村公园和自然保护区。湿地边水生植物茂盛，景色清新自然，吸引了大量的天鹅前来取食，游客也在这里嬉戏和休闲娱乐（彩图 7-1）。

由上例可见，SUDS 的关键理念是应用处理链控制降雨径流污染，系列的处理设施出水污染物净化效果都在后续的设施中得以提高。

（4）DEX 开发区 SUDS 系统的运行

在苏格兰环护局、苏格兰水务局及多所学校的合作下，对 SUDS 工程的出水进行了水质监测，以便了解 SUDS 系统的运行情况。

DEX 开发区的源控制技术效果已在很多地区试验，图 11-13 为传统排水的停车场路面和铺设碎石停车场的径流效果比较（Macdonald and Jefferies，2000），结果表明，铺设碎石的停车场径流排放大大减少。

DEX 开发区滞留池的运行的水文、水质、沉淀性能、景观效果也被评价结果表明，其水力学效果达到了设计目标，出水达到排放标准，可安全排入 Lyne 河及其支流

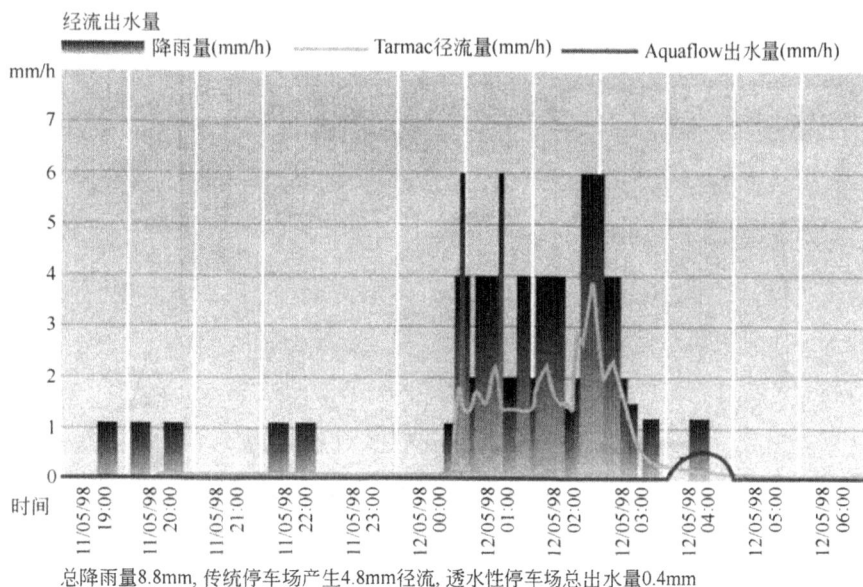

图 11-13 传统排水条件下的停车场径流(浅色)和铺设碎石路面停车场径流(深色)的比较

上游。

Heal 等人(2006)评估了 SUDS 系统颗粒物的沉降速率，发现 DEX 开发区的建设过程对沉淀速率的影响很小，这主要归功于沿排水系统建造了系列 SUDS 处理链。表 11-8 列出 Halbeath 区和 Linburn 区滞留池和湿地的颗粒物沉降性能，如果沉积物占到 SUDS 贮存设施体积的 25%，池中的沉积物就应该清除，按此计算，Halbeath 池每 17 年需要清理一次，而 Linburn 池上游建造了滞留池截留了大量径流颗粒物，因此该池 98 年内都不需要清掏。

1999~2003 年丹佛姆林 Duloch 园区 SUDS 设施颗粒物沉降性能及容积充填率　　表 11-8

SUDS	沉降速率(cm/a)	沉积物体积增加(m³)	沉积物干重增加(t)	SUDS 容积填充量(%)
Halbeath	1.0	335	454	7
Linburn	0.4	197	−90.5	1
湿地	0.8	717	131	5

Heal 等人(2006)调查了沉积物在 Linburn 滞留系统中的分布情况(图 11-14)，由图可知，多数沉积物聚集在系统的入口部分，这与当初设计时提出的设想一致，以便减少维护难度。在 1999~2003 年，研究者还测定了滞留系统沉积物的 Cd、Cr、Cu、Fe、Ni、Pb、Zn、N、P 及碳水化合物的浓度，通过与安大略湖水质和土壤标准比较(表 11-9)，得出这些污染物不会影响水生生态系统。

由于滞留系统贮水较多，可以为突发事件的污染物提供稀释，从而缓解对下游的水质影响。例如，在一次运载水泥货车非法将水泥带入排水系统，并进入 Halbeath 滞留池，虽然池中的 pH 值和浑浊度显著增加，但水泥泄漏点下游的河流却没受到影响；又如，在

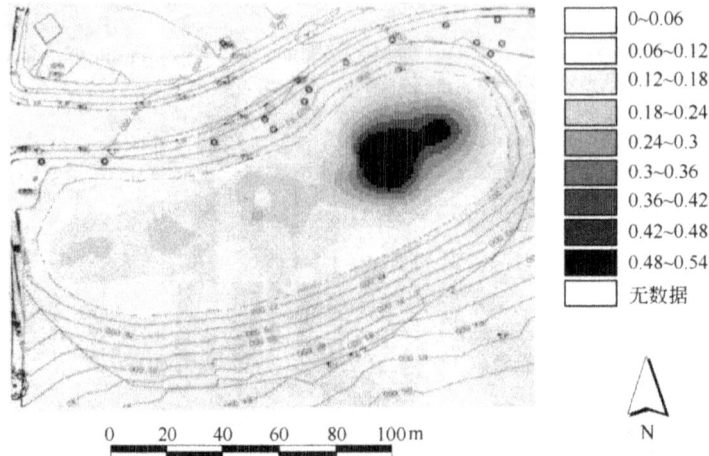

图 11-14　2003 年丹佛姆林 Duloch 园区 Linburn 系统沉积物深度图

1999～2003 年 Duloch 园区 SUDS 系统沉积物样本中重金属、氮、磷及碳水
化合物等污染物与水中沉积物标准及污染土壤标准的比较　表 11-9

	Halbeath (n=49)	Linburn (n=77)	7 号池 (n=62)	湿地 (n=123～126)	水中沉积物标准	污染土壤标准
Cd	0.21 ±0.54	0.22 ±0.42	0.32 ±0.39	0.39 ±0.94	10	30
Cr	70.7 ±65.8	78.2 ±87.0	118 ±110	76.7 ±102	110	200
Cu	18.8 ±9.22	20.9 ±15.3	16.3 ±6.42	17.4 ±7.44	110	—
Fe	4.41 ±1.10	4.74 ±1.68	3.87 ±0.873	7.16 ±3.04	4	—
Ni	63.3 ±48.4	68.4 ±39.8	83.9 ±61.4	63.6 ±57.5	75	75
Pb	26.3 ±31.5	25.4 ±19.6	18.2 ±9.46	22.6 ±17.2	250	450
Zn	78.4 ±72.9	110 ±89.4	77.0 ±24.8	93.1 ±43.1	820	—
N	977 ±575	1850 ±998	1300 ±705	3550 ±2340	4800	—
P	720 ±915	696 ±568	560 ±208	664 ±662	2000	—
H/Cs	89.2 ±100	523 ±590	515 ±943	171 ±197	1500	—

注：单位为 mg/kg；F 以%计。数值标准偏差为±1，斜体数值超出了水中沉积物或污染土壤标准。

2007 年，由于排水泵站事故导致 Halbeath 滞留系统严重污染，虽然池中水质明显下降，但其缓冲和调蓄作用保护了下游河流水质。DEX 区 Linburn 滞留系统评估表明，其作用除了对污染水流起缓冲和稀释之外，滞留池还拦截大量来自公路和其他道路的污染物。DEX

开发区两个滞留系统的水质指标如表 11-10 所示。

丹佛姆林 DEX 区 Linburn 和 Halbeath 滞留系统进水和出水的最大与最小值　表 11-10

Linburn 池

参数	进水	出水
pH	7.3～7.8	7.6～7.8
总悬浮固体	1.3～211mg/L	3.3～5.2mg/L
BOD_5	1.5～10	1.4～2mg/L
NH_4-N	<0.02～17.5mg/L	0.26～0.69mg/L
总氧化态氮	0.37～9.17mg/L	1.04～<0.1mg/L
正磷酸盐	0.01～11mg/L	<0.01～0.052mg/L
氯化物	19.8～159mg/L	36.6～38.0mg/L
传导性	458～1510micro S	654～681 micro S

Halbeath 池

参数	进水	出水
pH	7.9～8.9*	7.6～8.1
总悬浮固体	5.3～13.6mg/L	4.4～9.8mg/L
BOD_5	2.7～2.8mg/L	2.9～<2mg/L
NH_4-N	0.038～0.067mg/L	0.026～0.052mg/L
总氧化态氮	1.43～4.11mg/L	0.102～<0.1mg/L
正磷酸盐	0.014～0.044mg/L	0.01～<0.01mg/L
氯化物	31.5～96.1mg/L	114～117mg/L
传导性	675～1220 micro S	759～795 micro S

* 某一段时间非法排放的水泥冲刷进入水体使 pH 上升。

雨洪事件的发生频率也是检测 SUDS 系统运行性能的重要指标。例如，在 2000 年 4 月，苏格兰东部经历了大暴雨，爱丁堡部分地区出现严重的洪水灾害，而在 DEX 开发区，除了 SUDS 设施正在设计建设的一个公路区域外，其他地区没有出现地面积水。对爱丁堡来说，这是最近的一次重大的雨洪事件，与之相比，在丹佛姆林，Lyne 河的洪水事件仍发生在 20 世纪 90 年代中期。

（5）SUDS 与 DEX 开发区的生态修复

精心营造的 SUDS 系统生物多样性产生了积极的影响。苏格兰环保局对 SUDS 的多处塘系统生物多样性进行了检测，检测结果见表 11-11，由表可知系统生物丰富，有中等至高等的淡水动植物。对 DEX 开发区的后续调查还显示，由于植物多样性丰富，生长旺盛，引来许多无脊椎动物和鸟类。在 Halbeath and Linburn 滞留系统繁衍觅食的鸟类还包括芦鹀（Emberiza schoeniclus，鸟从科鹀科），该物种是法夫（Fife）地区生物多样性保护行动的优先物种。同时，DEX 开发区的生物多样性也产生了消极的方面，开发商们为了创造良好植被覆盖的池塘和湿地，甚至不惜重金买入植物贸易中心的植物，这样无意引入许多非本地的外来物种，包括一个引发生物入侵问题的物种：黑乐草（Crassula helmsii）。

SUDS 塘的生物多样性   表 11-11

	Motorola 高速公路	Motorola	Freeport	休斯敦 Caw 河	DEX 开发区 暴雨湿地
无脊椎动物					
物种数量	40	37	58	24	40
稀有物种数量	0	1	1	0	0
保护价值	高	高	非常高	中等	高
植物					
本地物种数量	17	12	24	13	25
稀有物种数量	3	2	1	0	4
植物保护价值	中等	中等	高	中等	高

在滞留塘的周围设置了栅栏，一方面起安全保护作用，另一方面促进了塘的生物多样性。由于孩子们和狗不能进入，植物也就不被踩踏，这样保护了鸟类、两栖类及哺乳类野生动物的栖息与生活不被打扰。此外，减少滞留塘草类的修剪频率不仅节省了大量资金，而且促进了本地湿地植物和无脊椎动物的繁衍。经过上述源头治理，贮存池、滞留塘、暴雨径流湿地的贮存、处理、净化，区域地表径流大大减少，最后从间歇性河道（彩图11-10）排向下游。DEX 地区经受了很多次暴雨考验，把洪水威胁降低到最低，并且几乎完全消除了新开发区域的面源污染。

（6）人们对 BMPs/SUDS 的评价

苏格兰环保局发起并成立了一个自然保护组织，这个组织由社会、市政委员会、住宅承建商组成，主要活动包括参观学校、接待及研讨会。当地公众舆论反映，他们对 SUDS 的倾向已从敌对变为肯定，特别是在 2000 年大暴雨事件中，丹佛姆林没发生暴雨洪灾害之后。目前，能欣赏池塘和湿地美景，同时不会让野生生物伤害人类的人行道路正在研究设计之中。

11.2.4　SUDS 未来的机遇和挑战

SUDS 在 DEX 的改进措施包括：

1）更多采用暴雨径流的源头控制技术，以便减少占用土地面积。

2）减少割草的频率，节省费用的同时保护野生生物。

3）为了降低污染、扩大范围、统一技术标准，加强新开发区 SUDS 技术法制化进程。

4）如果开发区的 SUDS 用于丹佛姆林旧城区，更多的地区将免受雨洪威胁，河流水质会更加改善。

5）在 DEX 开发区 SUDS 设施处设置公共信息牌，解释其使用目的和作用，有利于进行公众教育及扩大社会参与。

根据法律规定，2006 之后新建地区必须采用 SUDS 系统。综合考虑改善下游河流水质，缓解洪峰径流，老城区也应同时鼓励改造使用 SUDS 系统。

11.3 美国西雅图城市面源污染综合控制和管理

11.3.1 西雅图简介

西雅图市位于美国的西北角，坐落在华盛顿州普吉湾东面，面积 369.2km²，其中 217.2km² 为陆地，152km² 为水面，也就是说 41.16% 的面积是水面，海岸线和湖岸线总长 80km。市内较大的湖泊有华盛顿湖，联合湖和绿湖。其中最大的华盛顿湖，面积 87.6km²，平均水深 32.9m，最大水深 65.2m，容量 2.9×10⁹m³。西雅图市人口约 57 万人，但西雅图地区包括景县（King County）在内人口约为 370 万人。

西雅图地理位置比较特别，具有得天独厚的天然优势，这里夏无酷暑、冬无严寒，每年七月平均最高温在 24℃ 左右，冬季在零下的低温天气大约为 15d 左右，全年平均雨量为 92cm。阳光充沛的气候一般从 6 月中旬延续到 9 月中旬。西雅图市的西面是奥林匹克国家公园，那里有终年冰川覆盖的奥林帕斯山和四季如春的温带雨林；有绚丽多姿的温带植物和各种各样的寒带海洋生物，是世界上最丰富多彩的生态系统之一。站在奥林帕斯山顶，俯瞰太平洋，真有"灿灿沧海开，落落云气悬"的磅礴气势。西雅图南面是北美第二高峰雷尼尔火山（4392m）国家公园，那里有茂盛的原始森林，千奇百怪的大小冰川，有美国本土容量最大的冰河，95% 的地区保存在原始状态。西雅图东面是卡斯卡达山脉（Cascade Range），那里是冬季滑雪圣地，每年从 12 月到来年 3 月接待着世界各地成千上万的游客。西雅图北面距加拿大边境约 174km，与加拿大西南重镇温哥华遥遥相望。

从 19 世纪 50 年代建城以来，西雅图在短短的 150 多年里，由一个靠打猎捕鱼为生的印第安部落，发展成美国西北部太平洋沿岸最大的城市，成为美国西北部商业、贸易、文化、旅游及高科技的中心，也是美国通往亚洲和阿拉斯加的重要门户。

走进西雅图，市内著名景点比比皆是，其中高达 185m 的"太空针"（Space Needle）被视为城市的标志，离市中心不远的运河将普吉湾和华盛顿湖连为一体。运河下游的鱼梯一到夏季便是银光粼粼，成千上万的三文鱼从万里之外的北太平洋回游到出生地产卵，从普吉湾进入华盛顿湖，再经杉漫密斯河（Sammamish River）进入杉漫密斯湖（Lake Sammamish），然后再上溯到东边的依萨夸小河（Issaquah Creek）繁殖后代。整个过程，让人们感受到生命的顽强和神奇及人与自然和谐相处的重要。

提到西雅图，人们自然会联想到电影《西雅图夜未眠》，会情不自禁地憧憬那湖光山色。这里虽没有苏州的小桥流水，却处处可见碧水蓝天里的湖上人家；这里虽不像昆明那样四季如春，却常年被青山绿水环绕，不似春光，胜似春光；这里虽没有巴黎香榭丽舍大道的浪漫，却咖啡屋林立，处处散发着迷人的芳香；这里虽不是金碧辉煌的赌城，却是世界各地"淘金者"们的战场。这里是波音（Boeing）的故乡，微软（Microsoft）的大本营，星巴克（Starbucks Coffee）的发源地……是一颗镶嵌在北太平洋皇冠的璀璨明珠。除了浪漫，实在找不出更适合的字眼来形容它，难怪乎连年被评选为全美最适合居住的城市。

11.3.2　从点源治理到暴雨管理和面源污染控制

（1）点源治理与华盛顿湖的生态修复

可是 50 多年前，西雅图却是另外一幅面貌。1955 年华盛顿大学 Thomas Edmondson 教授（当年的博士后）在华盛顿湖上泛舟，他发觉湖水的颜色很奇怪，和他当研究生时看到的不一样。通过对湖水的取样化验，一种华盛顿湖中从来没有出现过的生物出现了，它就是我们今天所说的蓝藻。20 世纪 50 年代，人们对湖泊污染的认识还很肤浅，但 Edmondson 教授从对当时西欧各国湖泊的研究已经意识到当 Oscillatoria 在湖泊中出现时，水质的恶化将不可避免，这意味着华盛顿湖的生态灾难正在来临。果然不出所料，1956 年华盛顿湖爆发了历史上第一次大面积蓝藻水华，湖水的能见度从 1950 年的 4m 降到了 1m 左右，当年的华盛顿州环保部门惊呼如果不采取果断措施，在不久的将来蓝藻将覆盖整个华盛顿湖，那时三文鱼和众多的水生动植物将从华盛顿湖中永远消失，这个被视为世界上最丰富多彩的都市生态湖泊将遭受到毁灭性的破坏。华盛顿湖的污染引起了整个大西雅图社区的关注，西雅图时报一针见血地指出瑞士湖泊污染的教训终于在西雅图发生了。但是到底是什么原因造成了华盛顿湖的污染呢？Edmondson 教授从多年的研究中得出：从生活污水中排放出的磷是造成华盛顿湖污染的罪魁祸首的。

1900～1925 年这四分之一世纪里，成千上万吨的生活废水未经处理就直接排放到华盛顿湖。西雅图市从 1926 年开始在德瓦密斯河下游（Duwamish River）兴建污水处理厂，将原来未经处理排放到华盛顿湖的生活废水送到污水处理厂，经处理后排至普吉湾。可是好景不长，1941～1953 年城市迅猛发展，人口急剧膨胀，为了方便民众，华盛顿湖边兴建了 10 座污水处理厂，那些仅仅经过一级处理的生活污水以每天 8 万 t 的速度直接排入华盛顿湖。而华盛顿湖的水华就是由于污染物，特别是磷的长期积累造成的。由于水体中含磷营养物质的富集，引起藻类迅速繁殖，使水体溶解氧含量下降，造成水体变色，水味变得腥臭难闻，这就是我们今天所说的湖泊的富营养化。

Edmondson 教授的研究为治理华盛顿湖奠定了理论基础，但公众和政府决策者们更关心的是如何治理？要彻底解决华盛顿湖的污染问题，必须从管理层次，经济成本和技术可行性上全盘考虑。从管理层次上讲，华盛顿湖周边有 13 个郊区城镇，治污不是一城一镇的问题，而是一个区域性问题，需要统一规划，统一协调，统一行动；从经济成本上考虑，截污即在普吉湾边修建大型二级处理污水处理厂，将华盛顿湖周边所有的生活污水集中送到新建的二级处理厂处理，然后排入普吉湾，在当时来说是全美国最昂贵的点源污染控制方法，民众是否承受得起或愿意承受；从技术可靠性层面来讲，20 世纪 50 年代的二级处理技术既昂贵也不完善。所以不管是一般民众，还是政府管理人员及科学工作者都为怎样治理华盛顿湖发表自己的看法。在当时的历史条件下，民众和政府对湖泊治理没有什么概念，世界上也没有成功的先例，就是学者们也不能确定是否截污后华盛顿湖能靠水体自净的方法恢复到原来的面貌。为回答公众及各行各业的考虑，Edmondson 教授在为治理华盛顿湖召开的公众听证会上仅仅用了 9 页纸就回答和解释了 15 个公众最关心和怀疑的问题，这就是我们今天所说的公众参与环保决策（Public Participation）过程。这个听证会后来成为教科书中将复杂的科学理论用简单易懂的形式向公众解释的经典范例。

接下来就是要把治理华盛顿湖付诸实施。在如何治理华盛顿湖和水污染控制的决策过程中，民间社团和志愿者组织在提高公众意识、推动民众积极参与华盛顿湖的治理中发挥了关键作用。市民们的呼吁直接导致华盛顿州决定用三年的时间来研究整个大西雅图地区的水污染问题。三年研究完成后，市民代表们起草了一项州法，建议成立一个跨县市的政府行政管理机构统一解决华盛顿湖流域污染的问题。这也就是我们今天所指的流域管理概念的雏形。这项法律提案得到了华盛顿州议会民主、共和两党大多数议员的支持，并通过了关于建立一个特殊的都市行政管理机构叫"大都会政府"（metropolitan government）或简称"Metro"专门负责供水、污水和垃圾处理、公共交通、都市规划及园林管理。可是这个提案由于涉及面太广，在 1958 年 3 月第一次公民投票中没有通过。然而热心于环保的公众和民间组织并不气馁，在听取各方面的意见后，对提案进行了适当的修改，如去除了供水及园林管理 2 项职能并展开了大规模的宣传拉票活动。法律提案终于于 1958 年 9 月通过了公民投票，一个专门为治理环境而成立的行政管理机构——"大都会政府"诞生了。在这次历史性的环保运动中，孩子们的参与起了震撼性作用。彩图 11-11（左）就是当年孩子们唤起大众关心华盛顿湖的历史见证。30 年后，这 5 个孩子再次相聚在同一地点，见彩图 11-11（右）。这时的华盛顿湖已经成了世界上最干净的都市湖泊，是目前全世界都市湖泊生态系统修复成功的少有案例之一。

华盛顿湖的治理过程，不论是在政治上还是在科学技术上都有着深远的意义和影响。从政治层面来说，20 世纪 50 年代西雅图市民积极参与治理华盛顿湖的政治热情推动了整个社会公众参与环保方针和政策制定的意识，成为 20 世纪 60 年代风靡美国环保运动的先驱。美国国会直到 1972 年才通过《联邦水污染控制法》（Clean Water Act），制定了国家污水系统出水限度和排放许可证制度（National Pollutant Discharge Elimination System 简称为 NPDES），而西雅图的行动则早了全美国 15 年。从科学技术的角度来说，华盛顿湖的治理过程是典型的基础科学研究直接转化为产品或应用科技的例子。正如 Edmondson 教授所说"我对华盛顿湖的研究原本目的是为了增加我们对控制湖泊生产力和群落（productivity and community）结构的了解，因为这是我们想要知道的。当年我向国家科学基金会（National Science Foundation）申请研究经费时，完全没有以污染控制为目的，但是我从取样项目（sampling programs）的设计中所得到的信息和预测正好是实际问题中需要评估的，也就是说，这是基础研究结果立刻投入应用的例子"。华盛顿湖的治理从实践中验证了湖泊生态学中的一项重要理论即磷是湖泊生态系统的主要限制因子。总之，对华盛顿湖的研究远远超过了其本身的意义，它带动了整个湖泊学（Liminology）的发展。从工程技术角度上来说，华盛顿湖的治理为湖泊修复提供了成功的经验。从 19 世纪中叶大工业化以来，成千上万的湖泊遭受了不同程度的污染，这些受到污染的湖泊是否能够修复直到今天仍然是一个没有完全解决的问题。而华盛顿湖的治理表明只要彻底截污，深水湖泊靠水体自净能力修复的可能性还是很大的。从 1958 年开始截污到 1968 年 2 月达到零排放，这期间正如 Edmondson 教授所预计的，湖水的能见度从 1964 年最低的 75cm 迅速回升到 1968 年的 305cm；湖水中的总磷含量从 1950 年代的 70μg/L 迅速下降到 1968 年的 20μg/L。从 1976 年到至今，总磷含量一直维持在 16μg/L 左右，湖水的能见度则一直维持在 518～610cm 左右，1993 年曾达到过 762cm。图 11-15 展示的是华盛顿湖总磷 30 年的监测数据，从中可以看到总磷的含量在 1971 年就达到了稳定状态，大大超过了 Edmondson 教授和大多数科学家们的预计。从 1976 年之后，蓝藻完全从华盛顿湖消失了。

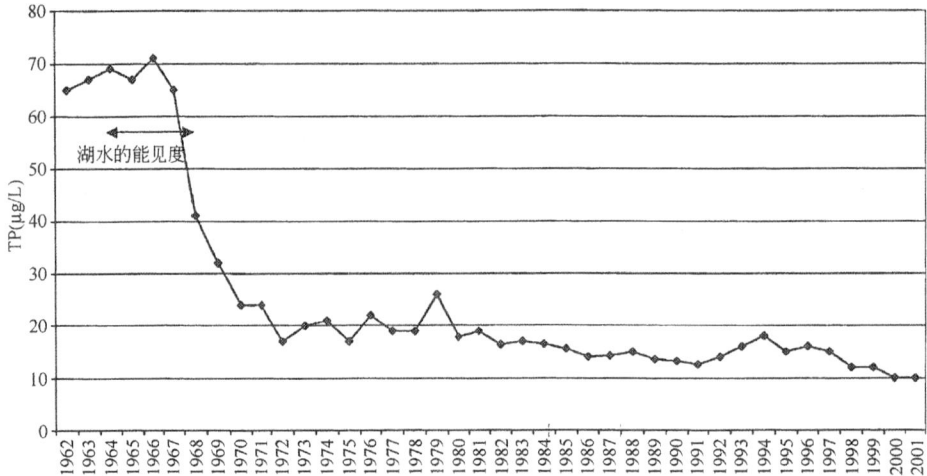

图 11-15　华盛顿湖总磷 30 年的监测数据

（2）都市化与暴雨管理及面源污染控制

华盛顿湖的治理成功仅仅只是西雅图地区整治环境的开始。由于历史的原因和都市的过度开发，西雅图地区原来大片森林覆盖，草木丛生的自然环境逐渐被街道、公路、商店、住宅、办公大楼和厂房所替代，其结果是都市里交通堵塞、空气污浊、温度升高、雨水泛滥成灾，大多数河流、溪流，湖泊及河口的栖息地都遭到了不同程度的破坏，普吉湾中三文鱼，石斑鱼及其他海洋生物不断减少，而西雅图市区河流中的三文鱼早在 1950 年代就已灭绝。

由暴雨和面源带来的污染正成为江河湖海的主要威胁。面源是指因降雨冲刷形成径流的过程中将地表和大气中溶解的和固态的污染物带入湖泊和河流而使水体遭受污染。据美国联邦环保局估计，全国河流 65％的污染，湖泊 76％的污染及江、河口 45％的污染均来自面源。而西雅图地区 90％的污染来自面源。与点源治理不同，暴雨管理和面源污染控制的难度不管是在行政管理上，还是在技术和成本上都远远超过点源治理，而面源对水体的污染在某些方面甚至大过点源，比方说农药和杀虫剂。暴雨和面源对西雅图地区湖泊、河流、海滨造成的污染和危害主要有下列几点：

1）改变河流的水利特征。如由径流峰值引起的流量增大，增加平滩（bankfull）和地表平滩（sub-bankfull）流量的频率和历时（frequency and duration），下游洪水次数增加，基流（baseflow）减少。

2）改变河流的形态，如泥沙的输送和淤积率增加，河岸侵蚀加快，河道变宽，河床冲淤加快。

3）冲击水生栖息地，如鱼类和无脊椎动物种群的改变而导致敏感物种的丧失。暴雨带入接受水体的污染物将对公众健康造成直接的威胁，如污染水源地，增加水上休闲活动的危险，对鱼类和其他水生动物造成危害。

所以从 20 世纪 70 年代后期起，暴雨管理和面源污染控制变成了西雅图地区整治环境的主题。很多暴雨管理和面源污染控制的方法和技术如按水泥地面的面积大小征收暴雨管理费。草沟、滞留塘、湿地等在 20 世纪 70 年代末就开始在西雅图地区试验，然后再推广到其他各州，成为传统的面源污染处理标准。这些方法就是我们今天所说的最佳管理措施

（Best Management Practice，BMPs）。

11.3.3 最佳管理措施在西雅图地区的运用

西雅图地区是美国最早将最佳管理措施 BMPs 用于暴雨管理和面源污染控制的城市之一。BMP 有两种：一种是非结构性的；另一种是结构性的。非结构性 BMPs 主要是指应用法律、法规、政策、科学管理和公众教育来进行暴雨管理和面源污染控制；而结构性 BMPs 则是应用工程的方法对暴雨径流进行处理。考虑到读者对结构性 BMPs 已比较熟悉，这一节将重点介绍非结构性 BMPs 在西雅图地区的运用。

（1）政府法律和法规

1）联邦法规

美国国会于 1987 年通过了《联邦水污染控制法》修正案，简称暴雨出水限度和排放许可证制度（Stormwater NPDES Permit），对暴雨排放进行管理。联邦环保局根据修正案制定了两阶段的实施方案。第一阶段规定从 1990 年起所有人口总数超过 10 万人的城市和县的市政分流系统及大于 5 英亩的土建工程必须获得暴雨出水限度和排放的许可证。第二阶段规定从 2003 年起所有都市的分流系统及 1～5 英亩的土建工程必须获得出水限度和暴雨排放的许可证。分流系统的 NPDES 通常是指地方政府的雨水管理项目，包括公众教育，发现并及时处理非法排放，建立完整的监测系统，绘制详细的土地使用合分流、合流地图。土建工程的 NPDES 通常是指对施工造成的水土流失的控制。

2）华盛顿州法规

联邦政府的法规通常由州政府来监督执行。州政府可以制定自己的法规，但必须不低于联邦政府的法规。华盛顿州地表水的法规就高于联邦的标准。州政府在制定地表水法规时不仅考虑到本州的需要，而且参考了科技发展的最新信息并考虑到将来联邦政府提高标准的可能性，所以定出的法规不仅仅限于保护公众的健康和安全，同时也保护鱼类和野生动植物。这样的法规既有可行性，又有连贯性和前瞻性。拿受纳水体的温度和溶氧来说，因为考虑到冷水鱼种群的因素，华盛顿州对特定河流的水温和溶氧的标准要高于联邦政府的标准。华盛顿州对湖泊营养盐的标准也高于联邦政府的标准。拿面源管理法规来说，华盛顿州面源管理的范围大于联邦政府规定的范围。读者可以参照表 11-12。另外华盛顿州的法规规定，所有的土建工程不管大小都要对因施工造成的水土流失进行控制，对环评中暴雨的模拟规定使用一年以上的降雨和水文气象资料进行连续模拟。有兴趣的读者可阅读参考文献。

华盛顿州面源管理范围　　　　　　　　　　表 11-12

地役权和过路权（Easements and Rights of Way）
港口（Harbor Areas）
水路和街道（Waterways and Streets）
海滩和水岸（Tidelands and Shorelands）
可航行水路水底（Beds of Navigable Waters）
贝壳和水底鱼类（Oysters，Geoducks，and Shellfish）
与高速公路有关的暴雨控制（Highway Related Storm Water Control）
虫害综合管理（Integrated Pest Management）
海洋塑料垃圾（Marine Plastic Debris）

油和危险物质溢出的预防和反应法规(Oil and Hazardous Substance Spill Prevention and Response Act)
用过的油回收法规(Used Oil Recycling Act)
现场生活污水处理(On-site Sewage Disposal)
杀虫剂使用法规(Pesticide Application Act)
杀虫剂控制法规(Pesticide Control Act)
洗涤剂中的磷(Phosphorus in Detergents)
生活垃圾管理——减少和回收生活垃圾法规(Reduction and Recycling Act)
三文鱼种群恢复法规(Salmon Recovery Act)

3) 地方政府法规

除了联邦和州政府的法规外，地方政府也可以根据自己的需要和特殊情况制定自己的法规(ordinances)。为了达到联邦环保局制定的暴雨排放两阶段实施方案，地方政府必须有专款来实施和管理暴雨排放。而大多数地方政府的财政收入来源于税收和州政府贷款。早在美国国会通过《联邦水污染控制法》修正案之前的 1976 年，位于华盛顿湖东面的贝尔威市(City of Bellevue)就意识到暴雨对当地的敏感水体和生态系统危害很大，对市区居民的生命财产造成威胁，所以市政府专门针对暴雨管理制定了法规，规定市区居民必须交纳暴雨管理费，成为美国历史上第一个征收暴雨管理费的地方政府。暴雨管理费就如水费、电费一样，专门用于治理由暴雨造成的环境破坏并由专门的部门管理。西雅图地区的暴雨管理费(2007 年)从每月每户 8.5 美元到 20 美元不等。对工商企业征收暴雨管理费时，水泥地面的面积，是否有暴雨收集处理系统等都是考虑的因素。

20 世纪 80 年代中期联邦环保局从西雅图地区的面源污染研究中发现屋顶经暴雨冲刷时产生的径流含有重金属和其他有害物质。这些污染物对西雅图地区的河流、湖泊和野生动植物造成直接的威胁。这项发现导致了专门针对房地产开发的一条新法规的诞生。新法规规定所有新建民用住宅都必须安装收集屋顶雨水的接水槽(gutter)。接水槽必须接入市政雨水管网或是雨水滞留池(Detention Tank)。而西雅图市中心的所有商业大厦必须设置雨水滞留池。

为配合面源污染控制，西雅图市政府制定的《废物再循环法》于 2004 年生效，其中规定：如果居民生活垃圾中可回收物的数量超过 10%，将不予以收集，并罚款 50 美元。固体废弃物的收费则按"扔得越多，付得越多"的原则进行。法律规定：每月为每户居民运走 4 桶垃圾的费用为 13.25 美元，每增加一桶垃圾，加收 9 美元；实行这一规定后，居民主动减少了自己的垃圾排放量，全市的垃圾量总量一下减少了 25%。西雅图市从 2005 年起实施"废物回收新条例"，规定企业将纸张、纸板和庭园垃圾丢入可回收垃圾中。市政府率先作出榜样，在出台《环保采购》中规定，办公设备应采购"使用再生碳粉盒"的设备；提出了再制造和无废弃物制造的概念。

(2) 方针政策

暴雨管理和面源污染的治理是一个长期复杂的过程，并不能在短时间内就可以见到很大的成效，因此光有法律法规是远远不够的，还必须通过行政的、经济的、技术的、法律的、教育的手段提高人们对暴雨—面源污染—生态环境一体化的意识、道德、科学和法制观念；运用税收、信贷、利润、价格等切实可行的经济手段，大力推行清洁生产技术、环境无害技术、节能技术、废物综合利用技术，从源头上控制污染物经暴雨径流进入接受水体；建立健全的暴雨管理和面源污染控制体系并制定出长期的、以可持续发展为主体的战略方针和政策才能对暴雨和面源进行有效管理。下面举几个这方面的例子。

在西雅图地区草坪、花园使用的化肥和杀虫剂经暴雨径流流入河川、湖泊和浅海水域，对这些水体的生态系统造成了严重的威胁。为控制化肥和杀虫剂的使用量，西雅图市政府积极推广生态草坪的理念，并对市民和开发商提供技术指导和信息服务，尽量减少化肥和杀虫剂的使用量。

为修复市区河流的生态系统，使三文鱼重新回游到市区河流，西雅图市政府制定了整个流域的长期治理规划，包括河道河床水生物栖息地修复，由暴雨引起的水土流失控制，减少由街道、停车场、居民和商业区排入接受水体的污染物，在河岸或湖岸生态脆弱敏感地带建立缓冲带。

为解决历史遗留下来的合流制系统污水溢流的污染问题，西雅图市政府制定了逐步解决问题的短期，中期和长期规划。从 2001～2006 年西雅图市政府在减少合流制系统污水溢流项目中投入了 4200 万美元的资金；在改进城市排水系统（Urban Drainage System）方面投入了近两亿美元的资金。在制定这些规划时，政府充分认识到只有民众的参与和工商界的合作才能达到预期目标。西雅图地区投资一亿四千万美元的最大的雨水在线处理系统就是以这种模式经过 12 年的规划、4 年的施工于 2005 年竣工的。

政府在制定方针政策时，最重要的是跳出传统观念的思维模式，一定要考虑到社会、经济和环境保护"三赢"的底线（即所谓 Triple Bottom Lines）。关于经济发展和面源污染控制的关系将在下一节中详细陈述。

（3）科学的行政管理

科学的行政管理是贯彻执行各级政府制定的法律、法规和方针政策的关键。这一段着重介绍西雅图市政府在暴雨管理和面源污染控制方面的主要行政管理手段，包括组织结构、经费来源、公众参与、教育宣传和技术创新。

今天美国各地用暴雨管理局（stormwater utilities）的模式来进行暴雨管理和面源污染控制越来越普遍，特别是在国会通过《联邦水污染控制法》修正案后，各地都在努力寻找怎样实施暴雨管理和面源污染控制资金的来源。而征收暴雨排放和许可证费用从资金上保证了《联邦水污染控制法》修正案的实施。如前所述，西雅图地区是全美国最早开始实施征收暴雨排放费的，从管理的角度来说，这是一个突破，它把面源污染和污染者联系起来，污染者必须承担造成污染的费用，就像水费、电费、垃圾费和排污费一样，使用者必须付费。暴雨排放费由暴雨管理局统一管理，专款专用。暴雨管理局是都市排水系统建造、运行、维护、管理的权威机构，并有发行公共债券的权利。

面源污染控制不仅仅和暴雨有关，而且和城市污水、垃圾、交通也关系密切。为了进行科学有效的管理，西雅图市政府成立了公用事业局（Seattle Public Utilities）统一管理供水、排水、污水和垃圾。下面主要以举例的方式介绍一下西雅图公用事业局的管理结构和在暴雨管理和面源污染控制方面经验。

西雅图公用事业局下设 3 个分局：供水和水源地管理分局，城市排水、污水和暴雨管理分局，生活垃圾管理分局。直属公用事业局的还有财务、人事、公共关系，社区战略发展方针规划，信息管理和工程管理等部门。公用事业局的资金来源基本上源于水费、排污费、暴雨管理费和垃圾费。每个分局不设单独的财务和人事，但资金来源和财政支出相对独立，基本上是专款专用。因本文仅仅涉及暴雨管理及面源污染控制，所以仅就城市排水和暴雨管理分局的作用作一简单介绍。

城市排水、污水和暴雨管理分局的年度预算（包括人员编制和运行费用）是从排污费和暴雨管理费中支出，并根据法规的变化和更新而制定。基本预算只包括日常的维护，更新和扩展基础设施，而基本建设项目（Capital Improvement Projects）则以发行公债的形式融资。排污费和水费为一个账单，但排污费为水费的 3 倍左右，这是因为处理生活污水的费用远远高出供水的费用。排污费和水费是按月度收费，而暴雨管理费则是按年度收费，收费标准按地表不透水建筑面积为依据。所有的收费由西雅图公用事业局财务部门统一管理，但排污费大部分交给了景县地区性污水处理厂。城市排水、污水和暴雨管理分局下设地表水管理，城市管网和科学及可持续发展三大块，分别负责管理 40000 多个沉泥井（catch basin），500 多个水质控制设施，17 个雨量测量站，200 个流量监测点，900km 的生活污水管道（生活污水主干线为景县地区性污水处理厂管理），850km 的雨水管道，1700km 的合流制系统管道，73 个泵站，113 个合流排水口，277 个雨水排水口和 43 个合流排放控制设施。地表水管理主要负责防洪排涝，水质监测，暴雨 NPDES 许可证的发放和执行情况，制定 BMP 标准，BMP 的建造、管理和维护，河流、湖泊和河口栖息地的修复，管理与地表水有关的基本建设项目，向社区和发展商提供技术帮助等。城市管网主要负责污水、雨水、合流管道的建造、清理和维护，泵站的日常运行和维护，排水口的清理，城市管网的规划和设计，管理与合流管道溢流有关的基本建设项目等。科学及可持续发展主要负责面源污染治理的长期规划，都市水生态系统修复，全球性温室效应对西雅图的影响，绿色建筑及 Low Impact Development（LID）的规划与实施，都市河流三文鱼管理，面源污染源头追踪，公众教育，雨量站及水质实验室的运行和管理，数据的收集与管理等。

西雅图公用事业局在实践中发现源头控制是治理面源污染最经济有效的方法，早在 1990 年就在西雅图的商业和工业中心地区进行了面源污染源头控制的试点项目，对非法排放业主进行法制教育和经济制裁，收到了很好的成效。通过试点项目的实施，西雅图公用事业局基本摸清了面源污染的源头在哪里，对所有可能造成面源污染的企业进行了周期性检查，在检查过程中如发现问题，及时向业主提供技术服务和解决方案，造成执法部门和企业间的良性互动。对商业和工业中心地区的企业，尽量提供政策上的优惠，促使企业多采用环保型产品。另外，面源污染的源头控制离不开公众的参与和监督。民间社团和志愿者组织在推动减少废弃物和面源污染的宣传教育中发挥着不可取代的作用。西雅图公用事业局发现利用三文鱼作为西雅图历史文化的象征对公众进行面源污染控制教育效果极好，所以专门选派工作人员与志愿者们一起到学校和社区组织三文鱼放流活动，借此增强孩子们对面源污染危害湖泊、河流、溪谷、海滨的认识。

面源污染源头控制的试点项目成功后，西雅图公用事业局联合景县政府在整个市中心流域内实行面源污染源头控制。作为源头控制的第一步是对流域内所有企业进行检查，在检查中常常发现的问题是排水系统没有定期清理，工作场所缺乏防范有害物质溢出的应急计划和清理措施，员工对如何防范有害物质溢出和事故后如何处理污染物的训练不足，有害物质违规堆积在室外及有害物质的处理方法不妥。检查的目的一是发现问题，及时纠正；二是预防为主，将污染事件消灭在萌芽状态。作为源头控制的第二步是将历史上遗留的污染物从排水管中清除，探清查明非法接入市政排水系统的污水管道，将其全部拆除并追究偷排者的法律责任。作为源头控制的第三步是对企业提供优惠政策和技术支持，避免或减少面源污染排放。在这方面市县两级政府对中小企业进行有计划的人员培训，免费或优惠提供防止意外有害液体溢出事故的设备装置。另外对流域内居民大力提倡草地的自然养护方法和环保型洗车产品。

在面源污染控制技术的创新方面，西雅图地区一直都引领美国的潮流。早在20世纪70年代末和80年代初，西雅图地区就开始试用使用人工湿地、传统草沟和滞留塘等传统BMP对面源污染进行处理。在设计和建造BMP的同时也兼顾到园林景观和生态平衡。彩图11-32展示的是位于西雅图市北边的一个湿塘。不知底细的市民们还以为这是一座休闲公园，因为这里白天是鸟语花香，夜晚是昆虫齐鸣，连长期消失的水獭也回来凑热闹。从20世纪80年代后期起，西雅图公用事业局大力推广各式各样的结构性BMP，取得了一定的效果。特别是结构性BMP在河流生态恢复方面起到了一定的作用。从90年代末开始，消失几十年的三文鱼终于回游到了西雅图的市区河流，从每年几条到十几条到几十条到上百条，虽说和自然环境破坏之前相比还有很大的距离，但这毕竟意味着多年来西雅图市民们的梦想开始实现了；意味着西雅图是全世界第一个让三文鱼回归大都市河流的城市。

西雅图公用事业局在暴雨管理方面也颇具创意。2004年西雅图公用事业局独创的都市自然排水系统获哈佛大学商学院该年度最佳创新奖。传统的排水系统由管道和地沟(ditches)组成，大量的污染物如机油、油漆、化肥、杀虫剂、重金属等随暴雨径流从传统的排水系统直接流入湖泊、河流、溪谷、海滨。这不仅仅造成对水环境的污染，而且还由于管道排水速度快、水量大，造成对河道的侵蚀，从而破坏了野生动植物的栖息地和食物链。而都市自然排水系统则是通过植物、土壤和街道的特殊设计将雨水截留在植物中、渗透进土壤里并利用弯曲的街道设计而降低流速。彩图11-12展示的是西雅图公用事业局创新的都市自然排水系统之一。经过三年的监测，数据显示都市自然排水系统可减少98%的暴雨径流。目前西雅图公用事业局正积极向土地开发商推荐采用都市自然排水系统，从几个样板工程显示(彩图11-13)，在达到同样的水质水量标准下，都市自然排水系统的造价只是传统BMP的三分之二左右，而采用都市自然排水系统的土地开发商还可以在税收方面得到优惠。都市自然排水系统正被越来越多的都市所采用。华盛顿州执法部门正在密切关注都市自然排水系统的效益，等待更多的试验和数据分析，看是否可以修改法规，用都市自然排水系统、雨水花园，生态屋顶等LID技术代替传统的BMP。

11.3.4 面源污染控制与经济发展的关系——后发优势

西雅图地区的发展模式是一个典型的通过保护环境来促进经济发展的范例。在过去以制造业为主的后工业化年代，由于西雅图地区人口稀疏，远离传统的工业中心，经济发展一直都落后于美国东部地区和西部加利福尼亚州的洛杉矶和旧金山地区。20世纪80年代之前，除了波音飞机制造工业之外，西雅图基本上是个依赖于自然资源的城市，主要产业都与林业、渔业和采矿等有关。从历史上看，西雅图地区幸运地"错过"了几次传统工业发展的大好时机。第一次是建城初期伐木和造纸工业的发展，全美最大的木材公司将它的总部设在了离西雅图仅70km的塔可玛市。当时的塔可玛市比西雅图具有更好的铁路交通(太平洋铁路还没有通到西雅图)和港口设施，但它造成的山川、河流，湖泊和海滨的污染也为百年后塔可玛市的萧条埋下了伏笔。第二次是20世纪初造船业的发展，塔可玛市又以它优越的海湾及港口设施先声夺人,为城市发展带来了短暂的繁荣,但繁荣背后留下的数百个污染极为严重的危险物品填埋场(Superfund Site)却成为塔可玛市在信息时代发展的瓶颈。

在以制造业为主的年代,西雅图的经济发展也经历了几次大起大落。第二次世界大战后,得助于航空业的蓬勃发展,西雅图地区的经济也繁荣了一段时间。可是随着 20 世纪 60 年代末和 70 年代初航空业的萧条,西雅图地区的经济发展大受打击。波音公司的大量裁员迫使大量人口迁出西雅图地区,房地产更是一落千丈。是利用西雅图地区丰富的自然资源引进高污染、高能耗的传统制造业,还是保护好未遭破坏的珍贵的自然资源,修复治理已经污染的一些具有天然优势的自然资源,像华盛顿湖、联合湖从而达到经济、环境和社会的和谐发展在 20 世纪 70 年代一直都是公众关心的问题。当时有一些房地产开发商和大公司提出将西雅图市中心靠近海滨的农贸市场铲平兴建停车场,借此来振兴经济发展。这个建议遭到了大多数市民们的强烈反对,最后不了了之。而正好在这个时候,华盛顿州颁布了州环保法,采取了很多有利保护空气和水源的环保评估措施。另外,华盛顿州还颁布了海岸线管理法案,规定哪些海岸线可以开发,哪些不可以开发。所以在发展商眼里,西雅图地区是最不适合商业发展的。当地的两个房地产开发商甚至贴出了一幅标语:"麻烦最后离开西雅图的人把灯关掉"。与开发商相反,西雅图市政府并没有视这些环保措施为经济发展的障碍,而是创造性地利用这些环保措施来发展经济。西雅图联合湖北端有一块占地 8hm² 的荒废瓦斯厂。长期以来,这块延伸入联合湖的污染严重的"垃圾岛"是西雅图市民的眼中钉,它时刻威胁着附近居民的生活质量和身体健康。西雅图市政府在 20 世纪 70 年代将这个废弃的"垃圾岛"改造成既保存了历史遗迹,又没有污染的"工业垃圾文物展览馆"。那一座座气塔、各式各样的压缩机和蒸汽管道组成了记载传统工业文明及落后的机器雕塑。

20 世纪 70 年代西雅图推行较为严格的环保措施,特别是在面源污染控制方面的措施,在当时的历史条件下是非常超前的。这些措施不能给西雅图带来眼前利益,但却改变了西雅图的产业结构,从过去以依赖波音飞机制造公司为主的制造业逐步转向高科技和信息服务业。制造业需要投入的是生产设备,而高科技的投资主要是高素质的人。在美国,最优秀的人才可以自由流动到任何地方,因此,城市生活环境、生活质量的好坏往往能决定这个城市能否成为高科技中心。这就是本节想要阐述的核心——后发优势。读者可以从下面的例子和数据中看到什么是后发优势。

1978 年一个名不见经传、刚刚二十岁出头的小伙子将他的公司从新墨西哥州迁回到西雅图市中心的前美国银行大厦。这小伙子就是今天的世界首富比尔·盖茨先生。而美国银行大厦则成了微软公司的发源地,最初版本的 MS-DOS 就是在这幢楼里开发的。为什么比尔·盖茨弃拥有哈佛和麻省理工学院的东部名城波士顿,舍世界高技术之都加利福尼亚州的硅谷,最终把微软公司迁回到了西雅图呢?除了故乡之情外,主要看中了西雅图地区优美的环境。比尔·盖茨先生深刻地认识到软件工业最宝贵财富就是人才。要想吸引最好的人才,西雅图地区得天独厚的水环境是不可多得的珍贵资源之一。20 世纪 70 年代末华盛顿湖的生态系统已经完全恢复,周边的房地产开始升值。比尔·盖茨看好了这个机会,当机立断将微软东迁到离华盛顿湖不远的贝尔威市(Bellevue)和雷德蒙市(Redmond),他需要一个可供微软发展几十年的理想家园。随着微软的成功,许多小公司如雨后春笋般地发展了起来,著名的大公司也纷纷来西雅图地区设立分部,从 2000 年起,西雅图地区的经济发展对波音的依赖变得越来越小,当 2004 年波音公司将总部从西雅图迁出时,几乎已经没有什么人对此感到惋惜。

正如一位市民们所说：要走就走吧，我们的都市现在已成为"无线都市"（Wireless Town）。

如果说点源污染治理（华盛顿湖的生态修复）为西雅图地区招商引资起了抛砖引玉的作用，那么面源污染控制则对信息时代西雅图地区的经济发展起了锦上添花的作用。从 20 世纪 90 年代起，西雅图地区各级政府一直以提高城市水环境为己任，加强对面源源头的控制，减少废弃物，并加大对海滨和都市河流栖息地的保护和修复，使西雅图的水环境和景观成为继三文鱼之后又一个历史、地理和文化的标志。从 1985 年到 2006 年，西雅图地区房价的中值从 11 万美元左右涨到 45 万美元左右，而靠水边的房地产则更是一地难求。由此市政府的税收大大增加，形成了经济发展与水环境保护和修复的良性循环。

下面我们再来看一个面源污染控制直接产生经济效益的例子。20 世纪 90 年代西雅图公用事业局在联合湖地区进行了面源污染控制的试点项目，查明了污染源主要来自合流制系统污水溢流。由于历史原因，联合湖南面的合流制系统污水溢流造成的湖滨底泥污染特别严重。西雅图和景县政府下决心要将联合湖南面的溢流排放控制在 5 年内平均每年排放 1 次的范围内，并对部分底泥污染严重地点进行了清理修复工作。在规划治理联合湖南面面源污染的过程中，政府和商界同时制定了联合开发湖南面绿色社区和生物工程园区的发展计划，以优美的生活和工作环境来吸引生物科技研发中心到此落脚。绿色社区的开发主要以分户出售的公寓大厦（Condo）为主，尽量采用最新的绿色科技如绿色屋顶、雨水花园、植物生态草沟和都市自然排水系统。令人鼓舞的是绿色社区的开发的构想是由开发商——微软公司的创始人之一的保罗·爱伦先生首先提出，西雅图市政府提供技术支援和服务。当绿色社区和生物工程园区建成后，世界著名的 Fred Hutchinson 癌症研究中心、华盛顿儿童研究中心和大量生物科技公司将搬入园区。彩图 11-14 展示出西雅图市中心的面貌。

从西雅图地区发展的历史来看，如果当年西雅图地区利用美国西北地区最廉价的电力和森林资源发展金属冶炼、化工等高污染、高能源消耗的传统工业，那么就不可能有西雅图今天的辉煌。高科技的发展除了政府的支持之外，其关键因素包括高素质的人才、教育与研究、文化多元性、国际视野，以及生活品质。而水环境的保护和修复，特别是科学利用湖泊和三文鱼这些代表着美国西北地区历史、地理、文化象征的珍贵自然资源，对西雅图地区招商引资、引进高素质的人才起了关键作用。普吉湾的波涛固然令人心潮澎湃，但华盛顿湖和联合湖的湖光山色更显得宁静、优雅，更有诗情画意。落霞与群雁（Canadian Goose）齐飞，碧水共长天一色就是西雅图今天的真实写照。这样的人文、地理和生活环境怎能不是高科技产业的理想家园？目前西雅图地区的高科技产业有几千家，光计算机发展公司就有 2200 家，生物工程公司有 115 家。其中包括微软、波音、星巴克咖啡、Costco、亚马逊网上售物（Amazon. com）、美国电报电话公司无线分部、Amgen 生物工程公司的研究中心等著名跨国企业。这就是我们今天所说的后发优势，西雅图地区利用保护和修复水资源的发展的经验充分证明了这一点。

11.3.5 21 世纪的机遇和挑战：面源污染控制与可持续发展相结合

早在 20 世纪 60 年代，西雅图市民就渴望将西雅图建造成一座森林覆盖的城市，投票通过了一个非常慷慨大方的全民捐款绿化发展计划（350 美元/人），发展了 100 个绿化项目。但是由于都市化带来的水泥路面增加，市民们的愿望并没有实现。特别是由暴雨径流引起的内涝和面源污染及 20 世纪 90 年代联邦政府通过的三文鱼保护法，对 21 世纪西雅图地区的暴雨管理和面源污染控制极具挑战性。目前西雅图地区几百个合流制系统污水溢流口是造成河流，湖泊和海滨三文鱼和水生动物栖息地破坏的最大污染源。虽说目前的暴雨 NPDES 排放许可是 5 年内平均每年排放一次，但对某些敏感地带来说，可能一次的冲击就足以使水生动物栖息地修复工作前功尽弃。而控制合流制系统污水溢流是极为昂贵的，仅仅将联合湖南面的溢流排放从 20 世纪 90 年代的 33 万 m^3 降低到 5 年内平均每年排放 1 次（约 16 万 m^3）的工程费用就为 6 亿多美元。西雅图地区目前每年的合流制系统污水溢流为 570 万 m^3，比 30 年前的 870 万 m^3 仅仅减少了 35% 左右。所以西雅图公用事业局正在研究通过什么有效的方法可以使西雅图市中心的海滨地带做到 5 年内零排放。这些方法包括传统的在线贮存，加大雨水收集系统，修建暴雨处理厂，修改西雅图市中心所有建筑雨水滞留池的运行机制和利用西雅图公用事业局独自研究发展的自然排水系统、生态屋顶等绿色环保技术改造西雅图市中心所有建筑的屋顶和街道。而研究的第一步就是建立西雅图市中心水文、水利和城市管网的系统模型，在模型中对各种方法或各种方法的组合进行模拟和比较。对管理者来说模型已成为决策者们作决定的极为重要的一个平台。

另外全球性气候变化和温室效应对西雅图地区水资源、水环境的影响更深远、更难预测。为使西雅图在本世纪成为最可持续性发展的都市，西雅图公用事业局将面源污染控制与都市可持续性发展和全球性气候变化和温室效应结合起来。目前西雅图公用事业局和华盛顿大学共同研究的将全球大气循环模型（Global Circulation Model）细化（Down Scale）到 $1km^2$ 范围就是为了规划 20 年后暴雨的形态变化对西雅图排水系统的影响。

2000 年西雅图成为全美国第一个采用可持续性建筑方针（Sustainable Building Policy）的城市，这是从 19 世纪中叶西雅图市成立以来启动的最大的城市改造项目。这一方针的采用使得可持续性发展的原则融会贯通到工程技术人员、规划设计人员、建筑师、开发商的日常工作和广大市民们的日常生活中去，对西雅图建筑行业的影响乃至对全美国建筑行业的影响将是不可估量的。据西雅图规划局估计，每年西雅图市仅仅从绿色建筑的各项活动中所创造的财富将达 6 亿 7 千多万美元。西雅图市在商用建筑上是目前全世界采用 LEED（Leadership in Energy and Environmental Design）最多的城市，也是世界上第一个采用 LEED 的城市。目前西雅图市拥有全美国最集中的 LEED 专业人才。西雅图规划局估计 2007 年将有 17% 的新建居民住宅采用绿色建筑设计。近年来的研究显示，绿色屋顶不仅仅可以延迟暴雨的峰值，降低径流流量，降低城市的"热岛"效应，减少 CO_2 排放，节省能源，中和酸雨；而且还可以美化城市，降低城市暴力犯罪。

放眼 21 世纪，西雅图将都市的可持续发展作为信息时代经济、社会和环境和谐发展的战略总方针。也许在不久的将来人们就可以看到西雅图市中心所有的商业建筑将被绿色屋顶所覆盖；大部分街道将采用自然排水系统。这些新的理念和创新将有助于达到面源污染控制的最终目的之一——合流制系统污水溢流的零排放。

11.4 新加坡雨水资源的利用与管理

11.4.1 新加坡的地理气候概况

新加坡位于东南亚马来半岛最南端，北隔柔佛海峡与马来西亚为邻，南隔新加坡海峡与印度尼西亚相望。新加坡国土面积 699.4km²，人口约 450 万人，是一个人口密度较大的国家。新加坡岛是新加坡领土构成的主要部分，约占国土面积的 91.3%，是一个菱形的小岛。新加坡岛平均海拔 17m，按地势可以分为 4 个区：西部低丘浅谷区，受到山脊影响被割裂成许多低丘和浅谷；中部高地为丘陵地带；东部冲击层区地势较为平坦，水系纵横；南部入海口处为多个小平原区，受海水侵入形成港湾。岛上没有自然湖泊和河流，岛上的现有河道和湖泊都是为蓄水修建的人工水库和水道。

新加坡地处赤道附近，与温带四季分明的气候特征不同，这里是典型的热带海洋性季风气候。每年 6 月到 9 月主要受来自印度洋西南季风的影响，12 月到次年 3 月受来自中国南海的东北季风影响。4~5 月、10~11 月形成两个较短暂的季风间期。通常情况下，新加坡的日间气温保持在 31~33℃，夜间降低至 23~25℃，各月的温差并不大。全年的空气湿度一般在 60%~90%，降雨时一般会达到 100%。虽然没有明显的干湿季，在不同季风控制下还是会呈现出一些不同的天气现象。5~9 月的降雨相对较少，4 月和 12 月形成两个降雨量峰值。暴雨在 4 月和 11 月出现的频率最高，通常下午在陆上发生，半夜或黎明在海上发生。除了降雨期间，新加坡的空气能见度都比较高，一般来说保持在 10km 以上。新加坡的主要气象数据如表 11-13 所示：

新加坡主要气象数据　　　　　　　　　　表 11-13

月份	月均最低气温(℃)	月均最高气温(℃)	平均风速(m/s)	月降雨量(mm)	月降雨天数(天)	暴雨频数(次)
1 月	23.9	30.4	2.7	247.7	11.3	4.4
2 月	24.3	31.6	2.8	106.6	6.9	5.4
3 月	24.6	32.1	2.2	162.1	10.3	11.9
4 月	25.0	32.3	1.6	150.2	11.6	19.2
5 月	25.4	32.2	1.6	166.9	10.8	19.2
6 月	25.4	31.9	2.0	132.6	10.1	15.0
7 月	25.1	31.4	2.4	152.8	10.5	13.4
8 月	25.0	31.4	2.5	143.4	11.2	13.4
9 月	24.8	31.4	2.0	157.4	10.8	14.9
10 月	24.6	31.7	1.5	155.6	12.3	18.1
11 月	24.3	31.1	1.4	255.7	14.8	18.6
12 月	24.0	30.2	2.0	327.3	16.5	12.5

*注：以上采用新加坡 1982~2006 年共计 25 年气象数据的均值。

11.4.2　水资源与水质特征

新加坡的年降雨量可以达到 2400mm，与我国很多地区不足 1000mm 的降雨量相比，雨量是十分充沛的。但是新加坡仍然是一个水资源稀缺的国家。这是因为新加坡的降雨以暴雨为主，具有突然性、局域性、强度大、持续时间短的特征。从晴空万里到乌云密布、电闪雷鸣，再到大雨倾盆，只需要几十分钟。降雨强度一般很快就能达到 50mm/h 以上，一次降雨历程一般为几个小时，更短的不超过 1h。这种突然性的高强度降雨十分不利于城市蓄水，如果排水系统不畅还有形成城市洪水的风险。新加坡境内没有主要河流，也没有地下水，有限的国土面积无法为这些降雨提供足够的蓄水水库，大部分的降雨还是直接排海。

与美国、中国等国家将径流管理的重心放在水质管理和面源污染控制上不同，新加坡主要将雨水作为资源进行管理，将较大的研究精力放在城市水文、水力学上。新加坡有四大水源：水库蓄留的雨水，国外输入的淡水，污水深度处理后的再生水，以及反渗透技术淡化的海水。其中，再生水和淡化海水主要作为工业用水，而进口水源和水库蓄水主要作为生活用水，经给水厂处理，再通过管道输送给千家万户。

为了保证城市的防洪安全，同时又能将宝贵的降水资源充分利用，新加坡政府 30 年来实施了一系列卓有成效的政策措施。1977 年，当时的总理李光耀致力于将新加坡建设成一个美丽的花园城市，开始规划整治新加坡河。新加坡河是新加坡的一条主要入海水道，水面很窄，当时沿岸的生活污水、工业废水、商业区排放的废水和少量的种植面源统统进入这条水道，形成严重的污染。新加坡花了 10 年时间对新加坡河进行整治，终于使河水还清。在这一整治行动过程中，新加坡改造了整个国家的市政管网，实现了雨污分离。雨水作为新加坡的供水资源之一，开始得到系统的管理。包括雨水在内的水资源管理由新加坡共用事业管理局(Public Utility Board，PUB)负责，到今天仍然如此。

新加坡水资源管理部门和学术界从 20 世纪 80 年代起开始对暴雨径流水质进行监测。研究结果显示新加坡的雨水非常清洁，径流水质总体良好，有机物、营养物质、重金属等的含量都符合水质要求。初期冲刷效应除了在油脂类物质中存在外，在其他类型污染物中表现得不明显。文献中也报道了前期干期长度与场次径流负荷的正向相关关系，但由于总体负荷较低且降雨频繁，这一现象基本不会对径流水质造成影响。由于降雨径流并不形成污染，近年来由于政府的政策对于水质信息的发布进行了相应的限制，加上对水的研究主要集中在海水淡化和污水回用领域，直接对新加坡径流水质进行报道的文献并不多。有些学者尝试建立水质和流量之间的关系，但是发现各种污染物含量与径流量之间的相关系数都非常小。

按照径流污染的来源，可以将其分为来自大气湿沉降、来自下垫面、来自管网系统三个部分。依据以上分类，我们可以对新加坡的径流水质作一些初步的分析。降雨淋洗带入的污染物主要取决于当地的大气环境质量。2003～2006 年，新加坡每年空气质量 PSI 指数达"优"的比例均超过 85%，来自大气湿沉降的贡献非常小。

下垫面的污染主要来自于人类活动的影响。新加坡的城市环卫系统比较完善，对于人们的日常行为也有严格的限制。新加坡通过价格杠杆和政府规定，实施了各种发展公共交通的措施，有效地控制了城市的机动车保有量，减少了由于交通形成的径流污染源。另外，新加坡城市内的绿地均处于自然生长状态，也不存在过度的肥料可能导致的营养物质污染。这些都有助于保持良好的城市清洁度，减少来自城市下垫面的污染源。对于来自管网系统的污染，将包含在下面对于排水系统管理的分析中。

11.4.3 排水系统管理——渠道和水库

城市排洪是新加坡雨水管理的一项主要任务。雨水通过地表和地下收集后，一部分蓄积在水库中，多余的部分直接排入海洋。与我国很多大中城市的不同，新加坡的城市排水系统可以经受数小时连续高强度降雨的考验，保障城市交通的正常运行。与国内的汽车车型相比，新加坡的汽车底盘普遍较低。面对如此频繁的暴雨，如果无法顺畅排涝，很难想象这些汽车如何涉险前行。新加坡做到这一点得益于新加坡发达的雨水排放系统和出色的维护管理。

我国大中城市的排水系统几乎完全采用地下管渠的形式。新加坡西部是低丘浅谷，中部是山地丘陵地带，为地表排水提供了良好的先天条件。在这些区域，排水系统是以地表明渠为主的。新加坡政府延地势修建了城市的排水渠道，将雨水逐级引至附近水库中。东部地势地平，且商业发达更适合采用地下管渠。但另一方面，城市河道在这一区域内相对西部变得密集。所以，由地下管渠收集的雨水经过较短的输送距离后，就可以汇入城市河道或附近水库。

采用明渠为主的排水方式，一方面容易对系统进行延伸，可以根据需要补充新的渠道；另一方面可以避免暗渠管道难以清洁的缺陷，保持渠道排水通畅。渠道的形式有梯形、U形、T形等。在进行渠道设计时，需要控制一定的干期设计高度，保证干期渠内的贮水高度不超过这一高度。两侧为多孔石板或砖，便于周围的土壤渗流。在坡度较大的地方，渠道设计成逐级跌水的方式，还可以通过曝气充氧净化水质。暴雨来时，这些跌水渠道中的水流可如小型瀑布一般奔泻而下（彩图11-15）。

政府对于渠道的日常清洁和维护是分级进行的。新加坡共用事业管理局与专门负责清洁维护的公司签订协议，对于主要的汇流河道，采用最为严格的随时抽查的方式，要求在任何时候都保证河道清洁；对于次级渠道，每天进行清洁维护；对于末级渠道，每周进行1~2次维护。维护工人的工作主要包括两个方面，一是清理淤积的泥沙、杂物和杂草落叶，二是汇报并及时修理更换破损的栏杆、石板等。新加坡城市整体的清洁度比较高，虽然这些渠道都是裸露在地面的明渠，但是渠道内很少见到丢弃的垃圾和其他杂物。由于地处热带，这里的植物生长十分旺盛，所以有必要对落叶和杂草进行经常性的清理，才能保持渠道排水顺畅。此外，新加坡土壤面积较大，硬质表面比例相对较小，加之很多地方地表坡度较大，易受冲刷，增加了泥沙进入渠道的可能性。清除这些颗粒物对于渠道内排水安全和前文提到的水质保障都是必要的。

新加坡共用事业管理局对城市雨水的贮存进行了系统的规划，陆续在新加坡建成了14个水库（Reservoir），新加坡人也将这些水库称为蓄水池。它们分别是勿洛蓄水池（Bedok Reservoir），裕廊湖（Jurong Lake），克兰芝蓄水池（K ranji Reservoir），贝雅士蓄水池上段（Upper Peirce Reservoir），贝雅士蓄水池下段（Lower Peirce Reservoir），麦里芝蓄水池（MacRitchie Reservoir），慕莱蓄水池（Murai Reservoir），班丹蓄水池（Pandan Reservoir），波扬蓄水池（Poyan Reservoir），德光岛蓄水池（Pulau Tekong Reservoir），莎琳汶蓄水池（Sarimbun Reservoir），登格蓄水池（Tengeh Reservoir），实里达蓄水池上段（Upper Sele-tar Reservoir），实里达蓄水池下段（Lower Seletar Reservoir）。之所以被称为蓄水池，也与这些水库规模较小有关。这些水库分散在新加坡岛的各个部分，每个水库负责收集临近集水区的降雨径流。

新加坡目前利用水库蓄水所供给的水量约占城市总供水量的30%。在临近的若干个水库之间的位置，建设一座给水处理厂。水库蓄积的雨水通过给水处理厂进行处理后，供给城市用水。供水水质的监测也是采用分级处理的方式进行，由专门的监测实验室负责。在水厂取水管道的入口处，安装有在线监测设备，进行实时监测。在水库中和主要河道进入水库的位置每天进行监测，随着渠道级别的下降，监测频率逐级降低。末级渠道的监测频率一般为两个月一次。水质监测分干期和湿期，湿期监测一般选择在降雨3h内进行，干期监测一般选择连续 48h 不降雨后进行。

在主要水库周边都有政府沿湖修建的市政公园，一方面为市民提供亲水环境，另一方面将水库和主要街区隔开以保护水源。公园内的设施比较简单，一条沿湖的慢跑道，简单的儿童游乐设施和健身设施，以及开阔的绿地空间，是一处良好的户外活动场所。平时常常可以看到有人在公园内滑旱冰、骑车或慢跑。与中国很多城市建设的市政公园相比，这里的公园缺少了那些设计新颖的雕塑、亭台、喷泉和夜晚的彩灯，更多地保留了湖的原态。这样一来，也大大地降低了政府用于维护这些市政公园的支出。

11.4.4　雨水管理与居民生活

如此频繁而突然的高强度降雨并没有影响新加坡人的正常生活。实际上，政府在进行雨水管理的时候充分考虑了居民的需要。

在新加坡，所有的过街天桥都采用了加装顶棚的设计，很多街道两旁的人行道也有防雨棚。新加坡 80% 以上的居民都居住在政府建设的组屋中，组屋是新加坡社区的基本形式和单元。基于防洪的考虑，组屋的第一层是没有住户的，只有用于支撑建筑的主要梁柱和承重墙，空出的部分形成一个通廊，设置了一些石桌、乒乓球台等社区的公共设施。这种房屋设计形成了社区内的避雨设施。两栋组屋之间仍然通过顶棚连通，并一直从社区内连接到附近的公交车站。如此一来，居民们在突降暴雨的情况下仍然可以从上班的地方回到家中，不必带伞也不会淋湿。大学内也是相似的情况，通过地面或空中的连廊将各个建筑连通起来。

11.4.5　3P(Public Private People)雨水资源管理机制

新加坡的环境主管部门是环境和水资源部(Ministry of the Environment and Water Resources)，其中环境和水资源分由两个政府机构负责，一个是前面提到的新加坡共用事业管理局，主管与水资源有关的工作，另一个是的国家环保署(National Environment Agency)，负责大气、固废、噪声等其他类型的环境保护工作，但是不直接参与水的管理。

新加坡将自己对水资源管理的成果归功于长期的战略思考和有效的政策实施。然而，在这些政策的背后，更加核心和本质的是新加坡环境管理的社会参与机制，也就是所谓的3P管理思路。要将政府、企业和公众的力量形成合力，共同积极参与环境保护和水资源的管理，并不是一件容易的事。新加坡经过了长期的努力，通过各种激励机制和宣传教育，才获得了今天的成果。

举一个简单的例子。在3P管理思路下，政府 2005 年 8 月起开始实施一个计划。这个计划号召企业和组织机构志愿承担某条水道、某个水库或其中一部分的日常维护工作，最短以 2 年为期。到 2005 年底，就已经有 16 个机构加入了这一计划。目前，这个计划正在有效的进行当中。一方面，它可以节约政府的环境管理成本，另一方面，可以进一步加强参与企业机构的环境保护意识。企业和机构通过参与这一计划，可以树立良好的形象以获得更大的市场认同，进一步促进企业的发展。这样的良性循环和综合效应，有一个不容忽视的前提，那就是在新加坡当地已经形成的社会参与机制，企业确实将环境管理视为自己的责任，社会也确实给予积极参与环境保护的企业充分的认同。植根于这种机制当中，很多政策的实施都变得有效起来。

不单是企业，每一个公民都拥有参与水资源管理的权利和义务。新加坡的水库水质都非常清洁，经过给水厂处理后的生活用水是符合饮用水质量标准的，可以直接饮用。我们可以想象，如果没有市民的环境管理意识和责任，这种以明渠输水和城市内部水库蓄水为主的供水模式，将很难得以实现。

对于面源污染控制与管理，新加坡借鉴了很多美国和欧洲的先进经验，并进行了适当的本土化。例如美国 BMPs 工程措施中，建议在建设工地的周围设置相应的围护设施，防止降雨过程中雨水冲刷将泥沙带入径流，这一方法在新加坡的建设工地已经成为一项基本措施。BMPs 工程措施中，也有一些并不适合于新加坡。例如在美国经常使用的多孔路面，就是基于尽量截留雨水在本地，通过地下输水的方式进行循环的原则。而在新加坡是没有地下水循环系统的，所以一个基本的观点就是要让水尽快地通过各种地表渠道输送至水库，多孔地面的措施自然也就没有在新加坡应用。除了工程性措施，如果按照 BMP 体系的思路来看，新加坡更多的是采取非工程性措施(Non-structural BMPs)，通过经济杠杆和公众意识，最大限度地减少源的产生和汇入。上面提到的 3P 管理思路就是最好的例证。

11.4.6　新加坡雨水管理未来的发展

Debo and Rees(2003)在他的专著《城市暴雨管理》中这样评价采用明渠汇水方式进行雨水管理的城市："在很多地方，雨水沟渠处于无人看管的状态，沟渠中填满了垃圾和落叶。而在某些地方，雨水排水渠却正在成为吸引市民的去处。虽然无法完全依照自然景象修建城市水道，但是临岸的人行道、自行车道、亲水设施和延渠修建的公园仍然可以大幅度提升这些水道的价值。"为了实现这个最佳情景，新加坡共用事业管理局启动了所谓的 ABC(Active Beautiful and Clean)计划，从 2007 年起逐步实施，着力塑造新加坡水资源"充满活力、美丽、清洁"的特征。在这个计划中，明确提出了要将所有的水道和水库都逐步建设成吸引公众前往的场所，并在提供休闲娱乐的过程中灌输保护水资源的观念和方法。目前，14 个水库中有 8 个开发了简单的休闲娱乐项目，包括划船、皮艇、动力冲浪、龙舟等。新加坡政府选定了两条主要河道作为试点，进行沿岸的美化和景观建设。在该项目的建设团队中，集合了城市规划、建筑、生态、景观、水力、环境等各个领域的专家。新加坡政府认为，ABC 计划不仅能通过沿岸的景观建设为周边经济注入新的活力，为市民提供休闲场所，更能够进一步培养全体民众的水环境保护意识。因为当人们享受着清洁的水环境带来的幸福生活的同时，也能自然而然的产生更强烈的主人翁意识和责任感，保护水环境。

目前新加坡全国的需水量是 1.3 亿 t/d，根据新加坡相关部门的预期，到 2011 年，这一数字将会增长 1/3。为了满足未来的供水需求，新加坡政府将会逐步减少进口水源的供水比例，提高本地蓄水水库的供水比例，收集径流作为水源将会成为政府的首选方式。为此，新加坡政府已经启动了一个巨大的建设项目——滨海大坝(Marina Barrage)，预计到 2007 年底竣工。这个项目将会将 300m 宽的滨海水道与海水隔开，形成一个新的大型水库，经过 1～2 年的时间，这一区的海水就将全部被淡水替代。加上其他几个将陆续建成的蓄水项目，新加坡境内水库的汇水面积将从现在的占国土面积 50%，增加到占国土面积 67%。这样，新加坡丰富的雨水资源将会得到更充分的利用，保证未来的供水需求。除了泵站水库和大坝，相应的休闲娱乐和游览设施也将会把市民生活、旅游与水库的功能性需求充分结合起来。

参考文献（以出现先后为序）

[1] 孟伟，苏一兵，郑丙辉. 中国流域水污染现状与控制策略的探讨 [J]. 中国水利水电科学研究院学报. 2004，2(4)：242-246.

[2] Debo TN and Reese AJ. Municipal Stormwater Management [M], 2nd Edition. CRC Press, Boca Raton. 2003.

[3] Novotny V, Chesters G. Handbook of Nonpoint Pollution: Sources and Management [M]. Van Nostrand Reinhold Company, New York. 1981.

[4] US EPA. National Water Quality Inventory [R]. Office of Water, Washington DC. http://www.epa.gov.305b/2000report/

[5] 车伍，李俊奇. 城市雨水利用技术与管理 [M]. 北京：中国建筑工业出版社，2006.

[6] D'Arcy B., Frost A. The role of best management practices in alleviating water quality problems associated with diffuse pollution. The Sci Total Environ, 2001, 265: 359-367.

[7] 尹澄清. 城市面源污染问题：我国城市化进程的新挑战——代"城市面源污染研究"专栏序言 [J]. 环境科学学报. 2006，26(7)：1053-1056.

[8] 陈和平，车伍，李俊奇等. 住宅建筑水资源综合利用及水环境改善案例 [J]. 建筑科学. 2007，23(2)：96-100.

[9] 宫莹，阮晓红，胡晓东. 我国城市地表水环境非点源污染的研究进展 [J]. 中国给水排水. 2003，19(3)：21-23.

[10] 刘燕，车伍，李俊奇. 城市降雨径流污染控制与管理模式 [J]. 环境保护科学. 2006，32(3)：10-12.

[11] 王艳春，李延明. 北京公园水体污染原因分析及治理现状调查 [J]. 环境科学与技术. 2006，29(11)：50-52.

[12] 张昕. 关于我国重点流域水污染防治问题的思考 [J]. 环境保护. 2001，(1)：35-38.

[13] 中国科学院南京地理与湖泊研究所. 太湖梅梁湾 2007 年藻类水华大规模暴发原因分析及应急措施建议 [J]. 湖泊科学. 2007，19(4)：357-358.

[14] Gordon M. Mapping hazard from urban non-point pollution: a screening model to support sustainable urban drainage planning [J]. Journal of Environmental Management. 2005，74：1-9.

[15] 聂发辉. 城市雨水生态化综合利用技术探讨 [J]. 华东交通大学学报，2007，24(1)：27-31.

[16] Ashley J T F, Baker J E. Hydrophobic organic contaminants in surficial sediments of Baltimore Harbor: Inventories and sources [J]. Environmental Toxicology and Chemistry, 1999, 18(5): 838-849.

[17] Baskaran M, Ravichandran M, Bianchi TS. Cycling of 7Be and 210Pb in a high DOC, shallow, turbid estuary of south-east Texas [J]. Estuarine Coastal and Shelf Science. 1997, 45: 165-176.

[18] 高拯民，李宪法. 城市污水土地处理利用设计手册 [M]. 北京：中国标准出版社，1991.

[19] Bertrand-Krajewski J L, Chebbo G, Saget A. Distribution of pollutant mass vs. volume in stormwater discharges and the first flush phenomenon [J]. Water Research, 1998, 32: 2341-2356.

[20] Heal K V, Hepburn D A, Lunn RJ. Sediment management in sustainable urban drainage system (SUDS) ponds. Water Science and Technology. 2006, 53 (10): 219-227.

[21] Lee, J. G., Heaney, J. P., Lai F. H. Optimization of integrated urban wet-weather control strategies

[J]. Journal of Water Resources Planning and Management，2005，131 (1)：307-315.

[22] Maksimovic C，Tejada-Guibert JA(eds). Frontiers in Urban Water Management：Deadlock or hope? 2001，IWA. 陈吉宁译，城市水管理中的新思维-是僵局还是希望 [M]. 北京：化学工业出版社，2006.

[23] Maxwell J. Scotland's first best management practice surface water treatment：the developers' perspective [M]. //Rowney AC，Stahre P and Roesner LA(eds)，Sustaining urban water resources in the 21st century. ASCE，Reston，Virginia. ISBN 0-7844-0424-0，1999

[24] Novotny V，Olem H. Water Quality：Prevention，Identification and Management of Diffuse Pollution [M]. New York：Van Nostrand Reinhold Company，1994.

[25] 金相灿，刘鸿亮，屠清英等. 中国湖泊富营养化 [M]. 北京：中国环境科学出版社，1990.

[26] O'Keefe B，D'Arcy BJ，Davidson J，Barbarito B and Clelland B. Urban diffuse sources of faecal indicators [J]. Water Science & Technology，2005，51，3-4：183-190.

[27] Tsihrintzis V A，Hamid R. Modeling and management of urban stormwater runoff quality：a review [J]. Water Resources Management，1997，11(2)：136-164.

[28] Van Buren M A，Watt W E，Marsalel J. Application of the log-normal and normal distributions to stormwater quality parameters [J]. Water Research. 1997. 31(1)：95-104.

[29] Wallbrink PJ，Murray AS. Distribution and variability of 7Be in soils under different surface cover conditions and its potential for describing soil redistribution processes [J]. Water Resources Research. 1996，32(2)：467-476.

[30] Wilson C，Clarke R，D'Arcy BJ，et al. Persistent pollutants urban rivers sediment survey：implications for pollution control [J]. Water Science & Technology. 2005，51(3-4)：217-224.

[31] 陈莹. 公路路面径流污染特征及其对受纳水体水质影响的探讨 [D]. 西安公路交通大学硕士学位论文，西安，2001.

[32] 欧阳志云，王效科，苗鸿. 中国陆地生态系统服务功能及其生态经济价值初步研究 [J]. 生态学报. 1999，19(5)：607-613.

[33] 尹澄清，毛战坡. 用生态工程技术控制农村面源水污染 [J]. 应用生态学报. 2002，13(2)：229-232.

[34] 赵剑强. 城市地表径流污染与控制 [M]. 北京：中国环境科学出版社，2002.

[35] Charbeneau R J，Barretti M. Evaluation of methods for estimating stormwater pollutant load [J]. Water Environment Research，1998，70：1295-1302.

[36] Corwin D L，R J Wagenet. Application of GIS to the Modeling of Nonpoint Source Pollution in the Vadose Zone：A Conference Overview [J]. J Environ Qual. 1996，23(3)：48-51.

[37] 鲍全盛. 我国水环境非点源污染研究与展望 [J]. 地理科学. 1996，16(1)：21-25.

[38] 陈为峰，史衍玺. 3S 技术在农业非点源污染研究中的应用 [J]. 水土保持学报. 2002，16(2)：122-125.

[39] 代晋国，王淑莹，李利生等. 基于 GIS 的非点源污染的研究及应用 [J]. 安全与环境学. 2003，3(6)：36-39.

[40] 方红远. 城市径流质量模型参数率定方法研究 [J]. 环境科学进展. 1998，6(2)：56-60.

[41] 冯玮隽，李泽琴，Gregory Goblick. 城市雨水径流环境污染控制研究进展 [J]. 南水北调与水利科技. 2006，4(4)：35-37.

[42] 顾培，沈仁芳. 长江三角洲地区面源污染及调控对策 [J]. 农业环境科学学报. 2005，24(5)：1032-1036.

[43] 贺缠生，傅伯杰，陈利项等. 非点源污染管理及控制 [J]. 环境科学. 1998，19(5)：15-18.

［44］ 刘俊良. 城市节制用水规划原理与技术［M］. 北京：北京化学工业出版社，2003.

［45］ 刘荣桂，吴智仁，陆春华等. 护堤植生型生态混凝土性能指标及耐久性概述［J］. 混凝土. 2005，2：16-19.

［46］ 沈耀良，王宝贞. 废水生物处理新技术——理论与应用［M］. 北京：中国环境科学出版社，1999.

［47］ 王东海，乔丽巍，李慧. 城市小区污水处理及回用新工艺［J］. 黑龙江环境通报. 2005，29(4)：100-103.

［48］ 王武祥. 透水透气型彩色混凝土路面砖［J］. 新型建筑材料. 1995，7：27-30.

［49］ 徐建华，史雪霏，张道方. 分散式小区污水回用分析研究［J］. 环境科学与管理 . 2005，30(5)：29-32.

［50］ 晏维金，章申，唐以剑. 模拟降雨条件下沉积物对磷的富集机理［J］. 环境科学学报，2000，20(3)：332-337.

［51］ 张瑜英，孙丽云，李占斌. 城市非点源污染研究进展与展望［J］. 人民黄河. 2006，28(3)：42-44.

［52］ 周慧平，葛小平，许有鹏等. GIS 在非点源污染评价中的应用［J］. 水科学进展. 2004，15(4)：441-444.

［53］ 邹安平，周籹，张健君. 深圳特区面源污染研究［J］. 西南给排水 . 2006，28(3)：13-15.

［54］ APHA(American Public Health Association, American Water Works Association, and Water Pollution Control Federation). Standard methods for the examination of water and wastewater［M］. (16th edition). Washington DC: American Public Health Association, 1985.

［55］ Baucher M, Monties B, Van Montagu M, et al. Biosynthesis and genetic engineering of lignin［J］. Critical Reviews in Plant Sciences, 1998, 17(2)：125-197.

［56］ Baveye P, Vandevivere P. Environmental impact and mechanisms of the biological clogging of saturated soils and aquifer materials［J］. Critical Rev. Environmental Science and Technology. 1998, 28：123-191.

［57］ Braat AC. TNO Report R95/138 *. Calculation of atmospheric deposition of contaminants over the North Sea［R］, 1995.

［58］ Butler D, Parkinson J. Towards sustainable urban drainage［J］. Water Science and Technology. 1997, 35(9)：53-63.

［59］ Chen Q F, Shan B Q, Yin C Q, et al. An off-line filtering ditch-pond system for diffuse pollution control at Wuhan City Zoo［J］. Ecological Engineering, 2007, 30(4)：373-380.

［60］ Christoph Plataer, Klaus Mauch. Soil clogging in vertical flow reed beds—mechanisms, parameters, consequences and ···solutions?［J］. Water Science Technology. 1997, 35(5)：175-181.

［61］ Dibb JE. Atmospheric deposition of Beryllium 7 in the Chesapeake Bay region［J］. Journal of Geophysical Research, 1989, 94：2261-2265.

［62］ Edmondson W T. The Uses of Ecology: Lake Washington and Beyond［M］, University of Washington Press, Seattle, pp. 285-287, 1991.

［63］ Krejci V, Dauber L, Novak B, and Gujer W.. Contribution of different sources to pollutant loads in combined sewers［C］. Proc. 4th Int. Conf. on Urban Storm Drainage, Lausanne, Switzerland, Aug. 31-Sept 4, 1987. pp 34-39.

［64］ Li L Q, Yin C Q, He Q C, Kong L L. First flush of storm runoff pollution from an urban catchment in China［J］. Journal of Environmental Sciences, 2007, 19：295-299.

［65］ Paerl H W. Emerging role of atmospheric deposition in coastal eutrophication: biogeochemical and trophic perspectives［J］. Can J Fish Aquat Sci, 1993, 50：2254-2269.

［66］ Schueler TR. Controlling Urban Runoff: a practical manual for planning and designing urban BMPs

[R]. Metropolitan Washington Council of Governments，Washington，D. C. 1987.

[67] Scott P, Santos R, Argue J R. Performance，environmental and cost comparisons of onsite detention (OSD)and onsite retention(OSR) in re-developed residential catchments [J]. Water Science and Technology，1999, 39(2)：33-41.

[68] Skipworth P J, Tait S J, Saul A J. The first foul flush in combined sewers：an investigation of the causes [J]. Urban Water, 2000, 2：317-325.

[69] Tanner C C. Plants as an ecosystem engineers in subsurface-flow treatment wetlands [J]. Wat. Sci. Tech.，2001，44(11-12)：9-17.

[70] Thomas N D, Andrew J R. Municipal stormwater management [M]. Lewis publishers. 2002，888-891.

[71] US EPA and ASCE, 2002. Urban Stormwater BMP performance monitoring [R]：A guidance manual for meeting the national stormwater BMP database requirements. Office of Water, EPA. EPA821-B-02-001.

[72] Wakeham S G, Forrest J, Masiello C A, Gelinas Y, Alexander C R, Leavitt P R. Hydrocarbons in Lake Washington sediments. A 25-year retrospective in an urban lake [J]. Environmental Science & Technology, 2004，38(2)：431-439.

[73] Wallbrink PJ, Murray AS. Determining soil loss using the inventory ratio of excess 210Pb to 137Cs [J]. Soil Science Society of America Journal，1996，60(4)：1201-1208.

[74] Wang K, Cornett RJ. Distribution coefficients of 210Pb and 210Po in laboratory and natural aquatic systems [J]. Journal of Paleolimnology. 1993，9：179-18.

[75] Yin C Q, Li L Q. An investigation on suspended solids sources in urban stormwater runoff using 7Be and 210Pb as tracers [J]. Water Sci Technol. 2008，57(12)：1945-1950.

[76] 车伍，欧岚，汪慧贞等. 北京城区雨水径流水质及其主要影响因素 [J]. 环境污染治理技术与装备. 2002，3(1)：33-37.

[77] 陈友媛，惠二青，金春姬等. 非点源污染负荷的水文估算方法 [J]. 环境科学研究. 2002，16(1)：10-13.

[78] 韩冰，王效科，欧阳志云. 城市面源污染特征的分析 [J]，水资源保护. 2005，21(2)：1-4.

[79] 无忧环评网 http：//www. 51hp. net/Article/

[80] 郑敏丽. 城市排水体制的探讨 [J]. 市政技术，2004，22(01)：44-45.

[81] 韩凤朋，郑纪勇，王云强等. 黄河支流非点源污染物(N、P)排放量的估算 [J]. 环境科学学报. 2006，26(11)：1893-1899.

[82] 贾成霞，刘广山，杨伟峰等. 厦门地区 7Be 和 210Pb 的大气沉降通量 [J]. 厦门大学学报(自然科学版). 2003，42(3)：352-358.

[83] 李化建，孙恒虎，肖雪军. 生态混凝土研究进展 [J]. 材料导报. 2005，19：17-20，24.

[84] 李俊奇，李宝宏. 住区雨水利用与景观水体水质保障工程设计 [J]. 中国给水排水. 2006，22(24)：50-60.

[85] 李立青. 汉阳地区城市降雨径流污染过程与控制措施研究 [J]. 中国科学院研究生院博士论文，北京，2007.

[86] 赵剑强，闫敏，刘珊. 城市路面径流污染调查 [J]. 中国给水排水.2001，17(1)：33-35.

[87] 邵尧明，何明俊. 现行规范中城市暴雨强度公式有关问题探讨 [J]. 中国给水排水. 2008.24(2)：99-102.

[88] 邵尧明. 城市暴雨强度公式应用中存在问题及处理方法 [J]. 给水排水. 2008，34(2)：39-41.

[89] 何庆慈，李立青，孔玲莉等. 武汉市汉阳区的暴雨径流污染特征 [J]. 中国给水排水. 2005，21(2)：101-103.

[90] 李立青，尹澄清，何庆慈等. 2 次降雨间隔时间对城市地表径流污染负荷的影响 [J]. 环境科学.

2007，28(10)：116-122.

[91] 李立青，尹澄清，何庆慈等. 汉阳城市集水区尺度径流污染过程与初期冲刷特征［J］. 环境科学学报. 2006，26(7)：1057-1061.

[92] 任玉芬，王效科，韩冰等. 城市不同下垫面降雨径流污染研究［J］，生态学报. 2005，25(12)：3225-3230.

[93] 李立青，尹澄清，何庆慈等. 武汉市城区降雨径流污染负荷对受纳水体的贡献［J］. 中国环境科学. 2007 27(3)：312-316.

[94] Bachoc A. Solids transfer in combined sewer networks［D］. Institute National Polytechnique de Toulouse，Toulouse，France，1992.

[95] Brezonik P L，SadeLmann T H. Analysis and predicative models of stormwater runoff volume，loads，and pollutant concentrations from watersheds in the Twin Cities metropolitan area，Minnesota，USA［J］. Water Research，2002，36：1743-1757.

[96] Chebbo G.，Gromaire M. C.，Ahyerre M.，Garnaud. Production and transport of urban wet weather pollution in combined sewer systems：the "Marais" experimental urban catchment in Paris［J］. Urban Water，2001，3：3-15.

[97] Chebbo，G.，Ashley，R.，Gromaire，M. C. The nature and pollutant role of solids at the water-sediment interface in combined sewer networks［J］. Water Sciences and Technology，2003，47(4)：1-10.

[98] Gromaire M C，Garnaud S，Saad M，et al. Contribution of different sources to the pollution of wet weather flow in combined sewers［J］. Water Research. 2001，35(2)：521-533.

[99] Gupta K and Saul AJ. Specific relationships for the first flush load in combined sewer flows［J］. Water Research，. 1996，30：1244-1252.

[100] Hamilton H，Nix P G，Sobolewski A. An Overview of Constructed Wetlands as Alternatives to Conventional Waste Treatment Systems［J］. Water Pollut. Res. J. Canada，1993，28：529-548.

[101] Harremoes P. Stochastic models for estimation of extreme pollution from urban runoff［J］. Water Research，1988，22：1017-1026.

[102] Lee G F，Joneslee A. Water-quality impacts of stormwater-associated contaminants-focus on real problems［J］. Water Science and Technology，1993，28(3-5)：231-240.

[103] Pitt. R，Field R. An evaluation of storm drainage inlet devices for stormwater quality treatment［C］. Water Environment Federation 71st Annual Conference & Exposition，WEFTEC Technology Forum. Orlando，FL. October 1998.

[104] 蒋晓峰，陈有亮，罗仁安. 低碱 "沙琪玛骨架" 混凝土配比试验研究［J］. 混凝土. 2006，11：7-9.

[105] Long E R，Macdonald DD，Smith SL，et al. Incidence of Adverse Biological Effects within Ranges of Chemical Concentrations in Marine and Estuarine Sediments［J］. Environmental Management. 1995，19(1)：81-97.

[106] Pitt R. Demonstration of nonpoint pollution abatement through improved street cleaning practices［R］. EPA-600/2-79-161. U. S. Environmental Protection Agency. Cincinnati，OH. 1979.

[107] Sartor J D，Boyd G B. Water pollution aspects of street surface contaminants［R］. US EPA Office of Research and Monitoring. Repor EPA-R2-72-081，1972.

[108] Zhao H T，Yin C Q，Chen M X，et al. Risk assessment of heavy metals in street dust particles to a stream network. Soil & Sediment Contamination. 2009，18(2)：173-183.

[109] 田晖，杜佩轩. 西安市路面积尘不同粒径矿物组成研究. 环境科学与技术. 2006，29(7)：26-27.

[110] Gantner K，Nachhaltigkeit urbaner Regen wasserbe-wirtschaftungs methoden-Teil 1：Grundlagen. GWF［J］. Wasserund Abwasser，2003，144(3)：240-247.

[111] 国家环境保护总局. 大气降水样品的采集与保存 [S]. GB 13580—92.

[112] 国家环境保护总局. 地表水和污水监测技术规范 [S]. HJ/T 91—2002.

[113] 国家环境保护总局. 水质采样：样品的保存和管理技术规定 [S]. GB 12999—91.

[114] Novotny V, Muehring D. Cyanide and metal pollution by urban snowmelt：Impact of deicing compounds [J]. Water Science and Technology, 1998, 38(10)：223-230.

[115] US EPA. Handbook for developing watershed plans to restore and protect our waters (draft) [R]. United States Environmental Protection Agency, Washington, 2005.

[116] 国家环境保护总局. 2006 年中国环境状况公报 [R]. 2007.

[117] 利锋, 黎松强, 吴馥萍. 中小型城市生活污水处理研究 [J]. 吉林师范大学学报(自然科学版). 2005, 1：28-30.

[118] 马世骏, 王如松. 社会-经济-自然复合系统 [J]. 生态学报 1984, 4(1)：1-9.

[119] 王超、王沛芳. 城市水生态系统建设与管理. 北京：科学出版社, 2004.

[120] US EPA. National Water Quality Inventory [R]. 2002. Office of Water, Washington DC. http：//www. epa. gov. 305b/2000report/.

[121] Bender, G M, Terstriep, M L. Effectiveness of Street Sweetpng in urban runoff pollution control [J]. Science of the Total Environment, 1984, 33：185-192.

[122] Brij Gopal. Natural and Constructed Wetland for Wastewater Treatment：Potentials and Problems [J]. Water Science and Technology. 1999, 40(3)：27-35.

[123] Cooper P. A review of the design and performance of vertical-flow and hybrid reed bed treatment systems [J]. Water Science and Technology. 1999, 40(3)：1-9.

[124] Felde K V, Kunst S. N- and COD- removal in vertical flow systems [J]. Wat Sci Tech, 1997, 35 (54)：11-17.

[125] Spieles D J, Mitsch W J. The effect of season and hydyologic and chemical loading on nitrate retention in constructed wetlands：A comparison of low and high nutrient riverine systems [J]. Ecol Eng, 2000, 14：77-91.

[126] Vaze J, Chiew Francis H S. Experimental study of pollutant accumulation on an urban road surface [J]. Urban Water, 2002, 4(4)：379-389.

[127] 陈绍军, 宋万等. 地下渗滤中水回用技术的工艺设计 [J]. 给水排水. 1998, 24(12)：32-4.

[128] 汪慧贞, 欧岚. 建筑小区雨水径流的土壤渗透净化 [J]. 环境污染与防治. 2003, 3：176-178.

[129] 朱丽, 孙理密. 地下渗滤在大学园区生活污水处理中的应用 [J]. 环境工程. 2007, 25(3)：96-98.

[130] Taebi A, Droste R L. First flush pollution load of urban stormwater runoff [J]. Jounal of Environment Engineering, ASCE, 2004, 3：301-309.

[131] Taebi A, Droste R L. Pollutions loads in urban runoff and sanitary wastewater [J]. Science of the Total Environment, 2004, 327：175-184.

[132] 高宏党, 陈蕾, 李长新. 城市广场、人行步道采用透水地面的探讨 [J]. 城市道桥与防洪. 2006, 1：134-135.

[133] 赖格英, 于革, 桂峰. 太湖流域营养物质输移模拟评估的初步研究 [J]. 中国科学 D 辑, 2005, 35(z2)：121-130.

[134] 赖兆平, 赵梓城. 浅谈多孔混凝土基层的施工控制 [J]. 西部探矿工程, 2005, 17(12)：219-220.

[135] 朱航征. 多孔混凝土(PoC)的特性与生态环保技术 [J]. 建筑技术开发, 2002, 29(2)：67-69.

[136] 向可明. 波特兰水泥透水路面施工 [J]. 西南公路, 1993, 3：59-62.

[137] 王蕾. 大面积广场地坪的生态设计与应用实践-上海新国际博览中心(一期)透水路面的设计与施工 [J]. 建筑施工, 2003, 25(6)：501-502.

[138] 雷丽恒，刘荣桂，颜庭成等. 用于透水性硬化路面的生态混凝土的开发研究 [J]. 混凝土，2006，9：14-17.

[139] 林莉峰，张善发，李田. 城市面源污染最佳管理方案及其在上海市的实践 [J]. 中国给水排水. 2006.22(6)：19-22.

[140] 宋进喜，李怀恩，王伯铎等. 西安市雨水资源化及其利用的探索 [J]. 水土保持学报. 2002，16(3)：102-105.

[141] 王红斌，杨敏，唐光阳等. 聚合氯化铝的混凝除磷性能研究 [J]. 化学世界. 2004，1：7-10.

[142] 王如松等. 城市生态服务 [M]. 北京：气象出版社，2004.

[143] 吴智仁，陆春华，刘荣桂等. 现浇护堤植生型生态混凝土性能指标及耐久性能 [J]. 江苏大学学报：自然科学版. 2005，26：380-383.

[144] 下水道实务研究会 [R]. 新しい下水道事业(日). 山海堂，1999.

[145] 熊毅，李庆逵. 中国土壤(第二版) [M]. 北京：科学出版社，1987.

[146] 许文年，夏振尧，戴方喜等. 恢复生态学理论在岩质边坡绿化工程中的应用 [J]. 中国水土保持. 2005，4：31-33.

[147] Beasley G, Kneale P. Reviewing the impact of metals and PAHs on macro invertebrates in urban watercourses [J]. Progress in Physical Geography, 2002，26(2)：236-270.

[148] Huang J L, Du P F, Ao C T, et al. Characterization of surface runoff from a subtropics urban catchment [J]. Journal of Environmental Sciences，2007，19：148-152.

[149] 简放凌. 高浓度工业废水有机物在土壤中的动态变化及其预测研究 [J]. 农业环境保护. 1995，14(2)：72-74.

[150] 孟伟，张远，郑丙辉. 水环境质量基准、标准与流域水污染物总量控制策略 [J]. 环境科学研究. 2007，19(3)：1-6.

[151] 吴晓磊. 人工湿地污水处理机理 [J]. 环境科学. 1995，16(3)：83-86.

[152] 郑涛. 削减城市面源污染的生态环境工程方法研究 [D]//中国科学院研究生院硕士学位论文，2005.6：50-61.

[153] León LF, Soulis ED, Kouwen N, Farquhar GJ. Nonpoint source pollution：a distributed water quality modeling approach [J]. Water Research，2001，35(4)：997-1007.

[154] 陈娟，叶闻，杨国胜. 绿色生态小区雨水利用研究 [J]. 住宅科技. 2004，10：44-46.

[155] 戴栋超，黄廷林等. 生态组合技术净化景观水体实验研究 [J]. 西安建筑科技大学学报(自然科学版). 2006，38(6)：786-789.

[156] 杜中典，崔理华，肖乡等. 污水人工湿地系统中有机物积累规律与堵塞机制的研究进展 [J]. 农业环境保护. 2002，21(5)：474-476.

[157] 李俊奇，车武. 德国城市雨水利用技术考察分析 [J]. 城市环境与城市生态. 2002，15(1)：47-49.

[158] 吕宪国. 湿地生态系统保护与管理 [M]. 北京：化学工业出版社，2004.

[159] 穆环珍，郑涛，黄衍初等. 木质素接枝改性影响因素的研究 [J]. 环境化学. 2005，24(4)：443-445.

[160] 沈汉. 京郊菜园土壤元素积累与转化特征 [J]. 土壤学报. 1990，27(1)：104-112.

[161] 汪常青. 武汉城市排水体制探讨 [J]. 中国给水排水. 2006，22(8)：12-15.

[162] 王晓燕. 非点源污染及其管理 [M]. 北京：海洋出版社，2003.

[163] 徐飞，肖党旗. 无砂多孔混凝土配合比的研究 [J]. 水利与建筑工程学报. 2005，3(4)：24-26，38.

[164] 张艳红. 城市雨水利用的趋势、现状和措施探讨 [J]. 南水北调与水利科技. 2005，3(3)：27-29.

[165] 郑涛，穆环珍，黄衍初等. 木质素类聚合物对土壤降水渗透性影响研究初探 [J]，农业环境科学

学报. 2004，4，24.780-783.

[166] Basnyat P, Teeter LD, Flynn KM, et al. Relationships between landscape characteristics and nonpoint source pollution input to coastal estuaries [J]. Environmental Management，1999，23(4)：53-549.

[167] Richardson C J and Craft C B. Effective phosphorous retention in wetlands：fact or fiction？[M]// Moshiri G A(ed)，Constructed wetlands for water quality improvement，Lewis Publishers，Boca Raton pp271-282. 1985.

[168] 贾继文，李文庆，陈宝成. 山东省蔬菜大棚土壤养分状况与施肥状况的调查研究 [M]//谢建昌，陈际型. 菜园土壤肥力与蔬菜合理施肥 [M]. 南京：河海大学出版社，1997，73-75.

[169] 刘广斌. 多孔混凝土排水基层施工技术 [J]. 交通世界. 2006，11A；64-65.

[170] 徐丽花，周琪. 人工湿地控制暴雨径流污染的实验研究 [J]. 上海环境科学. 2002，21(5)：274-277.

[171] 张辰. 合流制排水系统溢流调蓄技术研究及应用实例分析 [J]. 城市道桥与防洪. 2006，9(5)：1-4.

[172] Gary RM，revisiting design criteria for stormwater treatment systems [J]. Stormwater，2005，6(2)：7-12.

[173] Kim SY，Geary PM. The impact of biomass harvesting on phosphorus uptake by wetland plants [J]. Water Sci Tech, 2001，44：61-67.

[174] Zhao J W，Shan B Q，Yin C Q. 2007. Pollutant loads of surface runoff in Wuhan City Zoo, an urban tourist area [J]. J. Environ. Sci. 19(4)：464-468.

[175] Zvomuya F，Rosen C J，Gupta S C. Phosphorus sequestration by chemical amendments to reduce leaching from wastewater applications [J]. Journal of Environmental Quality，2006，35（1）：207-215.

[176] 陈怀满. 环境土壤学 [M]. 北京：科学出版社，2005.

[177] 程勇，关永平，赵泉. 环境中景观水体的污染控制和修复技术 [J]. 环境科学与管理. 2005，30(6)：94-95.

[178] 戴斌，徐国勋. 上海住宅小区雨水利用的特征分析 [J]. 中国给水排水. 2007，23(2)：75-77.

[179] 梁双宝. 喷混凝土植生技术在边坡防护中的应用 [J]. 铁道标准设计. 2003，10：106-109.

[180] 梁威，吴振斌. 人工湿地对污水中氮磷的去除机制研究进展 [J]. 环境科学动态. 2000，3：32-37.

[181] 梁玉英，黄益宗，孟凡乔. 铝化合物控制土壤磷素流失的机理研究 [J]. 环境化学. 2007，2：141-143.

[182] 鲁如坤等. 土壤-植物营养学原理与施肥 [M]. 北京：化学工业出版社，1998，423-443.

[183] 王宝贞，王琳. 水污染治理新技术—新工艺、新概念、新理论 [M]. 北京：科学出版社，2004，370-372.

[184] 王艳锦，郑正，彭晓成等. 城镇化进程中的径流污染问题——以苏南河网地区为例 [J]. 环境保护. 2007，1B；69-71.

[185] 邢振贤，王静. 正交法分析无砂大孔生态混凝土的应用性能 [J]. 人民长江. 2007，38；48-49.

[186] 许贤敏，范进金，龚丹丹. 无砂透水路面混凝土 [J]. 港工技术与管理. 2005，2；42-48.

[187] 杨文磊. 雨水利用在日本 [J]. 水利天地. 2004，20(1)；30-30.

[188] 张建，黄霞，施汉昌等. 掺加草炭的地下渗滤系统处理生活污水 [J]. 中国给水排水. 2004，20(6)：41-43.

[189] Cowan, W. L., Estimating hydraulic roughness coefficients [J]. Agric. Eng. 1956，37(7)：473-475.

[190] Gromaire MC, Chebbo G, and Saad M. Origins and characteristics of urban wet weather pollution in combined sewer systems：the experimental urban catchment "Le Marais" in Paris [J]. Water Sci-

ence and Technology. 1997, 37(1): 35-41.

[191] Owens P N, Walling D E, Leeks G J L. Use of floodplain sediment cores to investigate recent historical changes in overbank sedimentation rates and sediment sources in the catchment of the River Ouse, Yorkshire, UK [J]. Catena, 1999, 36: 21-47.

[192] Townshend A R, Knoll H. Cold Climate Sewage Lagoon [R], proceedings of the June 1985 Workshop, Winnepig, Manitobal. Environmental Canada, Report EPS 3/NR/1, 1987.

[193] Winter K J and Goetz D. The impact of sewage composition on the soil clogging phenomena of vertical flow constructed wetlands [J]. Wat. Sci. Tech. , 2003, 48(5): 9-14.

[194] Zhang J, Huang X, Liu C X. Nitrogen removal enhanced by intermittent operation in subsurface wastewater infiltration system [J]. Chem Eng, 2002, 53: 7-9.

[195] 张炜, 车伍, 李俊奇等. 植被浅沟在城市雨水利用系统中的应用 [J]. 给水排水. 2006, 32(8): 33-37.

[196] Deletic A B, Maksimovic C T. Evaluation of Water Quality Factors in Storm Runoff from Paved Areas [J]. Jounal of Environment Engineering, ASCE, 1998, 124(9): 869-879.

[197] 单保庆, 陈庆锋, 尹澄清. 塘-湿地组合系统对城市旅游区降雨径流污染的在线截控作用研究 [J]. 环境科学学报. 2006, 26(7): 1069-1075.

[198] Armstrong J and Armstrong W. Light enhanced connective throughflow increases oxygenation in rhizomes and rhizospheres of Phragmites australis(cav)[J]. Trin. Ex. Steud. New Phytologist, 1990, 114: 121-128.

[199] Caillet S, Arpagaus P, Monna F, et al. Factors controlling 7Be and 210Pb atmospheric deposition as revealed by sampling individual rain events in the region of Geneva, Switzerland [J]. Journal of Environmental Radioactivity, 2001, 53(2): 241-256.

[200] Chebbo G. Solids in urban wet weather discharges: characteristics and treat ability [D]. Ecole National des Ponts et Chaussées, Paris, France, 1992.

[201] Collins J and McEntee D. A constructed wetland for the removal of urban pollution in the Finglaswood Stream [C], Tolka Valley Park, Dublin. Paper presented at IWA conference. available from Dublin City Council, Drainage Division, Civic offices, Fishanble Street, Dublin 8, Ireland, 2007.

[202] D'Arcy BJ(1998). A new Scottish approach to urban drainage in the developments at Dunfermline [C]. Proceedings of the Standing Conference on Stormwater Source Control. Vol. XV. The School of the Built Environment, Coventry University, Coventry.

[203] Gaudreau J E, Vietor D M, White R H, et al. Response of Turf and Quality of Water Runoff to Manure and Fertilizer [J]. J Environ Qual 2002, 31: 1316-1322.

[204] Geary P M, Moore J A. Suitability of a treatment wetland for diary wastewater [J]. Wat Sci Tech, 1999, 40(3): 179-186.

[205] Gries C, Kappen L, Losch R. Mechanism of flood tolerance in reed, Phragmites australis(cav). Trin. Ex. Steud. [J]. New Phytologist, 1990, 114: 589-593.

[206] Kadlec R H, Knight R L. Treatment wetlands [M]. Lewis Publishers, CRC press. 1996. 181-280.

[207] Kim L H, Kayhanian M, Zoh K D, Stenstrom M K. Modeling of highway stormwater runoff [J]. Science of the Total Environment, 2005, 293: 163-175.

[208] Liehr S K. Constructed wetlands treatment of high nitrogen landfill leachate [R]. WERF Report No. 94-IRM-U. NCSU. 2000.

[209] Rose C, Crumpton W G. Effects of emergent macrophytes and dissolved oxygen dynamics in a prairie

pothole wetland [J]. Wetland, 1996, 16(4): 495-502.

[210] Sansalone J J, Buchberger S G. Partitioning and first flush of metals in urban roadway stormwater [J]. Journal of Environmental Engineering, 1997, 123(2): 134-143.

[211] Thornton J A, Rast W, Holland M M, Jolankai G, Ryding S-O. Assessment and control of nonpoint source pollution of aquatic ecosystems: a practical approach [M]. Man and the biosphere series, v. 23. PARIS and the Parthenon Publishing Group, 1998. Pp. 466. ISBN 1-85070-384-1.

[212] US EPA. 1983. Final report of the nationwide urban runoff program [R]. U. S. Environmental Protection Agency, Water Planning Davison, Washington, DC. .

[213] Wang X H, Yin C Q, Shan B Q. The role of diversified landscape structures for water quality improvement in an agricultural watershed [J], North China. Aqriculture. Ecosystem and Environment. 2005, 107: 381-396.

[214] Yin C Q, Shan B Q. The multipond systems: a sustainable way to control diffuse phosphorus pollution [J]. AMBIO. 2001, 30(6): 369-375.

[215] Yu S L, Kuo J, Fassman E, et al. Field test of a grass-swale performance removing runoff pollution [J]. Water Research Manage, 2001, 127(3): 168-171.

[216] 安树青. 湿地生态工程 [M]. 北京：化学工业出版社，2003.

[217] 曹志洪. 施肥与水体环境质量-论施肥对环境的影响(2) [J]. 土壤. 2003, 35(5): 353-363.

[218] 陈庆峰. 武汉市动物园面源污染控制技术及其机理研究 [D]. 华中农业大学博士论文，武汉，2007.

[219] 陈庆锋，单保庆，尹澄清等. 条形滤渠-塘组合系统对城市旅游区暴雨径流污染的离线截控作用研究 [J]. 应用生态学报.2007, 18(10): 2319-2325.

[220] 黄群贤，刘红梅，李海燕. 石家庄市多年降水分析及雨水利用研究 [J]. 河北科技大学学报. 2006, 27(4): 332-336.

[221] 刘建霞，左艾跃. 小区污水生态处理初探 [J]. 中国科技信息. 2005, 18: 147-147, 160.

[222] 汪金根，许海英. 沥青混凝土透水路面的研究和实践 [J]. 城市道桥与防洪. 2004, 5: 43-47.

[223] 王和意，刘敏，刘巧梅等. 城市降雨径流非点源污染分析与研究进展 [J]. 城市环境与城市生态. 2003. 16(6): 283-285.

[224] 杨鲁豫，王琳，王宝贞. 适宜中小城镇的水污染控制技术 [J]. 中国给水排水. 2001, 17(1): 23-25.

[225] 尹炜，李培军，叶闽等. 塘—人工湿地生态系统处理城市地表径流的初期运行研究 [J], 环境工程. 2006, 24(3): 93-95.

[226] 尹炜，李培军，尹澄清等. 潜流人工湿地的局限性与运行问题 [J]. 中国给水排水. 2004, 11(20): 36-38.

[227] 尹炜、李培军、叶闽等. 复合潜流人工湿地处理城市径流污水的初期运行研究 [J]. 中国给水排水. 2006, 22(1): 5-8.

[228] 张忠祥，钱易. 废水生物处理新技术 [M]. 北京：清华大学出版社，2004.

[229] 中野准三. 1988. 木质素的化学-基础与应用 [M]. 高洁等译. 北京：中国轻工业出版社，pp2-3, 73-76, 162-186.

[230] Divid A K, David M B. Effectiveness of constructued in reducing nitrogen and phosphorus export from agricultural tile drainage [J]. J Envion Qual, 2000, 29: 1262-1274.

[231] Goonetilleke A, Thomas E, Ginn S. Understanding the role of land use in urban stormwater quality management [J]. Journal of Environmental Management. 2005, 74(1): 31-42.

[232] Jansson M, Anderson R, Berggren H and Leonardson L. Wetlands and lakes as nitrogen traps [J].

Ambio，1994，23(6)：320-325.

[233] Knight R L，Kadlec R H. Constructed treatment wetlands - a global technology [J]. Water，2000，21，57-58.

[234] McKissock G，D'Arcy BJ and Jefferies C (2001) Sustainable Urban Drainage：A Case Study [C]. In Innovative technologies in urban drainage，Vol 1，pp 333-340. NOVATECH 4th international conference，25-27 June 2001，Lyon，France. G. R. A. I. E.，Villeurbanne，France.

[235] Roesner LA，Campbell NS，D'Arcy BJ. Master Planning Stormwater Management Facilities for the Dunfermline，Scotland Expansion Site [C]. In Innovative technologies in urban drainage，Vol 1，pp 325-331. NOVATECH 4th International Conference，Lyon，France，2001.

[236] Yin C Q，Zhao M，Jin W G et al. A multi-pond system as a protective zone for the management of lakes in China [J]. Hydrobiologia，1993，251：321-329.

[237] 成水平. 人工湿地废水处理系统的生态学基础研究进展 [J]. 湖泊科学. 1996，8(3)：268-272.

[238] 王鹏，林华东，王玲霄. 雨水处理与利用技术在国外的应用 [J]. 黑龙江水专学报. 2006，33 (4)：90-93.

[239] Ahyerre M，Chebbo G，Saad M. Sources and erosion of orgnics solids in a combined sewer [J]. Urban water，2000，2(4)，305-315.

[240] Calabrò P S，Viviani G. Simulation of the operation of detention tanks [J]. Water Research，2006，40：83-90.

[241] Racault Y，Boutin C，Seguin A. Waste Stabilazation ponds in France：A report on 15 years experience [J]. Wat Sci Tech，1995，31(12)：90-101.

[242] Bingham D，Boucher W，Boucher P，et al. Urban runoff pollution prevention and control planning USA：USEPA，1993.

[243] Braune M J，Wood A. Best Management Practices Applied to Urban Runoff Quantity and Quality Control [J]. Water Science and Technology，1999，39(12)：117-121.

[244] Gaynor J D and Findlay W I. Soil and phosphorus loss from conservation and conventional tillage in Corn production [J]. J. Environ. Qual. 1995，24：734-741.

[245] Moffa P E. The control and treatment of industrial and municipal stormwater [M]. Van Nostrand Reinhold，1996. 178-185.

[246] 曹凤中，戴天有. 地表水污染及其控制 [M]. 中国环境科学出版社，1993.

[247] 奉桂红，刘世文，胡永龙. 深圳市实施排水系统分流制的探讨 [J]. 中国给水排水. 2002，18 (10)：24-26.

[248] Cock W D. The feasibility of flocculation in a storage sedimentation basin [J]. Wat. Sci. Tech.，1999，39(2)：75-83.

[249] Desjardinsa C，Koudjonoub B，Desjardins R. Laboratory study of ballasted flocculation [J]. Water Research，2002，36(45)：744-754.

[250] Delporte C，Pufol R. and Vion P. Optimized lamellae settling for urban stormwater waste [J]. Wat. Sci. Tech. 1995，32(1)：127-136.

[251] Stevenson T. EPRI Muncipal Water and Wastewater Programm，1999.

[252] 陶有生. 关于发展和推广透水路面砖的看法 [J]. 新型建筑材料. 2006，12：74-75.

[253] 习应祥. 高速公路透水路面发展近况 [J]. 国外公路. 1994，14(3)：23-29.

[254] 洗彩红. 浅谈城市排水体制 [J]. 中国水运. 2006，7(4)：136-137.

[255] 张百良，马孝琴. 城市水土流失及其防治对策 [J]. 城市发展研究. 2001，8(5)：49-53.

[256] Wang W D，Yin C Q. The boundary filtration effect of reed-dominated ecotones under water level

fluctuations [J]. Wetlands Ecology and Management. 2008，16：65-76.

[257] 刘红磊. 磷和重金属在水陆交错带中的迁移转化机理研究 [D]. 中国科学院研究生院博士论文，北京，2007.

[258] 陈志山，刘选举. 生态混凝土净水机理及其应用 [J]. 科学技术与工程. 2003，4：371-373.

[259] 段湘龙，钟国安. 边坡防护的新技术 [J]. 黑龙江交通科技. 2006，29：8-8.

[260] 郭声波，叶建军. 边坡防护植被混凝土的施工及验收 [J]. 国外建材科技. 2006，27：53-56.

[261] 胡勇有，胡春明，谢磊等. 植生型生态混凝土孔隙状态对植物生长的影响 [J]. 华南理工大学学报(自然科学版). 2006，34：5-9.

[262] 袁国栋. 钢筋混凝土框格喷射植被混凝土护坡绿化技术 [J]. 贵州水力发电. 2005，19：43-46.

[263] 陈庆锋，单保庆，尹澄清，胡承孝. 利用生态混凝土控制城市坡面暴雨径流污染试验研究 [J]. 环境污染治理技术与设备. 2006，7：23-28.

[264] 史美东. 绿色混凝土的发展与应用 [J]. 上海建材. 2005，1：24-26.

[265] 蒋挺大，木质素 [M]. 北京：化学工业出版社，2001.

[266] 李贺，李田，于学珍. 上海的屋面雨水处理技术研究 [J]. 环境科学与技术，2006，29(3)：97-98.

[267] 梁博，王晓燕，曹利平. 最大日负荷总量计划在非点源污染控制管理中的应用 [J]. 水资源保护. 2004，20(4)：37-41.

[268] 刘绮，杨昌衡，刘添天. 水环境面源污染控制与管理研究概况和展望 [J]. 广州环境科学. 2002. 17(2)：5-8.

[269] 史贵涛，陈振楼，李海雯等. 上海城市水环境非点源污染及其控制对策 [J]. 人民长江. 2007. 38(1)：84-86.

[270] 吴增芳. 土壤结构改良剂 [M]. 北京：科学出版社，1976.

[271] 徐淑云，包力新，赵哲. 小城镇污水处理方案的探讨 [J]. 北方环境. 2000，73：41-43.

[272] 甄侦，韩东. 浅谈从再生骨料混凝土到生态混凝土的过渡 [J]. 河南建材. 2006，6：55-56.

[273] Fischer R A, Fischenich J C. Design recommendations for riparian corridors and vegetated buffer strips [M]. ERDC TN-EMRRP-24. U.S. Army Engineer Research and Development Center, Vicksburg, MS, 2000.

[274] Edwards A C, Wtthers P J A. Soil Phosphorus Management and Water Quality：a UK Perspective [J]. Soil Use and Management. 1998，14：124-130.

[275] 郭利平，李德旺，韩小波. 城市非点源污染治理与资源化技术研究 [J]. 环境科学与技术. 2006，29(1)：57-58.

[276] 杭世珺. 小城镇污水处理工程设计 [J]. 建设科技，2004，4：16-17.

[277] 刘永，郭怀成，周丰等. 基于流域分析方法的湖泊水污染综合防治研究 [J]. 环境科学学报. 2007，26(2)：337-344.

[278] Brix H. Do macrophyte play a role in constructed treatment wetlands? [J]. Water Science and Technology. 1997，35，11-17.

[279] Tong S T Y, Chen W L. Modeling the relationship between land use and surface water quality [J]. Journal of Environmental Management，2002，66：377-393.

[280] 单保庆，陈庆锋，尹澄清. 塘-湿地组合系统对城市旅游区暴雨径流污染的在线截控作用研究 [J]. 环境科学学报. 2006，26(7)：1068-1075.

[281] 全新峰，张克峰，李秀芝. 国内外城市雨水利用现状及趋势 [J]. 能源与环境. 2006，(1)：19-21.

[282] 卓慕宁，吴志峰，王继增等. 珠海非点源污染控制区划 [J]. 城市环境与城市生态. 2003，16(1)：28-30.

[283] 杨柳，马克明，郭青海，赵景柱. 城市化对水体非点源污染影响的研究 [J]. 环境科学. 2004. 25(6)：32-39.

[284] 马克明，傅伯杰，陈利顶. 景观生态学研究进展 [M]//李文华，赵景柱. 生态学研究回顾与展望. 北京：气象出版社，2004：534-553.

[285] Vought L B M, Dahl J, Pedersen C L. Nutrient retention in riparian ecotones [J]. AMBIO, 1994, 23(4)：342-348.

[286] 郭迎庆. 城市景观水体的污染控制和修复技术 [J]. 环境科学与技术. 2005, 28(增刊)：148-150.

[287] 国家环境保护局科技标准司. 城市污水土地处理技术指南 [M]. 北京：中国环境科学出版社，1997.

[288] 赵建伟，单保庆，尹澄清. 城市旅游区降雨径流污染特征—以武汉动物园为例 [J]. 2006. 环境科学学报. 26(7)：1062-1067.

[289] Fletcher T M, Peljo L, Fielding J et al. The performance of vegetated swales for urban stormwater pollution control. Ninth International Drainage Conference on urban Drainage [R]. Portland, OR: American Society of Civil Engineers, 2001.

[290] 车伍，程文静. 雨水利用与水量平衡分析在城市园区水景设计中的应用 [J]. 中国园林. 2006, 22(132)：62-65.

[291] 程文静，车伍，李海燕. 利用雨水资源建设绿色建筑水景 [M]//中国建筑科学研究院《绿色建筑在中国的实践》. 北京：中国建筑工业出版社，2007.

[292] 李博. 生态学 [M]. 北京：高等教育出版社，2000.

[293] 李怀恩. 估算非点源污染负荷的平均浓度法及其应用 [J]. 环境科学学报. 2000, 20(4)：397-400.

[294] 李俊奇，车伍，汪宏玲. 雨水利用与生态小区 [J]. 给水排水. 2003, 29(5)：14-16.

[295] 张如莲. 草坪施肥研究进展 [J]. 热带农业科学. 2002, 22(4)：77-81.

[296] 车伍，张炜，李俊奇等. 城市雨水径流污染的初期弃流控制 [J]. 中国给水排水. 2007, 23(6)：1-5.

[297] 车伍，李俊奇，章北平等. 生态住宅小区雨水利用与水景观系统案例分析 [J]. 城市环境与城市生态. 2002, 15(5)：34-36.

[298] Ball J E., Jenks R, Aubourg D. An assessment of the availability of pollutant constituents on road surfaces [J]. Science of the Total Environment, 1998, 209(2-3)：243-254.

[299] Chen J, Adams B J. Urban water control evaluation with analytical probabilistic models [J]. Journal of Water Resources Planning and Management, 2005, 131(5)：307-315.

[300] Cooke G D, Welch EB, Peterson SA, et al. Restoration and Management of Lakes and Reservoirs [M]. Lewis Publishers, 1993.

[301] Dahab M F and Surampalli R Y. Subsurface-flow constructed wetlands treatment in the plains: five years of experience [J]. Wat. Sci. Tech. , 2001, 44(11-12)：375-380.

[302] Daniel T C, Sharple A N, Lemunyon J L. Agricultural Phosphorus and Eutrophication: a Symposium Overview [J]. J. Environ. Qual. 1998, 27：251-257.

[303] Deletic A. The first flush load of urban surface runoff [J]. Water research, 1998, 32：2462-2470.

[304] Ellisa JB, Deutsch JC, Mouchel JM et al. Multicriteria decision approaches to support sustainable drainage options for the treatment of highway and urban runoff [J]. The Sci Total Environ, 2004, 334-335：251-260.

[305] Maltby L, Forrow D M, Boxall A B A, Calow P, Betton C I. The effects of motorway runoff on freshwater ecosystems. 1. Field study [J]. Environmental Toxicology and Chemistry, 1995, 14(6)：1079-1092.

[306] Mckissock G. , Jefferies C. , Darcy B J. An assessment of drainage best management practices in Scotland [J]. Wat. And Environ. Manage. , 1999, 13(1): 47-51.

[307] McPherson TN, Burian SJ, Stenstorm MK, Turin HJ, Brown MJ, and Suffet IH. 2005. Trace metal pollutant load in urban runoff from a Southern California Watershed [J]. Journal of Environmental Engineering, 7: 1073-1080.

[308] Owens PN, Walling DE, He Q. The behaviour of bomb-derived caesium-137 fallout in catchment soils [J]. Journal of Environmental Radioactivity, 1996, 32: 169-191.

[309] Saget A, Chebbo G, Bertranc-Krajewski J L. The first flush in sewer systems [J]. Water Science and Technology, 1996, 33(9): 101-108.

[310] She, N. Non-Point Source Pollution Control and Stormwater Management in Metropolitan of Seattle [C]. Proceedings in The First Urban Water Environment Conference, Wuhan, China, 2005.

[311] Wittgren H B and Maehlum T. Wastewater constructed wetlands in cold climates [J] . Wat. Sci. Tech. , 1996, 35(5): 45-53.

[312] ASCE, Urban Runoff Quality Management, ASCE Manual and Report on Engineering Practice No. 87 [R]. American Society of Civil Engineers, 1998.

[313] Cook F J, Kelliher F M, McMahon S D. Changes in infiltration during wastewater irrigation of a highly permeable soil [J]. Environ Qual. , 1994, 23: 476-482.

[314] CWP. National pollutant removal performance database for stormwater treatment practices [R]. Center for Watershed Protection. Maryland, 2000.

[315] Förster F. The influence of location and season on the concentrations of macroions and organic trace pollutants in roof runoff [J]. Wat Sci Tech, 1998, 38(10): 83-90.

[316] Fortin J, Karam A. Phosphorus sorption by red mud residue as affected by concentration and reaction time [J]. Agrochimica, 2001, 45(1-2): 55-66.

[317] Kuo F E. & Sullivan W C. Aggression and violence in the inner city: Impacts of environment via mental fatigue [J]. Environment & Behavior, 2001, 33(4), 543-571.

[318] Lee J H K, Ballg W, Ketchum L H , et al. First flush analysis of urban Storm runoff [J]. The Science of the Total Environment, 2002, 293: 163-175.

[319] Siegrist R L. Soil clogging during subsurface wastewater infiltration as affected by effluent composition and loading rate [J]. J. Environ. Qual. , 1987, 16(2): 181-187.

[320] Smullen, J. T. , Shallcross, A. L. , Cave, K. A. Updating the U. S. nationwide urban runoff quality data base [J]. Water Research, 1999, 39(12): 9-16.

[321] US EPA 2000. Low Impact Development Hydrologic Analysis [R]. Tetra Tech, Inc. , Fairfax, VA, prepared for Department of Environmental Resources, PrinceGeorge's County, MD, funding provided by the U. S. EPA, Washington, D. C. , EPA 841-B-00-002.

[322] Wetzel R G. Limnology [M]. Saunders, Philadelphia, Pennsylvania, 1975. Pp. 743. ISBN 0-7216-9240-0.

[323] Wigington P J, Randall CW, Grizzard TJ, Accumulation of selected trace metals in soils of urban runoff drain swales [J], Water Resour. Bull. , 1996, 22(1): 73-79.

[324] Lim H. S. . Variations in water quality of a small urban tropical catchment: implication for load estimation and water quality monitoring [J]. Hydrobiologia, 2003: 494: 57-63.

缩略符号表

缩略符号	符号说明
AA	丙烯酸
ABC	Active Beautiful and Clean，新加坡"充满活力、美丽、清洁"计划
AM	丙烯酰胺
BMP，BMPs	Best Management Practices，最佳管理措施，是美国首先提出的对面源污染的综合治理和管理系统
BOD	生化需氧量
CAL	含 Ca 聚合铝
CN	SCS 水文模型的曲线数
COD_{Cr}，COD	化学需氧量，用重铬酸钾法测定
COD_{Mn}	高锰酸钾指数，用高锰酸钾法测定的化学需氧量
CSO，CSOs	Combined Sewer Overflows，合流制雨污水溢流
DEM	数字高程模型
DEX	The Dunfermline East Expansion site，英国苏格兰丹佛姆林东区
DO	溶解氧
DTN，TDN	溶解态总氮
EDS	内分泌干扰物质
EMC	Event Mean Concentration，一次降雨径流污染的平均浓度
ER	工程进水和出水的平均浓度减少率
ERL	Effects Range Low，风险效应低值
ERM	Effects Range Media，风险效应高值
GFS	Grassed Filter Strip，植被过滤带
GIS	地理信息系统
GMOs	遗传基因改变物质
LEED	Leadership in Energy and Environmental Design，节能环保设计
LEL	Lowest Effect Level，效应低值
LID	Low Impact Development，低环境影响开发
LP	Landscape Pond，景观塘
L-THIA	Long-Term Hydrologic Impacts Assessment of land use changes，基于长期水文影响评价模型

缩略符号	符 号 说 明
NPDES	National Pollutant Discharge Elimination System，美国国家污水系统出水限度和排放许可证制度
NSF	National Science Foundation，美国国家科学基金会
PAHs	多环芳烃
PAL	纯聚合铝
PCBs	多氯联苯
POP，POPs	持久性有机污染物
PUB	Public Utility Board，新加坡共用事业管理局
PVC	聚氯乙烯
SAL	含 SO_4^{2-} 聚合铝
SCS 水文模型	美国国家土壤保持局开发的水文模型，见本书第一章
SEL	Severe Effect Level，效应高值
SF	表流湿地
SF＋SSF	表流与潜流的混合湿地
SMC	Site Mean Concentration，地区降雨径流污染平均浓度
SMP	Stormwater Mangement Practice，有效的雨水管理模式，美国纽约州提出
SOAL	$Al_2(SO_4)_3$
SOL	工程进水和出水的污染负荷总量减少率
SSF	潜流湿地
ST	Sediment Tank，沉淀池
STS	Source-transport-sink，源—迁移—汇处理链
SUDS	Sustainable Urban Drainage System，可持续的城市排水系统
TDP，DTP	溶解态总磷
TN	总氮
TOC	Total Organic Carbon，总有机碳
TP	总磷
TSS，SS	Total Suspended Solids，总悬浮颗粒物
US EPA	美国环境保护局
VSS	挥发性固体

作者单位地址表

作　者	单　位	地　址
尹澄清*，单保庆，王效科，李立青，刘燕，马克明，穆环珍，郭雪松，刘俊新，陈庆锋，刘红磊，黄益宗，朱永官，王为东，祝贵兵，赵建伟，赵洪涛	中国科学院生态环境研究中心 ＊邮箱 cqyin@263.net	北京市海淀区双清路 18 号，100085
叶闽，杨国胜，王孟，尹炜	长江水资源保护科学研究所	武汉市汉阳郭茨口金龙路特 2 号，430051
何庆慈，孔玲莉，陈逎	武汉市环境保护科学研究院	武汉市江汉区天门墩 13 号，430015
张建新、张旭超	武汉市城市规划研究院	武汉市汉口三阳路 13 号，430014
车伍	北京建筑工程学院	北京市西城区展览馆路 1 号，100044
Brian D'Arcy，Robin Clarke	英国苏格兰环境保护局	SEPA, 7 Whitefriars Crescent, Perth, PH20PA, UK
Nian She	美国西雅图公用事业局	Seattle Public Utilities, 1037 106th Ave SE, WA 98004, USA
董欣	新加坡国立大学	Schl. Design & Environ., Natl Univ. of Singapore, 117566 Singapore

彩 图

（号码表示其出现的章及顺序）

彩图 1-1 农村和城市的面源污染，是造成水环境恶化的三大原因之一。武汉水专项治理前汉阳的水体水质很差，此图是墨水湖的一角，湖面覆盖着一层水葫芦。武汉这个"百湖之市"优于水而又忧于水（刘俊新摄）。

彩图 1-2 城市有大量不透水地面：房顶、道路、停车场等。降雨后产生大量地表径流，冲洗地面和地下管网残留物进入水体，造成面源污染（李立青摄）。

彩图 1-3 城市面源污染物晴天积累，雨天排放。暴雨产生的污染负荷来势猛，冲击大。这是武汉汉阳一个面积仅为 1.3km²，人口密度为 13200 人 /km² 的十里铺集水区在一场 78mm 降雨后排出的大量径流（李立青摄）。

彩图 1-4 汉阳市蔡甸区渔场——工人们正驾着船打捞死鱼（引自 CFP 因特网，国务院新闻办公室图片库）。

彩图 1-5 面源污染将大量的营养物质带入水体，造成水体富营养化。这是太湖湖面的蓝藻水华（王为东摄）。

彩图 2-1 "十五"武汉水专项开始前，汉阳墨水湖周边城区没有污水处理厂，排水管网多为雨污合流制。本图为十里铺集水区的合流制排水口出口。在晴天，生活污水从这里直接流入墨水湖（刘俊新摄）。

彩图 2-2 2005 年 6 月 26 日一场 78mm 降雨后从十里铺合流制排水口排出的特急水流，其 COD 浓度在径流初期最高达 1500mg/L，污染物大多以颗粒态存在（李立青摄）。

彩图 2-3 城市下水道的排洪能力总是有限，街道和住房淹水是城市病的症状之一。图为大雨后的汉阳街景。生态型排水系统和低影响开发技术的目标之一就是解决城市滞水问题（李立青摄）。

彩图 4-1 "十五水专项"汉阳地区城市面源污染控制技术与工程示范课题在汉阳区墨水湖北岸典型新城区、旅游区、旧城区实施。课题以理念创新、技术创新、系统解决方案三个层次，从源－迁移－汇逐级控制面源污染。本图显示汉阳部分城区，汉阳是一个城区迅速扩大、旧城急需改造的历史文化名城；街景远方是受污染严重的墨水湖（李立青摄）。

彩图 4—2 在墨水湖边修建的汉阳万家巷面源污染控制示范工程一角，它除了可以改善水质，并且成为湖滨公园；居民来此休息，野生动物在此栖息，它还是环境教育场所（尹澄清摄）。

彩图 5—1 改善城市下垫面植被是减少城市地表径流，控制面源污染措施之一。在武汉水专项旅游区面源污染控制示范工程中，我们在造成林下水土流失的单一乔木林下通过种植耐阴草本植物，构建了多层次植被结构，促使雨水下渗到土壤下层（单保庆摄）。

彩图 5-2 道路是城市中主要的不透水地面类型。马路牙是保护行车安全的设置，在马路牙上设过水通道可让路面径流进入路边低位绿地，减少区域排水和面源污染负荷（尹澄清摄于美国西雅图）。

彩图 5-3 低位绿地的地面低于不透水路面或广场面，雨水可以直接流入然后渗入地下，大雨时可以暂存部分雨水，是有效减少地表径流和面源污染的设置，也被称为雨水花园（尹澄清摄于北京奥林匹克公园）。

彩图 5-4 北京某小区的雨水工程，用植被浅沟收集、净化停车场径流，流进低位绿地渗入地下（车伍供稿）。

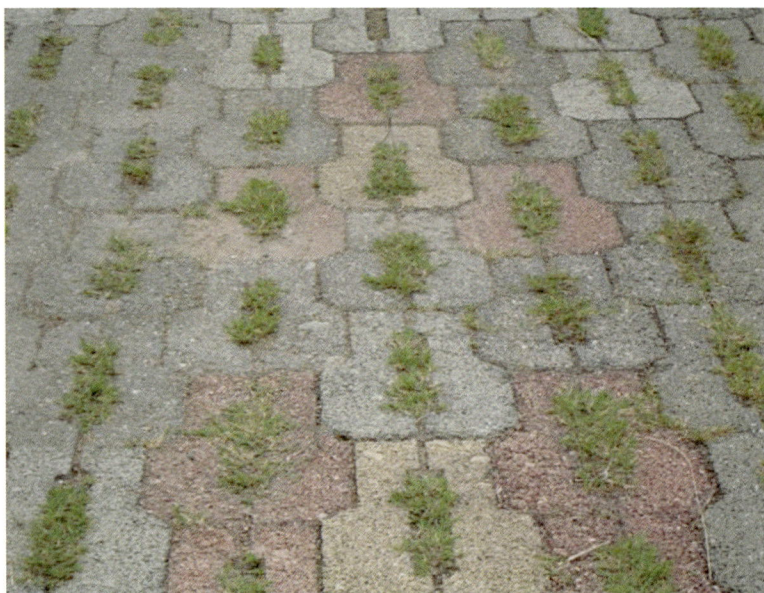

彩图 5-5 城市中过高比例的不透水地面面积是产生城市水问题和面源污染的重要原因。在武汉水专项中，我们开发了用多孔混凝土制作的可透水地面砖，并把它铺设在桃花岛示范工程的道路上，雨水可迅速渗入地下（尹澄清摄）。

彩图 5-6 在 2008 年 1 月席卷半个中国的罕见大雪灾中，灾区的道路积水后结冰越来越厚，严重阻碍了交通。在在万家巷示范工程中用另一种透水砖铺设的生态道上，雨水能下渗，路面无积水结冰，成为雪灾中的亮点。图后面的房屋是环境教育基地（陈贤德供稿）。

彩图 5-7 透水地面砖技术还可以应用于广场、停车场的铺设。这是英国苏格兰 DEX 的超市透水停车场（尹澄清摄）。

彩图 5—8 居民小区是城市的基本单元之一，它的雨水利用和面源污染控制是在源头解决城市面源污染问题的重要举措。武汉水专项面源课题在桃花岛的旺达花园小区实施了屋顶和路面雨水利用示范工程，减少了面源污染负荷（韩小波摄）。

彩图 5—9 旺达花园小区屋顶和路面的雨水经初步除砂，被引到双井式雨水沉淀贮存井，经深度净化后导入浅层地下水贮存。两年监测结果表明地下水没有受到污染（韩小波摄）。

彩图 5—10 贮存在浅层地下水的雨水在干旱时可用来灌溉小区绿地，既实现了雨水资源的循环利用，又改善了小区景观，还减少了面源污染负荷（韩小波摄）。

彩图 5—11 房顶是城市中另一种主要不透水地面类型。这是位于美国西雅图的一个雨水口下接的渗水沟，房顶雨水从这里流出、贮存、下渗，多余的雨水才流入城市雨水管网（尹澄清摄）。

彩图 5—12 雨水贮存桶，适合于分散住户，可以在源头削减面源污染（尹澄清摄于美国 Corvallis 市）。

彩图 5-13 绿色屋顶技术把雨水贮存和利用结合在一起,在源头减少城市径流,增加了雨水资源的利用和城市的绿地面积(尹澄清摄于厦门中科院城市环境研究所)。

彩图 5-14 城市面源污染的源控制包括对分散小点源的治理。武汉水专项中,我们对武汉动物园示范工程区的若干小点源进行了环境工程和生态工程相结合的治理。因为是旅游区,一些处理工程埋在地下,隐于无形之中。这是正在建设中的河马馆地下生物滤池(单保庆摄)。

彩图 6-1 城市面源污染是由于暴雨径流而产生,具有突发性、大流量的特点。因此在其迁移过程中加以拦截、贮存、净化是控制这种污染负荷的有效方法。图中的亚表层渗滤场是在径流途中构建地下贮水层,贮水层中的粗大介质对污染物有净化作用。净化后的水可下渗到土壤深层,过多的水溢流到下游(单保庆摄)。

彩图 6-2 减少地表径流，径流产生后尽可能通过地表向下游流动，在流动过程渗入地下或得到净化是生态型排水系统的重要原理。图为典型植草沟，是引导城市地表径流自然下泄的一种生态设置（尹澄清摄于英国苏格兰 DEX）。

彩图 6-3 路边的低位绿地，也是一条植草沟（尹澄清摄于西雅图）。

彩图 6-4　植草沟和低位湿地之间可用管道连接，一个绿地满了可以流向另一个绿地（尹澄清摄于西雅图）。

彩图 6-5　沟中带拦水小坝的植草沟具有强大持水能力，适合建造于坡度较大的地形，沟中应种植耐湿植物。降雨时拦水小坝持留大量水，大雨时水从顶部缺口处流向下游（尹澄清摄于西雅图）。

彩图 6-6　城市中的塘系统有很大的持水容量。污染径流流入塘后其携带的污染物在塘中沉积，使水质改善。图为武汉水专项示范工程中动物园猩猩馆污染径流净化塘（赵建伟摄）。

彩图 6—7　武汉动物园中接受几个场馆和山坡径流的大贮存－净化塘，塘中的水可以在干旱时灌溉绿地和用作其他（李立青摄）。

彩图 6—8　大型调蓄塘是位于流域中部对突发性径流进行调蓄的设置。扩展性调蓄干塘平时无水，下雨时存水，雨后慢慢把水排放完全（尹澄清摄于英国苏格兰 DEX）。

彩图 6-9　大型调蓄干塘在平时可以有多种用途。这是位于巴西 Belo Horozonte 市的调蓄干塘，平时用作放牧，基流沿塘底小沟流出，暴雨时滞留洪水（尹澄清摄）。

彩图 6-10　流域中的永久性湿塘除了可以调蓄径流，并且为周边居民创造了一个亲水空间，还为多种生物提供栖息地。滞留水塘常设计有双塘结构，暴雨径流首先流入小一点的水塘，泥沙在此沉积，每两三年疏挖一次，以保持另一个水塘有足够的贮水容量（尹澄清摄于英国苏格兰 DEX）。

彩图 6-11　小区的地表径流可以用大型雨水花园来持留，既可减少区域排水，又能大大减少面源污染，并能补充地下水。位于美国波特兰市的这个持水花园是把原来的地下管道系统废除后改造为地表持水系统而成的（尹澄清摄）。

彩图 6-12　建于河道中间的湿地为暴雨径流提供了很大的滞留空间，它使河流流速降低，泥沙沉积，污染物被持留（Brian D´Arcy 摄于日本）。

彩图 6—13 城市面源污染的初期径流经过初步沉淀，除去大量泥沙后可用人工湿地进行净化，然后排向水体。本图是武汉桃花岛面源污染控制示范工程的潜流人工湿地，其美人蕉植被有强大的去污能力，并可为城市景观添色（尹炜摄）。

彩图 6—14 武汉动物园示范工程的半潜流人工湿地。有暴雨时水流入沟内，通过水位变化及水与垄的土壤介质相互作用使雨污水得以净化（陈庆锋摄）。

彩图 6—15 武汉动物园示范工程的表面流人工湿地，它比潜流湿地占地面积更大些，但可承担变化的水力负荷，景观更生态，与动物园其他绿地相映成辉（李立青摄）。

彩图 6-16 武汉万家巷示范工程修建的合流制初期雨水贮存池,雨污水初步沉降后通过湿地系统净化后向墨水湖排放(尹澄清摄)。

彩图 6-17 英国爱丁堡污水厂附近的合流制初期雨水巨大贮存池，雨后这些高浓度污染雨水泵到污水厂处理后排放（尹澄清摄）。

彩图 6-18 美国 Milwaukee 市构建了容量为 400 万 m^3 的隧道型地下贮存库，贮存合流制初期雨水并在雨后输送到污水处理厂净化。贮存库的使用使合流制下水道溢流次数从每年 40 次减少为每年 2 次。为防止地下水渗入，隧道壁用环氧树脂材料密封（Vladimir Novotny 供稿）。

彩图 7—1 城市面源污染的汇控制是在其传输的最后一个环节进行治理。一般这些工程被设计在径流末端靠近水体处。区域性大型湿地位于流域的下端，接纳流域中水、泥沙和污染物，对流域水文和污染起的调控作用，还可成为区域性的景观点和野生动物栖息地。(尹澄清摄于英国苏格兰 DEX)。

彩图 7—2 本图展示武汉动物园示范工程天鹅湖边的控污型岸边带，从动物场馆来的污染径流流经人工构建的植物群落带，过滤后流进水体（尹澄清摄）。

彩图 7—3 岸边带植被应有一定宽度，由高矮不同、种类不同的植物镶嵌组合；起伏的地形地貌造成了岸边地带糙率增加，使地表径流流速显著降低，促使沿程的径流入渗量增加，降低了水流的携沙能力，使悬浮污染物在岸边带中沉降（北京某小区，车伍供稿）。

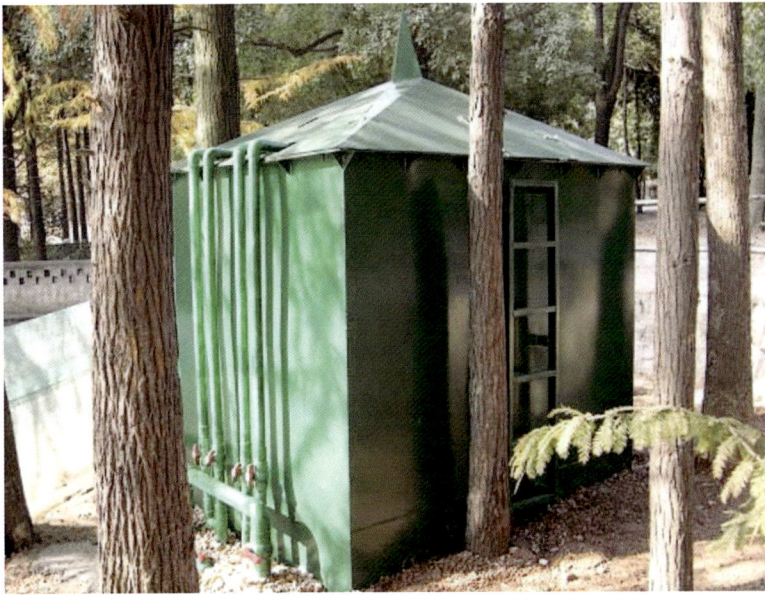

彩图 7-4 鹤岛有内源的水禽污染和外源污染,采用生物滤罐和岸边带人工湿地方法的组合对水塘的进行治理。生物滤罐内有生物膜系统,净化一定时间后用反冲洗的方法运行(单保庆摄)。

彩图 7-5 鹤岛塘水经生物滤罐净化后再注入水道,使得原本静止的水体流动起来,形成一内循环流动以保持水质(尹澄清摄)。

彩图 10-1 武汉面源污染控制课题选择桃花岛作为新城区的典型进行研究,并构建示范工程。桃花岛区域由许多个居民小区组成,但是管理的缺陷和分流制排水管网的严重错接造成潜在的面源污染(尹澄清摄)。

彩图 10—2 武汉桃花岛示范工程修建的合流制初期雨水贮存池，污染的初期雨水在这里初步沉降后通过塘－湿地逐级净化后排入墨水湖（韩小波摄）。

彩图 10—3 武汉桃花岛示范工程的潜流人工湿地全景（叶闽摄）。

彩图 10—4 武汉桃花岛示范工程的潜流人工湿地植被近景（尹澄清摄）。

彩图 10—5 武汉桃花岛示范工程的生物塘近景。经过多级净化，雨污水中的污染物去除率达到设计要求后排入墨水湖（韩小波摄）。

彩图 10—6 桃花岛示范工程用多孔混凝土制作的透水生态路，路面长出了小草（尹澄清摄）。

彩图 10—7 武汉城市面源污染控制课题的旅游区示范工程建设在武汉动物园。动物馆舍日常用水、冲洗水是小的分散点污染源，降雨冲刷场馆和山坡还产生污染径流。课题建设了六条处理链对面源污染进行控制，其中两条建在动物园的中心－鹤岛（单保庆摄）。

彩图 10-8 建在鹿苑的草坪漫流处理系统（单保庆摄）。

彩图 10-9 猩猩馆集水区下方的二阶湿地（尹澄清摄）。

彩图 10-10 大象馆的冲洗水和污染雨水在沉降处理，生物滤罐处理后，经重力流进入植物床，然后直接回用于塘、湿地，作为补充水源，维持水生植物生长（单保庆摄）。

彩图 10-11　动物园的植被以乔木为主，但林下草本植物稀少，造成水土流失。示范工程在种植了耐阴草本植物，减少了土壤侵蚀，增加了雨水入渗。这是亚表层渗滤场（远处）。附近的林下植被（尹澄清摄）。

彩图 10-12　万家巷面源污染的汇控制工程建在墨水湖边的废弃水塘和无人管理垃圾场上。这是经过初步整理的原地址景观（刘康福供稿）。

彩图 10—13　万家巷面源污染汇处理工程一部分，后面房屋是的分水系统房，周边是绿化带，近景是生态贮存塘，雨污水从这里用泵输到表面流人工湿地，再流向潜流人工湿地（尹澄清摄）。

彩图 10—14　万家巷面源污染汇控制工程的潜流人工湿地，处理后流向自然湿地（何庆慈供稿）。

彩图 10—15　万家巷汇控制工程的自然湿地，进一步处理后流向水生生物塘（何庆慈供稿）。

彩图 10—16　万家巷汇控制工程的水生生物塘，这里水质基本达标，主要起贮存—调节作用，生物多样性丰富，水自然流入墨水湖（尹澄清摄）。

彩图 10—17　面源污染控制的重要方面是群众的理解和支持。武汉桃花岛地区旺达花园小区的雨水收集和利用示范工程展示－教育板报，对向群众说明修建的目的，在获得他们的支持和帮助起到很好作用（韩小波摄）。

彩图 10—18　武汉四新地区正在建设的新城道路，路中和路边的湿地系统可以接纳本地区的雨水径流，在这里沉降净化后经沟渠排入湖泊（尹澄清摄）。

彩图 11—1 北京某小区雨污水项目效果图。本项目以雨水自然收集、调蓄、截污截流、循环、生态修复和自然净化等为关键技术和措施，实现雨污水资源综合利用，达到径流污染控制、蓄洪排涝、人工湖水质保障和景观效果等综合目标（车伍供稿）。

彩图 11—2 北京某小区人工湖岸边种植多种植物，镶嵌生长，为小区绿化添色（车伍供稿）。

彩图 11—3 北京某小区汇集的雨水经源头截流截污后，通过绿地中自然弯曲的植草沟就近汇入人工湖。利用环湖步行道边的低位绿地对集中汇流起到进一步截流、截污和缓冲的作用，保护景观湖并改善绿地生长条件（车伍供稿）。

彩图 11-4 成都某小区雨水收集主要采用地面排水方式，屋面与路面雨水就近汇入附近的植被浅沟（车伍供稿）。

彩图 11-5 成都某小区人工河岸的石块或卵石对雨水径流进行消能，防止岸边侵蚀（车伍供稿）。

彩图 11-6 成都某小区在人工湖中根据景观及不同水深种植适当种类的水生植物，适当放养蚌、鱼、螺蛳和青蛙等动物，形成较完整的生态系统，提高净化效果（车伍供稿）。

彩图 11-7 英国苏格兰丹佛姆林东区（DEX）。的滞留水塘，水塘常年有水，为区域增添宜人的自然景色，吸引多种野生生物栖息（尹澄清摄）。

彩图 11-8 丹佛姆林东区（DEX）。是英国城市面源污染控制和可持续城市排水系统（SUDS）。的示范城市，在 DEX 设置了 10 个滞留干塘，在滞留塘的周围设置了栅栏，一方面起安全保护作用，另一方面促进了塘的生物多样性（尹澄清摄）。

彩图 11-9 适当保留滞留干塘的湿生植物不过分修剪，可以为小区绿化添色，还可以减少维护费用（Brian D'Arcy 摄于 DEX）。

彩图 11—10 经过多重设置的持留和过滤，英国 DEX 区域的暴雨径流洪峰大大减少，这是其区域性排水植草干沟（尹澄清摄）。

彩图 11—11 由于 1941～1953 年西雅图城市的迅猛发展，市内的华盛顿湖水质迅速变坏，20 世纪 50 年代西雅图市民积极参与治理华盛顿湖，这成为风靡美国的环保运动先驱。图左是一些孩子们在湖边呼吁大众关心华盛顿湖的治理。通过 30 多年不懈努力，控制了污染，进行了湖泊修复，这 5 个孩子再次相聚在同一地点（右）。见证这时的华盛顿湖已经成了世界上最干净的都市湖泊之一（Nian She 供稿）。

彩图 11—12 西雅图的 LID 系统构建有拦截坝的植草沟，左图是降雨前景象（尹澄清摄于西雅图），右图是降雨后小坝持留大量水的景象（Nian She 供稿）。

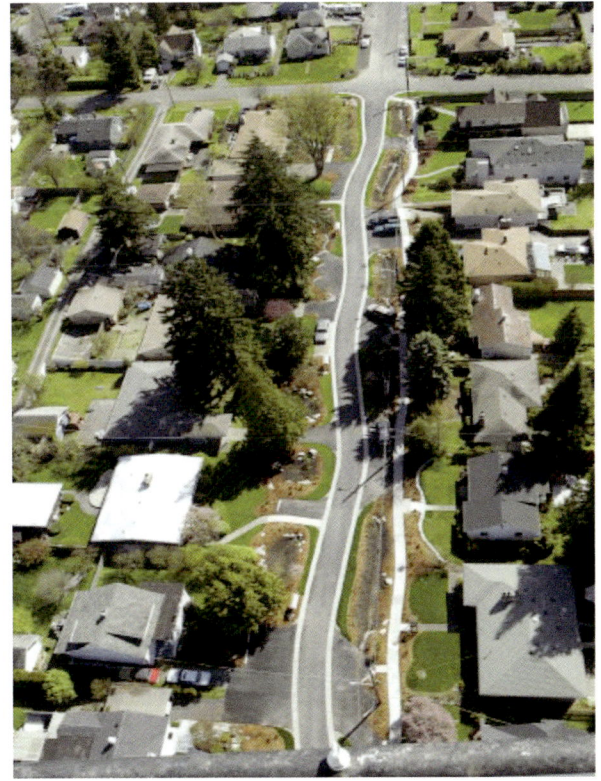

彩图 11—13 实施低环境影响开发（LID）。的美国西雅图街景：左图是实施前，右图是实施后道路中间有雨水花园和相连通的植草沟，降雨径流量大大降低了，减少了污染的初期雨水（Nian She 供稿）。

彩图 11-14 从 20 世纪 90 年代起，西雅图政府加速产业的转型，加强对污染源头的控制，加大对海滨和都市河流湖泊的保护和修复，形成了经济发展与水环境保护的良性循环。西雅图现在又成为美国实施低环境影响开发的先锋城市，这是西雅图景观（Nian She 供稿）。

彩图 11-15 新加坡是亚洲城市雨水资源利用的模范城市。在保持城市清洁的基础上，城市雨水用地表沟渠收集在小水库里，最大限度地加以利用（董欣摄）。